电气工程、自动化专业规划教材

计算机控制系统
（第 3 版）

U0392578

董宁 陈振 编著

电子工业出版社

Publishing House of Electronics Industry

北京·BEIJING

内 容 简 介

本书主要介绍计算机控制系统的基本理论、设计方法和工程应用实例。全书共9章。第1章介绍计算机控制系统的一般概念、组成、结构和发展概况,第2~3章主要介绍计算机控制系统的硬件设计,第4~7章主要介绍计算机控制系统控制器的设计,第8章介绍计算控制系统的电磁兼容性设计,第9章是计算机控制系统的设计与实现的具体步骤以及一些实际工程实例。

本书可作为高等学校自动化、电气工程及其自动化、机械电子工程等专业的本科生和研究生教材,也可供相关专业人员阅读参考。

图书在版编目(CIP)数据

计算机控制系统 / 董宁,陈振编著. — 3 版. — 北京:电子工业出版社,2017.2
电气工程、自动化专业规划教材
ISBN 978-7-121-30626-6

Ⅰ. ①计… Ⅱ. ①董… ②陈… Ⅲ. ①计算机控制系统—高等学校—教材 Ⅳ. ①TP273

中国版本图书馆 CIP 数据核字(2016)第 304234 号

策划编辑:凌　毅
责任编辑:凌　毅
印　　刷:北京虎彩文化传播有限公司
装　　订:北京虎彩文化传播有限公司
出版发行:电子工业出版社
　　　　北京市海淀区万寿路 173 信箱　邮编 100036
开　　本:787×1 092　1/16　印张:20.75　字数:558 千字
版　　次:1996 年 4 月第 1 版
　　　　2017 年 2 月第 3 版
印　　次:2024 年 7 月第 7 次印刷
定　　价:45.00 元

前　言

　　计算机控制广泛应用于工业生产、交通运输、航空、航天、航海、核能和国防建设等部门,在国民经济和国防建设中起着重要的作用。近年来随着电力电子技术、微电子技术、控制技术的不断发展,计算机控制也发生了很大的变化,新的控制方法、新的控制思想和新的控制系统不断出现,促进了控制科学与工程的发展。教学上应该将这些最新发展和进步及时总结,使学生既能掌握传统方法,又能掌握最新方法和设计思想。该书作者长期从事相关的国家项目攻关、科学基金、横向科研和教学工作,在总结近年的教学和科研成果的基础上,系统地论述了计算机控制系统的结构、原理、设计和应用,既有理论分析又有应用实例。本书覆盖了工业控制计算机、输入/输出接口与过程通道、计算机控制系统的理论基础、计算机控制算法、计算机控制软件技术、通信、计算机控制系统设计与实现等内容,以引导读者按理论分析、仿真研究、工程设计与实现等循序渐进地来进行计算机控制系统的分析、设计和实现。

　　本书主要有以下特色:

　　(1) 密切结合工程实际,从应用的角度,全面系统地论述了计算机控制系统的结构、设计、实现等问题。理论深度适中,主要强调实际工程应用,使读者能更好地理解和掌握计算机控制的理论知识,并能用于解决实际计算机控制系统问题。

　　(2) 所举的工程实例具有典型性、代表性,内容既能体现传统技术又体现新技术的应用。通过具有不同代表性的多个典型实例,介绍不同典型计算机控制系统的构成原理、设计和分析方法。

　　(3) 在系统介绍传统方法的基础上,介绍计算机控制系统的自适应控制、滑模变结构控制、重复控制等。在介绍理论方法的同时,在实际工程中也得到了应用。对于计算机控制系统的电磁兼容和可靠性问题也进行了分析介绍,并给出了常用的一些解决方法。

　　本书共分为9章。第1章概述,主要介绍计算机控制系统的一般概念、组成、结构和发展概况。第2章通道接口技术,包括计算机对外围通道的控制、输入/输出通道的设计。第3章系统总线,主要介绍计算机控制系统中常用的几种总线。第4章数字PID控制器设计,主要介绍PID控制在计算机直接数字控制中的应用。第5章数字控制器的连续化设计方法,主要介绍按连续系统设计所得到的连续控制器,可通过哪些近似方法变换为离散控制器。第6章数字控制器的离散设计方法,主要介绍在离散域直接设计数字控制器常用的方法。第7章数字控制器的复杂控制规律设计方法,主要介绍自适应控制、滑模变结构控制、重复控制器等几种复杂控制器的设计。第8章计算机控制系统的电磁兼容性设计,主要介绍为保证计算机控制系统在复杂的干扰环境中能够稳定可靠地工作,经常采用的一些电磁兼容性设计方法。第9章计算机控制系统的设计与实现,主要介绍计算机控制系统的设计与实现的具体步骤,以及一些实际工程实例。

　　本书的第1版和第2版分别于1996年和2002年由北京理工大学出版社出版。每次出版,内容均有大幅度的更新。本书可供自动化、电气工程及其自动化、机械电子工程以及有关专业的本科生和研究生学习使用,也可供相关专业人员阅读。针对不同专业、不同层次的学生,可以根据学生已有的专业基础知识,采用讲授和自学相结合的方式有选择地组织教学。本书加"＊"号的章节可以根据需要进行选讲和自学,例如第3章、第7章和第9章的部分实例。

　　本书由董宁和陈振编写。在编写过程中得到了张宇河教授的支持和帮助,并提出许多宝贵意见。赵晓瑞、陈斯参加了部分插图整理工作。在此一并表示衷心地感谢！书末列出了部分参考书目，在此谨向参考过的列出和未列出书目的编著者致以衷心的感谢！

由于本书作者学识和水平有限，虽然尽力而为，但仍难免会有不妥和错误之处，敬请广大读者批评指正，并给予谅解。

作者

2016 年 12 月于

北京理工大学

目　　录

第1章 概 述

1.1 计算机控制系统的一般概念

随着计算机技术的迅猛发展,计算机及其应用已经成为高新科学技术的重要内容和标志之一,它在国民经济的各个领域正在发挥着引人注目的作用。

计算机控制是自动控制理论和计算机技术相结合的产物。自动控制理论特别是现代控制理论的发展,为计算机控制提供了理论工具,计算机技术为新型控制规律的实现以及高性能控制系统的构造提供了有力的实现工具,其技术的发展又促进了自动控制理论的发展及应用。

计算机控制的应用领域十分广泛,它已经不仅仅应用于国防、航天、航空等高精尖学科,在现代工业生产及农业、交通、通信、楼宇、金融、教育及家电等民用领域中,计算机控制的应用也已经十分普及。实际上,理论与工程应用并重的计算机控制技术已经成为各行业都不可缺少的基本技术之一。

自动控制系统可以分成调节系统和伺服系统两类。调节系统要求被控对象的状态保持不变,一般输入信号不作频繁调节;而伺服系统则要求被控对象的状态能自动地、连续地、精确地复现输入信号的变化。"伺服(Servo)"一词是拉丁语,指"奴隶"的意思,它包含使系统像奴隶一样忠实地按照命令动作,而命令是根据需要不断变化的,因此伺服系统又称作随动系统。对于机械运动控制系统,被控对象状态主要有速度和位置,如速度伺服系统、位置伺服系统。本书主要讨论位置伺服系统。

自动控制系统按其构成方式又有开环系统和闭环系统之分。开环系统简单,但不能保证控制质量,被控变量易受外界条件变化的影响。而闭环系统通过引入被控变量的反馈,利用偏差进行控制使得被控变量紧紧跟踪输入信号,从而保证了控制质量。因此自动控制系统一般采用闭环控制方式。

以电力传动中常遇到的直流电动机速度控制系统为例。图 1-1 所示电路中,通过改变给定电位器滑块的位置可以改变输出脉冲宽度,经功率放大后,调节电动机的转速和方向。被控制量电动机的转速会因电网电压或负载的波动而发生变化,若要维持原转速不变,必须由人工调整给定电压。这种系统的输出量对系统的控制作用没有影响的控制系统称为开环控制系统,这种控制方式的控制性能较差,系统的控制精度取决于系统各环节(包括控制对象)的参数稳定性,因此只能应用在对控制质量要求不高的场合。

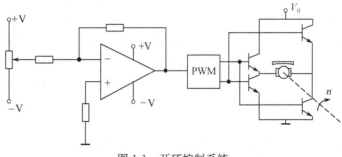

图 1-1 开环控制系统

对图 1-1 的开环控制系统进行改造,在直流电动机轴上再安装一个测速发电机就构成了闭环控制系统,如图 1-2 所示。图中采用测速发电机对转速进行检测,然后引到系统的输入端与给定值进行比较,一旦发现输出转速波动,电机电枢电压也要相应地发生变化,以使转速保持稳定。这种系统的输出量对控制作用有直接影响的系统,称为闭环控制系统。

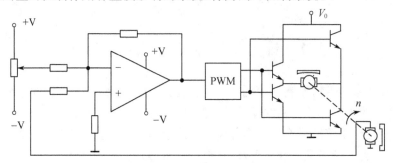

图 1-2　闭环控制系统

由上可见,一个闭环控制系统需要对被控参数进行检测,然后与给定值比较,再对误差信号进行加工,最后去控制执行机构。控制框图如图 1-3 所示。

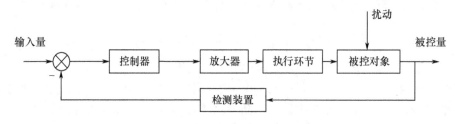

图 1-3　闭环控制系统框图

检测装置:对系统输出量进行检测。

比较元件:对系统的输入量和输出量进行比较,给出偏差信号,起信号综合作用。

放大器:对微弱偏差信号进行放大,使之可输出足够的功率。

执行环节:根据放大后的偏差信号,对被控对象执行控制任务,使被控制的输出量与给定量相一致。

被控对象:系统需要进行控制的机器、设备或生产过程,被控对象内要求实现自动控制的物理量称为被控量或系统输出量。

控制器:也称校正装置,用于改善闭环系统的动态品质和稳定精度,系统中的控制器可设计成各种形式。

信号检测与控制器是控制系统中的两个关键部分,它们影响着控制系统的性能和应用范围,如果把图 1-3 中的控制器用计算机来代替,就可以构成最基本的计算机控制系统。为使计算机处理的数字信号与执行机构处理的模拟信号能够协调起来,系统中必须加入两种变换器,即将检测装置检测到的模拟信号转换成数字信号的 A/D 转换器和将数字控制器输出的数字信号转换成模拟信号的 D/A 转换器。这样一个计算机控制系统的框图如图 1-4 所示。

A/D 转换器实现模拟量向数字量的转换,通常包含以下 3 种形式的转换:

① 模拟信号采样,即按一定的时间间隔(称为采样周期)对连续信号进行采样,将其变成时间上断续的离散信号;

② 信号幅值的整量化,即将采样信号幅值按有限字长的最小量化单位分层取整,变成幅值离散的信号;

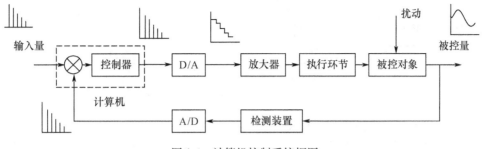

图 1-4 计算机控制系统框图

③ 数字编码,即将已整量化的分层信号转换为等值的二进制数码信号,即数字信号。

D/A 转换器实现数字量信号向连续模拟信号的转换,通常包含以下两种形式的转换:

① 数字解码,即把数字量转换为等值的模拟脉冲信号;

② 信号恢复,即把解码后的模拟脉冲信号变为随时间连续变化的信号。实际上,信号恢复通常采用零阶保持器,它把时间断续的模拟脉冲信号保持采样的间隔时间,使信号变为时间连续信号。

系统中的控制器是由计算机的控制算法程序实现的,A/D 转换器和 D/A 转换器都只能是周期性工作,因此控制系统引入计算机之后就成为离散时间控制系统。计算机控制系统有时也称为数字控制系统,这是强调在控制系统中包含有数字信号。

计算机控制系统的工作过程可以归纳为:

① 实时数据采集——对被控参数的瞬时值进行检测、转换并输入计算机中;

② 实时决策——对采集到的表征被控参数的状态变量进行分析,并按已给的控制规律进行计算,决定进一步的控制策略;

③ 实时控制——根据决策的结果,适时地对控制机构发出控制信号。

控制过程的 3 个步骤对计算机来说实际上只是执行算术、逻辑运算和输入、输出操作。上述 3 个步骤不断重复,使整个系统能按一定的动态(过渡过程)指标进行工作,且可对被控量和设备本身所出现的异常状态进行及时监督并迅速作出处理,这就是计算机控制系统最基本的功能。

"实时"含有及时、即时和适时的意思。所谓"实时"是指信号的输入、计算和输出都是在一定时间范围内完成的。也即计算机对输入信息以足够快的速度进行处理,并在一定的时间内作出反应或控制。

但是"实时"不等同于"同时",因为从被控对象参数的采集到计算机的控制输出作出反应,是需要经历一段时间的,即存在一个实时控制的延迟时间,这个延迟时间的长短,反映了实时控制的速度,只要这一时间足够短,不至于错过控制的时机,便可以认为这个系统具有实时性。不同的控制过程,对实时控制速度的要求是不同的;即使是同一种被控参数,在不同的系统中,对控制速度的要求也不相同。例如炼钢炉的炉温控制,延迟 1s 仍然认为是实时的;而一个火炮控制系统,当目标状态变化时,一般必须在几毫秒或几十毫秒之内及时控制,否则就不能击中目标了。

根据图 1-4 可以看出,实时性指标取决于下列时间延时:检测仪表延时,过程输入(A/D)延时,计算机运算延时,数据传输(D/A)延时等,如图 1-5 所示。由上面三步所构成的循环周期就是实时时间,也称为采样周期 T_s。本书主要讨论计算机控制伺服系统,控制对象大多是快速变化对象,因此要求的实时时间一般为毫秒级。计算机控制系统的实时时间常由定时中断产生。

和连续系统相比,计算机控制系统除了能完成常规连续控制系统的功能外,还具有以下一些特点:

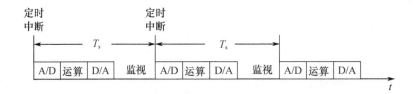

图 1-5 实时时间

① 计算机控制系统是混合信号系统,包含多种信号形式;

② 计算机控制系统的分析和设计需要先进的理论支持,能实现复杂的控制规律,且控制规律灵活多样;

③ 计算机控制系统可分时控制多个回路,适应性强,灵活性高;

④ 计算机控制系统使得控制与管理容易结合并实现更高层次的自动化;

⑤ 计算机控制系统能够比较方便地实现系统的自动检测和故障诊断,提供了系统的可靠性和容错、维修能力。

1.2　计算机控制系统的组成

尽管计算机控制系统随着服务对象的不同其组成的规模也不同,但是其基本组成是相同的,一般分为硬件和软件两大部分。

1.2.1　计算机控制系统的硬件组成

计算机控制系统必须有一套性能良好的硬件支持才可以有效地运行。图 1-6 所示为计算机控制系统硬件配置的基本组成,图中虚线框内表示实时控制所必需的计算机系统的最小配置。

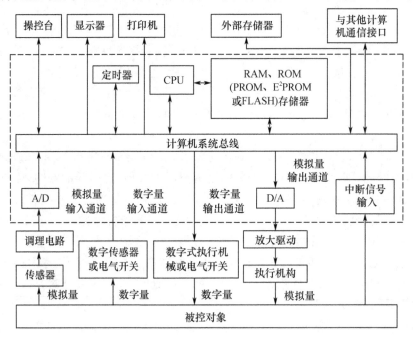

图 1-6　计算机控制系统硬件组成框图

1. 主机

由微处理器、内存储器及时钟电路组成,是控制系统的核心。它根据输入通道送来的被控对象的状态参数,按照预先安排好的程序,自动进行信息处理,并作出相应的控制决策,然后以信息的形式通过输出通道发出控制命令,控制被控对象进行工作。

从整个系统结构考虑,主机应具有较完善的中断系统、足够的存储容量、完善的 I/O 通道和实时时钟。应注意主机的运算速度及数据存取速度,应满足在一个采样周期内完成单路或多路数据采集、处理、运算及将输出量输出到执行机构等所需的时间。其信息处理能力要与控制系统的性能要求相适应。

常用的计算机控制系统主机有可编程序控制器(PLC)、工控机(IPC)、单片机、DSP(数字信号处理器)、智能调节器(智能调节器是一种数字化的过程控制仪表)等。

2. 标准外部设备

常用的标准外设按功能分为 3 类。

输入设备:键盘、鼠标、扫描仪等,用来输入程序、数据和操作命令。

输出设备:打印机、绘图机、CRT 显示器等,它们以字符、曲线、表格和图形等形式反映控制过程。

外存储器:磁盘、磁带、光盘等,它们兼有输入和输出两种功能,用来存放程序和数据。

3. 过程通道

过程通道是计算机和被控对象之间交换信息的桥梁,是计算机控制系统按特殊要求设置的部分。按传送信号的形式可分为模拟量通道和开关量通道,按信号传送的方向可分为输入通道和输出通道。

① 模拟量输入通道:用来将被控对象的模拟量被控(或被测)参数转变为数字信号并送给计算机,它由以下几部分组成。

● 传感器(检测元件):用来对被控参数瞬时值进行检测,将其变为电信号。

● 变送器:用来将传感器得到的电信号转变为统一的直流电流(0~10mA 或 4~20mA)或直流电压(0~5V 或 1~5V)信号。

● 多路采样器:也称多路模拟开关或多路转换器,用于对多路模拟量信号进行分时切换,即将时间上连续的模拟量信号转换为时间上离散的模拟量信号。

● A/D 转换器:用于将时间上离散、幅值上连续的模拟量信号转换成幅值也离散的数字信号,并送入主机中处理。为减少被控参数值随时间变化对 A/D 转换器精度的影响,可在多路采样器之后加接采样保持器和信号放大器。其中放大器的作用是把输入的微弱信号(当没有变送器时)放大到 A/D 转换器所要求的输入电平,并在模拟量输入信号和 A/D 转换器间进行阻抗匹配和隔离。

② 模拟量输出通道:许多执行机构的控制信号是模拟的电压或电流信号,因此计算机输出的数字信号必须经 D/A 转换器变为模拟量后,方能去控制执行机构。执行器按动力源可分为电气式、液压式、气动式和其他方式。对于气动或液压的执行机构,需经过电-气和电-液转换装置。

在电气执行器中,一般有交直流伺服电机、步进电机、电磁线圈等。

当要控制多个回路时,还需使用多路输出装置进行切换。考虑到多个回路的输出信号在时间上是离散的,而执行机构要求的是连续的模拟量信号,所以多路输出的信号都应采用输出保持器加以保持后再去控制执行机构。

③ 开关量输入通道:用于将控制现场的各种继电器、限位开关等的状态(通或断)输入计

算机。

④ 开关量输出通道：控制系统中继电器、接触器的闭合或断开，电机的启动、停止，指示灯和报警信号的通断，都可以用输出"0"和"1"状态来控制。完成这些功能的部件就组成了开关量输出通道。

由上可知，过程通道由各种硬件设备组成，它们起着信息交换和传递的作用，配合相应的输入、输出控制程序，使主机和被控对象间能进行信息交换，从而实现对生产机械、过程的控制。

4. 接口

接口是用来协调计算机与外设和过程通道的工作，是通道和计算机之间的中介部分，经接口联系，通道便于接受计算机的控制，使用它可达到由计算机从多个通道中选择特定通道的目的。

5. 人机联系设备

操作员与计算机之间的信息交换是通过人机联系设备进行的。在计算机控制系统中，一般应有一个控制台（或操作面板），以便操作人员能和计算机系统"对话"，使操作人员及时了解被控对象、过程的状态，进行必要的人为干预，修改有关参数或紧急处理某些事件。

人机联系设备中最简单、最基本和最普通的形式是装有按钮、转换开关、拨码开关、指示灯、LED 显示器和带有声光报警器的操作面板。这种操作面板一般是由用户根据具体情况自行设计的。

现在的工业控制机系统生产厂商常为用户提供了操作控制台，它是一种高性能的人机接口设备。它采用 CRT 或先进的触摸显示屏，即可以以屏幕窗口画面的形式或以文件表格的形式提供人与过程的界面或人与系统的界面。将整个生产过程置于操作人员的监视之下，通过屏幕向操作人员提供生产过程的全部信息。例如：被测参数的即时值、历史值，设备的运行状态的曲线和棒图，越限参数的报警，故障显示等。操作人员可根据生产的需要进行某些必要的干预操作，如改变参数的设定值和调节器的整定参数、启动某些泵机和开关阀门等操作，从而控制系统的运行。

有些厂商提供适用于各种操作系统平台下的系统监控组态软件，用户不需要编程就能从工业生产对控制的要求出发方便地选择控制算法、控制策略，将各功能模块互连构成控制系统，动态显示各种组态画面、绘制显示图表、建立有关数据库，生成所需的应用软件。

6. 通信设备

现代化控制系统被控过程的规模一般比较大，对被控对象的控制和管理也很复杂，往往需要几台或几十台计算机才能分级完成控制和管理任务。这样，在不同位置、不同功能的计算机之间和设备之间就需要通过通信设备进行信息交换。为此，需要把多台计算机或设备连接起来构成计算机通信网络。

1.2.2 计算机控制系统的软件组成

硬件只为计算机控制系统提供了物质基础，要想把人的思维和知识用于对被控过程的控制和管理，则必须提供软件。软件是各种程序的统称，软件的优劣不仅关系到硬件功能的发挥，而且也关系到计算机对被控过程的控制品质和管理水平。

软件通常分为两大类：系统软件和应用软件。

1. 系统软件

系统软件一般包括操作系统、程序设计系统、通信网络软件和诊断系统等，具有一定的通用性。系统软件一般由厂家提供，不需要用户设计。

2. 应用软件

应用软件是控制系统设计人员针对某个具体任务，根据所选用的硬件及软件环境和系统要求而编制的控制和管理程序。一般包括控制算法程序、输入/输出接口程序、监控程序和信息管理程序等。

由于计算机控制系统是实时在线运行的系统，在构成计算机控制系统硬件及软件时，必须充分保证系统运行的实时性及可靠性。

1.3　计算机控制系统的结构形式

计算机控制系统分类的方法有很多种，可以按照控制方式、控制规律和控制关系进行分类，按照计算机参与控制方式分类，可分成以下几种类型。

1.3.1　操作指导控制系统

操作指导控制系统的结构如图 1-7 所示，这是计算机应用于工业生产过程中最早的一种形式。该系统不仅具有数据采集和处理的功能，而且能够为操作人员提供反映生产过程工况的各种数据，并相应地给出操作指导信息，供操作人员参考。

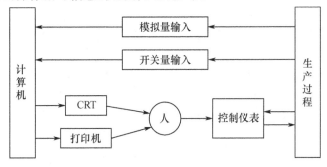

图 1-7　操作指导控制系统结构示意图

计算机首先通过模拟量输入通道和开关量输入通道实时地采集数据，然后根据一定的控制或管理方法进行计算，最后通过 CRT 或打印机输出操作指导信息。另一种是按照预先存入计算机的操作顺序和操作方法，根据生产工艺流程逐条输出操作信息。

操作指导控制系统是一种开环控制系统，其优点是结构简单，控制灵活、安全。缺点是要人工操作，速度受到限制，不适合用于快速过程的控制和多个对象的控制。

1.3.2　直接数字控制系统

直接数字控制系统（Direct Digital Control）简称 DDC，如图 1-8 所示，计算机首先通过模拟量输入通道（A/D）和开关量输入通道（DI）实时采集数据，然后按照一定的控制规律进行计算，最后发出控制信息，并通过模拟量输出通道（D/A）和开关量输出通道（DO）直接控制生产过程。DDC 系统属于计算机闭环控制系统，是计算机在工业生产过程中最普遍的一种应用方式。

由于 DDC 系统中的计算机直接承担控制任务，所以要求实时性好、可靠性高和适应性强。为了充分发挥计算机的利用率，在早期的时候，一台计算机通常要控制几个或几十个回路，那就要合理地设计应用软件，使之不失时机地完成所有功能。现在使用单片机等，可用一台单片机控制一套系统。

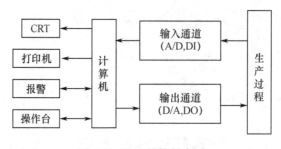

图 1-8　DDC 结构示意图

　　工业生产现场的环境恶劣、干扰频繁,直接威胁着计算机的可靠性。因此,必须采取抗干扰措施来提高系统的可靠性,使之能适应各种工业环境。

1.3.3　监督控制系统

　　监督控制系统(Supervisory Computer Control,SCC)通常采用两级计算机,第一级为 DDC 用计算机,完成上述直接数字控制的功能;第二级为 SCC 计算机,它根据反映生产过程工况的数据和数学模型进行必要的计算,给 DDC 计算机提供各种控制信息,比如最佳给定值和最优控制量等。如图 1-9 所示。

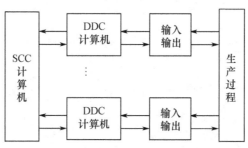

图 1-9　SCC 结构示意图

　　这种控制效果主要取决于所建立数学模型的优劣。该数学模型一般是针对某一目标函数设计的,如果数学模型能使目标函数达到最优状态,则控制过程就能达到最优状态;如果数学模型不理想,控制效果也不会理想。这种类型的系统已趋减少。

1.3.4　集散控制系统

　　随着工业生产过程规模的扩大和综合管理与控制要求的提高,人们开始应用以多台计算机为基础的集散控制系统(Distributed Control System,DCS)。DCS 是将控制系统分成若干个独立的局部子系统,用以完成被控过程的自动控制任务,通过通信网络将各个局部子系统联系起来,实现大系统意义上的总体目标优化,通过协调器实现全系统的协调控制。

　　集散控制系统是控制(Control)、计算机(Computer)、数据通信(Communication)和屏幕(CRT)显示技术的综合应用,通常也将集散控制称为 4C 技术。集散控制系统对企业经营管理和生产过程控制分别由几级计算机进行控制,采用分散控制、集中操作、分级管理控制和综合协调的原则进行设计,系统从上而下分成生产管理级、控制管理级和过程控制级等,各级之间通过数据传输总线及网络互相连接起来,如图 1-10 所示。系统中的过程控制级完成过程的检测与直接控制任务。控制管理级通过协调过程控制器工作,实现生产过程的动态优化。生产管理级完成生产计划和工艺流程的制定以及对产品、人员、财务管理的静态优化。

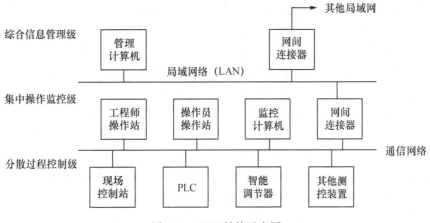

图 1-10　DCS结构示意图

集散控制系统是作为过程控制的一种工程化产品提出的,目前在运动控制与逻辑控制领域也得到了发展,形成了综合自动化系统。

1.3.5　现场总线控制系统

现场总线控制系统(Fieldbus Control System,FCS)是新一代分布式控制系统,如图 1-11 所示。DCS 的结构模式为"操作站——控制站——现场仪表"3 层结构,系统成本较高,而且各厂商的 DCS 有各自的标准,不能互连。FCS 与 DCS 不同,FCS 的结构模式为"操作站——现场总线智能仪表"两层结构,FCS 用两层结构完成了 DCS 中的 3 层结构功能,降低了成本,提高了可靠性,可实现真正的开放式互连系统结构。

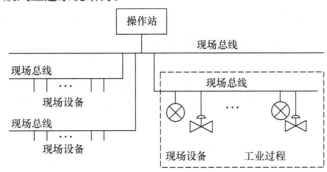

图 1-11　FCS结构示意图

现场总线控制系统的核心是现场总线。根据现场总线基金会(Field Bus Foundation)的定义,现场总线是连接智能设备与控制室之间的全数字式、开放的、双向的通信网络。

现场总线的节点是现场设备或现场仪表,如传感器、变送器和执行器等,但不是传统的单功能现场仪表,而是具有综合功能的智能仪表。如温度变送器,不仅具有温度信号变换和补偿功能,还具有 PID 控制和运算功能。现场设备具有互换性和互操作性,采用总线供电,具有本质安全性。现在国际上流行的设备级的通信网络有很多,如 CANBUS、LONWORKS、PROFIBUS、HART 和 FF 等。

1.3.6　综合自动化系统

在现代工业生产中,综合自动化系统不仅包括各种简单和复杂的自动调节系统、顺序逻辑控制系统、自动批处理控制系统、联锁保护系统等，也包括各生产装置先进控制、企业实时生产数据集成、生产过程流程模拟与优化、生产设备故障诊断和维护、根据市场和生产设备状态进行生产计划和生产调度系统、以产品质量和成本为中心的生产管理系统、营销管理系统和财务管理系统等，涉及产品物流增值链和产品生命周期的所有过程，为企业提供全面的解决方案。

图 1-12　综合自动化
系统 3 层结构

目前，由企业资源信息管理系统（Enterprise Resources Planning，ERP）、生产执行系统（Manufacturing Execution System，MES）和生产过程控制系统（Process Control System，PCS）构成的 3 层结构，已成为综合自动化系统的整体解决方案，如图 1-12 所示。综合自动化系统主要包括制造业的计算机集成制造系统（Computer Integrated Manufacturing System，CIMS）和流程工业的计算机集成过程系统（Computer Integrated Process System，CIPS）。

综合自动化系统是计算机技术、网络技术、自动化技术、信号处理技术、管理技术和系统工程技术等新技术发展的结果，它将企业的生产、经营、管理、计划、产品设计、加工制造、销售及服务等环节和人力、财力、设备等生产要素集成起来，进行统一控制，以得到生产活动的最优化。

1.4　计算机控制系统的发展概况和发展趋势

1.4.1　计算机控制系统的发展概况

1. 计算机技术的发展过程

计算机控制是以自动控制理论和计算机技术为基础的。自动控制理论是计算机控制的理论支柱，计算机技术的发展又促进了自控理论的发展和应用。因此计算机控制系统的发展，紧密地联系到计算机本身的发展。

追溯计算机控制在工业上的应用历史，可从 20 世纪 50 年代中期算起，此后可按计算机控制的发展进程分成：20 世纪 50 年代的起步期、20 世纪 60 年代的试验期、20 世纪 70 年代的推广期、20 世纪 80 年代的成熟期、20 世纪 90 年代以后的进一步发展期。

世界上第一台数字计算机（ENIAC）开始研制于 1943 年，于 1946 年诞生在美国，重 30 吨，用了 18000 个电子管，功率 25kW。起初计算机用于科学计算和数据处理，之后，人们开始尝试将计算机用于导弹和飞行的控制。然而，由于那时的计算机是电子管式的，体积、功耗太大，可靠性又差，用来构建控制系统不现实。此后的计算机仍是用来进行科学计算和数据处理的。

20 世纪 50 年代中期，美国人开始在工业过程控制中研究计算机控制的可行性，1956 年，美国 TRW 航空公司与美国得克萨斯州的一个炼油厂合作，经过三年的努力，于 1959 年 3 月研制成功了一个采用 RW-300 计算机控制的聚合装置系统，世界上第一套有一定规模的工业过程计算机控制系统正式投入运行并获得成功。该系统控制过程中有 26 个流量、72 个温度、3 个压力和 3 个成分，主要用于数据处理和操作指导，控制系统的目的是使反应器的压力最小，确定出反应器进料量的最佳分配，并根据催化作用去控制热水流量和最优循环。

美国人的开创性工作，奠定了计算机控制的基础，吸引了各个方面的广泛注意和兴趣。计算机制造商看到了计算机应用的新市场；工业界则发现计算机将成为实现工业自动化的一个新工具；学术界和教育界看到了一个新兴的研究领域和对计算机控制人才的需求。所有这些都有力地推动了计算机控制和计算机本身的进一步发展。

第一代计算机是电子管计算机,其运算速度慢、价格昂贵、体积大、可靠性差,1958年前后的计算机的平均无故障时间(MTBF)约为50~100h。这些缺点极大地限制了计算机控制在工业上的推广应用。由于价格昂贵,一台计算机要承担很多的控制任务才能发挥其优越性。而计算机的可靠性差使其主要用于数据处理、操作指导和监督控制等简单控制功能,真正用来进行闭环控制的系统非常少。

20世纪60年代初,伴随半导体技术的发展,出现了晶体管计算机,它的体积缩小了,运算速度有了提高,可靠性也增加了。计算机的MTBF大约为1000h。人们开始采用计算机去完全取代模拟控制器而直接用计算机控制过程变量,即所谓直接数字控制(DDC)。1962年英国的帝国化学工业公司就成功地实现了一个DDC系统,该系统的数据采集量为244个,控制了129个阀门。DDC系统的出现是计算机控制技术发展的一个重要的里程碑,它将计算机纳入了系统的闭环控制回路,可以较好地发挥计算机控制的优势,所以DDC系统的实现无疑是计算机控制系统的一大进步。但是计算机的价格仍然太高,可靠性仍然不能满足很多部门和生产过程控制的要求,因此,计算机控制的推广应用仍然受到很大的限制。

整个20世纪60年代,集成电路技术发展迅速,促使计算机技术又有了很大的发展。计算机运算速度加快,体积减小,可靠性和性价比又有了进一步的提高,MTBF提高到大约2000h。到了20世纪60年代的后期,出现了用中小规模集成电路制作的小型计算机。小型计算机的出现使得更多场合可以采用计算机控制,因此加快了计算机控制系统的发展。但是小型计算机的价格还是比较贵,只有规模较大的控制项目才有可能采用,对于大量的中、小规模控制项目,采用计算机控制仍然是可望而不可即的事。

计算机控制的蓬勃发展是从20世纪70年代初出现微型计算机开始的。随着大规模集成电路技术的突破,微型计算机于1971年问世。微型计算机的出现使得计算机控制进入了一个崭新的发展阶段。微型计算机的突出特点是运算速度快、体积小、可靠性高、价格低廉。它消除了长期阻碍计算机控制发展中计算机价格昂贵和可靠性差的两大问题,并使计算机控制系统的结构形式发生变化,从传统的集中控制为主的系统逐渐转变为集散式控制系统(DCS)。20世纪70年代中期出现的DCS,成功地解决了传统集中控制系统整体可靠性低的问题,从而使计算机控制系统获得了大规模的推广应用。1975年世界上几个主要计算机和仪表公司几乎同时推出了计算机集散控制系统,如美国HoneyWell公司的TDC-2000、日本横河公司的CENTUM等,并都得到了广泛的工业应用。但是,DCS不具备开放性、互操作性,布线复杂,费用高。

20世纪80年代以后,超大规模集成电路技术发展迅速,使计算机朝着超小型化、软件固化和控制智能化方向发展。微处理器在测量仪表、执行装置等自动化仪表上的应用促使它们向智能化方向发展。20世纪80年代中后期出现了将现场控制器和智能化仪表等现场设备用现场通信总线互连构成的新型分散控制系统——现场总线控制系统(FCS)。FCS具有开放性、互操作性和彻底分散性等特点,并且易于同上层管理级以及互联网实现互连构成多级网络控制系统。FCS的可靠性更高,成本更低,设计、安装调试、使用维护更简单。因此,FCS已成为现今计算机控制系统发展的新潮流。

2. 计算机控制理论的发展过程

以上从计算机技术的层面介绍了计算机控制的发展历程。实际上,计算机控制的发展不仅和计算机技术的发展关系密切,而且与控制理论的应用与发展也有密切的关系。

下面我们回顾一下采样系统理论的发展过程。

(1)采样定理

既然所有的计算机控制系统都只根据离散的过程变量值来工作,那么就要弄清楚信号在什么条件下，才能只根据它在离散点上的值重现出来。此关键性的问题是由奈奎斯特(Nyquist)解决的，他证明，要把正弦信号从它的采样值中复现出来，每周期至少必须采样两次。香农(Shannon)于 1949 年在他的重要论文中完全解决了这个问题。

（2）差分方程

采样系统理论的最初起源与某些特殊控制系统的分析有关。奥尔登伯格(Oldenburg)和萨托里厄斯(Sartorius)于 1948 年对落弓式检流计的特性做了研究，这项研究对采样系统理论作出了最早的贡献。也已证明，许多特征都可以通过分析一个线性时不变的差分方程来理解，即用差分方程代替了微分方程。

（3）z 变换法

由于拉普拉斯变换理论已经成功地应用于连续时间系统中，人们自然想到为采样系统建立一种类似的变换理论。

（4）状态空间理论

状态空间理论是现代控制理论中建立在状态变量描述基础上的对控制系统分析和综合的方法。状态与状态变量描述的概念早就存在于经典动力学和其他一些领域，但将它系统地应用于控制系统的研究，则是从 1960 年卡尔曼(R. E. Kalman)发表《控制系统的一般理论》的论文开始的。状态空间法的引入促成了现代控制理论的建立。

（5）最优控制与随机控制

最优控制理论是现代控制理论的一个主要分支，着重于研究使控制系统的性能指标实现最优化的基本条件和综合方法，是研究和解决从一切可能的控制方案中寻找最优解的一门学科。它是现代控制理论的重要组成部分。1948 年维纳(N. Wiener)发表了题为《控制论——关于动物和机器中控制与通信的科学》的论文，第一次科学地提出了信息、反馈和控制的概念，为最优控制理论的诞生和发展奠定了基础。

随机控制理论的目标是解决随机控制系统的分析和综合问题。维纳滤波理论和卡尔曼-布什(R. E. Kalman-R. S. Bucy)理论是随机控制理论的基础。

（6）代数系统理论

代数系统理论对线性系统理论有了更好的理解，并应用多项式方法解决特殊问题。

（7）系统辨识与自适应控制

系统辨识与自适应控制的研究对象是具有一定程度不确定性的系统，这里所谓的"不确定性"是指描述被控制对象及其环境的数学模型不是完全确定的，其中包含一些未知因素和随机因素。而自适应控制器则能根据系统辨识的结果，修正自己的特征以适应对象和扰动的动态特性的变化。20 世纪 70 年代奥斯特隆姆(K. J. Astrom)和朗道(L. D. Landau)在自适应控制理论和应用方面作出了贡献。

（8）先进控制技术

先进控制技术主要包括模糊控制技术、神经网络控制技术、专家控制技术、预测控制技术、内模控制技术、分层递阶控制技术、鲁棒控制技术、学习控制技术、非线性控制技术等。先进控制技术主要解决传统的、经典的控制技术所难以解决的控制问题，代表着控制技术最新的发展方向，并且与多种智能控制算法是相互交融、相互促进发展的。

几十年来，随着计算机技术的发展，计算机控制系统及其技术已经取得了巨大进步和发展，得到了广泛的应用。但是，就系统对控制对象的控制功能而言，大多数计算机控制系统的控制功能并没有得到充分的发挥，其应用水平仍然较低。绝大多数工业过程计算机控制系统至今仍然沿用传统的 PID 反馈控制律。然而，当对象参数的时变性、不确定性、非线性等变得突出时，再用传统的 PID 控制律就不能达到较好的控制效果。造成这种局面的主要原因有以下方面。

① 自 20 世纪 60 年代以来,控制理论的理论研究有了很大的发展,先后形成了最优控制、多变量控制、系统辨识、自组织自适应控制、鲁棒控制、预测控制以及智能控制等一系列先进控制理论和方法。然而,这些先进控制理论和方法有些需要对象的精确数学模型,有些导出控制律非常复杂,不能满足实时计算的要求,有些有附加的应用条件,有些实际控制效果并不比 PID 效果好,种种原因使得它们大多在工程上难以应用。20 世纪 80 年代兴起的智能控制,前景诱人,其中的模糊控制有不少工业应用的实例。但总的看智能控制,迄今仍处于可行性研究阶段,还没有形成系统的应用技术。

② 先进控制理论和方法大多涉及较多较难的数学知识。工程应用时,控制规律设计、软件实现以及参数调整通常都比较复杂,专业性很强,一般工程技术人员难以掌握。

综上所述,计算机控制的未来发展一方面受计算机技术发展的推动,另一方面则依赖控制理论和应用的进步和发展。只有不断提高控制水平,才能发挥计算机控制系统的更大潜在功能。

1.4.2　计算机控制系统的发展趋势

计算机控制技术的发展与以数字化、智能化、网络化为特征的信息技术发展密切相关,微电子技术、传感器与检测技术、计算机技术、网络与通信技术、先进控制技术、优化调度技术等都对计算机控制系统发展产生了重要的影响。要推广和应用好计算机控制系统,就需要对被控对象或生产过程有较深刻的了解,要对过程检测技术、先进控制理论与技术、计算机技术等领域进行较深入的研究。

计算机控制系统的发展趋势大致表现在以下几个方面。

1. 推广应用成熟的先进技术

（1）普及应用可编程序控制器（PLC）

近年来,开发了具有智能 I/O 模块的 PLC,它可以将顺序控制和过程控制结合起来,实现对生产过程的控制,并具有高可靠性。

（2）广泛使用智能控制器

智能调节器不仅可以接收 4～20mA 电流信号,还具有 RS-232 或 RS-422/485 通信接口,可与上位机连接成主从式测控网络。

（3）采用新型的 DCS 和 FCS

发展以现场总线技术等先进网络通信技术为基础的 DCS 和 FCS 控制结构,并采用先进的控制策略,向低成本综合自动化系统的方向发展,实现计算机集成制造/过程系统（CIMS/CIPS）。

2. 大力研究和发展先进控制技术

先进控制技术以多变量解耦、推断控制和估计、多变量约束控制、各种预测控制、人工神经元网络控制和估计等技术为代表。模糊控制技术、神经网络控制技术、专家控制技术、预测控制技术、内模控制技术、分层递阶控制技术、鲁棒控制技术、学习控制技术已成为先进控制的重要研究内容。由于先进控制算法的复杂性,先进控制的实现需要足够的计算能力作为支持平台。构建各种控制算法的先进控制软件包,形成工程化软件产品,也是先进控制技术发展的一个重要研究方向。

3. 计算机控制系统的发展趋势

（1）控制系统的网络化

随着计算机技术和网络技术的迅猛发展,各种层次的计算机网络在控制系统中的应用越来越广泛,规模也越来越大,从而使传统意义上的回路控制系统所具有的特点在系统网络化过程中发生了根本变化,并最终逐步实现了控制系统的网络化。

（2）控制系统的扁平化

随着企业网技术的发展,网络通信能力和网络连接规模得到了极大的提高。现场级网络技术使得控制系统的底层也可以通过网络相互连接起来。现场网络的连接能力逐步提高,使得现场网络能够接入更多的设备。新一代计算机控制系统的结构发生了明显变化,逐步形成两层网络的系统结构,使得整体系统出现了扁平化趋势,简化了系统的结构和层次。

（3）控制系统的智能化

人工智能的出现和发展,促进自动控制向更高的层次发展,即智能控制。智能控制是一类无须人的干预就能够自主地驱动智能机器实现其目标的过程,也是用机器模拟人类智能的又一重要领域。随着多媒体计算机和人工智能计算机的发展,应用自动控制理论和智能控制技术来实现先进的计算机控制系统,必将大大推动科学技术的进步和工业自动化系统的水平。

（4）控制系统的综合化

随着现代管理技术、制造技术、信息技术、自动化技术、系统工程技术的发展,综合自动化技术(ERP＋MES＋PCS)广泛地应用到工业过程,借助于计算机的硬件、软件技术,将企业生产全部过程中有关人、技术、经营管理三要素及其信息流、物流有机地集成并优化运行,为工业生产带来更大的经济效益。

（5）绿色化

为了减少、消除自动化设备对人类、环境的污染和损害,提出了绿色自动化技术的概念,主要包括保障信息安全、减少信息污染、电磁谐波抑制、洁净生产、人机和谐和绿色制造等。这是全球可持续发展战略在自动化领域中的体现,是自动化学科的一个崭新课题。

习题与思考题 1

1-1　一个计算机控制系统最小的采样周期受到什么因素限制?

1-2　计算机控制系统的组成中为什么需要有开关量的输入/输出通道?

1-3　计算机控制系统的工作过程有什么特点? 与连续控制系统比较有什么异同点?

第 2 章　通道接口技术

在计算机控制系统中，为了实现计算机对被控对象的控制，要将对象的被控参数及运行状态进行检测，并转换成计算机能够接受的形式送入计算机进行处理，处理后的结果还须转换成适合于对被控对象进行控制的信号。因此，在计算机和被控对象之间，必须设置信息的传递和变换装置，该装置称为过程输入/输出通道。过程通道包括模拟量输入/输出通道和数字量输入/输出通道。本章主要介绍通道接口技术，包括计算机对外围通道的控制、输入/输出通道的设计。

2.1　计算机对外围通道的控制

计算机对外围通道的控制，一般说来其工作基础是中断系统，具体实施是通过接口电路进行的，计算机的输入/输出指令及其有关的逻辑提供了 CPU 使用外围通道的全部控制信号。因此本节重点介绍指令、中断、接口 3 个问题。

2.1.1　输入/输出指令

1. 输入/输出接口的编址方式

计算机对外围通道的访问实质上是对输入/输出接口电路中相应的端口进行访问，与外围通道的连接一般要用到地址总线、数据总线、控制总线。如图 2-1 所示。当外围通道地址确定之后，CPU 可以对该地址进行读/写。执行读指令，可以把外围通道的数据传到 CPU；执行写指令，CPU 的数据传给外围通道。

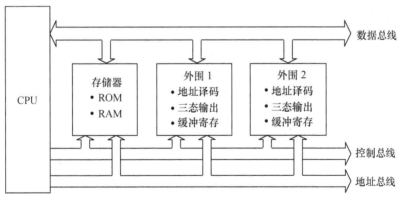

图 2-1　三总线

外围通道的地址对 CPU 来说有两种编址方式：统一编址方式和独立编址方式。

（1）统一编址方式

统一编址方式是按存储器布局的，即将外围通道的地址分配在存储器的地址空间。这种方式实际上是把 I/O 地址映射到存储空间，作为整个存储空间的一小部分，即：系统把存储空间的一小部分划出来供外围通道使用。也就是把系统中的每一个 I/O 端口都看作一个存储单元，并与存储单元一起统一编址，因此又称为存储器映像 I/O。采用这种编址方式的 CPU 有 MCS-51系列单片机、三级流水线的 ARM 系列单片机等。在这种编址方式下，计算机对外围通道的输入/输出操作就像对一个存储单元进行读/写操作一样,所有访问存储器的指令均可以适用于输入/输出。这种寻址方式的优点是:简化了指令系统的设计,在 CPU 指令集中不必包含 I/O 操作指令;访问 I/O 设备的指令类型多、功能强,能用访问存储器指令,对 I/O 设备进行方便、灵活的操作;I/O 地址空间可大可小,能根据实际系统上的外设数目来调整。统一编址方式的主要缺点是 I/O 端口占用了存储单元的地址空间,且 I/O 译码电路变得较复杂;访问存储器的指令一般比较长,延长了输入/输出操作时间;程序可读性较差,程序中较难区分是否为 I/O 操作。

(2) 独立编址方式

独立编址方式是按输入、输出布局,即对系统中的输入/输出端口地址单独编址,又称为隔离 I/O。这种编址方式,输入/输出端口构成一个 I/O 空间,不占用存储空间,访问输入/输出端口时只能用专门的指令 IN 和 OUT,并有相应的控制线指示是 I/O 操作。采用这种独立编址方式的 CPU 有 80X86 系列,采用 5 级及以上流水线的 ARM9、ARM10、ARM11 系列单片机等。这种寻址方式的优点是:可读性好,输入/输出指令和访问存储器的指令有明显的区别,使程序非常清晰;I/O 指令长度短,执行速度快,占用内存空间少;I/O 地址译码电路较简单。独立编址方式的主要缺点是:CPU 指令系统中必须有专门的 IN 和 OUT 指令,而且这些指令的功能没有访问存储器的指令强。

两种寻址方式各有利弊,一般要根据所用的 CPU 类型来确定输入/输出接口的编制方式。

2. 输入/输出指令和时序

了解了外围通道的两种编址方式之后,我们知道选用不同编址方式需要使用不同指令。采用存储器布局,相应地只能使用访问存储器指令;采用隔离 I/O,则需使用专门的输入/输出指令。

下面介绍指令时序。了解时序的目的是使大家知道一条指令执行的过程中,CPU 能提供给用户哪些信号,这些信号相互之间时间配合上的关系,要求接口电路设计者所选用的输入三态门电路和输出寄存器的动作时序要与指令时序相一致。

下面以 IBM PC 总线的 I/O 时序为例。IBM PC 的 CPU 是 Intel 8088,采用独立编址方式,其主机板上有用于扩展各种接口的扩展槽(即为系统总线)。它们是经过主机板逻辑处理后,由 CPU 提供给用户使用的信号线。其输入/输出指令分为直接端口寻址和寄存器间接寻址两种方式。

直接端口寻址的输入/输出指令格式是:

IN	AL,PORT	;将 PORT 端口的字节输入到 AL
IN	AX,PORT	;将 PORT 和 PORT+1 两端口的内容输入到 AX
OUT	PORT,AL	;将 AL 中的 1 个字节输出到 PORT
OUT	PORT,AX	;将 AX 中的字输出到 PORT 和 PORT+1 两个端口,其中 PORT 为通道的端口地址,为 1 字节,寻址范围为 0~255

DX 寄存器间接寻址的输入/输出指令格式是:

IN	AL,DX	;从(DX)所指的端口中读取一个字节输入到 AL
IN	AX,DX	;从(DX)和(DX)+1 所指的两个端口读取一个字输入到 AX
OUT	DX,AL	;将 AL 中的字节输出到(DX)所指的端口
OUT	DX,AX	;将 AL 中的字节输出到(DX)所指端口,同时将 AH 中的高位字节输出到(DX)+1 所指端口,间接寻址范围为 0~65535

每条指令的执行都是在统一时钟脉冲控制下一个节拍一个节拍地进行的。指令执行过程所需的时钟脉冲称为指令周期。

IBM PC 总线的 I/O 时序如图 2-2 所示。

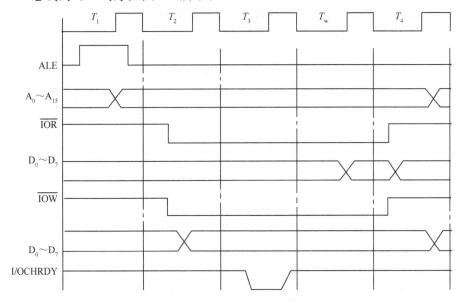

图 2-2　PC 总线的 I/O 时序

这些总线周期通常是 4 个时钟周期长，但 PC 设计成可自动插入一个额外的 T_w（等待）时钟，因此在 PC 中，所有 I/O 总线周期最小均为 5 个时钟周期或者长度均为 $1.05\mu s$。总线周期能够通过控制系统总线上的准备就绪信号（I/OCHRDY）进一步延长。由 8088 硬件所决定，I/O 总线周期中 PC 地址引线 $A_{16}\sim A_{19}$ 是无效的。

8088 处理器执行 IN 指令时，启动 I/O 读总线周期，在 T_1 期间 ALE 信号有效，表明在 ALE 的下降沿，地址总线 $A_0\sim A_{15}$ 包含有效的 I/O 端口地址。在 T_2 期间总线控制信号 $\overline{IOR}$ 有效，表明被访问的输入端口需将其内容送到数据总线上作为响应。在 T_4 时钟的起始部分，处理器对数据总线上的数据采样，然后 $\overline{IOR}$ 信号失效。

8088 处理器执行 OUT 指令时，启动 I/O 写总线周期，在 T_1 期间 ALE 信号有效，表明在 ALE 的下降沿，地址总线包含有效的 I/O 端口地址，随后在 T_2 期间总线控制信号 $\overline{IOW}$ 有效，表明被访问的端口需从数据总线上取数据。在 T_2 周期的后半部，8088 处理器驱动数据总线将数据送到输出端口。在 T_4 时钟开始后，$\overline{IOW}$ 信号失效，8088 处理器从总线中移去数据。

在 80X86 系列 CPU 中，用地址总线的低 16 位来寻址输入/输出端口，最多可以访问 65536 个输入/输出端口。实际应用中，输入端口和输出端口可以用相同的地址，因此系统能寻址的总端口数还将扩大一倍。8086CPU 的偶地址端口数据使用低 8 位数据总线传送，奇地址端口数据使用高 8 位数据总线传送，奇、偶地址端口的数据传送由 $\overline{BHE}$ 和 A_0 控制，I/O 端口的读/写选通信号为 $\overline{IOR}$ 和 $\overline{IOW}$。如图 2-3 所示。

下面再介绍一种以存储器布局方式工作的 8098 单片机对外部存储器或 I/O 操作的时序。8098 单片机有多种运行方式，最常用的是标准总线方式，它使用 16 位多路复用地址和 8 位数据总线。CPU 通过与 8 位数据总线复用的 16 位地址总线 $AD_0\sim AD_7$、$A_8\sim A_{15}$，来对外部存储器或 I/O 进行寻址。为了将总线上的地址和数据信号分离，8098 提供了地址锁存允许信号 ALE，利用其下降沿给一个锁存器（如 74LS373）送一个信号，用以锁存来自 $AD_0\sim AD_7$ 的低 8 位地址。

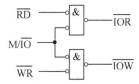

图 2-3　读/写选通信号

图 2-4 所示为 8098 对外部存储器或 I/O 进行操作的时序。当对外存储器或 I/O 进行操作时，ALE 变高，16 位地址从 $AD_0 \sim AD_7$ 和 $A_8 \sim A_{15}$ 引脚送出。其后 ALE 变低，$AD_0 \sim AD_7$ 被锁存而 $A_8 \sim A_{15}$ 一直有效。

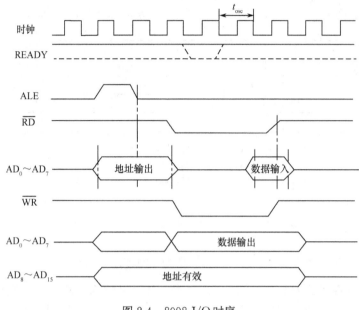

图 2-4　8098 I/O 时序

读操作：在读外部存储器或 I/O 期间，存储器或 I/O 的数据必须在 $\overline{RD}$ 信号上升沿出现之前放到 $AD_0 \sim AD_7$ 总线上并稳定下来。这一稳定时间称为数据建立时间，8098 在 $\overline{RD}$ 信号的上升沿将总线上的数据读入片内。

写操作：对外部存储器的写操作时序与读操作相同，在 $\overline{WR}$ 信号的下降沿后，8098 从总线上撤销地址信号的同时送出所要写入的数据。当 $\overline{WR}$ 变为高电平时，则数据被锁存到外部存储器。

为了实现对低速存储器或 I/O 的存取，8098 还提供一个准备就绪（READY）信号，用以展宽读和写信号的宽度。假如 READY 信号在 ALE 信号下降沿后的规定时间内变为低电平，那么在时钟信号的下降沿到来之前，8098 总线上的状态保持不变（即插入了等待状态）。当 READY 信号变为高电平后，在下一个时钟信号的下降沿，总线操作将继续进行。

从上面两个例子可以看出，尽管时序的形式不同，但是对 I/O 的接口要求是一样的。

2.1.2　中断

计算机与外围通道之间传送数据的方式通常有两种：DMA 传送和程序传送。

DMA 传送较复杂，需要有专门的 DMA 控制器，控制外围设备与存储器之间直接存取，这种传送方式适用于高速、大批量数据传送，大多用于数据采集系统，一般的控制系统较少采用。

程序传送可分为 3 种方式：握手方式、查询方式和中断控制方式。

握手方式如图 2-5 所示。CPU 向外围通道发出启动命令之后，外围通道开始工作，进入"忙"状态，将通道"忙"信号引入 CPU，使 CPU 在通道工作期间一直处于等待状态。待外围通道工作结束，解除 CPU 等待状态，CPU 立即读出数据。这种方式适用于外围通道工作时间在几十微秒以下的系统，不适于低速系统，因为使用这种方式 CPU 等待时间将很可观。

查询方式是 CPU 启动外围通道工作之后，就不停地读进外围通道的工作状态，一旦发现

"忙"状态解除,就立即读进通道的数据。为了不使 CPU 的时间白白浪费在查询上,也可以在 CPU 发出启动命令之后,就去执行其他程序,每隔适当的程序步再去查询外围通道的工作状态。这两种做法,要么浪费计算机机时,要么响应不及时。

中断方式是 CPU 的一种处理外界实时信息的功能。CPU 在正常运行程序时,允许由外部电路随时迫使 CPU 暂停当前运行程序而转向另一个称为中断服务程序的程序段。该程序段往往是为外围通道服务的。当执行完中断服务程序后,再继续运行被中断的程序。

有了中断系统之后,可以克服前面提到的握手方式和查询方式的缺点,特别是直接面向生产过程的外围通道,由于生产系统的特点,决定着外围通道工作速度可以不必很高,这就更有必要用中断控制方式来协调快速 CPU 与慢速外围通道之间的关系。CPU 启动外围通道工作之后就以自己的固有规律工作,当外围通道完成任务之后,向 CPU 发出中断请求,要求 CPU 暂停自己的工作,转去为外围通道服务。这样就可以实现 CPU 使用外围通道而不等待外围通道。这种中断工作方式的流程图如图 2-6 所示。

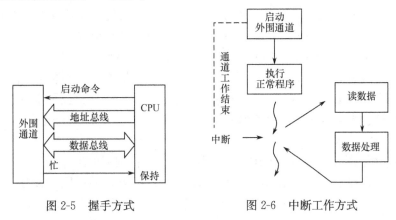

图 2-5　握手方式　　　　　　图 2-6　中断工作方式

下面以 8086 微处理器的中断方式来介绍一般的中断过程,以便了解如何安排中断控制方式。

(1) CPU 响应中断的条件

① 要有中断申请信号。每一个中断源,要能发出中断请求信号,而且这个信号还要能保持住,直至 CPU 响应这个中断。当 CPU 响应这个中断之后,还要能清除这个中断申请。因此要求外围通道的接口电路要设置一个中断申请触发器。

② 该中断申请不被屏蔽。一般为了增加中断的控制灵活性,在通道接口电路中设置有中断屏蔽触发器,只有当此触发器复位后,中断申请才能送到 CPU。多个外围通道的中断屏蔽触发器可以组成一个并行接口,由输出指令来控制它。有了中断屏蔽功能之后,可以用软件修改各中断源的中断优先次序。

一个中断控制逻辑电路如图 2-7 所示。图中 D 触发器 1 为中断申请触发器,D 触发器 2 为中断屏蔽触发器。系统上电时或按了复位按钮后,复位信号(RESET)把中断申请触发器置"0"解除中断申请。当外部有中断申请时,D 触发器 1 置

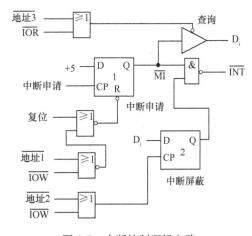

图 2-7　中断控制逻辑电路

"1"并保持,可以向计算机发出中断申请。中断申请能否发出,受中断屏蔽触发器控制,其状态由计算机通过端口地址2送出,往中断屏蔽触发器送"0",屏蔽中断,送"1",解除屏蔽。中断控制输出采用OC门,便于多个中断源实现线"与"。如果有多个中断源提出中断申请,如何判断是哪个中断源? 可以通过查询端口地址3,将 D_i 读进计算机来判断。中断被响应后,应该在中断服务程序中往端口地址1执行输出指令,解除中断申请。在微机接口芯片中,有专门的中断控制器,如8259A,其内部就设有中断请求寄存器和中断屏蔽寄存器。

③ 必须是中断开放的。CPU 内部有一个中断允许触发器,只有为"1"时(即中断开放),CPU 才能响应中断;若为"0"(即中断关闭),即使 CPU 的 INTR 线上有中断请求,CPU 也不响应。这个触发器的状态可由开中断指令 STI 和关中断指令 CLI 来改变。当 CPU 复位时,中断允许触发器为"0",即关中断,所以必须要用 STI 指令来开中断。当中断响应后,CPU 就自动关中断,所以必要时也必须在中断服务程序中用 STI 指令来开中断。

④ CPU 在现行指令结束之后响应中断。为保证一条指令的完整运行,CPU 只在指令运行到最后一个机器周期的最后一个时钟周期才采样 INTR 线,当发现外部有中断请求时,就将内部的中断锁存器置"1",于是下一个机器周期 CPU 不进入取指令周期,而转入中断响应周期。CPU 进入两个连续的中断响应周期,每个响应周期都由 4 个机器周期组成,而且都发出有效的中断响应信号。请求中断的外设,必须在第二个中断响应周期的 T_3 时钟周期前,把反映中断的向量号送至 CPU 的数据总线(通常通过 8259A 传送)。CPU 在 T_4 机器周期的上升沿采样数据总线,获取中断向量号,接着就进入中断服务程序。

(2) CPU 对中断的响应

CPU 响应中断后,自动做两件工作:关中断,以保证保护现场的工作能可靠进行;保护断点,封锁 IP+1,且把 IP 和 CS 推入堆栈保留,以便中断处理完毕后,能返回主程序。然后程序转入中断服务程序。为保证中断处理完后被中断的程序能继续进行,在中断服务之前要做好主程序的现场保护工作,将主程序运行状态,包括累加器、通用寄存器、状态标志寄存器的内容存入堆栈。值得注意的是:不是全部寄存器的内容都要保护,只有那些当前正在使用而在中断服务程序中内容将被改变的寄存器才需要保护。中断服务完成后还要做两件工作:恢复现场,把所有进堆栈的寄存器和状态寄存器的内容取出来,送回原来的位置;开中断,以便 CPU 能响应新的中断请求。最后还要安排一条返回指令 IRET,将保护在堆栈中的 IP 和 CS 值送回,使程序返回到主程序。上述中断过程的流程图如图 2-8 所示。

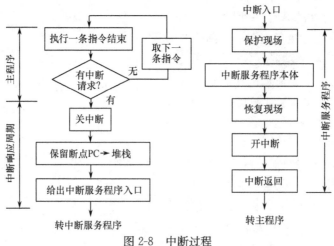

图 2-8　中断过程

2.1.3 接口

1. 接口的必要性

接口电路是沟通 CPU 与外围通道之间信息交换的桥梁。外围通道之所以不能直接与 CPU 连接，是由于它们之间有许多不匹配的地方。

速度不匹配：CPU 速度很快，而外围通道速度不尽相同，有高速、中速、低速之分。

数据格式不匹配：CPU 大多以字节为单位传送数据，而外围通道字长可以是 10 位、12 位等，有的要求串行传送。

信号形式不匹配：CPU 现在多为 TTL 电平标准，而外围通道则有电子、机械、电磁等不同形式，即使是电子式，也由于使用器件不同，常与 CPU 不相匹配。

为了解决这些不匹配问题，外围通道的接口应具有如下功能：

- 把外围通道送往 CPU 的信息转换成与 CPU 相容的格式，如电平转换、串/并转换、字/字节转换等；
- 把 CPU 送往外围通道的信息转换成与外围通道相容的格式，如电平转换、并/串转换、字节/字转换等；
- 为 CPU 提供外围通道的状态信息，如通道"准备好"、设备"忙"等；
- 要有选择外围通道端口所需的地址译码电路；
- 要有中断申请、中断屏蔽电路。

2. 并行接口的构成

并行接口是各种接口电路的最基础部分，典型的外围并行接口的内部结构如图 2-9 所示。它主要由控制寄存器、状态寄存器、数据输入/输出寄存器；数据总线缓冲、地址总线缓冲、地址译码；中断控制器；联络信号控制逻辑等组成。

对输入/输出而言，最基本的接口可以分为 3 种方式：简单传送方式、程序查询传送方式和中断传送方式。

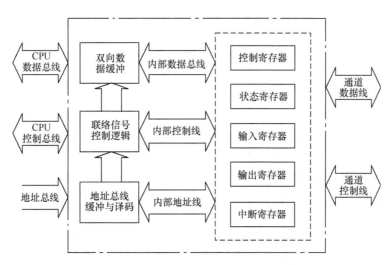

图 2-9　外围接口

（1）简单传送方式

简单传送方式，也称为无条件传送方式。这种传送方式，相对于 CPU 来说，外部设备总是处于准备好的状态。读操作时，CPU 可以根据需要随时读取外部设备的数据；写操作时，CPU

可以根据需要随时对外部设备写入数据。这种传送方式的优点是需要的硬件和软件资源非常少，硬件接口电路简单。在硬件电路的设计上，输入/输出接口仅需要满足"输入缓冲和输出锁存"要求即可，即简单传送方式的输入方式的硬件仅由输入缓冲器和相应的端口片选译码电路构成；简单传送方式的输出方式的硬件电路仅由输出锁存器和相应的端口片选译码电路构成，但这种方式必须在已知且确信外部设备已准备好的情况下才能使用，否则就会出错。接口电路如图 2-10 所示。

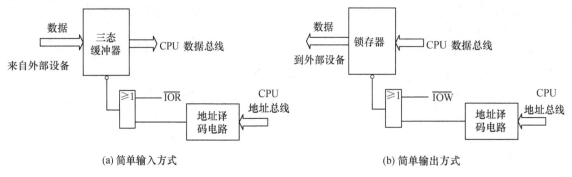

(a) 简单输入方式   (b) 简单输出方式

图 2-10 简单传送方式

对于简单输入方式，必须采用三态缓冲器(如 74LS244)挂接到 CPU 的数据总线上。在输入时认为来自外部设备的数据已输入至三态缓冲器，于是 CPU 执行 IN 指令，指定的端口地址经地址总线送至地址译码器，CPU 进入输入周期，选中的地址信号和 $\overline{IOR}$ 信号进行逻辑运算后，去选通输入三态缓冲器，把外部设备的数据经数据总线送至 CPU。显然，这样做必须是当 CPU 执行 IN 指令时，外部设备的数据是准备好的，否则就会读错。

对于简单输出方式，必须采用锁存器挂接到 CPU 的数据总线上(如 74LS273)。在输出时，CPU 的输出信息经数据总线加到输出锁存器的输入端，端口的地址线由地址总线送至地址译码器，所选中的地址信号和 $\overline{IOW}$ 信号进行逻辑运算后，去选通锁存器，把输出信息送至锁存器保留，由锁存器再把信息通过外部设备输出。显然，在 CPU 执行 OUT 指令时，必须确信所选外部设备的锁存器是空的，即能接收信息。

简单传送方式一般应用在如驱动指示灯、继电器、启动电机等方面。

(2) 程序查询传送方式

当 CPU 与外部过程是同步工作时，简单传送方式是方便的。若两者不同步，则很难确保，在 CPU 执行 IN 操作时，外部设备一定是准备好的；而在执行 OUT 操作时，外部设备寄存器一定是空的。所以，通常在进行数据传送前，用户程序首先检测一下外部设备的状态，当其准备好了才传送数据；若未准备好，则程序只能循环等待或转入其他程序段。这种方式就是程序查询传送。所以，接口部分除了数据传送的端口以外，还必须有传送状态信号的端口，其电路如图 2-11 所示。

当外部设备的输入数据已准备好后发出一个选通信号，一边把数据送入锁存器(因为外部设备可能很快撤销这个数据，因此要锁存)，一边使 D 触发器为"1"，给出"准备好"Ready 的状态信号。当 CPU 要由外部设备输入信息时，先读取状态端口，得知外部设备数据有效，则 CPU 对外部设备的数据端口进行读操作，读入数据。读入数据的命令一方面打开缓冲器，令外部设备数据传送到 CPU 的数据总线上，另一方面令 D 触发器复位，使状态信息清"0"。

需要注意的是：对 CPU 来说，读状态与读数据都是读操作，因此状态端口与数据端口的地

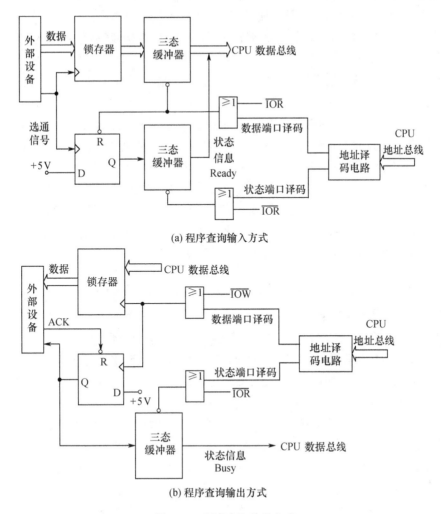

(a) 程序查询输入方式

(b) 程序查询输出方式

图 2-11　程序查询传送方式

址必须是不同的。读入的数据可以是 8 位的,也可以是 16 位的,而读入的状态信息往往是 1 位的,所以,不同外部设备的状态信息,可以使用同一个端口,只要使用不同的位即可。

同样地,程序查询输出方式,在输出时也必须了解外部设备的状态,看外部设备是否有空(即外部设备的数据寄存器为空,可以接收 CPU 输出的信息)。若有空,则 CPU 执行输出指令,否则就等待。

当外部设备已经准备好接收数据后,发出一个 ACK(Acknowledge)信号,使 D 触发器置"0",也即使"Busy"线为 0,当 CPU 输入这个状态信息后,知道外部设备为空,于是就执行输出指令。输出指令执行后,发出选通信号,把在数据线上输出的数据送至锁存器,同时,令 D 触发器置"1",它一方面通知外部设备输出数据已经准备好,可以执行输出操作,另一方面在数据由外部设备取走以前,一直为"1"告知 CPU(CPU 通过读状态端口而知道)外部设备"Busy",阻止 CPU 输出新的数据。

需要注意的是:对 CPU 来说,读状态与写数据,一个是读操作,另一个是写操作,因此状态端口与数据端口的地址可以是相同的,而物理上的区别是通过对地址译码电路的输出信号与读/写信号分别进行译码,从而确定两个不同的片选信号,当然,使用不同的地址也是可以的。输出的数据可以是 8 位的,也可以是 16 位的,而读入的状态信息往往是 1 位的,所以,不同外部设备的状态信息,可以使用同一个端口,只要使用不同的位即可。

这种 CPU 与外部设备的状态信息的交换方式,称为应答式,状态信息称为"联络"(Handshake)信号。

程序查询方式的数据传送解决了 CPU 与外部设备工作的协调问题,却大大降低了 CPU 的使用效率。在程序查询方式的数据传送中,CPU 需要不断地查询外部设备接口中的状态标志,这样就会占用 CPU 大量的工作时间。在与一些中、慢速的外部设备交换信息时,真正用于传送数据的时间是极少的。为了避免发生"覆盖错误"而导致丢失数据,CPU 不便于同时从事其他工作,只能把大部分时间花费在查询状态上,工作效率十分低下。

在程序查询方式中,CPU 处于主动地位,外部设备处于消极等待查询的被动地位。在一个实际控制系统中,外部设备常常可能有数十个,甚至上百个,由于它们的工作速度不相同,要求 CPU 服务的时间带有随机性,同时有些要求又是很急迫的。查询方式的数据传送很难使系统中每一个外设都能工作在最佳状态,因此只有在实时性要求不高的场合采用这种控制方式。

(3) 中断传送方式

为了提高 CPU 的效率,可采用中断传送方式,即:当 CPU 需要输入或输出时,若外部设备的输入数据已存入寄存器;在输出时,若外部设备已把上一个数据取走,输出寄存器已空,由外部设备向 CPU 发出中断申请,CPU 就暂停原执行的程序(即实现中断),转去执行输入或输出操作(中断服务),待输入/输出操作完成后即返回,CPU 再继续执行原来的程序。这样就可以大大提高 CPU 的效率,而且有了中断概念,就允许 CPU 与外设(甚至多个外设)同时工作。其电路如图 2-12 所示。

中断输入方式也要设置一位状态寄存器。当外部设备数据稳定后,且状态寄存器为"空"时,发出选通信号,将外部设备的数据存入锁存器,选通信号同时使状态寄存器置为"满",并向 CPU 发出中断申请,通知 CPU 外部设备的输入数据已准备好。CPU 响应之后,可以用输入指令读取数据。与此同时,将状态寄存器清为"空",解除中断申请,可继续输入数据。状态寄存器"满"的中断申请信号可以受屏蔽信号 $\overline{MI}$ 控制,$\overline{MI}=1$ 时开中断申请,$\overline{MI}=0$ 时中断申请被屏蔽。

中断输出方式,当 CPU 通过输出指令将数据锁存到锁存器的同时,状态寄存器也被清"0",成为"满"状态,外部设备接到"满"信号之后,可以将锁存器中的数据取走。外部设备将数据取走后,应发出一个响应信号将状态寄存器置成"空",并向 CPU 发出中断申请,请求 CPU 再次发送数据。图 2-12 电路中的选通信号和"空"信号或"满"信号是接口电路中的一对联络信号。

为使接口电路功能齐全,常常在上述几种基本电路的基础上增加一些控制逻辑,构成具有一定通用性的可由计算机编程的标准接口电路。增加的控制逻辑有:

控制寄存器:用来存放从 CPU 送来的控制字,以指定接口电路要完成的功能,设定工作参数、工作方式等。

状态寄存器:用来保存通道的现行状态信息,以提供给 CPU 判断使用,例如数据准备好、数据寄存器"空"、传送出错等信息。

中断控制器:有中断申请触发器、中断屏蔽触发器等。

接口电路中有了这么多寄存器、控制器,为了便于访问,就必须给它们分配地址,因此一个典型的接口电路要有多个端口地址,相应地需要有端口地址译码电路。

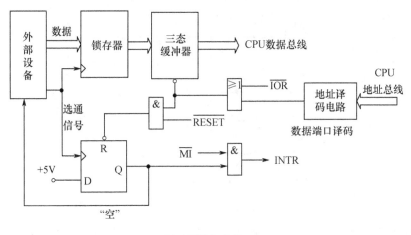

(a) 中断输入方式

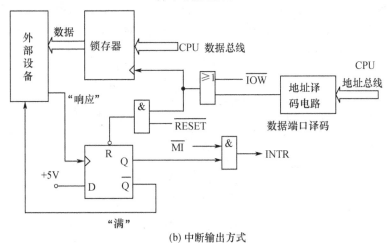

(b) 中断输出方式

图 2-12 中断传送方式

2.2 模拟量输出通道

模拟量输出通道的任务是把计算机输出的数字量信号转换成模拟电压或电流信号,去驱动相应的执行机构,达到控制的目的。模拟量输出通道一般由接口电路、控制电路、数模转换器和电压/电流变换器等构成,其核心是数模转换器,简称 D/A 或 DAC(Digital to Analog Converter),通常也把模拟量输出通道简称为 D/A 通道。

由于计算机输出的控制量是离散的数字信号,因此模拟量输出通道需要完成离散数字信号到连续模拟信号的转换。这样模拟量输出通道要做两件事:转换——D/A、保持——离散/连续。如图 2-13 所示。

2.2.1 D/A 转换原理

D/A 转换即把输入数字量转换成与之成比例的模拟量。

D/A 转换器有多种类型。一般地,按输出物理信号分有电压型和电流型两种;按输出信号极性分有单极性和双极性两种;按接收数字量方式分有并行和串行方式等。此外,有些 D/A 转换器器件本身有基准电源,有些则要外加基准电源。

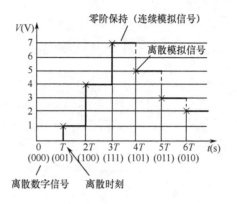

图 2-13 模拟量输出通道的作用

D/A 转换电路形式很多,在转换成模拟量电流或电压的集成 D/A 转换器中,大多采用 T 形电阻解码网络,如图 2-14 所示。这是一个 3 位二进制 D/A 转换电路,由 T 形电阻解码网络、模拟开关 K_i 和运算放大器组成。模拟开关 K_i 受二进制数码控制,数码为 0 时,开关接地,数码为 1 时,开关接基准电源$-V_{REF}$。

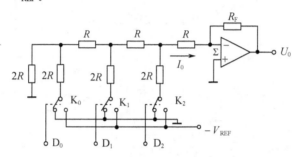

图 2-14 D/A 转换电路

设数码 100,即 $D_2=1$,$D_1=D_0=0$。开关 K_2 接基准电源,K_0、K_1 接地。可求得 Σ 点电流为

$$I_0=\frac{2}{8R}(-V_{REF})=\frac{4}{8}\left(-\frac{V_{REF}}{2R}\right) \tag{2-1}$$

又设数码 010,即 K_1 接基准电源,K_0、K_2 接地,可求得

$$I_0=\frac{2}{8}\left(-\frac{V_{REF}}{2R}\right) \tag{2-2}$$

再设数码 001,即 K_0 接基准电源,K_1、K_2 接地,可求得为

$$I_0=\frac{1}{8}\left(-\frac{V_{REF}}{2R}\right) \tag{2-3}$$

根据线性叠加原理,任意位数码为"1"时,流经运放 Σ 点的电流为

$$\Sigma I_0=\left(\frac{1}{8}D_0+\frac{2}{8}D_1+\frac{4}{8}D_2\right)\left(-\frac{V_{REF}}{2R}\right) \tag{2-4}$$

式中,D_i 取 0 或取 1,取决于二进制数。

将式(2-4)推广到 n 位二进制数的转换,可得一般表达式

$$\Sigma I_0=-\frac{V_{REF}}{2R}\left(\frac{2^0}{2^n}D_0+\frac{2^1}{2^n}D_1+\cdots+\frac{2^{n-1}}{2^n}D_{n-1}\right) \tag{2-5}$$

对应的输出电压表达式为

$$U_0=\frac{V_{REF}}{2R}\left(\frac{2^0}{2^n}D_0+\frac{2^1}{2^n}D_1+\cdots+\frac{2^{n-1}}{2^n}D_{n-1}\right)R_F$$

$$=V_{\text{REF}}\left(\frac{2^0}{2^n}D_0+\frac{2^1}{2^n}D_1+\cdots+\frac{2^{n-1}}{2^n}D_{n-1}\right)\frac{R_F}{2R} \tag{2-6}$$

由式(2-6)可见：D/A 输出电压不仅与输入二进制数码有关,而且与运算放大器的反馈电阻 R_F 以及基准电源 $-V_{\text{REF}}$ 有关。

上述 D/A 转换器,基准电源的负载电流会随二进制数码的变化而变化,容易影响基准电源的稳定度,直接影响 D/A 转换的精度。

集成 D/A 转换器的另一种常用电路如图 2-15 所示。数码为 1 时,开关接运放的 Σ 点,数码为 0 时,开关接地。由于 Σ 点与地等电位,因此基准电源的负载电流与二进制数码无关,可以提高转换精度。这种结构形式又称为反向 R-2R T 形解码网络的 D/A 转换器。

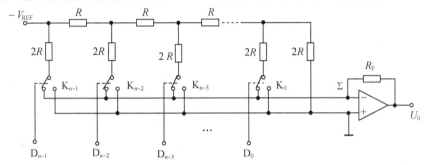

图 2-15 反向 R-2R D/A

2.2.2 D/A 转换器的技术参数

1. 分辨率

此参数表示 D/A 转换器所能产生的最小电压变化量。通常用数字量的位数来表示,如 8 位、10 位等。对于一个分辨率为 n 位的转换器,其最小电压变化量为 $V_{\text{REF}}/2^n$(即 1LSB 的电压)。

显然,位数越多,分辨率就越高。分辨率越高,转换时对输入模拟信号变化的反应越灵敏。

2. 线性误差

相邻两个数码之间应该差一个最低有效位(1LSB),即 D/A 转换器理想的转移特性应是线性的。在零位和满量程校准之后,实际转移特性与理想的直线之间的最大偏差称为线性误差。如图 2-16 所示,常用最低有效位的分数来表示,例如 <±(1/2)LSB。

D/A 转换器线性误差一般不能采用简单的外部校正办法实现完全补偿,但是可以通过调整零点或增益使线性偏差值均匀散布在理想特性曲线的两侧,从而使线性误差大大减小。

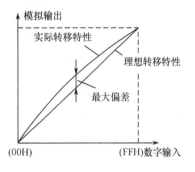

图 2-16 线性误差

3. 微分非线性

定义为转移特性上任意两个相邻数码所对应的模拟量间隔与理论值 1LSB 之间的差值。

若两个相邻数码所对应的模拟量间隔为 1LSB 增量,则该转换器的微分非线性误差为 0。若为 1LSB+ε 的增量,+ε 为微分非线性误差,微分非线性误差也用 LSB 的分数来表示。通常,要求 D/A 转换器的微分非线性误差小于 ±(1/2)LSB。如果微分非线性误差超过了 1LSB,在转移特性可能会出现非单值性误差,即两个相邻的数码只对应有一个模拟量输出的"空码"现象。

4. 单调性

单调性是指输出电压随输入数码的增加而增加。从转移特性上看,要求特性斜率符号不变。单调性对控制系统来说是比较重要的,单调性不好,将可能引起失控。

5. 建立时间

建立时间是指由数码零到满量程或由满量程到零变化,输出到达其最终输出值的±(1/2)LSB所需的时间,如图 2-17 所示。

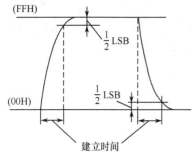

图 2-17　建立时间

电流输出的 D/A 转换器一般速度很快,约为几十纳秒;输出形式是电压的,D/A 转换时间更多场合取决于为完成电压输出而采用的运算放大器。

建立时间实践上常用于计算允许 D/A 转换器的最大转换频率。

6. 输出电平

D/A 转换器满量程输出电压的大小,一般为 5～10V。不同型号的 D/A 转换器的输出电平相差较大。有的高压输出型的输出电平高达 24～30V。还有些电流输出型的D/A 转换器,低的为几毫安到几十毫安,高的可达 3A。

7. 输入编码

D/A 转换器输入数字量代码的编码方式,如二进制码、BCD 码、补码、反码、偏移码等。

8. 温度系数

在满刻度输出的条件下,温度每升高 1℃输出变化的百分数。例如,温度系数≤10ppmFSR℃（ppm:百万分之一,FSR:Full Scale Range,输出电压满刻度）。

9. 电源抑制比

D/A 转换器受电源变化影响的指标为电源变化抑制比(PSRR),它用电源变化 1V 时所产生的输出误差相对满量程的比值来描述,以 ppm/V 表示。

对于高质量的 D/A 转换器,要求开关电路及运算放大器所用的电源电压发生变化时,对输出的电压影响极小。

10. 工作温度范围

由于工作温度会对运算放大器和加权电阻网络等产生影响,所以只有在一定的温度范围内,才能保证 D/A 转换器的特性。D/A 转换器的工作温度按产品等级分为军级、工业级、普通级,标准军级品可工作于−55～+125℃,工业级工作温度为−25～+85℃,而普通级工作温度为0～+70℃。

环境温度对各项精度指标的影响用其温度系数来描述,如失调温度系数、增益温度系数、微分非线性误差的温度系数等。

2.2.3　集成 D/A 转换器及其接口技术

将 R-2R T 形解码网络及二进制数码控制的开关所组成的数模转换电路集成在单一芯片上,根据实际应用需要,再附加一些功能电路就形成了具有各种特性及功能的不同型号的 D/A 转换芯片。

集成 D/A 转换器有 3 种输出形式:单端式、差动式、双向开关式,如图 2-18 所示。单端或差动电流输出 D/A 转换器是双极型集成电路,它只能使用单极性基准电源,而双向开关式是CMOS 集成电路,由于使用双向模拟开关,因此可以使用正负基准电源。

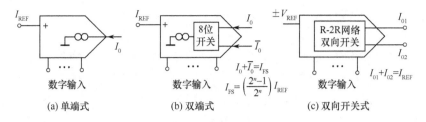

图 2-18　D/A 输出方式

集成 D/A 转换器的输入方式也有 3 种：不带缓冲寄存器、带缓冲寄存器、带双缓冲寄存器。下面介绍几种有代表性的集成 D/A 转换器。

1. DAC0832

DAC0832 是美国国家半导体公司生产的一种电流输出型 D/A 转换器，电流稳定时间为 $1\mu s$，采用 20 引脚双列直插式封装。图 2-19 所示为 DAC0832 芯片的内部原理图。它由 4 部分组成：一个 8 位数字输入寄存器，一个 8 位 DAC 数字寄存器，一个 8 位 D/A 转换器和控制逻辑电路。其 D/A 转换器采用 T 形 R-2R 权电阻网络，并设有两级可控制的数据缓冲寄存器，使得应用时有较大的灵活性，可根据需要接成不同的工作方式。同时芯片内部集成了一个标准反馈电阻 R_{fb}，与外接的直流运算放大器直接组成相对于参考电压 V_{REF} 的 1：1 电压放大器。

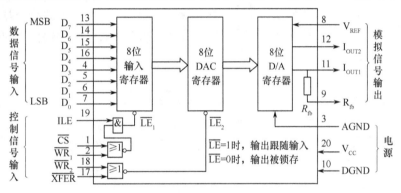

图 2-19　DAC0832 结构框图

DAC0832 的引脚功能如下：

$D_0 \sim D_7$：转换数据输入线，其中 D_0 为最低有效位 LSB，D_7 为最高有效位 MSB。

ILE：输入锁存允许信号线，高电平有效。

$\overline{CS}$：片选信号线，低电平有效。

$\overline{WR_1}$：输入寄存器写选通信号线，低电平有效。

$\overline{WR_2}$：DAC 寄存器写选通信号线，低电平有效。

$\overline{XFER}$：数据传输控制信号线，低电平有效。

I_{OUT1}：D/A 转换的电流输出 1 端。当输入的数字量为全 1 时，I_{OUT1} 为最大值；输入为全 0 时，I_{OUT1} 为最小值（近似为 0）。

I_{OUT2}：D/A 转换的电流输出 2 端。在数值上，I_{OUT2} ＝常数－I_{OUT1}。换言之，I_{OUT1} ＋I_{OUT2} ＝常数。I_{OUT2} 主要是双极性输出时使用，而单极性输出时，I_{OUT2} 常常接地。

R_{fb}：反馈信号输入线，与外部运算放大器的输出相连，作为反馈电阻。

V_{REF}：基准电压源，电压范围为 DC $-10 \sim +10V$，要求外接一精密电源。

AGND：模拟电路地线。

V_{CC}：数字工作电压源线，电压范围为 DC $+5\sim+15V$。

DGND：数字电路地线。

8 位数字量送到 DAC0832 后，先经两个独立被控制的 8 位寄存器的传送，再送到 D/A 转换器，完成 D/A 转换。由于 D/A 转换器中的 MOS 电流开关可开关任意极性的电流，所以基准电源 V_{REF} 可以是正电压，也可以是负电压，于是输出电流极性可随之变化。

芯片的控制信号有 5 个：ILE、$\overline{CS}$、$\overline{WR_1}$、$\overline{WR_2}$ 和 $\overline{XFER}$。通过这些信号线的使用，DAC0832 可以实现 3 种操作。

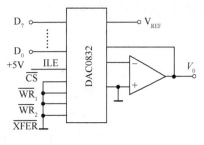

图 2-20　直通方式

（1）直通

因为内部两个寄存器的控制端 $\overline{LE}$ 为"1"时，寄存器的输出随输入变化，寄存器成直通状态，为"0"时锁存，所以只要将 ILE 接逻辑高电平，$\overline{CS}$、$\overline{WR_1}$、$\overline{WR_2}$、$\overline{XFER}$ 接逻辑地，如图 2-20 所示，那么内部双缓冲寄存器成直通状态。输出随外加数字输入变化，即 8 位数字量一旦到达输入端 $D_0\sim D_7$，就立即进行 D/A 转换而输出，DAC0832 成为不带数码寄存器的 D/A 转换器。

（2）单缓冲

此方式是使内部两个寄存器中任一个处于直通状态，另一个工作于数据锁存状态。一般是使 DAC 寄存器处于直通状态，即把 $\overline{WR_2}$ 和 $\overline{XFER}$ 都接逻辑地，将输入寄存器作数据锁存，ILE 接逻辑高电平，控制 $\overline{CS}$，$\overline{WR_1}$ 即可实现单缓冲。如图 2-21 所示。

（3）双缓冲

在双缓冲方式下，CPU 要对 D/A 芯片进行两步写操作：将数据写入输入寄存器；将输入寄存器的内容写入 DAC 寄存器。因此，双缓冲方式必须给出两个端口地址，一个由 $\overline{CS}$ 控制输入寄存器，另一个由 $\overline{XFER}$ 控制 DAC 寄存器，ILE 接逻辑高电平，用 $\overline{IOW}$ 控制 $\overline{WR_1}$，$\overline{WR_2}$，如图 2-22 所示。

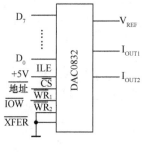

图 2-21　单缓冲方式

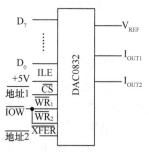

图 2-22　双缓冲方式

双缓冲的作用：

第一可以使 D/A 转换器在 DAC 寄存器锁存现有数据的同时，在输入寄存器中锁存下一个数据，这样就可能按命令快速更新 D/A 转换器的输出。

第二可以使系统中任意数目的 D/A 转换器经由一个公共选通信号同时更新到新的模拟输出电平。若要求多个数据同时转换输出时，可以先将这些数据分别送入对应的多路 D/A 转换器的输入寄存器中保存，待所有数据传送完毕后，再对所有的 D/A 转换器同时发出转换控制命令，使各 D/A 转换器将输入寄存器中的数据同时送至各自的 DAC 寄存器中，因而实现同步转换输出。

DAC0832 带有数据寄存器和控制逻辑电路,因此可以直接与 CPU 接口。线性误差小于 ±1LSB;输出电流建立时间 $1\mu s$;在与任何微机接口时,要求 $\overline{WR}$ 选通脉冲宽度为 500ns,若 V_{CC} 为 15V,则只要 100ns 脉冲宽度就够了。在 $\overline{WR}$ 由低到高锁存数据之后,要求数据在数据输入端保持 90ns 的最小数据保持时间,如图 2-23 所示。

芯片内部带有的反馈电阻 R_{fb},使得它与运放配合实现电流/电压转换时接线简单。

芯片提供的两个地端——模拟地 AGND 和数字地 DGND,可保证从总体上使模拟电路的地线与数字电路地线只在一点连接,提高通道的抗干扰能力。

图 2-24 给出了 DAC0832 与 ISA 标准总线接口的连接图。图中 $\overline{XFER}$ 和 $\overline{WR_2}$ 接地,即 DAC0832 内部 DAC 寄存器接成直通式,只由输入寄存器控制数据的输入,也就是单缓冲工作状态。当 $\overline{CS}$ 和 $\overline{WR_1}$ 同时有效时,$D_0 \sim D_7$ 的数据送入其内部的 D/A 转换电路进行转换。

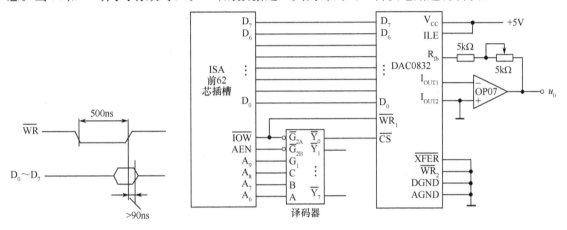

图 2-23　DAC0832 时序　　　　　　　图 2-24　DAC0832 与 ISA 总线接口

如果在图 2-24 中要求 u_0 输出方波,则编程如下:

```
        MOV     DX,200H     ;Y̅₀为端口地址
LOOP1:  MOV     AL,00H
        OUT     DX,AL       ;向 DAC0832 输出全 0
        CALL    DELAY       ;调用延时子程序 DELAY(忽略)
        MOV     AL,0FFH
        OUT     DX,AL       ;向 DAC0832 输出全 1
        CALL    DELAY
        JMP     LOOP1
```

如果计算机工作频率高,上面电路工作可靠性会降低,解决的办法是将 DAC0832 接成直通方式,74LS273 等锁存器锁存计算机输出的数据,然后由 74LS273 对 DAC0832 提供转换的二进制数。

2. DAC1208(DAC1230)

DAC1208 是美国国家半导体公司生产的 12 位高性能 CMOS D/A 转换器,电流稳定时间为 $1\mu s$,采用 20 引脚双列直插式封装。该 D/A 转换器有双缓冲输入寄存器,能与微处理器直接兼容。

DAC1208 有 12 条数据线,可与 16 位微机直接接口,通过数据线的外部接线,也可与 8 位数据总线的微机接口。DAC1230 芯片结构与 DAC1208 完全相同,区别仅在于外部数据线是 8 位,芯片内部已接好与 12 位 DAC 的接口,可直接与 8 位数据总线的微机连接。

DAC 1208 内部结构如图 2-25 所示，为 24 引脚双列直插式封装。

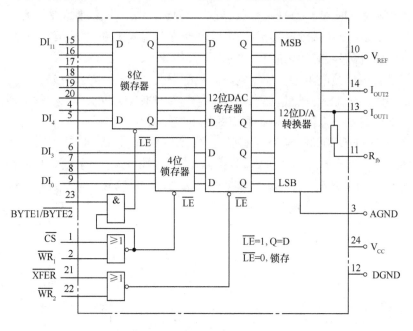

图 2-25　DAC1208(DAC1210)

DAC 1230 内部结构如图 2-26 所示，为 20 引脚双列直插式封装。

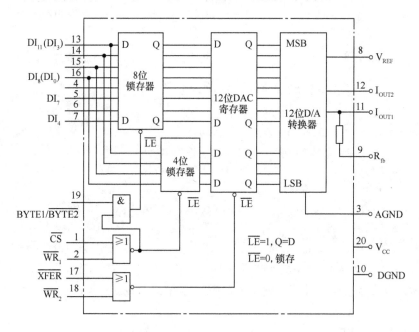

图 2-26　DAC1230(DAC1232)

除分辨率为 12 位外，DAC1208(DAC1230) 的性能及控制方法与 DAC0832 相同。基准电源范围 ±10V，使用单电源 5～15V；双端电流输出，电流建立时间 1μs，功耗 20mW。为了便于与 8 位外部数据总线的微机接口，输入数据寄存器分成一个 8 位、一个 4 位，通过控制线 BYTE1/$\overline{\text{BYTE2}}$ 选择。此端为高电平时，12 位数字同时送入锁存器；此端为低电平时，只将 12 位数字量的低 4 位送到 4 位锁存器中。

（1）DAC1208 的直通操作

BYTE1/$\overline{\text{BYTE2}}$接逻辑高电平，$\overline{\text{CS}}$，$\overline{\text{WR}_1}$，$\overline{\text{WR}_2}$，$\overline{\text{XFER}}$接逻辑地，DAC1208 成为纯粹的 12 位 D/A 转换器，输入端的数据直接影响模拟量输出。

（2）DAC1208 的单缓冲操作

与 16 位数据总线 CPU 接口时采用这种操作，接线如图 2-27 所示。DAC1208 的 12 根数据输入线可接到 16 位数据总线的高 12 位（$DB_{15} \sim DB_4$）或低 12 位（$DB_{11} \sim DB_0$）。$\overline{\text{XFER}}$，$\overline{\text{WR}_2}$接逻辑地，DAC1208 中的 12 位 DAC 寄存器为直通状态。BYTE1/$\overline{\text{BYTE2}}$接高电平，12 位锁存器均使能，$\overline{\text{CS}}$接通道地址译码，$\overline{\text{WR}_1}$接$\overline{\text{IOW}}$信号，当 CPU 执行 OUT nn，AX 指令时，就会将 16 位累加器中的数据存入 DAC1208 的 12 位锁存器中，经 12 位 D/A 转换之后，从运放 A 输出模拟量电压 u_0。运放 A 反馈回路中的电位计 R_P 和电阻 R 用来调节输出的满量程，电容 C 用于减小因电流的阶跃变化使输出出现过冲和振铃现象。

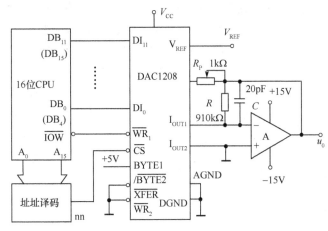

图 2-27　单缓冲操作

（3）DAC1230 的双缓冲操作

DAC1230 与 8 位数据总线 CPU 接口的接线图如图 2-28 所示。

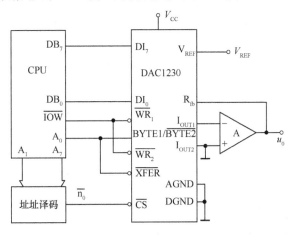

图 2-28　双缓冲操作

$\overline{\text{WR}_1}$、$\overline{\text{WR}_2}$由$\overline{\text{IOW}}$信号控制，地址线 A_0 接到 BYTE1/$\overline{\text{BYTE2}}$和$\overline{\text{XFER}}$，地址线 $A_1 \sim A_7$ 经译码输出$\overline{n_0}$接到片选端$\overline{\text{CS}}$。一个 12 位数据要分两次才能送到 DAC1230 中，需要执行如下程序：

MOV	AL,DATA1	;高8位数据	
OUT	$\overline{n_0}+1$,AL	;	
MOV	AL,DATA2	;低4位数据	
OUT	$\overline{n_0}$,AL	;	

当执行第一条输出指令时,由于通道地址为奇数,$A_0=1$,选择 BYTE1,DATA1 被锁入 8 位锁存器,同时 DATA1 的高 4 位也被锁入 4 位锁存器。

当执行第二条输出指令时,通道地址为偶数,$A_0=0$,选择 $\overline{BYTE2}$,DATA2 锁入 4 位锁存器,并且 8 位锁存器和 4 位锁存器的数据同时存入 12 位 DAC 寄存器,完成 D/A 转换。

如果给 $\overline{XFER}$ 单独分配一个端口地址,那么可以实现在模拟量输出不变情况下由 CPU 传送下一个要转换的字,并且能使系统中那些 $\overline{XFER}$ 信号连接在一起的转换器同时被更新。

图 2-29 给出了 12 位 D/A 转换器 DAC1210 与 ISA 标准总线(前 62 根线)的连接图。采用双缓冲方式。设 DAC1210 占用了 0230B~0232B 三个端口地址,为使两次数据输入端口地址是先偶(0230H)后奇(0231H),与编程习惯一致,将 A_0 地址线经反相器接至 BYTE1/$\overline{BYTE2}$ 端。

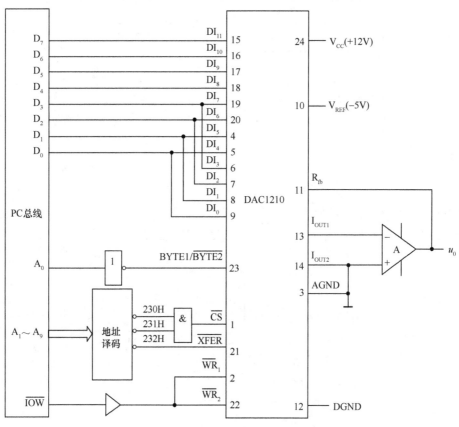

图 2-29 DAC0832 与 ISA 总线接口

由于 DAC1210 中的 4 位锁存器和 8 位锁存器都受 $\overline{CS}$ 和 $\overline{WR_1}$ 控制,故两次写操作均使 4 位锁存器的内容更新。为了确保 12 位数据准确地输送给 DAC 寄存器,应先使 BYTE1/$\overline{BYTE2}$ 端为高电平,并将高 8 位送入 8 位锁存器;再使 BYTE1/$\overline{BYTE2}$ 端为低电平,以保护 8 位锁存器中已有的内容,同时进行第二次写操作。虽然第一次写操作时,4 位寄存器中也有输入,但第二次写入的才是有效数据。

设 BX 寄存器中低 12 位数据为需要转换的数字量,转换程序如下:

```
LOOP1: MOV   DX,230H    ;DAC1210 的基地址
       MOV   CL,04
       SHL   BX,CL      ;BX 中的 12 位数左移 4 位
       MOV   AL,BH      ;高 8 位数送入 AL
       OUT   DX,AL      ;写入高 8 位
       INC   DX         ;修改 DAC1210 端口地址
       MOV   AL,BL      ;低 4 位数送入 AL
       OUT   DX,AL      ;写入低 4 位
       INC   DX         ;修改 DAC1210 端口地址
       OUT   DX,AL      ;启动 D/A 转换
       HLT
```

3. AD669

AD669 是美国 AD 公司生产的 16 位 D/A 转换器。它有塑料封装、陶瓷封装等多种封装形式,并具有多种温度范围及性能的芯片型号,可满足不同领域的应用要求。

芯片的主要特点是:片内具有输出运算放大器,因此无论是单极性还是双极性输出,输出端均不需要再接缓冲放大器,允许直接与负载相接;片内具有高稳定度基准参考电源,能提供 $10.000\pm0.2\%V$ 的参考电压,也可外接高精度的参考电源;单片 BIMOS 工艺,能同时保证 CMOS 的低功耗与芯片的高精度特性;片内具有双层数据锁存器,可避免输出产生毛刺干扰;单极性或双极性输出,幅值范围 $0\sim\pm10V$ 或 $-10\sim+10V$;模拟输出信号噪声 $\leqslant15nV\text{-}s$;$\pm1LSB$ 的线性误差,建立时间最大 $14\mu s$;16 位并口输入,40ns 的快写脉冲;可提供符合美军 MIL-STD-883 标准的器件。

(1)芯片功能

AD669 由内部参考源、逻辑控制器、锁存器、数模转换器及输出放大器等组成,其内部结构如图 2-30 所示。

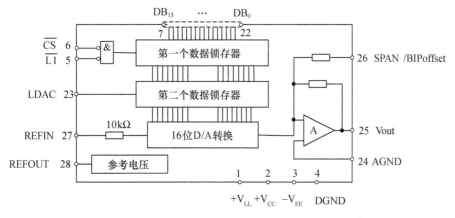

图 2-30 AD669

各引脚功能介绍如下:

V_{EE}:芯片工作负电压,$-15V$;

V_{CC}:芯片工作正电压,$+15V$;

V_{LL}:芯片内逻辑电路的工作电压,$+5V$;

DGND:数字地;

$\overline{L1}$:数据锁存信号；

$\overline{CS}$:芯片选通信号；

$DB_{15} \sim DB_0$:16 位并行数据输入端；

LDAC:片内第二个锁存器的数据更新与锁存信号；

AGND:模拟地,应与 DGND 以最短距离短接；

Vout:模拟电压输出端；

SPAN/BIPoffset:电压输出偏置调节端；

REFIN:参考电压输入端；

REFOUT:片内参考电压输出端,当引脚 27 与 28 短接时,无外界参考源,AD669 也能正常工作。

芯片的控制信号有 3 个:$\overline{L1}$、$\overline{CS}$、LDAC。通过这些信号线的使用,AD669 可以实现直通、单缓冲和双缓冲 3 种操作。3 个信号的逻辑真值表如表 2-1 所示。

表 2-1　AD669 真值表

$\overline{CS}$	$\overline{L1}$	LDAC	操作
0	0	×	第一级锁存器允许
×	1	×	第一级锁存器锁存
×	×	1	第二级锁存器允许
×	×	0	第二级锁存器锁存
0	0	1	各锁存器全部打开

注:×表示任意状态。

控制信号的时序关系如图 2-31 所示。

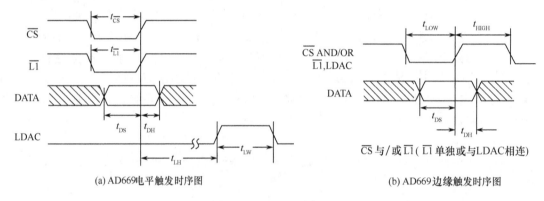

(a) AD669电平触发时序图　　　　(b) AD669边缘触发时序图

图 2-31　AD669 时序图

(2) AD669 的应用

AD669 在使用过程中分为单极性应用与双极性应用。

单极性使用时,基本接线原理图如图 2-32 所示。

在单极性输出方式下,AD669 的数据输入采用二进制原码,输出电压范围为 0～10V,输入数码为 0000H～FFFFH 对应于 0～10V 输出。1LSB＝153μV。R_4 电位计用于零点调节,当输入数码为 0000H 时,输出电压应为 0.000000V;R_1 电位计用于满量程调节,当输入数码为 FFFFH 时,输出电压为 9.999847V(10V－1LSB)。

双极性使用时,基本接线原理图如图 2-33 所示。

在双极性输出方式下,AD669 的数据输入采用偏移二进制编码,输出电压范围为－10～＋10V,输入数码为 0000H～FFFFH 对应于－10～＋10V 输出。R_2 电位计用于零点调节,当输入数码为 0000H 时,输出电压应为－10.000000V;R_1 电位计用于满量程调节,当输入数码为 FFFFH 时,输出电压为 9.999694V。

上述数字信号输入与模拟电压输出可以归纳成表 2-2。

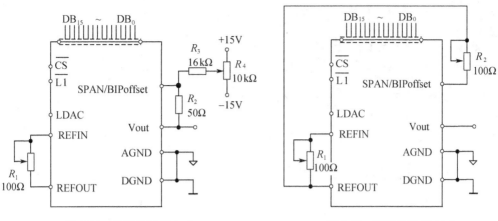

图 2-32 单极性输出方式 　　　　　图 2-33 双极性输出方式

表 2-2　数字输入信号与模拟输出电压的关系表

输入数码	单极性输出	双极性输出
FFFFH	9.999847V	+9.999694V
8000H	5.000000V	0.0000000V
0000H	0.000000V	−10.000000V

若在输出通道中需要使用多个 AD669 时,为了简化接线,可以将 $\overline{L1}$ 直接接地,使它始终处于低电位。这样,各个 DAC 的工作状况仅决定于 $\overline{CS}$ 与 LDAC 这两个控制信号。具体电路如图 2-34所示。

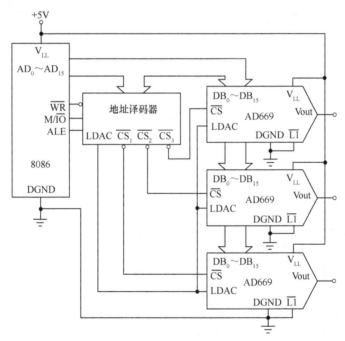

图 2-34　AD669 与 8086 的接口

当 CPU 具有 8 位数据总线时,采用二次送数方法对 AD669 进行送数,先送低 8 位,后送高 8 位,具体接口如图 2-35 所示。

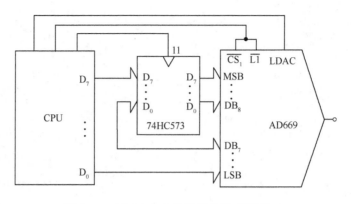

图 2-35 AD669 与 8 位数据总线 CPU 接口

2.2.4 双极性模拟量输出的实现

前面介绍的集成 D/A 转换器都是单极性的。但是在很多实际控制系统中(例如电机控制系统),由偏差产生的控制量不仅与其大小有关,而且与极性有关。在这种情况下,要求 D/A 转换器输出电压为双极性。也就是 D/A 转换器能将有符号的数码转换成与之相对应的正负电压。

在计算机中,一个有符号的二进制数可以用原码、反码、补码和偏移二进制码来表示。这几种编码与十进制数的关系如表 2-3 所示。双极性 D/A 转换器完全可以按这些编码来实现。

表 2-3 双极性编码(3 位二进制数)

十进制数	原码	反码	补码	偏移二进制码	对应模拟电压
3	011	011	011	111	$3/4V_{REF}$
2	010	010	010	110	$2/4V_{REF}$
1	001	001	001	101	$1/4V_{REF}$
0	000	000	000	100	0
-0	100	111	—	—	0
-1	101	110	111	011	$-1/4V_{REF}$
-2	110	101	110	010	$-2/4V_{REF}$
-3	111	100	101	001	$-3/4V_{REF}$
-4	—	—	100	000	$-V_{REF}$

1. 偏移二进制编码的双极性 D/A 转换器

前面介绍的集成 D/A 转换器都是单极性的,当在这种单极性 D/A 转换器的输出端叠加一个数值与最高位转换的值相同而极性相反的固定电压时,就可实现双极性。即通过电平的偏移,使单极性变成双极性。具体电路如图 2-36 所示。设基准电源 $V_{REF}=5V$,单极性 D/A 输出与输入数码的对应关系是:输入数码 00H～FFH,运放 A_1 输出为 $0\sim-4.98V$。现在引入运放 A_2,它将 A_1 输出放大 2 倍,并使输出偏移 $-5V$,最后得到运放 A_2 输出与数码的对应关系的表达式为

$$U_0 = \frac{2\sum\limits_{i=0}^{7} 2^i D_i}{256} V_{REF} - V_{REF} \tag{2-7}$$

式中,D_i 取 0 或 1。

代入具体数码可获得双极性输出与数码的关系,如表 2-4 所示。从表中可见,这种方法实现

的双极性 D/A 属偏移二进制编码。偏移后双极性特性如图 2-37 所示。

表 2-4　双极性编码(3 位二进制数)

数码	00H	01H	7FH	80H	81H	FFH
$U_0(V)$	-5	-4.96	-0.04	0	0.04	4.96

使用偏移二进制编码 D/A 转换器,要求计算机送出的数码必须是偏移二进制码。但是计算机在进行算术运算时通常采用 2 的补码,这就要求计算机实现 2 的补码到偏移二进制码的转换。从表 2-4 中很容易看出,只要将 2 的补码的最高位(即符号位)取反就是偏移二进制码。

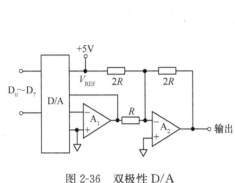

图 2-36　双极性 D/A

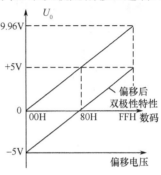

图 2-37　双极性特性

2. 切换基准电源实现按原码编码的双极性 D/A 转换器

这种方法只适用于一类 CMOS D/A 转换器,因为芯片内部的电流开关是双向的,可以使用正负基准电源 $\pm V_{REF}$。

图 2-38 是原理图。数码由单极性的 D/A 转换器进行转换,而 D/A 转换器的基准电源受数码的符号位控制。使用具有单刀双掷特性的模拟开关(如 CD4053),当符号位为 1 时,接通正基准电源 $+V_{REF}$。

数码与输出电压的关系如表 2-5 所示。

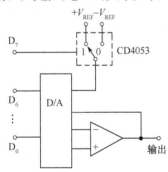

图 2-38　原码编码的双极性 D/A

表 2-5　双极性特性

D_7	00H	01H	……	7FH
$0(-V_{REF})$	0	$1/2^7 V_{REF}$	……	$(2^7-1)/2^7 V_{REF}$
$1(+V_{REF})$	0	$-1/2^7 V_{REF}$	……	$(-2^7+1)/2^7 V_{REF}$

2.2.5　模拟量输出通道的结构形式

根据使用 D/A 转换器的方式,模拟量输出通道有两种基本结构形式。

1. 每个通道有独自的数据寄存器和 D/A 转换器

如图 2-39 所示。这种方式多用于高速系统中,通道中的数据寄存器起到数字式零阶保持器的作用。在这种结构形式下,CPU 和通路之间通过独立的接口寄存器传送信息,这是一种数字保持的方案。它的优点是转换速度快、工作可靠,即使某一路 D/A 转换器有故障,也不会影响其他通路的工作。缺点是使用了较多的 D/A 转换器。但随着大规模集成电路技术的发展,这个缺点正在逐步得到克服,这种方案较易实现。

2. 多通道共用一个 D/A 转换器

如图 2-40 所示。由于 D/A 转换器是多通道共用,因此需要采用分时方式为各通道服务。即依次把 D/A 转换器转换成的模拟电压(或电流),通过多路模拟开关传送给保持器,然后用模拟保持器保持各通道所转换的模拟量。这种结构形式的优点是节省了 D/A 转换器,但因为分时工作,只适用于通路数量多且速度要求不高的场合。它还要用多路开关,且要求输出采样保持器的保持时间与采样时间之比较大,因此这种方式的可靠性相对较差。通道所需的模拟保持器可以用集成采样保持器,但是由于这种方案通常是从降低成本来考虑的,所以大多使用运算放大器和多路开关来构成廉价的采样保持器。

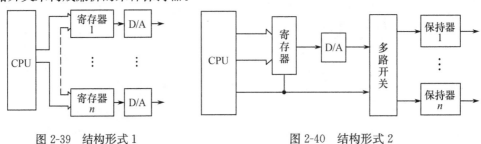

图 2-39　结构形式 1　　　　　　　图 2-40　结构形式 2

2.2.6　多路开关

在数据采集和实时控制系统中,被测对象或被控对象往往不止一路,在多路的情况下,尤其在巡回检测系统中,对每一路都单独进行模数或数模转换,必然导致硬件开销大,系统可靠性降低,A/D 转换或 D/A 转换电路利用率不高。在实际应用中,时常采用共用模数或数模转换电路,利用多路转换器把多路信号逐个、分时切换到模数或数模转换电路上。多路转换器有多路模拟开关和反多路模拟开关两种形式。多路模拟开关用于将多路信号轮流切换接入 A/D 转换器,完成多到一的转换,从而达到多路分时检测的目的;反多路模拟开关是将计算机发出的信号依次或按某种规律输出到各控制回路,完成一到多的转换。仅完成多到一或一到多转换的多路转换器称为单向多路模拟开关,既可以完成多到一的转换又可以完成一到多的转换的多路转换器称为双向多路模拟开关。多路模拟开关和反多路模拟开关均可简称为多路开关。

对多路开关的要求:断开时电阻大,接通时电阻小,切换速度快、噪声小、寿命长、工作可靠。常用的多路转换器从形式上看有机械触点式和无触点电子式。

机械触点式多路模拟开关有干簧继电器、水银继电器和机械振子式继电器等。其特点是断开电抗大,导通电抗小,寿命长(可达数千万次),输入电压、电流容量大,动态范围宽。但体积大,多用于切换速度要求不高而精度要求高的检测系统。

电子式多路模拟开关有晶体管、场效应管和集成电路开关等,特点是切换速度快,工作频率达 1000 点/秒,无抖动,体积小,寿命长,但导通电阻较大,输入电压、电流容量较小,动态范围有限,常用于高速检测系统中。

目前,计算机控制系统中使用最多的是采用 CMOS 工艺制作的集成多路转换开关。这种开关具有很短的切换时间(0.1～2μs),工作频率可达 1000 点/s 以上,体积小,寿命长等优点,缺点是其导通电阻较大(5～500Ω),断开时有漏电流,驱动部分和开关元件部分不独立,影响小信号测量的精度。

一个双向模拟开关如图 2-41 所示。它由 P 沟道和 N 沟道两个 MOS 管的源极与源极、漏极与漏极互相连接而成。P沟道的衬底接电源$+V_{DD}$，N沟道的衬底接电源$-V_{EE}$。当控制端加高电平时，两个管子均导通；当控制端加低电平时，两个管子同时截止。由于管子接法对称，所以任意一端可以做输入而另一端做输出，故又称双向开关。用图2-42符号表示。

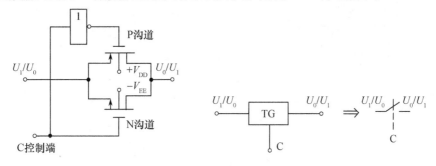

图2-41　双向模拟开关　　　　　　　　　图2-42　模拟开关符号

模拟开关导通电阻R_{ON}与输入电压的关系曲线如图2-43所示。对于N沟道MOS管，在V_{IN}为负值时R_{ON}值低，但对于V_{IN}为正值R_{ON}值高，而P沟道器件的特性恰好相反，两者并联起来，便可以在$\pm V_{IN}$整个范围内得到均匀而低的R_{ON}电阻。

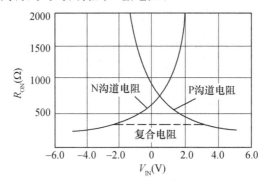

图2-43　模拟开关导通特性

模拟开关的导通电阻、切换速度与其电源有关。在允许的范围内，电源电压越高，其R_{ON}越小，切换速度越快，但相应的控制电平也高，故应综合选择电源电压。由于R_{ON}的存在会造成传递精度的下降，故多路开关要求的负载阻抗高。放大器和采样保持器都具有很高的输入阻抗，故可与开关直接相连。开关具有"先断后合"的特性，这样可保证两个相邻通道不会连接在一起，但存在延时，影响切换速度。

下面介绍几种集成多路转换器。

（1）CD4066

四双向模拟开关，芯片内有4个独立的双向模拟开关，如图2-44所示。图2-45所示为用这些双向模拟开关可以完成普通开关的功能。

（2）CD4051

单端的8通道模拟开关，具有双向转换的功能。它由8个双向模拟开关、开关驱动电路、开关地址译码、逻辑电平转换等构成，其原理图如图2-46所示。C、B、A端为开关通道地址，S端为禁止端，当S端为高电平时，8个开关均断开，当S端为低电平时，由C、B、A产生译码控制信号，使8个通道中的一路被选中。因此S端可作为器件选通端，实现多个器件级联。其真值表如表2-6所示。

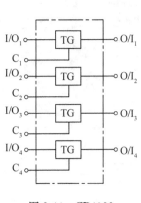

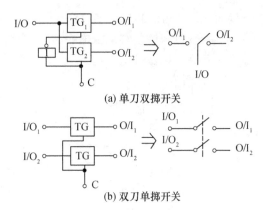

(a) 单刀双掷开关

(b) 双刀单掷开关

图 2-44 CD4066

图 2-45 CD4066 的应用

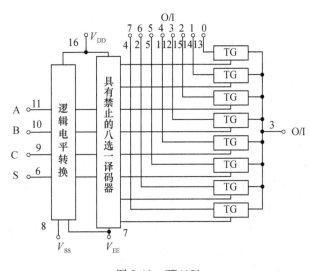

图 2-46 CD4051

表 2-6 CD4051 真值表

输入状态				接通的
S	C	B	A	通道号
0	0	0	0	0
0	0	0	1	1
0	0	1	0	2
0	0	1	1	3
0	1	0	0	4
0	1	0	1	5
0	1	1	0	6
0	1	1	1	7
1	×	×	×	都不通

由于内部电路有逻辑电平转换,可实现 CMOS 到 TTL 逻辑电平的转换功能,因此当 V_{DD} 接正电源、V_{EE} 接负电源、V_{SS} 接地时,可以使用正电平的控制信号,而开关传输的信号可以是正负信号,数字量信号电平幅值可为 3～20V,模拟量信号的峰—峰值可达 20V。芯片使用双向模拟开关,允许双向使用,改变芯片的 I/O 和 O/I 引脚的接法,既可实现 8 到 1 转换,也可以实现 1 到 8 转换。

这一系列的多路开关使用 ±1.5～±7.5V 电源,即 V_{DD} 与 V_{EE} 之间为 3～15V 电位差。

(3) CD4052

这是一个双四通道模拟开关。内部结构与 CD4051 相同,开关分两组四通道,由 B、A 两位地址选择,可同时切换两组开关,适用于传输差动输入信号。其原理图如图 2-47 所示,其真值表见表 2-7。

(4) CD4053

这是一个三双通道模拟开关,图 2-48 为其原理图。内部也有电平转换及驱动电路,是 3 个独立的单刀双掷开关,禁止端 S 可控制 3 组开关全截止。其真值表如表 2-8 所示。

与 CD4051 系列对应的产品还有美国 AD 公司生产的 AD7501 单 8 通道模拟开关、AD7502 双 4 通道模拟开关、AD7506 单 16 通道模拟开关等。这一系列产品使用的开关传输的电压范围较大。

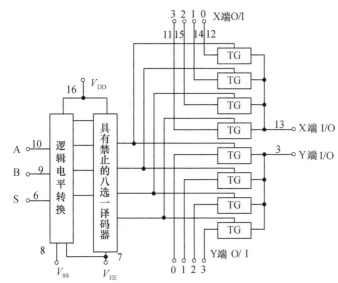

图 2-47　CD4052

表 2-7　CD4052 真值表

输入状态			接通的通道号	
S	B	A	X	Y
0	0	0	0	0
0	0	1	1	1
0	1	0	2	2
0	1	1	3	3
1	×	×	都不通	

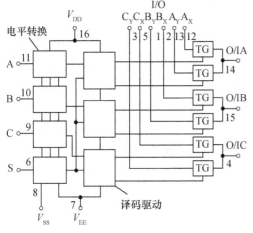

图 2-48　CD4053

表 2-8　CD4053 真值表

输入状态				接通的通道号		
S	C	B	A	C	B	A
0	0	0	0	X	X	X
0	0	0	1	X	X	Y
0	0	1	0	X	Y	X
0	0	1	1	X	Y	Y
0	1	0	0	Y	X	X
0	1	0	1	Y	X	Y
0	1	1	0	Y	Y	X
0	1	1	1	Y	Y	Y
1	×	×	×	都不通		

在实际应用中,当通道比较多时,可用多片多路开关对通道数进行扩展。两个 8 路开关扩展成 16 路开关的方法如图 2-49 所示。图中,地址总线 $A_0 \sim A_2$(或数据总线 $D_0 \sim D_2$)作为通道选择信号,A_3(或 D_3)接 S 端,作为两片 CD4051 的禁止输入端选择信号,当 A_3(或 D_3)=1 时,选中 CD4051(2),当 A_3(或 D_3)=0 时,选中 CD4051(1)。

同理,结合地址译码器等元件,还可以方便地实现更多路开关的扩展。

2.2.7　采样保持器

采样保持器的作用是:在采样时其输出能够跟随输入变化,而在保持状态时,能使其输出值不变。其输入/输出特性如图 2-50 所示。

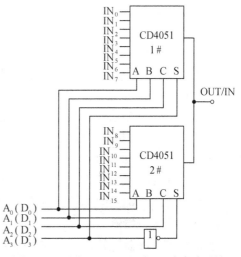

图 2-49　两片 CD4051 组成 16 路多路开关

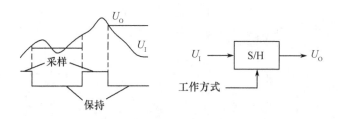

图 2-50 采样保持器两种工作方式及输入/输出特性

从图 2-50 可以看出,采样保持器有两种工作状态,一种是采样状态,另一种是保持状态。在采样状态时,采样保持器跟随输入电压变化,而在保持状态时,输出量保持在进入保持状态这一时刻的输入电压不变。采样保持器的用途是:保持模拟量信号不变,以便完成 A/D 转换;同时采样几个模拟信号,以便进行数据处理和测量;减少 D/A 转换器的输出"毛刺";把一个 D/A 转换器的输出分配到几个输出点,以保证输出电压的稳定性。

1. 采样保持器的工作原理

最简单的采样保持器如图 2-51 所示。它由开关 K、保持电容 C_H 和运算放大器组成。

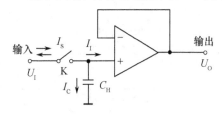

图 2-51 采样保持器

当开关 K 闭合时,由于导通电阻 R_{ON} 很小,因此电容充电时间常数很小,输出 U_O 随 U_I 快速变化,并且二者相等。当采样开关 K 断开时,由于运算放大器的高输入阻抗,电容 C_H 上充电的电压保持不变,使输出维持不变。因此这种保持器就是零阶保持器。实际上在保持期间,电容 C_H 所储存的电荷要通过 3 个途径放电:C_H 的漏电流 I_C;运算放大器的输入电流 I_I;以及采样开关 K 断开电阻 R_{off} 所决定的电流 I_S(其方向根据输入电压和 C_H 上的电压来确定)。这样 C_H 上的放电电流 I_d 由下式决定

$$I_d = I_C + I_I + I_S \tag{2-8}$$

在保持区间 T_H,C_H 上的电压在单位时间内的变化为

$$\frac{dU}{dt} = \frac{I_d}{C_H}(V/s) \tag{2-9}$$

保持电压的变化为

$$\Delta U = \frac{I_d}{C_H} T_H(V) \tag{2-10}$$

根据此关系,可以由允许的保持电压的变化范围确定保持时间值。

由以上分析可知,电容 C_H 对采样保持的精度有很大影响。C_H 值小,则采样状态时充电时间常数小,即电容 C_H 充电快,输出对输入信号的跟随特性好,但在保持状态时放电时间常数也小,即电容 C_H 放电快,故保持性能差;反之,C_H 值大,保持性能好,但跟随特性差。因此,在选择电容时,应均衡考虑其容量的大小。

在实际应用中,要选用高输入阻抗的运算放大器,以减小电流 I_I;要选用漏电小的电容,如聚苯乙烯电容或聚碳酸酯电容;而采样开关则可以选用 CMOS 模拟开关。

2. 集成采样保持器

集成采样保持器的特点是:采样速度快,精度高,一般在 $2\sim2.5\mu s$ 即可达到 $\pm0.01\%\sim\pm0.03\%$ 精度;下降速度慢,如 AD585、AD348 为 $0.5mV/ms$,AD389 为 $0.1\mu V/ms$。正因为集成采样保持器具有上述优点,因而得到广泛的应用。

常用的集成采样保持器有美国 AD 公司生产的 AD582 和美国国家半导体公司生产的 LF398。

（1）AD582

电路如图 2-52 所示。它由一个高性能的运算放大器，低漏电流的模拟开关和一个结型场效应管集成的放大器组成。保持电容是外接的。当采样开关闭合时，AD582 的作用就像一个运算放大器。当采样开关断开时，由保持电容保持开关断开瞬时的值，而不管输入如何变化。

AD582 的特点是：有较低的捕捉时间，最低达 $6\mu s$，该时间与所选择的保持电容值有关；有较高的采样保持电流比，可达 10^7，它是采样时保持电容充电电流与保持时漏电流之间的比值，它表征采样保持器的质量；有较高的输入阻抗，约 $30M\Omega$；输入信号电平可达电源 $\pm V_S$；提供了相互隔离的模拟地与数字地；具有差动的逻辑输入端，IN^+ 输入端相对 IN^- 输入端的电压为 $-6\sim +0.8V$ 时，AD582 处于采样模式，IN^+ 偏置为 $+2V\sim (+V_S-3V)$ 之间，处于保持模式，采样与保持受控于差动逻辑输入的绝对电压值，而任一输入端的电压范围是从 $-V_S$ 到 (V_S-3V)，因此利用差动逻辑输入端可与任意逻辑电平的控制信号配合使用。

芯片使用 $\pm 18V$ 电源。典型应用如图 2-53 所示，在这个应用中，增益为 1，为同相输出。

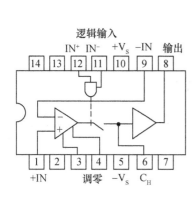

图 2-52　AD582

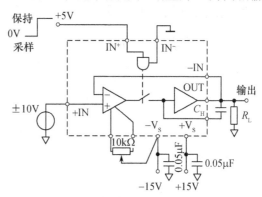

图 2-53　AD582 典型应用

（2）LF398

电路如图 2-54 所示。它是一个采用双极型－场效应晶体管工艺，实现了快速信号捕捉和低的下降速率的单片采样保持器。

LF398 的主要特点是：当做单位增益跟随时，直流增益的精度典型值是 0.002%；到达 0.01% 的捕捉时间低到 $6\mu s$；双极结构的输入级用来实现低的失调电压和宽的带宽；失调电压的调节用单端完成；输出放大器采用 P 沟道结型场效应管和双极型器件的组合，在 $1\mu F$ 保持电容下的下降速率可低到 $5mV/min$；输入阻抗为 $10^{10}\Omega$，允许使用高阻抗的信号源而不降低精度；芯片逻辑输入是具有低输入电流的差动级，因而可与 TTL、PMOS、CMOS 器件直接相连，差动阈值 1.4V；工作电源范围为 $\pm 5\sim \pm 18V$。

芯片典型应用如图 2-55 所示。逻辑输入低电平时为保持状态，高电平时为采样状态。

在选择集成采样保持器时，应考虑以下几个主要参数。

① 孔径时间：电路接到保持信号后，模拟开关由导通转变为断开所需的时间。显然，对于一个动态的模拟输入信号在此期间会发生变化，这将导致 A/D 转换产生不确定性误差（孔径误差）。

② 捕捉时间：电路接到采样控制信号后，输出电压 U_o 达到指定跟踪误差范围内所需的时间。A/D 转换器的采样周期应大于捕捉时间。

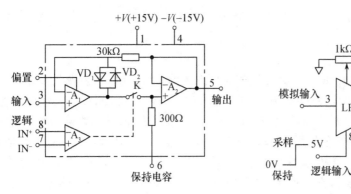

图 2-54　LF398　　　　　　　　　　图 2-55　LF398 典型应用

③ 保持时间:模拟开关 K 断开的时间,由采样速率确定。

④ 变化率 du/dt:反映在保持阶段,由于保持电容 C_H 漏电、运算放大器的输入电流以及采样开关 K 断开电阻所决定的电流所引起的保持电压的变化,如式(2-10)所示。

2.2.8　模拟量输出通道举例

如图 2-56 所示为多通道共用一套 D/A 转换器的方案。

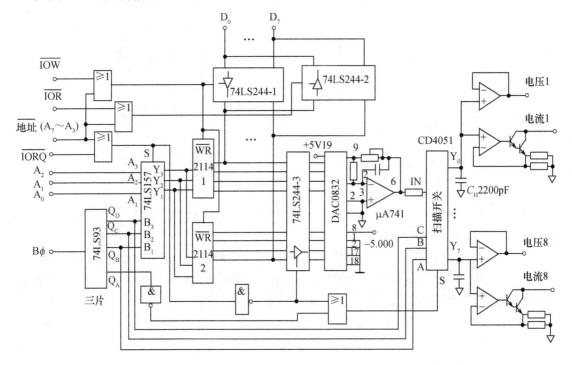

图 2-56　模拟量输出通道举例

1. 技术指标

通道数:八通道,每通道有电压、电流两种输出;

输出电压:0~5V;

输出电流:0~10mA;

分辨率:8 位;

线性误差:±1LSB;

建立时间:每通道 $256\mu s$。

2. 通道工作原理

（1）D/A 转换

使用接成直通状态的 DAC0832,通过运算放大器 $\mu A741$ 实现电流/电压转换。基准电源为 $-5V$,保证了输出电压范围为 $0\sim 5V$。

（2）保持器

以八通道多路转换器 CD4051 为采样开关,与电容、运算放大器一起构成八通道采样保持器。每一通道又有两路输出,一路为电压跟随器,输出电压,另一路用电流负反馈,输出恒流源电流,这样可满足一些通用仪表接口的要求。由于这种保持器不易做到高保持率,特别是当控制系统允许采样周期较长时,D/A 转换后的电压值保持不住,因此设计了保持器自动刷新电路。

（3）保持器刷新电路

保持器自动刷新电路可以独立工作而不占用 CPU 工作时间。它使用两片 $1K\times 4$ 位随机存储器 2114 作为数据寄存器,用地址线 A_2、A_1、A_0 去寻址,因此只使用 1KB RAM 中 8 个字节的存储单元做八通道数据寄存器。

由 3 片 74LS93(4 位二进制串行计数器)构成 64 分频器和一个 3 位计数器,将计算机的主频 $B\phi$(2MHz)转换成周期为 $32\mu s$ 的计数脉冲给 3 位计数器计数。用 3 位计数器的计数值 Q_D、Q_C、Q_B 去读出 2114 存储器存储的八通道内容,经三态缓冲器 74LS244-3 后由 DAC0832 转换成模拟量电压。与此同时,计数值 Q_D、Q_C、Q_B 还去选通 CD4051 相应的模拟开关,对该通道转换后的电压进行采样。周期为 $32\mu s$ 的计数脉冲还去控制 CD4051 的禁止端 S,因此实际上每一通道采样开关闭合 $16\mu s$。计数器周而复始地计数,使每一通道间隔 $8\times 32\mu s=256\mu s$ 对保持器刷新一次,每次刷新 $16\mu s$。

（4）与 CPU 的接口

由两片三态缓冲器 74LS244 构成双向数据缓冲器,使本接口既可接收 CPU 送来的通道数据,又可让 CPU 读出该数据,以便检查输出是否正确。CPU 通过 74LS244-1 实现对 2114 写入,地址总线高 5 位的译码输出与 $\overline{IOW}$ 信号作为缓冲器的选通和 2114 的写入信号。通道地址由地址总线的低 3 位 A_2、A_1、A_0 指定,当 CPU 对 2114 进行 I/O 操作时,控制 4 位二选一选择器 74LS157 把 3 位地址线切换到 2114。地址总线高 5 位译码输出与 $\overline{IOR}$ 信号选通 74LS244-2,CPU 可随时读出通道寄存器的内容。

（5）如何协调 CPU 读/写操作与保持器自动刷新

4 位二选一数据选择器用来选择地址总线低 3 位 A_2、A_1、A_0,还是 3 位计数器 Q_D、Q_C、Q_B,以便寻址 2114 通道寄存器。由于使用地址总线高 5 位译码输出和 $\overline{IORQ}$ 信号去控制 74LS157 的选择端 S,使得 CPU 对通道寄存器进行读/写操作时自动选择地址总线 A_2、A_1、A_0,与此同时,还去控制八通道采样开关 CD4051 的禁止端和三态缓冲器 74LS244-3 的选通端,使 D/A 转换器停止转换,八路采样保持器均处于保持状态,暂停刷新。只要 CPU 读/写操作结束,$\overline{IORQ}$ 无效,74LS157 选择 3 位计数器 Q_D、Q_C、Q_B,又恢复对保持器的自动刷新。由于 $\overline{IORQ}$ 时间很短,所以主要时间为保持器刷新工作。

2.3 模拟量输入通道

模拟量输入通道的作用是把检测装置从被控对象中检测到的模拟信号转变成二进制数字信号送入计算机。要完成这样的功能,需要采样——将连续的模拟信号转变成离散的模拟信号;转换——通过整量化，将离散模拟信号转变成离散数字信号。

一个模拟量输入通道可以有各种各样的构成。典型的模拟量输入通道如图 2-57 所示，由信号处理电路、多路转换器、采样保持器、A/D 转换器等组成。

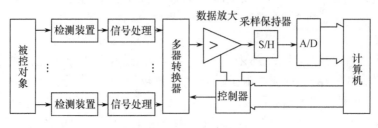

图 2-57　模拟量输入通道

检测装置：包括传感器和变送器，用来将被控对象的物理量转换成电量，以满足模数转换的要求。

信号处理：包括信号滤波、非线性补偿、阻抗匹配、电流/电压转换等。

多路转换器：由于多路共用一个 A/D 转换器，所以用它来切换输入模拟量。

数据放大器：用来把检测到的信号放大到 A/D 转换器有效的工作电平。

采样保持器：当输入信号变化很快时，为保证 A/D 转换精度，用它来保持采样瞬时的模拟信号，使 A/D 转换期间输入信号稳定。

A/D 转换器：完成将模拟量转换成数字量。

控制器：用来协调通道切换、数据放大、采样保持等工作。

2.3.1　A/D 转换原理

A/D 转换的方法很多，常用的有下面几种。

1. 计数比较型 A/D 转换器

这是一种最简单和最便宜的转换方式。它用一个 D/A 转换器，在计数器的控制下，使 D/A 转换器输出一个与计数值成比例的阶梯形上升电压，通过比较器与输入电压比较，在预定的精度下，阶梯电压与输入电压相等时，比较器输出一个状态停止计数器计数，此时计数器所计的数值就是转换的结果。原理图如图 2-58 所示。这种转换方法的主要缺点是转换时间随输入信号的大小变化，输入信号越大，转换时间越长。

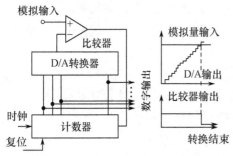

图 2-58　计数比较型 A/D

2. 双斜率积分式 A/D 转换器

图 2-59 是其原理图。转换分两步进行，开始用固定时间 T_0 对输入电压进行积分，当积分时间到，积分器输入端切换到基准电源，使积分器按固定斜率放电，与此同时启动计数器开始计数，当积分器放电到零电平时，鉴零比较器输出信号，停止计数器计数，这时计数器所记的数值就是转换的结果。由于这种转换方式所转换的是输入电压在固定积分时间 T_0 内的平均值，因此这种转换方法的优点是抗交流电源干扰的能力强，特别是当固定积分时间是工频的整倍数时，效果更佳。但是转换速度比较慢。

3. 逐次逼近式 A/D 转换器

原理如图 2-60 所示。它由逐次逼近寄存器 SAR、D/A 转换器、比较器、时序与控制逻辑等部分组成。其工作过程如下：当发出转换命令之后，首先清除逐次逼近寄存器，然后由时序与控制逻辑电路置逐次逼近寄存器最高位为"1"，其余位为零。此数据经 D/A 转换器转换成电压 V_f 后，与输入电压 V_x 在比较器中比较，如果 $V_x \geqslant V_f$，说明此位置"1"是对的，应予保留，比较器输出就控制逐次逼近寄存器保留该位为"1"。反之如果 $V_x < V_f$，说明该位置"1"不合适，应予清除，比较器输出就控制逐次逼近寄存器清除该位。然后按上述方法继续对次高位进行置数、D/A 转换、比较、判断、决定次高位应为"1"还是为"0"。上述方法直至确定逐次逼近寄存器最低位为止。这个过程完成后，状态线改变状态，表示已完成一次完整的转换，逐次逼近寄存器中的内容就是被转换后的数字量。逐次逼近式 A/D 转换器的优点是精度较高，转换速度也较快，而且转换时间是固定的。

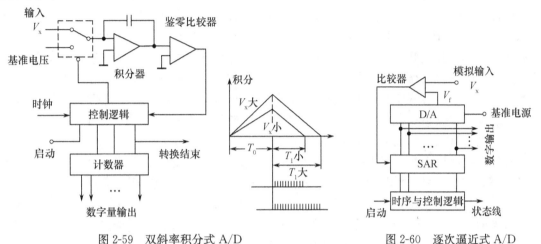

图 2-59　双斜率积分式 A/D　　　　　　图 2-60　逐次逼近式 A/D

4. 并行 A/D 转换器

上述逐次逼近式 A/D 转换器，如果转换位数是 n 位，则必须比较 n 次。这里要介绍的并行 A/D 转换器，只需要比较一次就可完成转换，因此它是一种快速转换器。一个 3 位并行 A/D 转换器原理如图 2-61 所示。它通过分压电阻产生 $2^3 - 1 = 7$ 级基准电压，将输入电压与这些基准电压在 7 个比较器上进行比较，比较器输出 $A_1 \sim A_7$ 的状态，与应产生的二进制编码列写出真值表（见表 2-9）。从真值表中可得二进制数码各位输出与比较器状态的关系为

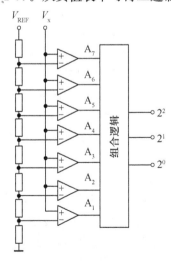

图 2-61　并行 A/D

表 2-9　并行转换表

A_7	A_6	A_5	A_4	A_3	A_2	A_1	2^2	2^1	2^0
0	0	0	0	0	0	0	0	0	0
0	0	0	0	0	0	1	0	0	1
0	0	0	0	0	1	1	0	1	0
0	0	0	0	1	1	1	0	1	1
0	0	0	1	1	1	1	1	0	0
0	0	1	1	1	1	1	1	0	1
0	1	1	1	1	1	1	1	1	0
1	1	1	1	1	1	1	1	1	1

$$2^2 = A_4$$
$$2^1 = A_6 + A_2\overline{A_4}$$
$$2^0 = A_7 + A_5\overline{A_6} + A_3\overline{A_4} + A_1\overline{A_2}$$

图 2-61 中的组合逻辑电路由上面 3 个式子构成。这种转换器转换速度最高,转换时间只受比较器和组合逻辑电路延时的限制。

5. Σ-Δ A/D 转换器

Σ-Δ 方法是 20 世纪 80 年代兴起的一种高精度转换器实现方法,这种方法应用过采样原理,将信号频带内的量化噪声能量大大压缩,从而达到很高的信噪比,与其他结构的转换器比较,Σ-Δ A/D 具有许多独特的优点,如高精度、高线性度及便于和数字系统集成等。

前面介绍的几种转换原理一般是传统 A/D 转换器采用的方式,它们共同的特点就是都直接将信号幅度进行量化,所以它们的采样频率只要是输入信号频宽的 2 倍即可,因此均属于 Nyquist A/D,即用信号频带 2 倍的 Nyquist 速率进行直接采样,这种 A/D 虽然输出速率非常快,但是精度一般只能局限于 10~20 位,其主要原因是模拟器件很难做到严格的匹配和线路的非线性。过采样 Σ-Δ A/D 则不同,它不需要严格的器件匹配技术要求,并且较容易达到高精度。由于在过采样 Σ-Δ A/D 设计中,过采样和噪声整形是两个关键技术,所以为了与 Nyquist A/D 相对应,人们就称之为过采样或噪声整形 A/D。

过采样技术是改善 A/D 转换器总体性能诸多技术中的一种。过采样 A/D 并不像 Nyquist A/D 那样,通过对每个模拟采样数值进行精确量化来得到数字信号,而是通过对模拟采样值进行一系列粗略量化成数字信号后,再通过数字信号处理的方法将粗略的数字信号进一步精确。所谓过采样(Oversampling),就是当采样频率高于信号频率的 2 倍时,这样的采样称为过采样。过采样使噪声滤波得到改善,是 Σ-Δ A/D 得以工作的关键。

从调制器编码理论的角度看,多数传统的模数转换器,如并行比较型、逐次逼近型等,均属于线性脉冲编码调制(Linear Pulse Code Modulation,LPCM)类型。这类 A/D 根据信号的幅度大小进行量化编码,一个分辨率为 n 的 A/D,其满刻度电平被分为 2^n 个不同的量化等级,为了能区分这 2^n 个不同的量化等级需要相当复杂的电阻(或电容)网络和高精度的模拟电子器件。当位数 n 较高时,比较网络的实现是比较困难的,因而限制了转换器分辨率的提高。同时,由于高精度的模拟电子器件受集成度、温度变化等因素的影响,进一步限制了转换器分辨率的提高。

Σ-Δ A/D 与传统的 LPCM 型 A/D 不同,它不是直接根据信号的幅度进行量化编码的,而是根据前一采样值与后一采样值之差(即所谓增量)进行量化编码,从某种意义上来说,它是根据信号的包络形状进行量化编码的。Σ-Δ A/D 名称中的 Δ 表示增量,Σ 表示积分或求和。由于 Σ-Δ A/D 采用了极低位的量化器(通常是 1 位),从而避免了 LPCM 型 A/D 在制造时所面临的很多困难,非常适合用 MOS 技术实现。另一方面,又因为它采用了极高的采样速率和 Σ-Δ 调制技术,可以获得极高的分辨率。同时,由于它采用低位量化,不会像 LPCM 型 A/D 那样对输入信号的幅度变化过于敏感。与传统的 LPCM 型 A/D 相比,Σ-Δ A/D 实际上是一种用高采样速率来换取高位量化,即以速率换分辨率的方案。

Σ-Δ A/D 以很低的采样分辨率(1 位)和很高的采样速率将模拟信号数字化,通过使用过采样技术、噪声整形和数字滤波技术增加有效分辨率,然后对 ADC 输出进行抽取(Decimation)处理,以降低 ADC 的有效采样速率,去除多余信息,减轻数据处理的负担。由于 Σ-Δ A/D 所使用的 1 位量化器和 1 位数模转换器具有良好的线性,所以,Σ-Δ A/D 表现出的微分线性和积分线性性能是非常优秀的,并且不像其他类型的模数转换器那样,它无须任何的修调。

Σ-Δ A/D 转换器包含非常简单的模拟电子电路(一个比较器、一个基准电压源、一个开关以及一个或一个以上的积分器与模拟求和电路)和相当复杂的数字运算电路。这个数字电路由一个用作滤波器(通常但不总是低通滤波器)的数字信号处理器(DSP)组成。Σ-Δ A/D 转换器的核心部分是 Σ-Δ A/D 调制器、低通数字滤波器和分样器两个主要模块。一个简单的 Σ-Δ A/D 转换器的简单例子如图 2-62 所示。

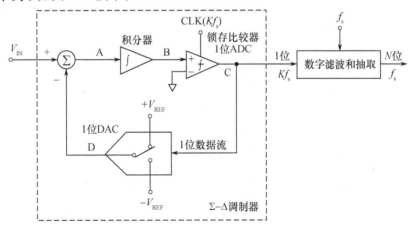

图 2-62 一阶 Σ-Δ A/D

虚线框内是 Σ-Δ 调制器,它以 Kf_s 采样速率将输入信号转换为由 1 和 0 构成的连续串行位流。1 位 DAC 由串行输出数据流驱动,1 位 DAC 的输出以负反馈形式与输入信号求和,根据反馈控制理论可知,如果反馈回路的增益足够大,DAC 输出的平均值(串行位流)接近输入信号的平均值。

当 Σ-Δ 调制器工作时,图 2-62 中 A、B、C、D 点的信号描述如图 2-63 所示。输入电压 $V_{IN}=0$ 时,A 点电压为 $+V_{REF}$ 或 $-V_{REF}$,B 点为积分器的输出。先假定积分器输入为 $+V_{REF}$,那么积分器输出线性增加,其斜率(绝对值)正比于 $+V_{REF}$,当 B 点电压增至锁存比较器的翻转阈值,锁存比较器翻转,C 点输出为 1,一位 DAC 的输出 D 为 $+V_{REF}$,此时,A 点电压变为 $V_{IN}-(+V_{REF})=0-V_{REF}=-V_{REF}$。这样,积分器输入由 $+V_{REF}$ 变为 $-V_{REF}$,积分器输出线性减小,其斜率(绝对值)正比于 $-V_{REF}$,当 B 点电压降至锁存比较器的翻转阈值,锁存比较器翻转,C 点输出为 0,一位 DAC 的输出 D 为 $-V_{REF}$,此时,A 点电压又变为 $V_{IN}-(-V_{REF})=0+V_{REF}=+V_{REF}$。上述过程周而复始,不断循环。

如图 2-63(a)所示,当 $V_{IN}=0$ 时,输出数字信号占空比为 50%;当模拟输入为正时,1 位 DAC 输出一定在 $+V_{REF}$ 上所占的时间比重较大,调制器输出 1 的个数多于 0 的个数,因而占空比增加,如图 2-63(b)所示。相反,当模拟输入为负时,占空比减小。

通过数字滤波,可以去掉转换处理期间注入的噪声。因为数字滤波器降低了带宽,所以输出数据速率要低于原始采样速率,直至满足 Nyquist 定理。由于采用了一位编码技术,模拟电路减少,前端的抗混叠滤波器容易设计,信噪比得到提高。Σ-Δ A/D 转换器由于其很高的分辨率和良好的噪声抑制能力,在工业检测和控制领域得到了很好的应用。目前,各 IC 公司推出的 Σ-Δ A/D 转换器绝大部分着眼于高精度,应用也主要面向高精度低速测量领域和音频处理领域。大部分 Σ-Δ A/D 转换器在片内集成有可编程增益放大器,简化了前端信号调理电路,片内还集成了微控制单元、寄存器组和基准电压源等。由于对速度要求不高,大部分芯片采用串行接口,使用非常方便。

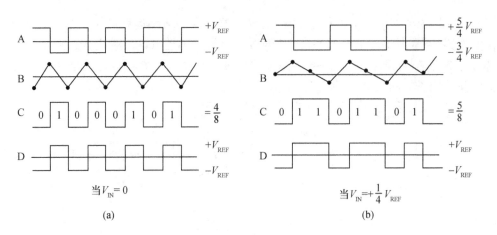

当 $V_{\text{IN}}=0$
(a)

当 $V_{\text{IN}}=+\dfrac{1}{4}V_{\text{REF}}$
(b)

图 2-63　Σ-Δ 调制器波形图

2.3.2　A/D 转换器的技术参数

1. 分辨率

分辨率表示引起输出从一个数码增加(或减少)到下一个相邻数码的最小输入变化量。它可以用位数 n 或基准电压 V_{REF} 的 $1/2^n$ 来定义。

2. 线性误差

在 A/D 转换时,对应一个数字量,其模拟量的输入不是固定的,而是一个范围,这个范围就是最低有效位 LSB。一个 3 位 A/D 转换器的理想转换曲线如图 2-64 中的实线所示。如果实际转换曲线为虚线,那么偏离理想曲线的大小即为线性误差,用 LSB 的分数表示。

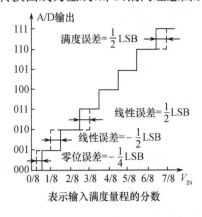

图 2-64　线性误差

因此线性误差就是理想刻度与实际刻度的偏差值,即实际量化步距与对应于 1LSB 的理想值之间的差异。有些文献也称之为微分非线性 DNL(Differential NonLinearity)。从整个输出代码来看,每个输入电压代码步距差异累积起来以后和理想值相比会产生一个总差异,这个差异就是非线性积分误差,也称为积分非线性(Integral NonLinearity,INL)。积分非线性表示了 A/D 转换器在所有的数值点上对应的模拟值和真实值之间误差最大的那一点的误差值,也就是输出数值偏离线性最大的距离,用 LSB 的分数表示。INL 是 DNL 误差的数学积分,即一个具有良好 INL 的 A/D 转换器保证有良好的 DNL。

总之,非线性微分和积分是指代码转换与理想状态之间的差异。非线性微分(DNL)主要是代码步距与理论步距之差,而非线性积分(INL)则关注所有代码非线性误差的累计效应。对一个 A/D 转换器来说,一段范围的输入电压产生一个给定输出代码,非线性微分误差为正时输入电压范围比理想的大,非线性微分误差为负时输入电压范围比理想的要小。

3. 转换时间和转换率

完成一次 A/D 转换所需的时间为转换时间。转换率为其倒数,即单位时间的转换次数。

所谓一次 A/D 转换即指从 CPU 向 A/D 转换器发出启动转换信号开始,到转换结束,得到稳定的数字量为止。

4. 电源电压的灵敏度

A/D 转换器基准电源的波动,相当于引入一个模拟量输入的变化,从而产生转换误差。因此电源电压灵敏度用相当的模拟输入值的百分数来表示。

A/D 转换器的供电电源发生变化时,相当于引入了一个等效的模拟量输入,从而产生转换误差。A/D 转换器对电源变化的灵敏度就是用这一等效输入的百分数来表示的。例如电源灵敏度为 0.05%/1%U_D,是指电源电压变化量 ΔU_D 为电源额定值 U_D 的 1% 时,相当于引入了 0.05% 模拟输入值的变化。

5. 信噪比

信噪比(Signal to Noise Ratio,SNR)指 A/D 转换器输出端的信号与噪声之比,通常用 dB 表示,记作 S/N 或 SNR。其中信号指基波分量的有效值,噪声指 Nyquist 频率以下全部非基波分量,但不包括直流分量的总有效值。对理想 A/D 转换器来说,噪声主要来自量化噪声,对于正弦输入信号,信噪比的理论值为

$$SNR=(6.02N+1.76)dB$$

式中,N 为 A/D 转换器的位数。对于理想 18 位 A/D 转换器,SNR=110.12dB。

A/D 转换器是模拟量信号输入接口的一个中心环节,也是除了放大器(特别是隔离放大器)以外的较为昂贵的器件。因此,在选择 A/D 转换器时,除了要考虑上述指标外,还有考虑系统所工作的温度环境,比如失调温度系数和增益温度系数来选择合适的 A/D 转换器。

2.3.3 集成 A/D 转换器

集成 A/D 转换器型号繁多,性能各异,各种型号的 A/D 转换器的特性及如何使用,在线性集成电路手册中均可查到,这里只代表性地介绍常用的芯片 ADC0808(ADC0809)、AD1674 和 AD976。

1. ADC0808(ADC0809)

这是美国国家半导体公司生产的单片 CMOS 器件。它们都带有 8 通道多路开关,易于与 8 位微处理器接口,分辨率 8 位,仅误差不同,ADC0808 的线性误差±(1/2)LSB,ADC0809 为±1LSB。

芯片的内部结构如图 2-65 所示,由模拟多路转换器和逐次逼近 A/D 转换器两大部分组成。

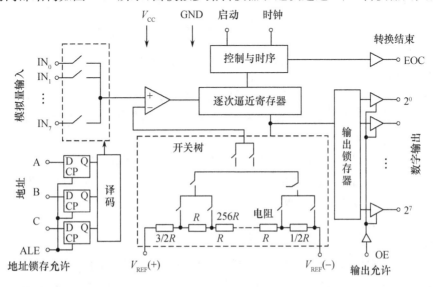

图 2-65　ADC 0808

(1) 模拟多路转换器

它包括 8 个模拟开关和 1 个 3 位通道地址锁存器、译码电路。8 个模拟输入端 $IN_0 \sim IN_7$ 可以输入 8 路单极性模拟电压。地址锁存允许信号 ALE 在由低电平变高电平时可以将 3 位地址码 C、B、A 锁存,然后由译码电路去选通 8 个模拟开关中的一个,将该路模拟量电压送去 A/D 转换。地址选通关系是:C、B、A 按二进制编码选通 $IN_0 \sim IN_7$,如表 2-10 所示。

(2) 逐次逼近 A/D 转换器

它由斩波稳定比较器、逐次逼近寄存器、开关树、$256R$ 电阻、输出寄存器、控制与时序电路等部分组成。

$256R$ 电阻与开关树组成特殊形式的 D/A 转换器。$256R$ 电阻将基准电压 $V_{REF(+)} \sim V_{REF(-)}$ 分成 256 挡,而开关树由二进制数码控制,通过开关切换,引出与二进制数码权值成比例的电压,即为 D/A 转换的结果。

下面以两位 D/A 转换为例说明 D/A 转换原理。电阻网络及开关树的组成如图 2-66 所示。

V_0 输出的大小除取决于基准电压 $V_{REF(+)} \sim V_{REF(-)}$ 的大小外,还取决于开关树中各排开关的状态。开关状态受 SAR 中各位数码控制,当某位数码 $D_i = 1$,则其控制的这排开关的 1 号开关均接通,若 $D_i = 0$,则这排开关的 0 号开关均接通。设基准电压为 4V,D/A 转换的结果如表 2-11 所示。由于网络最低电阻为 $R/2$,所以该转换器的整量化方式为舍入整量化。

表 2-10　通道选择

地址码			被选择的模拟通道
C	B	A	
0	0	0	IN_0
0	0	1	IN_1
0	1	0	IN_2
0	1	1	IN_3
1	0	0	IN_4
1	0	1	IN_5
1	1	0	IN_6
1	1	1	IN_7

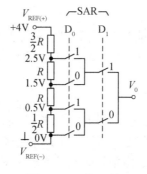

图 2-66　2 位 D/A

表 2-11　D/A 转换结果

D_1	D_0	$V_0(V)$
0	0	0
0	1	0.5
1	0	1.5
1	1	2.5

转换开始时,逐次逼近寄存器先清零,然后再逐位置"1",经 D/A 转换后与输入电压比较,决定所置的"1"是否有效。经 8 个周期后转换结束,逐位逼近寄存器中的数码送到输出寄存器并发出允许输出信号 EOC。

控制与时序电路用来产生逐位逼近 A/D 转换所需的各种操作。逼近一位需 8 个时钟周期,8 位 A/D 转换共需 $8 \times 8T$ 时间。当时钟 $f = 640kHz$ 时,需转换时间为 $8 \times 8 \times 1/640 \times 10^3$,即 $100\mu s$。

如图 2-67 所示为 ADC0808 转换时序。地址锁存信号 ALE 最小脉冲宽度为 $100 \sim 200ns$,启动转换信号 START 最小脉冲宽度也为 $100 \sim 200ns$,其上升沿将逐位逼近寄存器清零,下降沿后开始 A/D 转换。通道地址设置时间 $25 \sim 50ns$,通道地址保持时间 $25 \sim 50ns$。从 ALE 有效起,模拟开关延时时间为 $1 \sim 2.5\mu s$。

(3) 典型应用

图 2-68 所示为典型应用图。由于芯片带有输出三态缓冲器,因此可直接将输出数据线挂到 CPU 的数据总线上。模拟量输入通道由地址总线 A_2,A_1,A_0 指定。ALE 与 START 接在一起,当 CPU 执行输出指令时,通道地址被锁存,同时启动 A/D 转换。使用时钟 CLK = 500kHz,经

$128\mu s$ 之后,转换结束,输出状态 EOC 可供 CPU 查询,也可去中断 CPU。当 CPU 执行输入指令时,从 OE 端输入正脉冲,打开输出三态缓冲器,CPU 将转换结果读入计算机。

芯片使用+5V 电源,基准电源也为+5V,可转换的模拟量为 0～+5V。

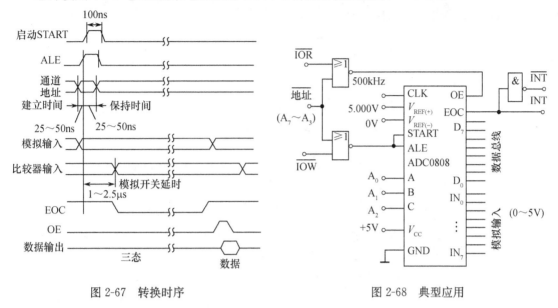

图 2-67 转换时序   图 2-68 典型应用

（4）双极性的实现

在实际应用中,模拟量输入信号可能是具有正、负的双极性信号,而 ADC0808 要求单极性的 0～5V 输入电压,因此需要通过信号的偏移,使双极性±5V 信号可以进行转换。如果信号源内阻较小,具有一定的带负载能力,可直接用电阻引入基准电压的偏移,如图 2-69 所示。偏移电阻 $R<50k\Omega$,由于基准电源的偏移作用,使得输入电压-5V 时送到 A/D 转换器的输入端成为 0V,输入电压+5V 时,送到 A/D 转换器的输入端也为+5V,其转换特性如表 2-12 所示。从表中可见,这种双极性的实现属于偏移二进制编码方式。

如果信号源内阻较大,可以通过电压跟随器进行阻抗匹配,如图 2-70 所示。这种双极性实现方法要求两个偏移电阻的阻值要一致。

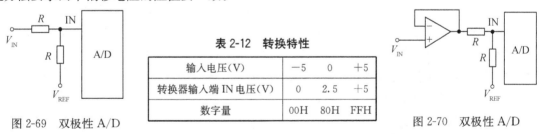

图 2-69 双极性 A/D

表 2-12 转换特性

输入电压(V)	-5	0	+5
转换器输入端 IN 电压(V)	0	2.5	+5
数字量	00H	80H	FFH

图 2-70 双极性 A/D

2. AD1674

AD1674（12 位 100kSPS A/D 转换器）是美国 AD 公司在 AD574、AD674 基础上又进一步改进的型号,其芯片引脚与 AD574、AD674 完全相同,只是内部增加采样保持器,而且转换速度提高了,由 AD574 的 $25\mu s$、AD674 的 $15\mu s$ 提高到 AD1674 的 $10\mu s$。

AD1674 采用模拟器件的 BiMOSⅡ工艺来实现,是一个完整的、多用途的 12 位模拟到数字的转换器,片内有采样保持器、10V 基准电源、时钟和与微处理器接口的三态缓冲器,属于逐次逼近型 A/D 转换器。可以单极性和双极性输入,输入电压范围 0～10V、0～20V、±5V、±10V。

有与 8 位或 16 位外部数据总线微机接口的控制逻辑。

AD1674 芯片功能如图 2-71 所示。芯片控制逻辑接收 $12/\overline{8}$、$\overline{CS}$、A_0、CE、$R/\overline{C}$ 五个信号,发出启停时钟、复位信号、控制转换过程。状态标志 STS 高电平表示忙,当接收到转换结束信号,STS 置低表示允许输出。控制信号的使用见表 2-13。

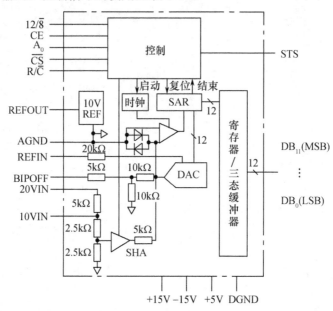

图 2-71　AD1674

表 2-13　控制功能

CE	$\overline{CS}$	$R/\overline{C}$	$12/\overline{8}$	A_0	操作
1	0	0	×	0	启动 12 位转换
1	0	0	×	1	启动 8 位转换
1	0	1	1	×	使能 12 位并行输出
1	0	1	0	0	使能高 8 位输出
1	0	1	0	1	使能低 4 位加 4 个尾随零

当向 AD1674 发出启动命令之后,控制部分将采样保持器(SHA)置于保持方式,开放时钟,并对逐次逼近寄存器(SAR)复位。一旦转换周期开始,转换器就不能被中止或重新启动,并且输出缓冲器也不能提供有效数据。用时钟来定时的逐次逼近寄存器将顺序地经过转换周期,并且转换完成时给控制部分返回一个结束转换标志。然后控制部分将关闭时钟,并将采样保持器切换到采样方式,并延时到 STS 的下降沿,以便对 12 位的精度进行采样。在采样保持器采集数据期间,控制部分将允许用外部命令来完成数据读的功能。

(1) AD1674 的控制方式

AD1674 具有全控制和独立两种控制方式,全控制方式利用 AD1674 全部控制信号,独立工作方式需要全总线的接口能力。

① 全控制方式

片使能(CE)、片选($\overline{CS}$)和读出/转换($R/\overline{C}$)用于控制转换或读出的工作方式。不论是 CE 还是 $\overline{CS}$ 都可以用来启动一次转换,当 CE 和 $\overline{CS}$ 同时都要求时,$R/\overline{C}$ 的状态就决定是进行数据读操作($R/\overline{C}$=1)还是进行转换操作($R/\overline{C}$=0)。欲启动转换,在 CE 和 $\overline{CS}$ 加入之前,$R/\overline{C}$ 应为低电

平,如果 R/C̄ 是高电平,就会立刻出现一次读操作,这很可能导致对系统的总线争用。

全控制方式的时序如图 2-72 所示。

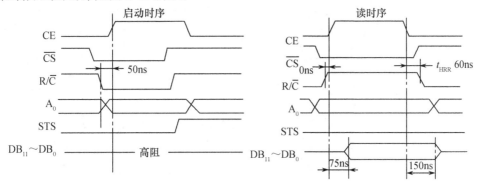

图 2-72　全控制方式的时序

其中读时序与 AD574 要求稍有不同,即 t_{HRR} 时间(从 CE 为低电平后,R/C̄ 保持为高电平的时间)AD574 为 0ns、AD1674 为 60ns,因此用 AD1674 时,接口方法和 AD574 略有不同。

AD1674 与 8 位数据总线 CPU 接口如图 2-73 所示。12/8̄ 接地,表示与 8 位数据总线 CPU 接口。

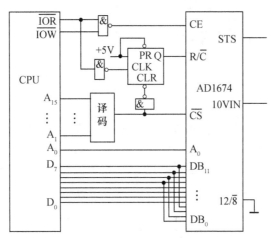

图 2-73　典型应用

启动 A/D:对一个 ADC 的偶地址进行写操作,启动 12 位转换。当 ĪOW 信号变低时,强制 CE 变为高电平,在这些信号变化之前,CLR 信号处于低电平状态,R/C̄ 被置为低电平,当 CLR 升高之后,直到下一个 CLK 的上升沿到来之前,R/C̄ 都一直保持低电平。因为送的是偶地址,指定启动 12 位 A/D,STS 变为高电平,开始 A/D 转换。启动时序如图 2-74 所示。

CPU 可以通过查询 STS 状态,或者用中断方式接收 STS 的中断申请,一旦 STS 变为低电平即转换结束,就可以读取数据。

读 A/D:因为启动 12 位转换,而与 8 位数据总线 CPU 接口,因此要分高低两个字节读取。高字节为偶地址,低字节为奇地址。

首先读出高字节,当 ĪOR 变为低电平,读周期开始,同时使 CE 变为高电平,C̄S̄ 早已是低电平,这使 D 触发器的 CLR 端为高电平,因 PR 端始终接到高电平,这使得 R/C̄ 端在 CLK 上升沿来时变为高电平,直到 C̄S̄ 变为高电平之前,R/C̄ 都不会变为低电平。C̄S̄ 升为高电平就强制 CLR 变为低电平,于是 D 触发器置成零,Q 输出低电平,这样保证了 CE 变成低电平时 R/C̄ 保持一段高电平,满足读时序要求。其工作时序如图 2-75 所示。

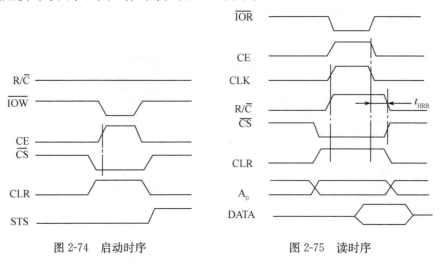

图 2-74　启动时序　　　　　　图 2-75　读时序

对于低字节的读法和工作时序与读高字节相同,此时 A_0 为 1(奇地址)。

AD1674 在 8 位数据总线下的数据格式如图 2-76 所示。

图 2-76　数据格式

② 独立控制方式

独立控制方式的应用一般比全控制方式能够更精确地发布转换开始的命令,在独立控制方式下,AD1674 和 AD574 的控制接口是一样的,CE 和 $12/\bar{8}$ 接到高电平,$\overline{CS}$ 和 A_0 接到低电平,转换由 $R/\bar{C}$ 来进行控制。当 $R/\bar{C}$ 为高电平时,开放三态缓冲器;当 $R/\bar{C}$ 变低时,一次转换就开始了,这就出现了两种可能的控制信号——正脉冲信号和负脉冲信号。

用负脉冲控制的情况如图 2-77 所示。在 $R/\bar{C}$ 的下降沿之后,输出端被强制进入高阻态,在转换结束时,输出重新回到可用的逻辑状态。在 $R/\bar{C}$ 变成低电平 200ns 后,STS 线升为高电平,在数据有效后 800ns,STS 重新回到低电平状态。

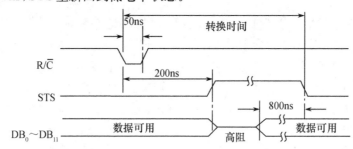

图 2-77　负脉冲控制

用正脉冲来启动转换的情况如图 2-78 所示。当 $R/\bar{C}$ 为高电平期间就开放数据,在 $R/\bar{C}$ 的下降沿来时,启动下一次转换,同时数据线重新回到三态状态,直到下一个 $R/\bar{C}$ 的正脉冲出现。

图 2-79 所示为 AD1674 与 8 位数据总线 CPU 的独立方式接口(负脉冲应用)。

$12/\bar{8}$ 接+5V 指定 12 位输出,因此需要对 12 位数据进行一次缓存。选用 74LS374 进行锁

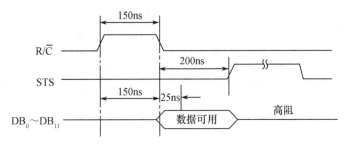

图 2-78　正脉冲控制

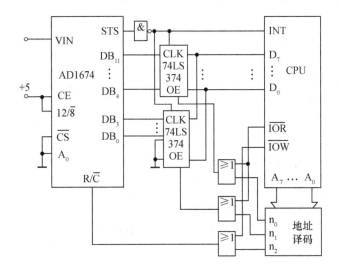

图 2-79　独立控制方式接口

存。两片 74LS374 分别锁存高 8 位和低 4 位,一个端口写命令用来启动转换。采用中断方式通知 CPU 转换结束,CPU 再分别读取高、低字节。

（2）AD1674 的模拟量输入方式

① 单极性输入

图 2-80 给出了 AD1674 在单极性输入方式下外部的连接。

AD1674 芯片有两个模拟量输入端 10VIN 和 20VIN。当芯片双极性偏移端 BIPOFF 接地时,AD1674 为单极性输入方式。若将 REFOUT（10V 基准）接 REFIN,单极性输入量程为 10VIN 端 $0 \sim 10$V（对应数码 000H $\sim$ FFFH）;20VIN 端 $0 \sim 20$V（对应数码 000H $\sim$ FFFH）。

电位计 R_1 用于零点调节,设信号由 10VIN 输入,1LSB $= 10/2^{12} = 2.44$mV,R_1 的调节要满足使输入信号 IN $= 1.22$mV（即 1/2LSB）时,输出由 000H 变到 001H。

电位计 R_2 用于满量程调节,通过调节 R_2,使输入电压为（4095/4096）$\times 10 - 1/2$LSB $= 9.9963$mV 时,数字输出由 FFEH 变成 FFFH。

② 双极性输入

图 2-81 为 AD1674 在双极性输入方式下外部的连接。双极性偏移端 BIPOFF 接到基准电压 REFOUT,将使输入电压发生偏移,10VIN 端的输入范围变为 $-5 \sim +5$V（对应数码 000H $\sim$ FFFH）,20VIN 端的输入范围变为 $-10 \sim +10$V（对应数码 000H $\sim$ FFFH）。

R_1 用于调零,对于 ± 5V 输入,通过调节 R_1 使输入信号 IN $= -1.22$mV 时,数字输出从 7FFH 变成 800H。此为双极性偏移调整。

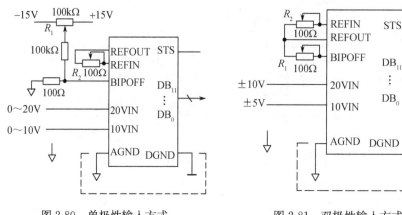

图 2-80　单极性输入方式　　　　　　图 2-81　双极性输入方式

R_2用于调满刻度,输入信号 IN＝＋4.9963V(满刻度以下 1/2LSB)时,数字输出从 FFEH 变成 FFFH。此为增益调整。

也可以用调整负满刻度代替双极性偏移调整,即输入信号 IN＝－4.9988V(即－5V＋(1/2)LSB),调节 R_1,使数字输出从 000H 到 001H 变化。

(3) 芯片使用的抗干扰措施

① 电压基准的去耦:推荐采用 $10\mu F$ 的钽电容接到 REFIN 与模拟地 AGND 之间,其作用是通过滤波滤掉可能来自于电压基准的板上噪声。

② 电源去耦:使用的电源要经过很好滤波和稳压的电源,必须没有高频噪声。电源与地引脚间接 $10\mu F$ 钽电容与 $0.1\mu F$ 陶瓷片电容,且引线要尽量短,这样可以在较宽的频率范围内提供充分的去耦作用。

③ 板上布线:对于高分辨率的数据转换器设计,需要对板子的布线非常注意,引线的阻抗是一个很大的问题。在 12 位的情况下,5mV 的电流通过 0.5Ω 的引线电阻就会产生 2.5mV 的电压降,对于 10V 的满量程范围来说,2.5mV 相当于 1LSB(如果芯片的基准电源电压很低则更严重)。除地线的压降外,电感和电容的耦合也必须考虑,尤其是高精度的模拟信号与数字信号共用一块板子时,要注意模拟部分的引线要尽量远离逻辑电路,应花功夫给模拟电路找到合适的位置。

AD1674 有一个较宽的采样前端带宽,这就意味着 AD1674 将采到在输入端的高频噪声,要努力去掉这样的高频噪声。其方法是可以在 AD1674 的模拟输入端采用去耦或使用抗混叠的滤波器(如带阻滤波器)。

模拟和数字信号不应共用相同的通路,每一个信号都应有一个接近它的恰当的模拟或数字返回线路,采用这样方法,信号回路就会限制在一个很小的范围,以减小噪声的电感耦合。电源地线采用较宽的印制线,以提供低阻抗的通路。模拟信号的走线应尽量远离数字信号,如果需要跨过数字信号线,要采用垂直的角度。

AD1674 芯片的引脚安排已考虑了用户使用的方便性,即模拟引脚端均相邻,有助于将模拟信号与数字信号相分离。仔细设计的电路结构减小了对地电流,通过 AGND 的电流为 2.2mV 且几乎不随代码而变化,通过 DGND 的电流受 $DB_{11}\sim DB_0$ 返回电流的控制。

④ 接地问题:板上模拟地、数字地独立走线,然后在 AD1674 的 AGND 和 DGND 上连接在一起。如果在一块板上使用多片 AD1674 或 AD1674 与其他元件共用模拟电源,那么将模拟和数字的返回线在电源处连在一起,而不是连接在各自的芯片上,这就避免了较大的回路,总之要避免数字电流或其他模拟芯片的电流通过模拟地线。

3. AD976

AD976/AD976A 是美国 AD 公司推出的一种快速、低功耗、逐次逼近型 16 位 A/D 转换器，采用 AD 公司专有的 BiCMOS 工艺，内有高性能双极性器件，满量程模拟输入电压为±10V，采集速率为 100kSPS/200kSPS，带宽为 1.5MHz，转换时间为 $10\mu s$（AD976）/$5\mu s$（AD976A），芯片采用＋5V 单电源供电，最大功耗 100mW，最大增益下温度漂移系数≤±7ppm/℃，用片外基准源可小于±2ppm/℃，片内带有 2.5V 基准电源、时钟及高速并行接口，工作时外围电路简单，可与微处理器直接连接。AD976 芯片采用开关电容/电荷重分布结构，其内部的自动校正逻辑可以校正内部的非线性，使用时不需要额外的采样保持电路，从而使其性能总体上得到优化。

（1）芯片功能

AD976/AD976A 利用一种连续的近似技术决定模拟输入电压，A/D 转换部分用电容阵列电荷分布技术代替传统的激光调整梯形电阻的方法，二分权重的电容阵列再分输入取样，执行模拟到数字的转换。电容阵列消除了线性设备中由于温度引起的电阻值不匹配。由于芯片上有电容阵列，故不需要额外电路执行采样/保持，其内部结构如图 2-82 所示。

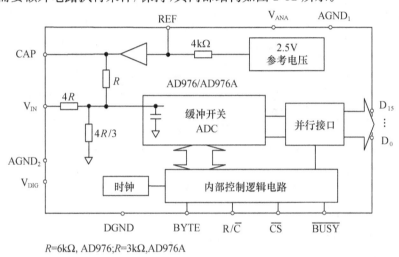

$R=6k\Omega, AD976; R=3k\Omega, AD976A$

图 2-82 AD976/AD976A

各引脚功能介绍如下：

V_{IN}：模拟信号输入端，输入范围为－10～＋10V，一般需在与模拟信号源之间接一个 200Ω 的电阻。

REF：输入/输出参考端，此端连接内部＋2.5V 参考源。

CAP：缓冲输出参考端，与 AGND2 之间需连接一个 $2.2\mu F$ 钽电容。

$AGND_1$：模拟地，作为 REF 的地参考点。

$AGND_2$：模拟地。

$D_{15}\sim D_0$：16 位数字输出。

DGND：数字地。

BYTE：字节选择端，当 BYTE 为 0 时，数据将按 D_{15} 为最高位、D_0 为最低位输出；当 BYTE 为 1 时，高低 8 位数据将交换。

R/$\overline{C}$：读/转换控制信号，R/$\overline{C}$ 的下降沿使 A/D 转换器内部采样保持器为保持状态，并在 $\overline{CS}$ 为低电平时，启动转换，R/$\overline{C}$ 信号的上升沿，读取转换结果。

$\overline{CS}$：片选端，当 R/$\overline{C}$ 为低时，在 $\overline{CS}$ 的下降沿开始转换；当 R/$\overline{C}$ 为高时，$\overline{CS}$ 的下降沿输出

数据。

$\overline{BUSY}$:状态标志,转换开始后变为低电平,并且保持到转换结束,$\overline{BUSY}$上升沿将输出数据锁存在输出寄存器,输出数据有效。因此$\overline{BUSY}$端的上升沿可用来作为外部数据锁存器的 CLK 信号,同时也可作为 CPU 中断信号,$\overline{CS}$为低,R/$\overline{C}$ 为高时,通知 CPU 读取数据结果。

V_{ANA}:模拟电源,+5V。

V_{DIG}:数字电源,+5V。

AD976/AD976A 用 R/$\overline{C}$ 和$\overline{CS}$控制其转换过程。R/$\overline{C}$ 的下降沿将采样保持器转为保持状态,在$\overline{CS}$的下降沿开始转换,$\overline{BUSY}$信号变为低,并保持到转换完成。$\overline{BUSY}$上升沿将输出数据锁存在输出寄存器,输出数据有效。当 R/$\overline{C}$ 为高,$\overline{CS}$的下降沿输出数据。$\overline{CS}$为高时,数据输出端为高阻态。图 2-83 所示为 AD976/AD976A 的转换时序。

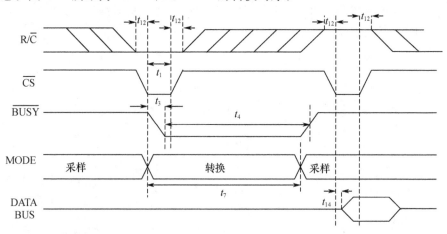

图 2-83　AD976/AD976A 转换控制时序

其中:

● R/$\overline{C}$ 置低到$\overline{CS}$有效的时间延迟 $t_{12}{\geqslant}10ns$;

● 片选脉冲宽度 $t_1{\geqslant}50ns$;

● $\overline{CS}$有效到$\overline{BUSY}$变低延迟 $t_3{\leqslant}83ns$;

● $\overline{BUSY}$低时间(AD976A/AD976) $t_4{\leqslant}4/8\mu s$;

● 转换时间(AD976A/AD976) $t_7{\leqslant}4/8\mu s$;

● 读数据到总线延迟 $t_{14}{\leqslant}83ns$。

(2) AD976 的应用

AD976/AD976A 能在内外基准电压下工作,满量程模拟量输入范围为双极性电压−10～+10V。

图 2-84 所示为 AD976 使用内基准电源运行时的模拟输入电路。

AD976A 的连接电路与 AD976 略有不同,其模拟输入经 R_2 连到 V_{ANA}端而非 AD976 的 CAP 端,如图 2-85 所示。

AD976/AD976A 内部标准的输入阻抗是 23kΩ/13kΩ,带有一个 22pF 的输入电容,并有一个±25V 的过电压保护装置。电路中外接的 200Ω 和 33.2kΩ/66.4kΩ 电阻用于给内部偏移量和增益提供补偿。

图 2-86 所示为 AD976 使用外基准电源运行时的模拟输入电路。AD780 为高精度基准电源。

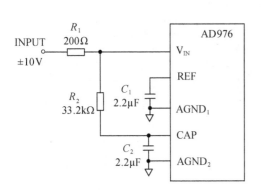

图 2-84 AD976 使用内基准电源

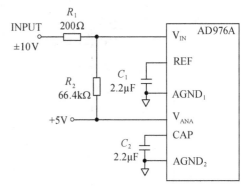

图 2-85 AD976A 使用内基准电源

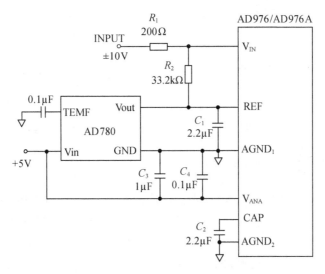

图 2-86 AD976 使用外基准电源

AD976/AD976A 可直接与 16 位或 8 位微处理器相连。图 2-87 所示为 AD976/AD976A 与 8051 单片机的接口电路。

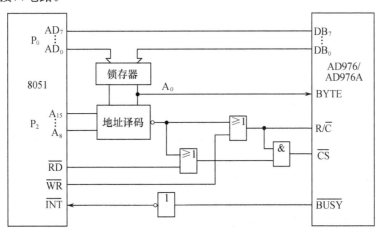

图 2-87 AD976/AD976A 与 8051 单片机的接口电路

图 2-88 所示为 AD976/AD976A 与 TMS320C25 单片机的接口电路。

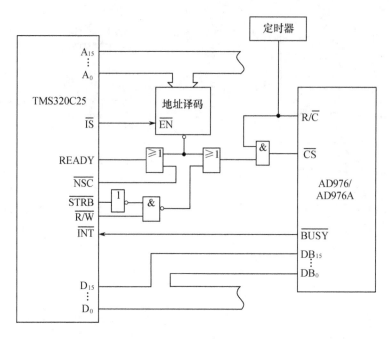

图 2-88　AD976/AD976A 与 TMS320C25 单片机的接口电路

2.3.4　可编程数据放大器

数据放大器是一种高性能放大器,要求很宽范围的放大倍数,很小的零点漂移,很高的输入阻抗,很强的抑制共模干扰的能力。在模拟量输入电路中,为了放大不同的信号,要使用不同放大倍数的运算放大器来使 A/D 转换满量程信号均一化,这样必然增加了电路复杂性,降低了系统的可靠性。如果数据放大器的放大倍数做成可由计算机程序来改变,就是可编程数据放大器。

1. 两种实用电路

（1）用 3 个运算放大器构成的可编程放大器

如图 2-89 所示,运放 A_1、A_2 构成差动输入差动输出放大器,其作用是对差模信号进行放大,差模增益越大越好,对共模信号没有抑制作用。运放 A_3 把差动信号转换成一个对地输出信号,该级共模抑制比大,这样整个可编程放大器电路的共模抑制比大。8 通道模拟开关 CD4051 用于切换 8 个电阻 $R_{10} \sim R_{17}$,由 CPU 送来 C、B、A 编码所选择。放大倍数为

$$K = 1 + \frac{2R_2}{R_{1i}} \qquad (i = 0 \sim 7) \tag{2-11}$$

可见,只要切换电阻 $R_{10} \sim R_{17}$ 就可改变放大系数。

CD4051 没有通道寄存器,由它构成的可编程数据放大器在与计算机接口时,需要设置一个 3 位数码寄存器。

（2）用采样保持器构成可编程放大器

集成采样保持器一般都由高性能运算放大器构成。在模拟量输入方案中,若必须设置采样保持器,可以将采样保持器设计成既能采样保持,又能可编程放大。具体电路如图 2-90 所示。

当把采样保持器 AD582 的输出端 8 接到负输入端 9,就构成全反馈放大器。控制逻辑输入端使 AD582 处于采样状态时,采样保持器成为比例系数为 1 的同相放大器。如果放大器输出经分压后再引入负反馈,就可以改变放大倍数。图 2-90 中 CD4051 就是用来改变反馈系数的,等效电路如图 2-91 所示,放大倍数为

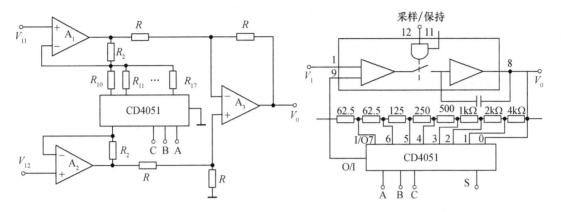

图 2-89 三运放可编程数据放大器　　　　图 2-90 AD582 实现可编程数据放大器

$$K=1+\frac{R_2}{R_1} \qquad (2-12)$$

按图 2-90 中的电阻值,可编程放大器的放大倍数按 2 的幂次方变化,见表 2-14。

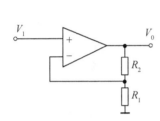

图 2-91 等效电路

表 2-14　放大倍数

C	B	A	接通开关	放大倍数
0	0	0	0	1
0	0	1	1	2
0	1	0	2	4
0	1	1	3	8
1	0	0	4	16
1	0	1	5	32
1	1	0	6	64
1	1	1	7	128

2. 集成可编程放大器

按上面介绍的可编程放大器的原理做成的集成可编程放大器有美国国家半导体公司生产的 LH0086、LH0084。

(1) LH0086

LH0086 如图 2-92 所示,由场效应晶体管输入运算放大器、精密电阻网络和数字程控开关网络组成。与 TTL 相容的 3 位数字输入选择精密增益设定值见表 2-15。

LH0086 为 14 引脚双列直插式金属封装,具有低的失调电压(0.3mV),高的输入阻抗($10^{10}\,\Omega$),快的建立时间($2\mu\text{s}$),良好的增益精度(增益为 1 时,增益精度 0.01%)和增益非线性(0.005%)。

使用电源 $\pm15\text{V}$,输入模拟电压$<\pm15\text{V}$,输出允许短路。

(2) LH0084

LH0084 如图 2-93 所示,由场效应晶体管构成的可变增益电压跟随输入级(A_1 和 A_2)及其后面差动输入单端输出级(A_3)、高稳定温度补偿电阻网络($R_1\sim R_7$)、数字程控开关网络(S1A～S4A、S1B～S4B)等组成。数字输入 D_1、D_0,经 2-4 译码后驱动场效应开关对 S1A～S4A、S1B～S4B,控制运算放大器 A_1 和 A_2 的反馈系数,从而改变输入级增益。

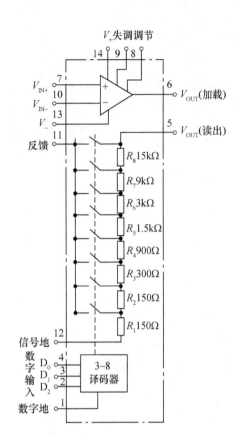

图 2-92　LH0086

表 2-15　LH0086 可变放大倍数

D$_2$	D$_1$	D$_0$	增益 K
0	0	0	1
0	0	1	2
0	1	0	5
0	1	1	10
1	0	0	20
1	0	1	50
1	1	0	100
1	1	1	200

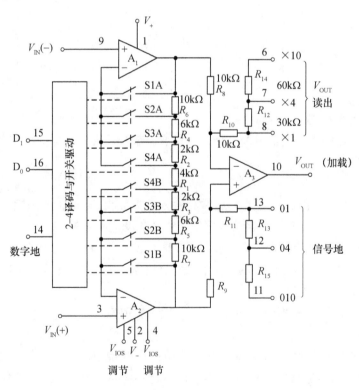

图 2-93　LH0084

输出级 A_3 通过换接 V_{OUT} 读出和信号地,可以改变输出级增益。两级配合总增益为 $1\sim100$,如表 2-16 所示。

表 2-16　LH0084 增益与接线表

数字输入		第一级增益	引脚连接	第二级增益	总增益
D_1	D_0				
0	0	1			1
0	1	2	8～10		2
1	0	5	13～地	1	5
1	1	10			10
0	0	1			4
0	1	2	7～10		8
1	0	5	12～地	4	20
1	1	10			40
0	0	1			10
0	1	2	6～10		20
1	0	5	11～地	10	50
1	1	10			100

LH0084 使用电源 ±15V,模拟输入电压 ±10V,功耗 450mW,增益精度 0.05％,增益非线性 0.01％,输入阻抗 $10^{11}\Omega$,共模抑制比和电源电压抑制比 70dB,建立时间 4μs,工作温度范围为 -55℃$\sim+125$℃,为 16 引脚双列直插式金属封装。

2.3.5　轴角/数字转换器

在伺服系统中,经常需要把机械转角转变成数字量。把轴角量 $0°\sim360°$ 转换成数字量的转换器称为轴角/数字转换器。

1. 用回转电位计加上 A/D 转换器实现轴角/数字转换器

如图 2-94 所示,它由回转电位计把机械转角转变成模拟量电压,再由 A/D 转换器转换成数字量。当电位计使用的电源和 A/D 转换器基准电源相同时,设电位计的最大转角为 θ_{max},A/D 转换器的位数为 N,则轴角/数字转换器的分辨率为

$$\delta=\frac{V_{REF}}{2^N}\times\frac{\theta_{max}}{V_{REF}}=\frac{\theta_{max}}{2^N} \qquad (2\text{-}13)$$

作为测角传感器的电位计,常使用导电塑料电位计,这种电位计的特点是:耐磨,工作寿命可达 500 万次;平滑性好,接触可靠;分辨率高,阻值可从 $10\Omega\sim1$MΩ;有单圈、多圈、直线等类型,线性精度可达 0.1％;旋转速度最高可达 $2000\sim3000$ 次/min,对于允许测角精度不是太高的场合可以使用,例如在喷漆机器人的位移检测就有使用。

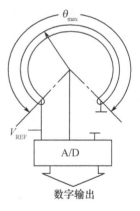

图 2-94　用电位计的
轴角数字转换

2. 码盘

这是一种直接将轴角转换成数字量的元件,现在广泛使用的是光电码盘。如图 2-95 所示,码盘上面刻有许多同心码道,每个码道上都有按一定规律排列的透光和不透光部分。工作时,光投射在码盘上,码盘随运动物体一起旋转,透过亮区的光经过狭缝后由光敏元件接收,光敏元件的排列与码道一一对应,对于亮区和暗区的光敏元件输出的信号,前者为"1",后者为"0",当码盘旋转在不同位置时,光敏元件输出信号的组合反映出一定规律的数字量,代表了码盘轴的角位移。

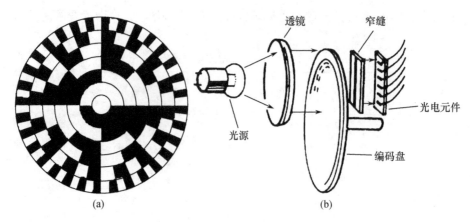

图 2-95　光电码盘原理示意图

根据码盘的刻度方法及信号输出形式,可分为两种:绝对值式和增量式。

(1) 绝对值式光电码盘

对于每个轴角能产生唯一的数字,绝对值式光电码盘的分辨率决定于码盘码道的个数,N 个码道的码盘可以输出 N 位二进制数。这种码盘的特点是不需要计数器,在转轴的任意位置都可以读出一个固定的与位置相对应的数字量。

一个 3 位的绝对值式码盘如图 2-96 所示。

它有 3 个码道,按二进制编码刻有明暗的光栅,通过安装在每一个码道的发光元件和光敏接收元件,将透光转变为数码 1,不透光转变为数码 0。这样码盘就输出与轴角相对应的固定二进制编码。

这种码盘要求各个码道刻划精确,彼此对准,这给码盘的制作造成很大困难。由于微小的制作误差,例如光敏元件安装的精度问题,只要有一个码道提前或延后改变,就可能造成输出的粗大误差。例如,当码盘停在 011~100 的过渡边界时,由于安装误差,可能输出 000 等其他编码状态。

分析产生这种误差的原因,主要是由于二进制编码存在相邻两个数码有多位数同时跳变引起的。因此克服的办法就是要找一种相邻两个数码只有一位翻转的编码方式,这就是循环码(格林码)。采用循环码编码的码盘如图 2-97 所示。循环码码盘具有轴对称性,其最高位相反,其余各位相同,循环码码盘转到相邻区域时,编码中只有一位发生变化,不会产生粗大误差。

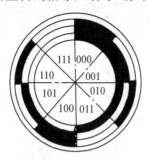

图 2-96　二进制码码盘

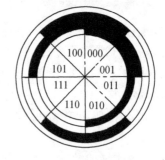

图 2-97　循环码码盘

循环码属于非定权编码系统,这种编码直接译码有困难,一般先转换为二进制码后再译码,因此应该找出它与二进制码的转换关系。表 2-17 为 3 位循环码与 3 位二进制码的关系,设二进制码为 D_2、D_1、D_0,循环码为 D_2'、D_1'、D_0',从表中可以分析出循环码转换成二进制码的关系为

$$\left.\begin{array}{l}D_2 = D_2' \\ D_1 = D_2 \oplus D_1' \\ D_0 = D_1 \oplus D_0'\end{array}\right\} \tag{2-14}$$

表 2-17　循环码与二进制码

二进制 $D_2 D_1 D_0$	000	001	010	011	100	101	110	111
循环码 $D_2' D_1' D_0'$	000	001	011	010	110	111	101	100

式(2-14)可以用异或门,由硬件电路实现转换,也可以由计算机软件实现,用硬件实现的电路如图 2-98 所示。

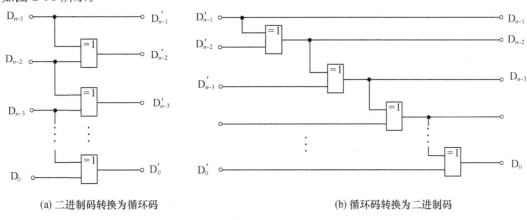

(a) 二进制码转换为循环码　　　　　　　　(b) 循环码转换为二进制码

图 2-98　二进制码与循环码相互转换电路

绝对值码盘一般产品到 14 位,最高 18 位,想再高已很困难,主要原因是最外码道已无法区分出明暗变化,因此只能采用电子细分方法。例如,采用单片机对最外码道输出的原始正余弦信号进行细分,这样可以把码盘做到 20 位、21 位。20 位码盘,角度分辨率为 $1.2''$;21 位码盘,角度分辨率可达到 $0.6''$。

也可以采用两个低位数码盘通过粗精组合实现高精度测角,原理如图 2-99 所示。图中精码盘 14 位,粗码盘 9 位,精粗速比 n 可取 32 或 64。$n=32$ 意味着粗码盘转过 $1°$,精码盘转过 $32°$,粗码盘转过一圈,精码盘转过 32 圈,也即精码盘一圈,转换出 14 位二进制数用来测量粗码盘的 $11.25°(=360°/32)$。可见,这是用传动比的放大作用来达到提高测量精度的目的。粗精组合后的数码如图 2-100 所示。

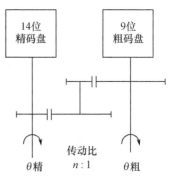

图 2-99　二进制码与循环码
相互转换电路

这种粗精组合方案会产生粗大误差,因为减速器有齿轮传动间隙,就可能出现精码盘已进位而粗码盘还没有进位,或者精码盘还未进位而粗码盘已进位的现象,粗精组合起来可能产生 $11.25°$ 的误差。因此粗精组合时必须加纠错,纠错的思想是:

虽然在粗精码盘之间有齿轮传动误差,但传动间隙不会太大。设传动间隙小于精码盘的 1/4转,即 $2.8125°$,这一假设是保守的,因为再坏的减速器也不会有这么大的传动间隙。根据这一假定,粗码盘尾数与精码盘全数之差最大不超过粗码盘的 $2.8°$。

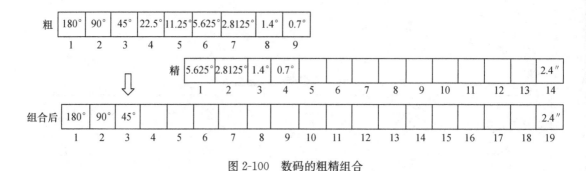

粗	180°	90°	45°	22.5°	11.25°	5.625°	2.8125°	1.4°	0.7°
	1	2	3	4	5	6	7	8	9

精	5.625°	2.8125°	1.4°	0.7°										2.4″
	1	2	3	4	5	6	7	8	9	10	11	12	13	14

组合后	180°	90°	45°																2.4″
	1	2	3	4	5	6	7	8	9	10	11	12	13	14	15	16	17	18	19

图 2-100　数码的粗精组合

纠错有下列 3 种情况。

① 精码盘角度在第一象限,粗码盘只能少计,不可能多计,这时应考虑向粗码盘的第五位加1。处在第一象限的意思是刚刚转完一圈。

② 精码盘在第四象限时,粗码盘只能多计,不可能少计,这时应在粗码盘的第五位减1。精码盘在第四象限的意思是精码盘快转完但尚未转完一圈。

③ 精码盘在第二、三象限,粗码盘不会多转,也不会少转,这时不用纠错。

故纠错准则是　　　精码盘1、2 位为 00

粗码盘6、7 位为 11　　粗码盘第 5 位加 1

精码盘1、2 位为 11

粗码盘6、7 位为 00　　粗码盘第 5 位减 1

（2）增量式光电码盘

增量码盘是轴每转一圈产生固定脉冲数,使用计数器记录脉冲数即为测得码盘转过的角度。这种码盘可以用来测量轴角或者位移。分辨率的高低取决于码盘每转产生的脉冲数和相对于被测角度或者位移的传动比。因为增量码盘只有一个刻有明暗光栅的码道,为了能检测出轴的转角,码盘一般输出两路相位相差 90°的脉冲 A、B,如图 2-101 所示。为了远距离传输的可靠性,码盘一般带有长线驱动电路,如 75113,用它将 A 和 B 脉冲转变成互补的 A、$\overline{A}$ 和 B、$\overline{B}$ 脉冲传输。在码盘输出信号的接收端,可以用长线接收电路 75115,将 A、$\overline{A}$ 和 B、$\overline{B}$ 再转换成 A 和 B 脉冲。

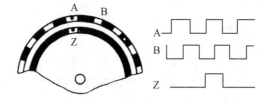

图 2-101　码盘输出

由于传输的是互补信号,可用异或门电路作为码盘是否断线检测,如图 2-102 所示。一旦码盘断线,异或门检测出两输入相同,输出低电平,点亮发光二极管,指出码盘断线了。

图 2-102　码盘短线检测

采用增量码盘只能检测机械转角或位移的相对值,不能检测绝对值。为了测量绝对值,需要有零位检测电路,用来将码盘的电气零位和机械零位对齐。为了能精确定出零位,码盘还有一路每转输出一个脉冲的零脉冲信号 Z,也通过长线驱动电路输出 Z、$\overline{Z}$。

增量码盘的结构如图 2-103 所示。码盘内部除了有回转光栅外,还有印制电路板、发光元件、受光元件、固定光栅。印制电路板上的电路完成接收信号的整形、放大、长线传输;固定光栅是为了提高明暗光通量的比。

增量码盘在数控系统和机器人驱动系统中大量使用,原因是:

① 测量精度高。理论上无限增加计数器的位数就可以得到无限的精度。对于角度检测,还要求提高码盘到负载轴之间的传动比,总的前提是必须提高传动系统的传动精度,减小传动间隙。

② 码盘直接安装在电机轴上,因此是一种间接测量方案,传动系统的强性变形、间隙等非线性因素被排除在系统闭环之外,闭环系统好调整,且机械结构设计简单。缺点是传动误差直接成为系统误差,在数控系统中常采用补偿的方法来提高精度。

使用增量码盘的几个关键技术问题。

① 方向判别。增量码盘提供相位相差 90°的 A、B 两路脉冲供设计方向判别电路使用,设计中应防止系统在协调位置的微小振动造成计数器错误地计数。例如,图 2-104 所示这种简单的方向判别电路就不能在伺服控制中使用。

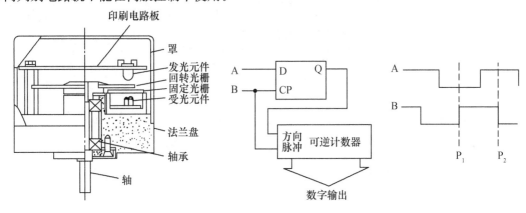

图 2-103　增量码盘结构　　　　图 2-104　简单的方向判别电路

这个电路利用 B 脉冲的上升沿触发 D 触发器,而 D 触发器的 D 端接 A 脉冲。当码盘正转时,B 脉冲的上升沿对应 D 端始终为低电平,D 触发器 Q 端输出为 0,表示正转;反之,当码盘反转时,B 脉冲的上升沿对应 D 端始终为高电平,D 触发器 Q 端输出为 1,表示反转。可见该电路可以判别方向。此电路当电机停在 P_1 或 P_2 位置有微小振动时,方向判别输出不变,但 B 脉冲不断产生,如果此时用 B 脉冲作位置计数,则会产生误计数。可见这个电路不能保证正确的位置检测。

实用的方向判别电路如图 2-105 所示。其原理是:取出一路脉冲的前、后沿,然后用另一路脉冲来选择,正转、反转分别选择脉冲的不同边沿去作加计数或减计数,这样,当电机在停止位置抖动时,因为脉冲的前、后沿是成对出现的,就可以避免误计数。

② 绝对零位的确定,有如下几种确定绝对零位的方法。

i. 如图 2-106 所示,在机械零位处安装一行程开关,每次系统开机时要进行归零操作,首先驱动系统快速接近零位开关,当碰到零位开关后,系统改为低速运行,然后用码盘的第一个 Z 脉冲去给位置计数器清零,就可以获得准确的零位。

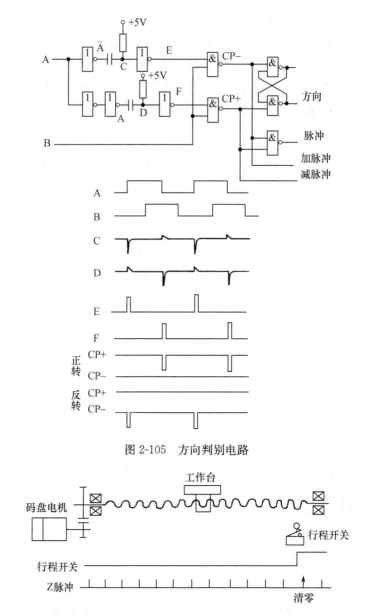

图 2-105　方向判别电路

图 2-106　归零方法之一

ⅱ. 上面这种归零方式,每次开机时都要驱动系统在大范围内运动,才能获得绝对零位,显得不方便。图 2-107 所示的归零方法是,在系统负载轴上装一个电位计,通过 A/D 转换器把负载轴的运动空间分成 2^N 个区间,每次开机时只要驱动系统在停止的位置让电机转一圈,产生一个 Z 零位脉冲,就可以确定出负载空间的绝对坐标。因为在负载空间中,码盘的每个零脉冲 Z 对应的绝对坐标值是已知的,只要通过 A/D 转换器读出当前 Z 脉冲所在的负载轴区间的角度值,经过适当修正后转换成绝对位置的计数值,赋予绝对位置计数器,就获得了绝对坐标值。

ⅲ. 随着微电子技术的发展,将增量码盘设计成电子式绝对位置编码器。这种方法的设计思想是:在码盘内部的印制电路板上,加一绝对位置计数器,由低功耗(CMOS)电路做成,靠电池供电保持绝对位置。系统启动后,在归零程序中不需要系统运动,而是由计算机向码盘发出归零请求信号,然后借用码盘 A、B 脉冲的信号线,用串行通信形式,将码盘记忆的绝对位置数发送到控制器中。基于这种思想设计的按增量码盘工作的绝对值码盘已有多种产品配合速度控制单元可供用户选择。下面介绍日本 FANVC 公司设计的电子式绝对位置编码器,其信息传送过程如图 2-108 所示。它由 A、B 两根信号线按循环码编码方式发送绝对位置计数器的字节地址,然后用固定频率将该字节的内容以脉冲个数送出,到了接收端(控制系统中的绝对位置检测电路),也用相同方法将数据计入对应的字节中。在 300ms 时间内传送 4 个字节(由低字节到高字节),其中用 29 位来表示绝对位置,另外 3 位用来表示码盘的工作状态,如码盘有电池、无电池、电池电压低等,供系统故障诊断用。300ms 归零结束后,信号线 A、B 又恢复传送码盘的增量脉冲。

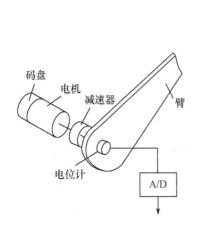

图 2-107　归零方法的改进

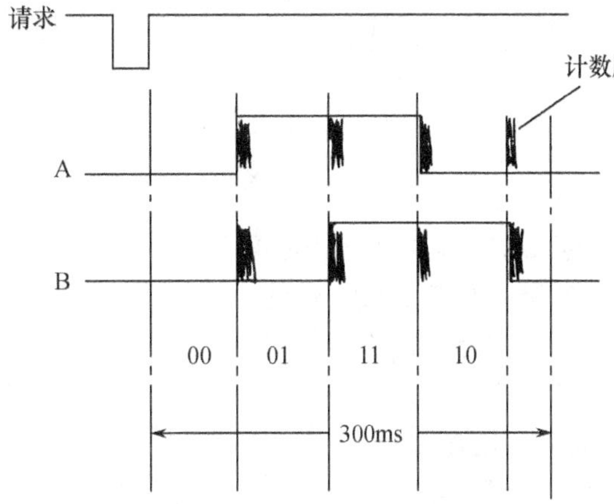

图 2-108　信息传送过程

采用这种方式要与系统的掉电保护和电机带有的制动器配合使用。即只要停电,负载电机有制动器抱闸,码盘不会由于外界用力或负载不平衡而动作,而计算机在掉电保护时,将控制系统检测到的负载绝对位置的数值保护起来,以便下次开机时做绝对位置诊断用。

采用增量码盘做位置检测,附带可以获得速度信号,只要通过频率/电压转换电路,就可以获得速度单元的反馈信号。由于用于伺服系统的速度控制单元要求系统调速范围很宽,用这种方法测速,需要码盘每转产生的脉冲数很高才行。增量码盘用于测速还可以采用 M/T 法,即高速时用记录单位时间内的脉冲数,低速时用测量脉冲周期的方法来获取数字测速信号。

3. 感应同步器

(1) 感应同步器的特点

感应同步器是一种电磁式位置检测元件,可以将直线位移或转角位移转化成电信号。感应同步器按其结构特点一般分为直线式和旋转式(圆盘式)两种。前者用于直线位移测量,后者用于角位移测量。

感应同步器具有检测精度较高、抗干扰性强、寿命长、维护方便、成本低、工艺性好等优点。目前直线式感应同步器的精度可达到 $\pm 1.5\mu m$,分辨率 $0.05\mu m$,重复性 $0.2\mu m$,直径为 300mm (12 英寸)的圆盘式感应同步器的精度可达 $\pm 1''$,分辨率 $0.05''$,重复性 $0.1''$。由于感应同步器具有上述优点,直线式感应同步器目前被广泛应用于大位移静态与动态测量中,例如用于三坐标测量机、程控数控机床及高精度重型机床及加工中的测量装置、自动定位装置等。圆感应同步器被广泛地用于机床和仪器的转台,各种回转伺服系统以及导弹制导、陀螺平台、射击控制、雷达天线的定位等。

(2) 感应同步器的结构

无论哪一种感应同步器,其结构都包括固定和运动两部分。对旋转式分别称定子和转子;对直线式,则分别称为定尺和滑尺。

① 旋转式感应同步器

旋转式感应同步器的结构如图 2-109 所示。定/转子都由基板、绝缘层和绕组构成。在转子（或定子）绕组的外面包有一层与绕组绝缘的接地屏蔽层。基板呈环形，材料为硬铝、不锈钢或玻璃。绕组用铜做成，厚度在 0.05mm 左右。屏蔽层用铝箔或铝膜做成。

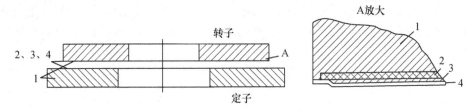

1—基板；2—绝缘层；3—绕组；4—接地屏蔽层

图 2-109　旋转式感应同步器

转子绕组做成连续式的，如图 2-110(a) 所示，称为连续绕组。它由有效导体、内端部和外端部构成。有效导体共有 N 根，N 是旋转式感应同步器的极数。

定子绕组做成分段式的，如图 2-110(b) 所示，称为分段绕组。绕组由 $2K$ 组导体组组成，它们分别属于 A 相和 B 相。K 称为一相组数。每组由 M 根有效导体及相应的端部串联构成。属于同一相的各组，用连接线连成一相。定、转子有效导体都呈辐射状。导体之间的间隔可以是等宽的，也可以是扇条形的。

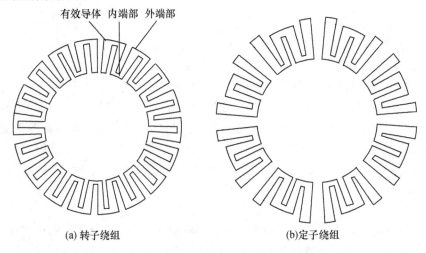

(a) 转子绕组　　　　　　　　　(b)定子绕组

图 2-110　旋转式感应同步器绕组图

转子绕组往外引出的方式有 3 种：直接由电缆引出；借助于装在转子基板上的滑环，再通过电刷引出；借助于装在定、转子基板内圆处的变压器用无接触的方式引出。如图 2-111 所示。

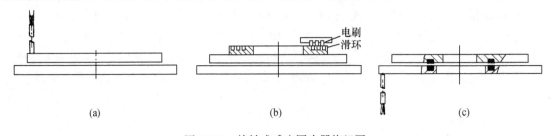

(a)　　　　　　　　　　(b)　　　　　　　　　　(c)

图 2-111　旋转式感应同步器绕组图

根据不同的要求,旋转式感应同步器可设计成各种尺寸和极数。常见的尺寸、极数和分装式产品能达到的精度如表 2-18 所示。组装以后,定、转子应对轴线保持同心和垂直,定转子绕组相对,并保持一个狭小的气隙。一般组装式的精度略低于表中所列之值。

　　② 直线式感应同步器

　　直线式感应同步器与旋转式结构相似,只是几何形状不同,是条形的。定尺绕组、滑尺绕组都为等距排列。本书主要介绍旋转式感应同步器,直线式感应同步器就不再赘述。

　　(3) 感应同步器的工作原理

　　旋转式感应同步器与直线式感应同步器的工作原理是相同的。为了分析方便,将旋转式感应同步器的绕组也展开成直线排列,如图 2-112 所示。图 2-112(a)是连续绕组的一部分;图 2-112(b)是分段绕组相邻的两导体组,它们分别属于 A 相和 B 相。

表 2-18　旋转式感应同步器的尺寸和精度

直径(英寸)	极数	精度
24	3600	±0.3″
12	1024	±0.5″
12	720	±0.5″
12	512	±1.0″
12	360	±1.0″
7	512	±2.0″
7	360	±2.0″
3	360	±5.0″

　　连续绕组两相邻导体中心线之间的距离称为极距,以符号 τ 表示。在标准型直线感应同步器中,$\tau=1\text{mm}$。在旋转式感应同步器中随半径的不同,极距是变化的,分析时取其平均值。τ 可用电弧度来表示,这时 $\tau=\pi$。分段绕组相邻导体之间的距离称为节距,以符号 τ_1 表示,τ_1 可以等于 τ 或其他值。在此设 $\tau_1=\tau$。如果在连续绕组中通以频率为 f 的定值交流电流 i,则将产生同频率的一定幅值的交变磁场。在某一瞬间,电流方向如图 2-112(a)中箭头所示,产生的磁通 Φ 的方向则如×和·所示。图 2-112(c)画出了导体断面的电流和磁通的方向。

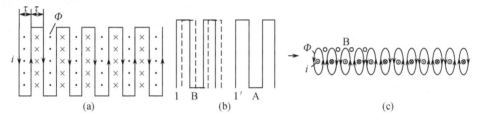

图 2-112　电流、磁场、磁链

　　现在先分析 B 相导体组所链磁通和感应电动势的情况。从图中可以明显看出,在所述位置下(实线所示),B 相导体所链交变磁通为零。若将 B 相导体向一个方向移动,则交变磁链将增加,到达虚线位置时,磁链为最大。若再继续移动,交变磁链将继续减小,直到为零,然后再反相增加。依此类推,每移动两个极距,便做一个周期变化,所以 B 相导体组将感应一交变电动势。其大小随着绕组间的相对移动,以两倍极距(2τ)为周期进行变化。在理想情况下,这个变化具有正弦或余弦的函数关系。如果移动的速度(角频率)远小于电流的频率,且给定适当的初始位置和移动方向,则 B 相导体组感应的交变电动势有效值可以表示为

$$e_{B}=\frac{d\Psi}{dt}=-\frac{d}{dt}(\Psi\sin\alpha_{D})=-\frac{d\Psi}{dt}\sin\alpha_{D}-\Psi\frac{d\alpha_{D}}{dt}\cos\alpha_{D} \tag{2-15}$$

式中,Ψ 为 B 绕组的磁链;α_{D} 为连续绕组对 B 绕组的偏离角(电角度)。

　　在稳态时,$\dfrac{d\Psi}{dt}=0$。又考虑到感应同步器绕组的电阻值远大于电抗值,呈电阻性,所以磁通及电流与激磁电压成正比,故式(2-15)可写成

$$e_B \propto \frac{du}{dt}\sin\alpha_D \qquad (2-16)$$

式中,u 为激磁电压瞬时值。

设激磁电压为一正弦电压,即

$$u = U_m\sin\omega t \qquad (2-17)$$

式中,U_m 为瞬时电压最大值;ω 为角频率,$\omega = 2\pi f$。

代入式(2-16),并引入比例常数,得

$$e_B = -\frac{1}{K_u}U_m\cos\omega t\sin\alpha_D \qquad (2-18)$$

式中,K_u 为电压传递系数,即额定频率下激磁电压与最大输出电动势之比,K_u 决定于绕组的尺寸、参数以及气隙和激磁频率。

式(2-18)用复数有效值表示时,为

$$\dot{E}_B = -j\frac{\dot{U}}{K_u}\sin\alpha_D = \dot{E}_m\sin\alpha_D \qquad (2-19)$$

式中,$\dot{U}$ 为复数形式的励磁电压;$\dot{E}_m$ 为电动势幅值,$\dot{E}_m = -j\dfrac{\dot{U}}{K_u}$。

式(2-18)和式(2-19)表明 B 相导体组输出的感应电动势以正弦函数关系反映了感应同步器的机械转角或位移的变化,图 2-113 曲线 1 是式(2-19)的曲线表示。每经过一个极距,便出现一个零电位点,简称零位。

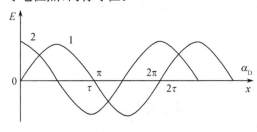

图 2-113 输出电动势

这样的输出特性并不能用来检测任意角度或位移,因为它只在零位附近有明确意义,当达到正弦曲线顶部时,就难以分辨角度或位移了。为此,在 B 相导体各导体组之间,又插入了 A 相导体组,两者为相同导体,例如图 2-112(b)中第一根导体 1 与 1′ 相隔为

$$\frac{N\tau}{2K} = \left(\alpha \pm \frac{1}{2}\right)\tau \qquad (2-20)$$

式中,K 为一相绕组中所含的导体组组数;α 为正整数。

如果使两相绕组在空间相位上相差 $\dfrac{\pi}{2}$ 电弧度,则称两绕组为正交,如图 2-112(b)所示 A、B 两绕组。这时,当一相绕组的感应电动势处于零时,则另一相绕组将输出电动势的最大值。对应式(2-18)和式(2-19),A 相绕组的感应电动势为

$$e_A = -\frac{U_m}{K_u}\cos\omega t\cos\alpha_D \qquad (2-21)$$

$$\dot{E}_A = -j\frac{\dot{U}}{K_u}\cos\alpha_D \qquad (2-22)$$

图 2-113 曲线 2 是式(2-22)的曲线表示。有了两相电动势输出,对一周期内任一位移或转角都有明确的反映,再配以合适的转换电路,就可以检测出位移或转角。在实际工作时,一相所有导体组是串在一起的,所以输出电动势是一相的总电动势。由于互感可逆,以上各式同样适用于分段绕组一相激磁的情况。当两相同时激磁时,根据重叠原理,参考式(2-18)~式(2-22),连续绕组的感应电动势的瞬时值和复数值为

$$e_2 = -\frac{1}{\omega K_u}\left(\frac{du_A}{dt}\cos\alpha_D + \frac{du_B}{dt}\sin\alpha_D\right) \tag{2-23}$$

和

$$\dot{E}_2 = -j\frac{1}{K_u}(\dot{U}_A\cos\alpha_D + \dot{U}_B\sin\alpha_D) \tag{2-24}$$

以上各式中位移或转角都用电弧度 α_D 来表示。若用机械弧度表示时

$$\alpha_D = \frac{N}{2}\alpha \tag{2-25}$$

式中,α 为用机械弧度表示的位移或转角。若用长度表示时

$$\alpha_D = \frac{\pi}{\tau}x = kx \tag{2-26}$$

式中,x 为用长度表示的位移或转角,k 为转换系数,$k = \frac{\pi}{\tau}$。

根据上述工作原理,感应同步器的电气原理如图 2-114 所示。F 为连续绕组,分段绕组 A、B 分别称为余弦绕组和正弦绕组。

（4）感应同步器的运行方式

输出电动势虽然反映了机械位移和转角,但要检测出位移和转角,还需要通过某种变换电路对输出信号进行处理。基本运行方式有 4 种,即连续绕组激磁或分段绕组激磁与鉴相方式或鉴幅方式的组合。

① 分段绕组激磁,连续绕组输出

如图 2-115 所示,分段绕组接至函数电源,连续绕组输出电压 E_2。

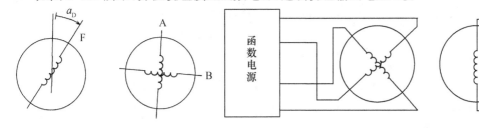

图 2-114　电气原理图　　　　图 2-115　分段绕组激磁运行方式

● 鉴相方式

此方式下,图 2-115 中的函数电源为一两相电源。

$$u_A = U_m\cos\omega t$$
$$u_B = U_m\sin\omega t \tag{2-27}$$

或

$$\dot{U}_A = j\dot{U}$$
$$\dot{U}_B = \dot{U} \tag{2-28}$$

代入式(2-23)和式(2-24),得

$$e_2 = \frac{U_m}{K_u}(\sin\omega t\cos\alpha_D - \cos\omega t\sin\alpha_D) = \frac{U_m}{K_u}\sin(\omega t - \alpha_D) \tag{2-29}$$

$$\dot{E}_2 = -j\frac{1}{K_u}(j\dot{U}\cos\alpha_D + \dot{U}\sin\alpha_D)$$

$$= \frac{\dot{U}}{K_u}(\cos\alpha_D - j\sin\alpha_D)$$

$$= \frac{\dot{U}}{K_u}e^{-j\alpha_D} \tag{2-30}$$

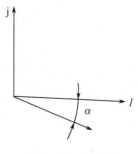

图 2-116 相量图

以上两式表示，连续绕组输出电动势的幅值不变，而时间相位等于位移或转角，所以测定了相位，也就测得了位移或转角，这称为鉴相方式。如图 2-116 所示为式(2-30)在复平面上的表示。

● 鉴幅方式

此方式下，图 2-115 中的函数电源为一函数发生器。为 A、B 绕组提供的两电压，在时间上同相位，在幅值上随某一可知变量 φ_D 作正、余弦函数关系变化，即

$$u_A = U_m \sin\varphi_D \sin\omega t$$
$$u_B = -U_m \cos\varphi_D \sin\omega t \qquad (2-31)$$

或

$$\dot{U}_A = \dot{U} \sin\varphi_D$$
$$\dot{U}_B = -\dot{U} \cos\varphi_D \qquad (2-32)$$

代入式(2-23)和式(2-24)，得

$$e_2 = -\frac{U_m}{K_u} \cos\omega t (\sin\varphi_D \cos\alpha_D - \cos\varphi_D \sin\alpha_D)$$
$$= \frac{U_m}{K_u} \cos\omega t \sin(\alpha_D - \varphi_D) \qquad (2-33)$$

$$\dot{E}_2 = -j\frac{U}{K_u} (\sin\varphi_D \cos\alpha_D - \cos\varphi_D \sin\alpha_D)$$
$$= j\frac{U}{K_u} \sin(\alpha_D - \varphi_D) \qquad (2-34)$$

以上两式表示，连续绕组的输出电动势具有不变的相位，而其大小则随位移或转角与可知变量之差作正弦函数变化。如果改变可知变量，使输出电动势为零，这时的可知变量也就是要测的机械位置，称为鉴幅方式。

② 连续绕组激磁，分段绕组输出

如图 2-117 所示，连续绕组接在激磁电源上，分段绕组接至信号发生器。

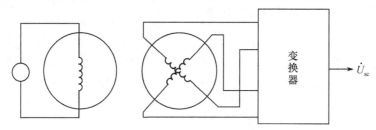

图 2-117 连续绕组激磁运行方式

● 鉴相方式

此方式下，图 2-117 中的信号变换器为一移相电路。移相器的作用是将 A 相电动势在时间上移相 $+\frac{\pi}{2}$，然后与 B 相电动势相加，作为输出电压。根据式(2-18)、式(2-21)，输出电压瞬时值为

$$u_{SC} = -\frac{U_m}{K_u} \left[\cos\omega t \sin\alpha_D + \cos\left(\omega t + \frac{\pi}{2}\right) \cos\alpha_D \right] = \frac{U_m}{K_u} \sin(\omega t - \alpha_D) \qquad (2-35)$$

根据式(2-19)、式(2-22),复数输出电压为

$$\dot{U}_{SC} = \dot{E}_B + j\dot{E}_A = \frac{\dot{U}}{K_u}(\cos\alpha_D - j\sin\alpha_D) = \frac{\dot{U}}{K_u}e^{-j\alpha_D} \qquad (2\text{-}36)$$

显然,以上两式与式(2-29)、式(2-30)是一样的,所以,尽管是两种不同的运行方式,但同为鉴相方式,其作用和形式是相同的。

● 鉴幅方式

此方式下,图 2-117 中的信号变换器为一函数变压器或分压器,其作用是将 A、B 绕组的输出电动势分别按可知变量 φ_D 的正、余弦函数变化,然后相减成输出信号。按式(2-18)、式(2-21),输出电压瞬时值为

$$\begin{aligned}
U_{SC} &= e_A\sin\varphi_D - e_B\cos\varphi_D \\
&= -\frac{U_m}{K_u}\cos\omega t(\sin\varphi_D\cos\alpha_D - \cos\varphi_D\sin\alpha_D) \\
&= \frac{U_m}{K_u}\cos\omega t\sin(\alpha_D - \varphi_D)
\end{aligned} \qquad (2\text{-}37)$$

根据式(2-19)、式(2-22),复数输出电压为

$$\begin{aligned}
\dot{U}_{SC} &= \dot{E}_A\sin\varphi_D - \dot{E}_B\cos\varphi_D \\
&= -j\frac{\dot{U}}{K_u}(\sin\varphi_D\cos\alpha_D - \cos\varphi_D\sin\alpha_D) \\
&= j\frac{\dot{U}}{K_u}\sin(\alpha_D - \varphi_D)
\end{aligned} \qquad (2\text{-}38)$$

显然,以上两式与式(2-33)、式(2-34)是一样的,所以,尽管是两种不同的运行方式,但同为鉴幅方式,其作用和形式是相同的。

通过上面的分析还可以看出,对于静态测角$\left(\dfrac{d\alpha_D}{dt} = 0\right)$,在分析方法上,采用复数运算,隐去了时间变化量,比采用瞬时值运算要方便些。

4. 自整角机(旋转变压器)——数字转换器(SDC、RDC)

这种转换装置利用自整角机(旋转变压器)将轴角转变成三相调制电压(正交两相调制电压),然后用 SDC(RDC)转换成数字量。

自整角机(旋转变压器)是伺服系统常用的测角元件,因为它们本身就是微电机,可靠性好,测角精度高。使用 SDC(RDC)对其数字化,是对原伺服系统进行数字化改造常用的方法。这种转换方法示意图如图 2-118 所示。

下面以美国 AD 公司 SDC1700(12 位)/SDC(1704)(14 位)为例介绍转换原理。这种转换器是一种"跟踪转换器",其自身构成一个闭环系统。

(1) 主要技术指标

精度:±8.5′(SDC1700),±2.2′(SDC1704)

频率:400Hz

输入电压(线电压):90V/11.8V

输入阻抗:200kΩ/26kΩ

参数电压:115V/26V

参考阻抗:270kΩ/56kΩ

跟踪速度:36r/s,12r/s

179°阶跃响应：125ms

电源：$+5\text{V}(70/85\text{mA})$，$\pm15\text{V}(25/30\text{mA})$

（2）工作原理

原理框图如图 2-119 所示。

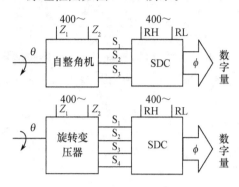

图 2-118　轴角数字转换

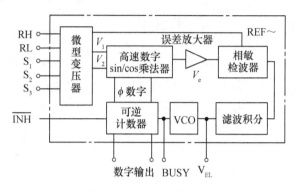

图 2-119　SDC 工作原理

来自自整角机的三相输入信号电压为

$$V_{S_1-S_2}=E_0\sin\theta\sin\omega t$$
$$V_{S_2-S_3}=E_0\sin(\theta+120°)\sin\omega t$$
$$V_{S_3-S_1}=E_0\sin(\theta+240°)\sin\omega t \tag{2-39}$$

式中，θ 为自整角机输入轴的转角，ω 为励磁频率。经微型变压器（Scott 变压器）后，将三相转变成两相

$$V_1=KE_0\sin\theta\sin\omega t \tag{2-40}$$
$$V_2=KE_0\cos\theta\sin\omega t \tag{2-41}$$

经高速数字 sin/cos 乘法器要完成如下运算

$$KE_0\sin\theta\sin\omega t\times\cos\phi \tag{2-42}$$
$$KE_0\cos\theta\sin\omega t\times\sin\phi \tag{2-43}$$

式中，ϕ 为数字转角。

为了凑成两角和的三角运算，利用误差放大器对式(2-42)、式(2-43)求差，得误差电压 V_e 为

$$V_e=KE_0\sin\theta\sin\omega t\cos\phi-KE_0\cos\theta\sin\omega t\sin\phi$$
$$=KE_0\sin\omega t(\sin\theta\cos\phi-\cos\theta\sin\phi)$$
$$=KE_0\sin\omega t\sin(\theta-\phi) \tag{2-44}$$

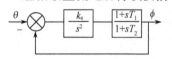

图 2-120　SDC 系统结构图

经相敏整流之后将载波信号 $\sin\omega t$ 去掉，得到误差电压 $KE_0\sin(\theta-\phi)$，然后经压控振荡器，转变成脉冲频率去对可逆计数器计数，获得数字输出 ϕ，当 $\theta=\phi$ 时误差为零，计数器停止计数，即获得转换结果。可见，是通过数字输出 ϕ 跟踪机械角度 θ 进行转换的。该转换器是一个闭环系统，数字输出 ϕ 始终跟随输入角 θ 变化，系统中可逆计数器输出数字量是对输入脉冲频率的积分，系统中又引入了滤波积分，因此整个闭环通道中有两个纯积分环节，系统是 II 型系统，结构图如图 2-120 所示。图中，$k_a=11\times10^4/3.6\times10^4$，$T_1=6.8\times10^{-3}/8.2\times10^{-3}$，$T_2=1.25\times10^{-3}/1.2\times10^{-3}$。

Ⅱ型系统有如下特性：

① 如果输入 θ 是固定不变的，则输出 ϕ 将恒等于 θ；

② 如果输入是 θ 的均匀角速度，则输出 ϕ 也是均匀角速度，并且是一个相同的角速度值，在任一时刻，输出 ϕ 和输入 θ 都相等；

③ 如果输入是 θ 的角加速度（即 θ 的角速度是变化的），则输出将有同样的加速度，但是在任一时刻角度 ϕ 都将滞后于角度 θ。

系统中引入相敏整流的优点是，能减小自整角机工作时正交分量（即 ωt 移相 90°的分量）的影响，这些不需要的分量在转子旋转时特别容易出现。采用相敏整流之后，移相 90°的正交分量经相敏整流出来为零。

模块的输出信号 BUSY（"忙"信号）和输入信号 $\overline{\text{INH}}$（禁止信号）用来实现与计算机接口。输出端 V_{EL} 是模块输出的模拟信号，它正比于自整角机的旋转角速度 $d\theta/dt$，可以作为测速信号来使用。

2.4　数字量输入/输出通道

在计算机控制系统中，还有一类数字量输入/输出信号，这些信号包括各种开关信号，如开关的闭合与断开、继电器或接触器的吸合与释放、指示灯的亮与灭、电动机的启动与停止、阀门的打开与关闭等，它们都可以用逻辑值"0"和"1"表示。此外，还包括各类数字传感器、控制器产生的编码数据和脉冲量等。因此，计算机控制系统中需要设置数字量输入/输出通道。

2.4.1　数字量输入通道

数字量输入通道的基本功能就是接收外部装置的状态信号，并将这些信号转换成计算机能够接收的逻辑信号，输入到计算机。

1. 数字量输入通道的结构

数字量输入通道主要由输入缓冲器、输入调理电路、地址译码电路等组成，如图 2-121 所示。

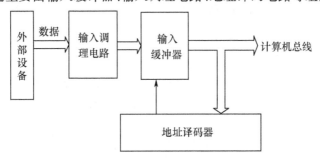

图 2-121　数字量输入通道结构

数字量输入通道各部分的作用如下。

输入缓冲器：缓冲或选通外部输入，CPU 通过缓冲器读入外部数字量的状态，通常采用三态缓冲器。

地址译码器：主要完成数字量输入通道的选通和关闭。

输入调理电路：主要完成对现场开关信号的滤波、电平转换、隔离和整形等。

2. 数字量输入信号的调理

外部装置状态信号的形成可以是电压、电流或开关的触点，因此可能会引起瞬态尖峰电压、过电压、接触抖颤等现象。信号调理就是将这些现场输入的状态信号经转换、保护、滤波、隔离措施转换成计算机能够接收的逻辑信号。下面针对不同情况分别介绍相应的信号调理技术。

（1）信号转换电路

信号转换电路如图 2-122 所示。其中，电压或电流转换电路可根据电压或电流的大小选择电阻 R_1、R_2 的阻值，开关触点型信号输入电路则使得开关的通、断转变成输出电压的高、低。

（2）滤波电路

由于长线传输、电路和空间等干扰的原因，输入信号常常夹杂着各种干扰信号，需要用滤波电路来消除干扰。图 2-123 所示是一个 RC 低通滤波电路，这种电路的输出与输入之间会有延迟，可根据需要来调整 RC 网络的时间常数。

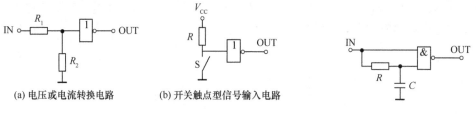

(a) 电压或电流转换电路　　　(b) 开关触点型信号输入电路

图 2-122　信号转换电路

图 2-123　RC 低通滤波电路

（3）保护电路

为了防止过电压、瞬态尖峰电压或反极性信号损坏接口电路，在数字量输入电路中应采取适当的保护措施。图 2-124 所示是分别采用齐纳二极管和压敏电阻将瞬态尖峰电压干扰钳位在安全电平的保护电路。图 2-125 分别是反极性保护和高压保护电路。

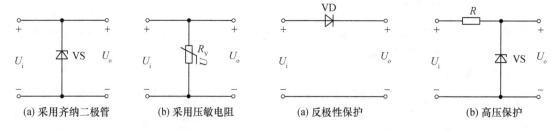

(a) 采用齐纳二极管　　　(b) 采用压敏电阻　　　(a) 反极性保护　　　(b) 高压保护

图 2-124　瞬态尖峰电压保护电路

图 2-125　反极性保护和高压保护电路

（4）消除触点抖动

如果数字量输入信号来自机械式开关或继电器触点，那么开关或触点闭合及断开时常常会发生抖动，因此输入信号的前沿及后沿常常不是清晰的信号，如图 2-126 所示。

解决开关或触点的抖动问题可采用图 2-127 所示的双向消抖电路。由两个与非门组成的 RS 触发器把开关信号输入到 RS 触发器的一个输入端 A，当抖动的第一个脉冲信号使 RS 触发器翻转时，D 端处于高电平状态，故第一个脉冲消失后 RS 触发器仍保持原状态，以后的抖动所引起的数个脉冲信号对 RS 触发器的状态无影响，这样就消除了抖动。

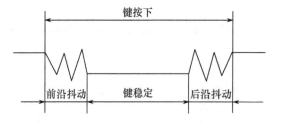

图 2-126　开关或触点闭合、断开时的抖动情况

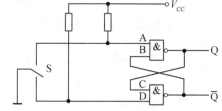

图 2-127　双向消抖电路

（5）信号的光电隔离

由于光电耦合器具有可靠性高、体积小、成本低等优点，因此在计算机控制系统中普遍使用光电耦合器进行光电隔离。

光电耦合器由发光器件和光敏接收器件两部分组成，它们被封装在同一个外壳内，发光二极管的作用是将电信号转换为光信号，光信号作用于光敏三极管的基极上使其导通。通过光—电转换，将输入侧和输出侧在电气上隔离开来。光电耦合器输入侧的工作电流一般为 10mA 左右，正常工作电压一般小于 1.3V。其输入电路可以直接用 TTL 电平驱动，而 MOS 电路必须通过一个晶体三极管来驱动，如图 2-128 所示。

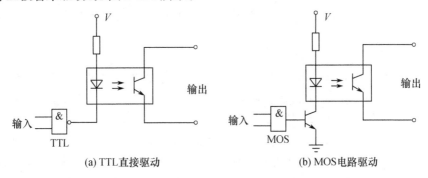

(a) TTL直接驱动　　　　　　　　　(b) MOS电路驱动

图 2-128　光电耦合器的输入驱动电路

光电耦合器的输出可直接驱动 TTL、HTL 和 MOS 等电路。图 2-129 所给出了一个用光电耦合器隔离开关量信号的电路。

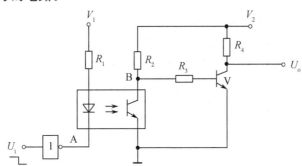

图 2-129　光电耦合器隔离开关量信号

2.4.2　数字量输出通道

数字量输出通道的基本功能就是能将计算机输出的逻辑信号转化为外部设备的驱动信号，因此开关量的输出常常要求有一定的驱动能力，以控制不同的装置。

1. 数字量输出通道的结构

数字量输出通道主要由输出锁存器、光电耦合器、输出驱动器和地址译码电路等组成，如图 2-130所示。

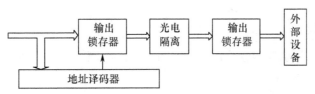

图 2-130　数字量输出通道结构

数字量输出通道各部分的作用如下。

输出锁存器：锁存 CPU 输出的数据。

光电耦合器：将 CPU 与驱动电路的强电及干扰信号隔离，使得计算机能安全、可靠地工作。

输出驱动器：驱动继电器或执行机构的功率放大器。

2. 数字量输出驱动电路

下面介绍几种常用的驱动电路。

(1) 小功率驱动电路

小功率驱动电路一般用于驱动发光二极管、LED 显示器、小功率继电器等元件或装置，驱动能力一般为 10～40mA，可采用小功率的晶体三极管或集成电路。图 2-131 所示为典型的小功率驱动电路。

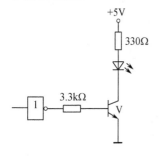

图 2-131　小功率驱动电路

(2) 中功率驱动电路

中功率驱动电路一般用于驱动中功率继电器、电磁开关等装置，驱动能力一般要求 50～500mA，可采用达林顿复合晶体管或中功率晶体三极管来驱动。常用达林顿阵列驱动器如 MC1412、MC1413 和 MC1416 等来驱动中功率负载。图 2-132 所示为 MC1416 的结构图和每个复合管的内部结构，其集电极电流可达 500mA，输出端耐压可达 100V，特别适合于驱动中功率继电器。对于感性负载，在输出端必须加装克服反电动势的保护二极管。对于 MC1416，则可利用其内部自带的保护二极管。

(3) 大功率交流驱动电路

大功率交流驱动可以采用固态继电器。固态继电器(Solid State Relay，SSR)是一种有源器件，其中两个低功耗输入控制端可与 TTL 及 CMOS 电平兼容，另外两个是晶闸管输出端。固态继电器分为单向直流型(DC SSR)和双向交流型(AC SSR)两种；双向交流型中又有过零触发型和调相型两种。输入电路和输出电路之间采用光电隔离，绝缘电压可达 2500V 以上，输出端有保护电路，负载能力强。固态继电器的结构如图 2-133 所示。

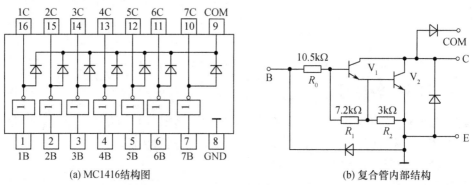

(a) MC1416结构图　　　　　　　　　(b) 复合管内部结构

图 2-132　达林顿阵列驱动器 MC1416

过零型固态继电器具有零电压开启、零电流关断的特点，输出端在控制信号有效并保持到过零时导通，控制信号消失后，在过零时关断。调相型固态继电器又称随机开启型固态继电器，具有快速开启功能，输出端随控制信号同步导通，控制信号消失后，过零时关断。固态继电器常见的驱动方法如图 2-134 所示。

在工程上，还有大量的其他驱动电路，如晶闸管驱动、大功率 MOSFET 驱动等。限于篇幅，在此不再赘述。

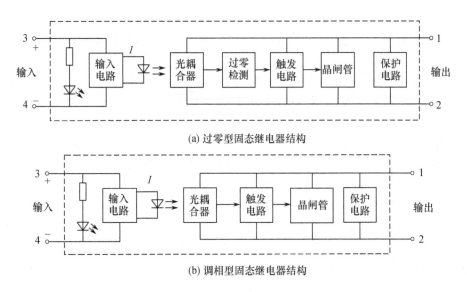

(a) 过零型固态继电器结构

(b) 调相型固态继电器结构

图 2-133 固态继电器的结构

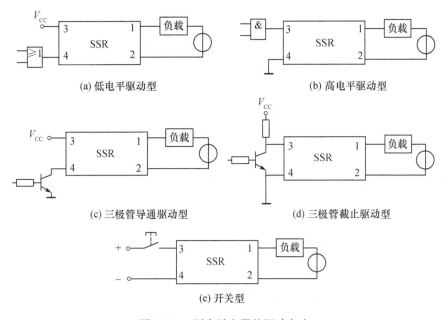

(a) 低电平驱动型

(b) 高电平驱动型

(c) 三极管导通驱动型

(d) 三极管截止驱动型

(e) 开关型

图 2-134 固态继电器的驱动方法

2.4.3 数字量接口的典型应用

在计算机控制系统中,常以电动机作为执行机构驱动被控对象,而电机驱动系统的控制往往表征为开关量形式。下面以直流电机的控制为例,来具体介绍数字量(开关量)输出通道的接口设计。

1. 直流电机的转速控制原理

直流电机的转速公式为

$$n = \frac{U_d - I_d R}{C_e \Phi} \qquad\qquad (2\text{-}45)$$

式中，n 为电机的转速，U_d 为电枢电压，I_d 为电枢电流，R 为电枢回路总电阻，C_e 为电机的时间常数。

显然，在励磁电压和负载转矩恒定时，电机的转速由电枢电压 U_d 决定。电枢电压越高，电机转速就越快；通过改变电枢电压的极性，就可以改变电机的转向。因此，直流电机的调速可以通过控制电枢电压来实现。

根据上述原理，小功率直流电机的转速控制方法有两种：一种是利用 D/A 转换器改变电枢电压；另一种是脉冲宽度调制 PWM 方式。其中 PWM 方式最为方便，具有硬件投入少、精度高、抗干扰性能好等优点，因而被广泛采用。下面仅就这一控制方法进行讨论。

2. PWM 控制方式

PWM 控制方法的思路是先将直流电机启动一段时间，然后切断电源，由于直流电机的转动具有惯性，因此将继续转动一段时间。在直流电机尚未停止转动前，再次接通电源，于是直流电机再次加速。改变直流电机电源通断时间（脉冲宽度）的比例，即可达到调速的目的，如图 2-135 所示。

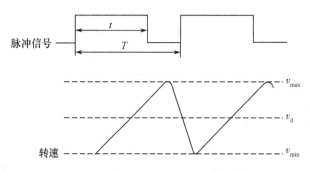

图 2-135　直流电机的控制曲线

设 v_{max} 为电机最大转速，v_{min} 为最小转速，脉冲宽度为 t，脉冲周期为 T，则直流电机的平均速度 $v_d = (v_{max} - v_{min}) \times D$。$D = t/T$ 称为占空比，占空比越大，转速越高；反之，转速就越低。

基于 PWM 的直流电机转速控制有开环和闭环两种。

（1）开环直流电机调速系统

开环 PWM 调速系统原理图如图 2-136 所示。

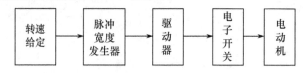

图 2-136　开环 PWM 调速系统原理图

首先将系统要求的给定转速输入计算机，作为脉冲宽度发生器的输入，由此计算出占空比 D，产生满足给定的脉冲序列，输出给驱动器。驱动器通常由放大器或继电器组成，也可由 TTL 集成电路构成，用以放大计算机输出的脉冲宽度调制信号。电子开关则根据脉冲宽度调制信号，接通或断开电机电枢的供电电源，从而达到调速的目的。电子开关可用晶体管、场效应管、晶闸管等功率器件组成，也可以由继电器控制。

（2）闭环 PWM 直流电机调速系统

在开环系统的基础上增加电机速度检测回路，就构成了闭环调速系统。将检测到的速度与给定值进行比较,并由数字调节器进行调节,其原理图如图 2-137 所示。

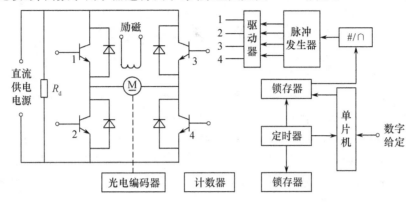

图 2-137 闭环 PWM 直流电机调速系统原理图

在系统中,利用光电编码器将直流电机的转速转换成脉冲信号并由计数器进行计数,再将统计结果经锁存器送到单片机,单片机把该计数值与给定值进行比较,并进行运算,运算结果经锁存器、D/A 转换器送入脉冲发生器并产生调节脉冲,经驱动器放大后控制电机转动。

习题与思考题 2

2-1 外围通道的地址有几种编址方式? 各有什么特点?

2-2 计算机和外围通道交换信息有哪些方式? 是如何实现的?

2-3 请设计一个完整的八通道的中断接口逻辑电路。

2-4 用汇编语言程序分别说明选通输入、选通输出接口的使用方法。

2-5 试推导反向 R-2R T 形解码网络 D/A 转换器(见图 2-15)的输出电压表达式。设 $V_{REF}=5V$, $R_F=R$, 试计算输入数码分别为 0FH、80H、FDH 时的输出电压值。

2-6 试设计一个按补码编码的双极性 D/A 转换器。

2-7 用 12 位 D/A 转换器 DAC1210 设计一个和 51 单片机最小系统接口的 8 路模拟保持的双极性模拟量输出通道。画出原理图,说明接口原理和使用方法。

2-8 用 12 位 D/A 转换器 DAC1210 设计一个用 51 单片机最小系统的软件实现 8 通道逐次逼近型 A/D 转换。画出原理图和软件实现的程序框图。

2-9 设计一个单端 16 通道,双端 8 通道,分辨率 12 位的数据采集系统,画出原理图,并说明使用方法。

2-10 在 AD1674 按独立控制方式接口的电路图 2-79 中,芯片 74LS374 能否换成 74LS244(三态缓冲器)? 说明原因。

2-11 增量码盘有什么特点? 如何用它来测量机械转角的绝对位置?

2-12 用精粗组合原理来提高检测精度时,若精粗传动比不为 2 的幂次方时,应如何纠错?

2-13 跟踪型的轴角/数字转换器 SDC(RDC)为什么必须设计成 Ⅱ 型系统?

2-14 请用 SDC(RDC)的 $\overline{INT}$ 端(禁止端)实现 SDC(RDC)与 CPU 接口,说明该接口的可行性。

*第3章 系统总线

从模块化的观点看,计算机系统是由若干系统模块如主机板(包括中央处理器 CPU、存储器、中断控制器等部件)、各种输入/输出接口卡、外部设备等组成的。

所谓总线,就是一束共用信号线的集合。它们定义了各引线的信号、时序、电气和机械特性,为计算机系统内部各部件、各模块之间或计算机各系统之间提供了标准的公共信息通路。总线技术包括通道控制功能、使用方法、仲裁方法和传输方式等。任何系统的研制和外围模块的开发都必须服从一定的总线标准。

总线的标准、结构不同,性能差异很大,因此本章重点介绍几种常用的总线。

3.1 总线的一般概念

3.1.1 总线的分类

广义来说,总线就是连接两个以上数字系统元件的信息传输通路。从这个意义上讲,计算机应用系统所使用的芯片内部、电路插件板元件之间、系统中各插件板之间乃至系统与系统之间的连接,无不可以理解为通过总线进行的。因此通常可以把总线分为如下几类,如图 3-1 所示。

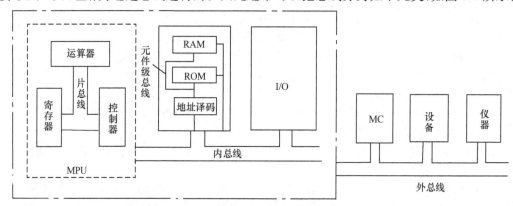

图 3-1　总线的分类

1. 片内总线

顾名思义,片内总线就是连接集成电路芯片内部各功能单元的信息通路。过去,这种总线的结构及设计都是由芯片研制部门及生产厂家来完成的,计算机应用系统的设计者关心的是,如何理解芯片的外部特性以及在工程上如何正确地使用这些芯片的问题。由于这个原因,过去我们更多地关心集成芯片的外部,而不去考虑芯片的内部细节。

但是微电子技术发展的今天,已经为计算机应用系统(也包括其他方面的电子线路)设计者提供了按自己的意志和要求设计集成电路的条件,这就是专用集成电路技术(ASIC),它冲破了以往通用集成电路(CSIC)的框框,由计算机应用系统设计者根据自己系统的要求,借助于 CAD 技术,设计出专用集成电路。这种专用集成电路保密性好,而且由于完全是根据用户要求进行设计的,使用也很方便。当然,设计者必须很好地理解和使用片内总线,方可设计出自己的专用芯片。

2. 元件级总线

元件级总线也可以称为插件板内部总线。该总线限制在一块电路板内,用以实现电路板内各元器件的相互连接。元件级总线是系统设计者在构成系统时必须考虑的一级总线。

3. 内总线

内总线可以看成是插件板级总线,通常又称为系统总线。它用于实现微型计算机的各插件电路板的相互连接,是微型计算机的重要组成部分。

内总线对工程应用的微型计算机系统设计者来说是非常重要的。如果采用的总线不合理,将大大降低微型计算机系统的工作效率和可靠性,甚至无法满足用户的要求,因此从微型机问世以来,人们纷纷研究和设计各种系统总线。各种性能优良、用户不一的系统总线不断推出。

现在从 8 位机、16 位机到 32/64 位机,各种适合于微型计算机的标准内总线已经很多了,系统的设计者可以根据需要进行选择。

尽管不同总线的标准不同,但按其功能看,都可分为数据总线 D、地址总线 A、控制总线 C 和电源总线 P。

4. 外总线

外总线又称为通信总线,用于微型计算机系统与微型计算机系统、微型计算机系统与其他仪器或设备的相互连接。一般来说,外部系统与设备相距微型计算机系统要远一些,它们的通信联系可以用并行方式或者串行方式来实现,但数据传输速率通常要低些,不像内总线那样,都是并行的高速总线。不同的应用目的,不同的要求场合,采用不同的外总线。

并行外总线如 IEEE488(GPIB),为仪器仪表总线,可以方便构成自动化实验系统,一些仪器仪表都配有 IEEE488 接口,如数字示波器、数字电压表等。

串行外总线如 RS-232C 是微型机系统标准配置的外总线,其传输速率和传输距离有限。近年来发展很快的是现场总线。现场总线是将自动化最底层的现场控制器和现场智能仪表设备互连的实时控制通信网络,大都采用 RS-485 接口,用双绞线进行传输,波特率可达 500Mb/s,传输距离最远可达 1.2km,各厂家有自己的通信协议,并且有各种现场控制模块:模拟量输入、模拟量输出,开关量输入、开关量输出等。用户选用所需模块和控制计算机之间用双绞线串接起来,方便构成微机控制系统——现场总线控制系统。现场控制模块可直接安装于现场,采集各种传感器的信号并发送给控制计算机,控制计算机将控制输出通过现场总线送到控制输出模块,直接控制对象。

3.1.2　总线的特性及性能指标

1. 总线特性

(1) 物理特性

这里的物理特性是指总线的物理连接方式,包括总线的线数、总线的插头及插座的形状、引脚的排列形式和编号的顺序等。例如,PC 总线共 62 条线,分两边排列编号。

(2) 功能特性

功能特性描写的是总线中的每一条线所起的作用。一般总线分为 3 种功能(即平时所讲的三总线):地址总线、数据总线和控制总线。

地址总线是用来传送地址的单向、三态总线,地址总线的数目决定了直接寻址的范围;数据总线是用来传送数据或代码的双向、三态总线;控制总线用来实现控制信号的传送,有的为单向,有的为双向,有的为三态,它决定了总线功能的强弱和适应性的好坏。

（3）电气特性

电气特性定义总线中的每一条线上信号的传送方向、有效电平范围及其电气驱动能力。一般规定送入 CPU 的信号称为输入信号，从 CPU 送出的信号称为输出信号。

（4）时序特性

一般来说，总线都有着严格的时序关系，时序特性定义总线中的每一条线在哪个时钟周期有效（相对于主时钟信号而言），即每一条线的时序。每条总线上的各种信号，互相存在着一种有效时序的关系，因此，时序特性一般可用信号时序图来描述。

2. 总线性能指标

① 总线宽度：指数据总线的位数，用 bit(位)表示，如 8 位、16 位、32 位、64 位。

② 标准传输：对于并行传输，一般用在总线上每秒能传输的最大字节量表示，即 MB/s(每秒多少兆字节)；对于串行传输，一般用在总线上每秒能传输的最大位数表示，即 Mb/s(每秒多少兆位)。

③ 时钟同步/异步：总线上的数据与时钟同步工作的总线称为同步总线，与时钟不同步工作的总线称为异步总线。

④ 总线复用：通常地址总线与数据总线在物理上是分开的两种总线。地址总线传输地址码，数据总线传输数据信息。为了提高总线的利用率，优化设计，即减少硬件引脚数量，使芯片体积小，特将地址总线和数据总线共用一条物理线路，只是某一时刻该总线传输地址信号，另一时刻传输数据信号或命令。这种方式称为总线的多路复用。

⑤ 信号线数：即地址总线、数据总线和控制总线 3 种总线数的总和。

⑥ 总线控制方式：包括并发工作、自动配置、仲裁方式、逻辑方式、计数方式等。

⑦ 其他指标：如负载能力问题等。

表 3-1 给出了几种流行总线的性能参数，从中可以看出微机总线技术的发展。

表 3-1　几种微型计算机总线性能参数

名称	ISA(PC-AT)	EISA	STD	MCA	PCI
适用机型	80286,386,486 系列机	386,486,586IBM 系列机	Z-80,IBM-PC 系列机	IBM 个人机与工作站	P5 个人机,PowerPC,Alpha 工作站
最大传输速率	16MB/s	33MB/s	2MB/s	33MB/s	133MB/s
总线宽度	8/16 位	32 位	8/16 位	32 位	32 位/64 位
总线频率	8MHz	8.33MHz	2MHz	10MHz	22～33MHz
同步方式	半同步	同步	异步	异步	同步
地址宽度	24	32	24	32	32/64
负载能力	8	6	无限制	无限制	3
信号线数	98	143	56	109	120
64 位扩展	不可以	无规定	不可以	可以	可以
多路复用	非	非	非	—	是

3.1.3　总线标准

所谓总线标准，可视为系统与各模块、模块与模块之间一个互连的标准界面。这个界面对两端的模块都是透明的，即界面的任一方只需根据总线标准的要求完成自身一面接口的功能要求，而无须了解对方接口与总线的连接要求。因此，按总线标准设计的接口可视为通用接口。总线标准严格地规定了总线的机械特性、电气特性、功能特性及时间特性,同时对总线的性能也做了严格的规定。

常用的总线标准有 ISA 总线、EISA 总线、VL-BUS、PCI 总线和 AGP 总线等。

1. ISA(Industrial Standard Architecture)总线

ISA 总线又称 AT 总线,它采用独立于 CPU 的总线时钟,因此 CPU 可采用比总线频率更高的时钟,有利于 CPU 性能的提高。但 ISA 总线没有支持总线仲裁的硬件逻辑,因此不支持多台主设备系统,且 ISA 上的所有数据的传送必须通过 CPU 或 DMA 接口来管理,因此使 CPU 花费了大量时间来控制与外部设备交换数据。ISA 总线时钟频率为 8MHz,最大传输速率为16MB/s。

2. EISA(Extended Industrial Standard Architecture)总线

EISA 总线是一种在 ISA 基础上扩充开放的总线标准,与 ISA 完全兼容。它从 CPU 中分离出总线控制权,是一种智能化的总线,能支持多总线主控和突发方式的传输。EISA 总线的时钟频率为 8MHz,最大传输速率可达 33MB/s,数据总线为 32 位,地址总线为 32 位,扩充 DMA访问。

3. VL-BUS

VL-BUS 是由 VESA(Video Electronic Standard Association,视频电子标准协会)提出的局部总线标准。所谓局部总线是指在系统外,为两个以上模块提供的高速传输信息通道。VL-BUS 是由 CPU 总线演化而来的,采用 CPU 的时钟频率达 33MHz、数据线为 32 位,配有局部控制器。通过局部控制器的判断,将高速 I/O 直接挂在 CPU 的总线上,实现 CPU 与高速外设之间的高速数据交换。

4. PCI(Peripheral Component Interconnect,外部设备互连)总线

PCI 总线是由 Intel 公司提供的总线标准。它与 CPU 的时钟频率无关,自身采用 33MHz 总线时钟,数据线为 32 位,可扩充到 64 位,数据传输速率达 132MB/s~246MB/s。它具有很好的兼容性,与 ISA、EISA 总线均可兼容,可以转换为标准的 ISA、EISA。它能支持无限读/写突发方式,速度比直接使用 CPU 总线的局部总线快。它可视为 CPU 与外设间的一个中间层,通过PCI 桥路(PCI 控制器)与 CPU 相连。

PCI 控制器有多级缓冲,可把一批数据快速写入缓冲器中。在这些数据不断写入 PCI 设备的过程中,CPU 可以执行其他操作,即 PCI 总线上的外设与 CPU 可以并行工作。PCI 总线支持两种电压标准:5V 与 3.3V。3.3V 电压的 PCI 总线可用于便携式微机中。PCI 采用的技术非常完善,它为用户提供了真正的即插即用功能。

3.1.4 总线控制方法

一般来说,总线上完成一次数据传输要经历以下 4 个阶段。

(1) 申请(Arbitration)占用总线阶段

需要使用总线的主控模块(如 CPU 或 DMAC)向总线仲裁机构提出占有总线控制权的申请。由总线仲裁机构判别确定,把下一个总线传输周期的总线控制权授给申请者。

(2) 寻址(Addressing)阶段

获得总线控制权的主模块,通过地址总线发出本次打算访问的从属模块,如存储器或 I/O接口的地址。通过译码使被访问的从属模块被选中,而开始启动。

(3) 传数(Data Transferring)阶段

主模块和从属模块进行数据交换。数据由源模块发出经数据总线流入目的模块。对于读传

送,源模块是存储器或 I/O 接口,而目的模块是总线主控者;对于写传送,则源模块是总线主控者,而目的模块是存储器或 I/O 接口。

(4) 结束(Ending)阶段

主、从模块的有关信息均从总线上撤除,让出总线,以便其他模块能继续使用。

对于只有一个总线主控设备的简单系统,对总线无须申请、分配和撤除。而对于多 CPU 或含有 DMA 的系统,就要由总线仲裁机构来受理申请和分配总线控制权。总线上的主、从模块通常采用握手信号来指明数据传送的开始和结束,用同步、异步或半同步这 3 种方式之一实现总线传输的控制。

3.1.5 总线结构

1. 单总线结构

单总线结构如图 3-2 所示,它将 CPU、主存(Main Memory)、I/O 设备都挂在一组总线上,允许 I/O 之间、I/O 与主存之间直接交换信息。单总线结构的特点是结构简单,便于扩充功能部件,但所有部件之间的信息传送都通过这组共享总线,因此整个系统的信息传送效率不高。当 I/O 设备数量较大时,总线发出的控制信号从一端逐个顺序传递到第 n 个设备,其传播的延迟时间就会严重地影响系统的工作效率。在数据传输需求量和传输速度要求不太高的情况下,尽可能采用增加总线宽度和提高传输速率来解决;但当总线上的设备如高速视频显示器、网络传输接口等,其数据量很大和传输速率要求相当高时,单总线结构满足不了系统工作的需要。因此,为了从根本上解决数据传输速率,解决 CPU、主存与 I/O 设备之间传输速率的不匹配,实现 CPU 与其他设备相对同步,必须采用多总线结构。

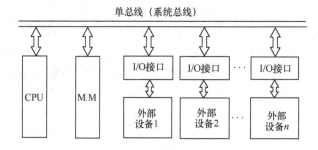

图 3-2 单总线结构

2. 多总线结构

多总线结构包含双总线、三总线、四总线等多种结构形式。

双总线结构根据传输速率的不同,设计两种总线,一种总线挂接慢速设备(通常为 I/O 设备),另一种总线挂接高速设备。这样将速度较低的 I/O 设备从单总线上分离出来,形成主存总线与 I/O 总线分开的结构,其结构示意图如图 3-3 所示。

这里的通道是一个具有特殊功能的处理器,CPU 将一部分功能下放给通道,使其对 I/O 设备具有统一管理的功能,以完成外部设备与主存之间的数据传送,其系统的吞吐能力可以相当大。这种结构大多用于大、中型计算机系统。

如果将速率不同的 I/O 设备进行分类,然后将它们连接在不同的通道上,那么计算机系统的利用率将会更高,由此发展成多总线结构。

在图 3-4 所示的三总线结构中,主存总线用于 CPU 与主存之间的传输;I/O 总线供 CPU 与各类 I/O 之间传递信息;DMA 总线用于高速外设(磁盘、磁带等)与主存之间直接交换信息。在

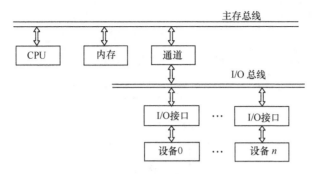

图 3-3　双总线结构

三总线结构中,任一时刻只能使用一种总线。主存总线与 DMA 总线不能同时对主存进行存取,I/O 总线只有在 CPU 执行 I/O 指令时才用到。

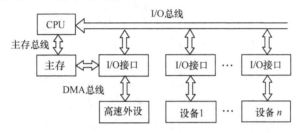

图 3-4　三总线结构

　　另一种三总线结构如图 3-5 所示,处理器与高速缓冲存储器(Cache)之间有一条局部总线,它将 CPU 与 Cache 或与更多的局部设备连接。Cache 的控制机构不仅将 Cache 连到局部总线上,而且还直接连到系统总线上,这样 Cache 就可通过系统总线与主存传输信息。而且 I/O 与主存之间的传输也不必通过 CPU。还有一条扩展总线,它将局域网、小型计算机接口(SCSI)、调制解调器(Modem)以及串行接口等都连接起来,并且通过这些接口又可与各类 I/O 设备相连,因此它可以支持相当多的 I/O 设备。与此同时,扩展总线又通过扩展总线接口与系统总线相连,由此便可实现这两种总线之间的信息传递,明显提高系统的工作效率。

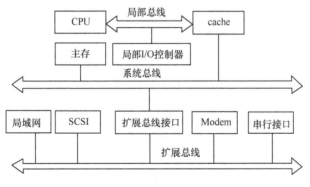

图 3-5　三总线结构

　　为进一步提高 I/O 的性能,使其更快地响应命令,又增加了一条与计算机系统紧密相连的高速总线,出现了四总线结构,如图 3-6 所示。

　　在高速总线上挂接了一些高速性能的外设,如高速局域网、图形工作站、多媒体、SCSI 等。它们通过 Cache 控制机构中的高速总线桥或高速缓冲器与系统总线和局部总线相连,使得这些

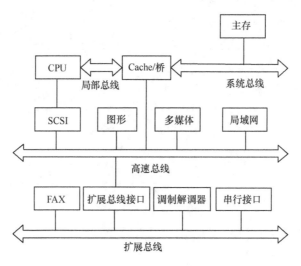

图 3-6　四总线结构

高速设备与处理器更密切。而一些较低速的设备仍然挂在扩展总线上，并由扩展总线接口与高速总线相连。

这种结构对高速设备而言，其自身的工作可以很少依赖处理器，同时它们又比扩展总线上的设备更贴近处理器，可见对于高性能设备与处理器来说，各自的效率将获得更大的提高。在这种结构中，处理器、高速总线的速度以及各自信号线的定义完全可以不同，以至于各自改变其结构也不会影响高速总线的正常工作。

3.1.6　标准总线的优点

从工程应用的角度来看，设计的标准化、模块化、系列化是很有意义的。标准总线结构就是顺应了这种发展需要而产生的，具有如下优点。

1. 简化了硬、软件的设计

从硬件设计的角度来看，微机系统是由各个部件（即插件板）通过某一总线连接在一起组成的。设计者可以按照总线信号的规定，设计各种电路插件板，如 CPU 板、ROM 板、RAM 板和各种外设的接口板等，将这些插件板分别调试好，插到规定的总线上，就可以构成微机系统。

采用标准总线之后，各块系统插件板可以由设计者自行设计，也可以选购专业厂家生产的现成插件板，只要是采用同样的总线标准，各种插件板都能使用，显然为系统设计者进行硬件设计提供了很大方便。

从软件设计的角度出发，由于硬件的插件板是挂在总线上的相对独立的模块，这就使得编写该模块的相应软件更加容易，调试和修改也更加方便。编写出的各种模块化程序，用户可以重复使用，也提高了软件开发的效率，降低了软件成本。

对用户来说，不需要深入了解插件板内部芯片的性能和结构，只需了解插件板的功能及使用方法，就可以编程进行系统软件开发，因此，对硬件和芯片不太熟悉、缺乏系统设计经验者尤为适用。

2. 简化了系统结构

利用总线结构使系统结构简化，各组成插件板挂在总线上就构成微机硬件系统，使结构由面向 CPU 变为面向总线。

在许多工程应用中，需要构成紧凑型的多机系统，用来提高系统的处理速度及可靠性等性能。有许多标准总线支持构成多机系统,如 Intel 公司的多总线Ⅰ、多总线Ⅱ、Motorola 的 VME 总线。有了这些总线,给多机系统的设计与实现带来了很大的方便。

3. 系统易于扩展

对于采用标准总线构成的微机,要在规模上加以扩展是很容易的,只要按照扩展的要求,自行设计或直接购买适当的插件板插到总线上,就达到了扩展规模的目的。

在硬件扩展的基础上,可以编写相应的软件,即可实现系统的功能扩展。为了便于做到这一点,微机系统设计者在设计系统时,经常在总线上设计多个总线插座,并留有一定的裕量,以便为日后进行系统扩展提供方便。

4. 便于系统更新

采用总线结构的系统,更便于系统的更新。随着技术的发展,新的器件不断涌现,微机系统不断更新,采用标准总线结构的微机系统,更新就更加容易。例如,当外设及内存卡合适时,只要更换 CPU 板就可以将微机系统升级,更新时要注意原系统的内存、接口电路的速度等性能应能适应新的 CPU 要求。

5. 便于调试、维修

采用标准总线结构可以使系统的性能、质量、可靠性得到更好的保证。

在系统设计时,电路板可以在任何具有相同的标准总线上进行调试,这就为调试电路板带来了极大方便。

由于总线信号是统一标准,在维修时,一级维修可以购买任何厂家生产的电路板,只要它能代替原电路板功能,插在标准总线上即可正常工作。在二级维修时,由于硬件的标准总线信号和模块结构,可以将它插在任何相同标准总线上进行测试,使维护人员能更快地判断故障部位。因此从维修角度来说,采用标准总线,对提高系统的可靠性也是很有意义的。

3.2 常用的内部总线

内部总线是插件板级总线,通常又称为系统总线,是计算机内部各功能模板之间进行通信的通道,是构成完整的计算机系统的内部信息枢纽。如前所述,由于历史原因,目前存在多种总线标准,这些标准都是在一定的历史背景和应用范围内产生的。限于篇幅,本节只对部分总线进行简单介绍。

3.2.1 STD 总线

STD 总线是 1978 年美国 Pro-Log 公司推出的用于工业控制的微机标准系统总线,STD 是 Standard 的缩写。1987 年 12 月列入 IEEE-961(美国电子和电气工程师协会)标准。自 STD 总线问世以来,以其优越的性能和强大的生命力在工业控制领域中受到了广泛的欢迎,并得到迅速的发展。STD 总线结构简单,具有较好的兼容性,可以向上、向下兼容。STD 总线定义了一个 8 条微处理器总线标准,其中有 8 条数据线、16 条数据线、控制线和电源线等,可以兼容各种通用的 8 位处理器。通过采用周期窃取和总线复用技术,定义了 16 条数据线、24 条地址线,使 STD 总线升级为 8 位/16 位微处理器兼容总线,可以容纳 16 位微处理器。随着 32 位微处理器的出现,通过附加系统总线与局部总线的转换技术,1989 年美国的 EAITECH 公司又开发出对 32 位微处理器兼容的 STD32 总线。

3.2.2 IBM PC/XT/AT 总线

1. PC/XT 个人计算机的结构

自从 1981 年 IBM 推出 PC 机(即 Personal Computer,个人计算机,有盒式磁带机接口,5 个扩展槽)及后来的 PC/XT 机(8 个扩展槽,取消盒式磁带机接口)以来,微机有了极大发展。很快 PC 及 PC/XT 机在国内外拥有大量的用户,而且 PC/XT 机的结构对后来的 AT 机及现在的各种 PC 机都有很大的影响。为此下面首先介绍 PC/XT 机的简单结构。

PC/XT 微机由一块多层印制电路底板及插在板上的 PC/XT 总线上的各插件板(卡)构成,其系统底板框图如图 3-7 所示。

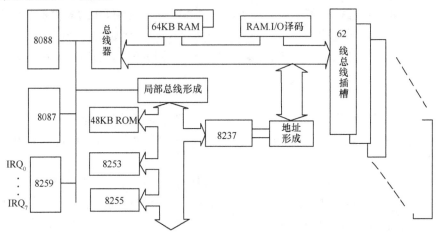

图 3-7 PC/XT 机的结构

PC/XT 机底板的 4 层电路板中,表面两层传送各种信号,内两层分别为电源和地线,在这块底板上有工作于最大模式下的微处理器 8088 及其支持的器件如时钟等,有数字协处理器 8087 插座,插上 8087 芯片可以使数值计算的速度大大提高。

系统板上有 48KB 的 ROM 空间(固化 BIOS)和 128KB~256KB(9 位)的 RAM 空间,这里 RAM 的每个存储单元为 9 位,其中 8 位为数据位,1 位用于奇偶校验。

系统板上还有一些功能强的可编程接口芯片,分别是 DMA 控制器 8237、中断控制器 8259、可编程定时/计数器 8253、可编程并行接口 8255,在这些芯片的支持下,使构成的微机系统具有较高的性能。

系统板上由总线控制器 8288、地址信号锁存器、数据收发器以及其他一些信号产生电路构成 PC/XT 总线,在这条总线上设置有 8 个 62 引脚的插件板插槽,引脚间隔为 2.54mm。PC/XT 机的其他功能插件板可以插在这些插槽中,从而形成 PC/XT 机,并可以按照设计者的意愿插上不同的插件板,扩展其功能。

2. PC/XT 总线信号的定义

在 PC/XT 总线上定义了 62 个引脚的信号,对这些信号简要介绍如下。

引脚分 A 面、B 面,A 面为元件面,B 面为焊接面,每面有 1~31 个引脚。

电源:引脚B_3——+5V;

$\qquad B_5$——-5V;

$\qquad B_7$——-12V;

$\qquad B_9$——+12V;

B_{29}——+5V;

B_2、B_{10}、B_{31}——GND。

$A_0 \sim A_{19}$(引脚 $A_{12} \sim A_{31}$)为地址总线,共 20 条,用于对系统的内存或 I/O 接口寻址。

$D_0 \sim D_7$(引脚 $A_2 \sim A_9$)为 8 位数据总线,是双向的,用来传送数据信息,当然也包含指令操作码,PC/XT 的数据总线只有 8 位。

RESETDRV(引脚 B_2)为复位驱动信号,高电平有效,加电或按复位按钮时产生此信号,对系统复位或初始化系统逻辑。

OSC(引脚 B_{30})为振荡信号,由主时钟提供占空比为 50% 的方波,PC/XT 机典型使用频率为 14.31818MHz。

CLK(引脚 B_{20})频率为晶振的 1/3 分频(4.77MHz),它是 Intel8088 微处理器的工作频率,其周期为 210ns,占空比为 33%。

ALE(引脚 B_{28})为地址锁存信号,因为 8088CPU 地址线和数据线是复用的,因此需要地址锁存。该信号由总线控制器 8288 提供,作为 CPU 地址的有效标志。当该信号为高电平时,将地址信号线接到系统总线,其下降沿锁存地址信号。

$\overline{\text{I/O CHCK}}$(引脚 A_1)为输入/输出通道校验信号,用来向 CPU 提供总线上的存储器或外部设备的奇偶校验信息,当奇偶校验错时,该信号为低电平。

I/O CHRDY(引脚 A_{10})为 I/O 通道准备好信号,当该信号为高电平时,说明总线上的内存或接口准备好。当总线上的内存或接口的速度较慢时,可以利用该信号的低电平通知 CPU 或 DMA 控制器以便插入适当的等待状态,使快速 CPU 与慢速外设实现同步。

$IRQ_2 \sim IRQ_7$(引脚 B_4、$B_{25} \sim B_{21}$)为 6 个外部中断请求信号,由总线上的外部设备利用这些信号向 CPU 提出中断请求,该信号上升沿有效,并要求其高电平保持到 CPU 响应为止。$IRQ_2 \sim IRQ_7$ 中,IRQ_2 优先级最高,IRQ_7 优先级最低,中断系统在主机板内完成,故中断响应信号 $\overline{\text{INTA}}$ 不引到系统总线,当需要 $\overline{\text{INTA}}$ 信号时,可以用 I/O 端口,在中断服务程序中用输出指令发出。

$DRQ_1 \sim DRQ_3$(引脚 B_{18}、B_6、B_{16})为通道 1 到通道 3 的 DMA 请求信号,该信号高电平有效,且其高电平必须维持到得到响应时为止,这 3 个通道 DMA 请求信号的优先级 DRQ_1 最高,DRQ_3 最低。

$\overline{DACK_0} \sim \overline{DACK_3}$(引脚 B_{19}、B_{17}、B_{26}、B_{15})为 DMA 应答信号,其中 $\overline{DACK_1} \sim \overline{DACK_3}$ 分别是 $DRQ_1 \sim DRQ_3$ 的 DMA 响应信号。$\overline{DACK_0}$ 用于动态存储器刷新的控制信号。

AEN(引脚 A_{11})为地址允许信号,该信号用来切断 CPU 对总线的控制,允许总线上进行 DMA 传送。当 AEN 为低电平时,由 CPU 控制总线,当 AEN 为高电平时,由主机板上 DMA 控制器控制总线,并提供地址、读/写等总线信号,实现 DMA 传送。

T/C(引脚 B_{27})为计数终点信号,当该信号为高电平时,表示 DMA 的某一通道达到计数终点,这个信号由 DMA 控制器产生。

$\overline{\text{CARD SLCTD}}$(引脚 B_8,仅第八插槽有)为卡选中信号,该信号只在第 8 插槽上使用,利用该信号向 CPU 表明扩展卡插板已选中,可以进行读取数据的操作。

$\overline{\text{IOW}}$、$\overline{\text{IOR}}$(引脚 B_{13}、B_{14})为输入/输出接口的写、读命令,低电平有效,可以由 CPU 提供,也可以由 DMA 控制器提供。

$\overline{\text{MEMW}}$、$\overline{\text{MEMR}}$(引脚 B_{11}、B_{12})为存储器的写、读命令,低电平有效,同样可由 CPU 提供或 DMA 控制器提供。

3. ISA 总线(工业标准结构总线)

PC/XT 总线的数据宽度只有 8 位,其传输速率不高,是一种比较简单的、功能不太强的总线。随着微机的发展,PC/AT 微机也随之产生了。微机设计者用兼容的方式将原 8 位 PC/XT 总线扩展为 8 位和 16 位数据传输的工业标准,被命名为 ISA(Industry Standard Architecture)总线。ISA 插槽如图 3-8 所示。

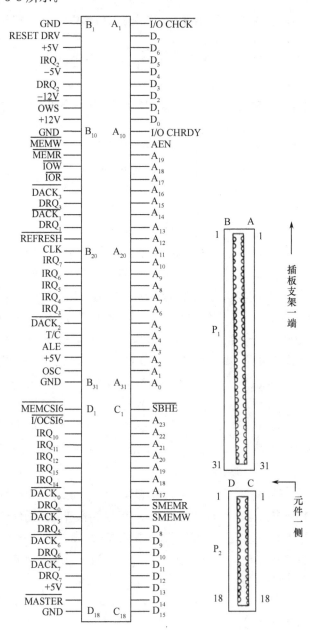

图 3-8　ISA 总线 98 芯插槽引脚

ISA 总线保留了原来 PC/XT 总线的全部 62 条引脚信号,以便原先的 PC/XT 插件板可以插在 AT 机的插槽上,同时 ISA 总线又在底板上增加了一个 36 引脚的插槽,以便增加功能。下面介绍 ISA 总线新增加的信号。

高位地址线 $A_{20} \sim A_{23}$(引脚 $C_5 \sim C_2$)使原来 1MB 的寻址范围扩大到 16MB,同时增加了 A_{17} $\sim A_{19}$(引脚 $C_8 \sim C_6$)三条地址线,这几条线与原 PC/XT 总线的地址线是重复的,为什么要这样做？因为原先 PC/XT 地址线是利用锁存器提供的，在 36 引脚插槽中定义了不采用锁存的地址线 $A_{17} \sim A_{23}$，以便用来译码产生 $\overline{MEMCS16}$。由于这 3 条地址线没有锁存延时，因而给外设插板提供了一条快捷途径。

$D_8 \sim D_{15}$（引脚 $C_{11} \sim C_{18}$）为高 8 位数据线。

$\overline{SBHE}$（引脚 C_1）为数据总线高字节允许信号，该信号与其他地址信号一起，实现对高字节、低字节或者一个字的操作。

$IRQ_{10} \sim IRQ_{15}$（引脚 $D_3 \sim D_7$）为中断请求输入信号，其中 IRQ_{13} 指定给数据协处理器使用，不在数据总线上出现。AT 机使用了两片 8259A 级联，如图 3-9 所示实现了 15 级中断。从中断控制器级联到主中断控制器的 IRQ_2 上，这样原 PC/XT 的 IRQ_2 在 ISA 总线上变成 IRQ_9。IRQ_8 接定时器（8254）用于产生定时时钟中断。在级联中 IRQ_8 为最高优先级。这些终端请求信号都是边沿（上升沿）触发，三态门驱动器驱动。优先级排队最高是 IRQ_0，依次为 IRQ_1、$IRQ_8 \sim IRQ_{15}$，然后是 $IRQ_3 \sim IRQ_7$。

DRQ_0，$DRQ_5 \sim DRQ_7$（引脚 D_9、D_{11}、D_{13}、D_{15}）为 DMA 请求信号，在 AT 机中采用两级 DMA 控制器级联，如图 3-10 所示。其中，主 DMA 控制器的 DRQ_4 接从 DMA 控制器的请求信号 HRQ，这样就形成了 $DRQ_0 \sim DRQ_3$、$DRQ_5 \sim DRQ_7$ 7 级 DMA 优先级。在 AT 机中，不再采用 DMA 实现动态存储器刷新，故总线上的设备均可使用这 7 级 DMA 传送。除原 PC/XT 总线上的 DMA 请求外，其余 DRQ_0、$DRQ_5 \sim DRQ_7$ 均安排在 36 引脚的插槽上。

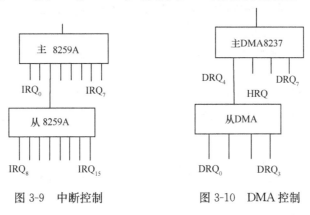

图 3-9　中断控制　　　　图 3-10　DMA 控制

$\overline{DACK_0}$、$\overline{DACK_5} \sim \overline{DACK_7}$（引脚 D_8、D_{10}、D_{12}、D_{14}）为与 DRQ 相对应的 DMA 控制器响应信号。

$\overline{SMEMR}$、$\overline{SMEMW}$（引脚 C_9、C_{10}）为新定义的存储器读和存储器写。它们与 PC/XT 总线上的 $\overline{MEMR}$ 和 $\overline{MEMW}$ 不同的是，PC/XT 总线上的信号只有在存储器的寻址范围小于 1MB 时才有效，而新定义的信号在整个 16MB 范围内均有效。

$\overline{MASTER}$（引脚 D_{17}）为主控信号，在多处理器工作时，利用该信号可以使总线插板上的设备变为总线主控制器，用来控制总线的各种操作。总线插板上的 CPU 或 DMA 控制器可以将 DRQ 送到 DMA 控制通道，在接收到响应信号 $\overline{DACK}$ 后，总线上的主控制器可以使 $\overline{MASTER}$ 变为低电平，并且在等待一个系统总线周期后开始驱动地址和数据总线，在发出读/写命令之前，必须等待两个系统时钟周期。总线上的主控制器占用总线的时间不要超过 $15\mu s$，以免影响动态存储器的刷新。

$\overline{MEMCS16}$（引脚 D_1）为存储器的 16 位片选信号，如果总线上的某一存储卡要传送 16 位数据，则必须产生一个有效的 $\overline{MEMCS16}$ 信号。该信号加到系统板上，通知主板实现 16 位数据传送,此信号由 $A_{17} \sim A_{23}$ 高位地址译码产生,利用三态门或集电极开路门进行驱动。

$\overline{I/OCS16}$ (引脚 D_2) 为接口的 16 位片选信号,它由接口地址译码产生,低电平有效,用来通知主板进行 16 位接口的数据传送,该信号由三态门或集电极开路门输出,以便实现"线与"。

16 位端口的读/写每次读入或写出一个字,使用数据总线 $D_0 \sim D_{15}$,对于 16 位的端口读/写及译码控制需要注意以下两点:

① 16 位端口的读/写只能在偶地址的端口上使用,不能在奇地址的端口上使用,例如在端口 320H、340H、344H 上均可以进行 16 位端口的读/写操作,而在 341H 上则不可以;

② 在进行 16 位端口读/写时,扩展槽上的总线信号 $\overline{I/OCS16}$ 需要一个低电平的脉冲,其正确时序应在 $\overline{IOW}$、$\overline{IOR}$ 之前出现,而且要求是三态门或集电极开路门驱动。

因此必须将所有的 16 位端口的译码信号相与后经三态门驱动接到信号线 $\overline{I/OCS16}$ 上,如图 3-11 所示。

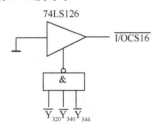

图 3-11　$\overline{I/OCS16}$ 信号产生

最后值得注意的是,在 ISA 总线上对 PC/XT 总线上定义的 B_8 引脚(原是第 8 插槽专用)重新进行了定义,定义为 $\overline{OWS}$ 信号(零等待状态信号)。$\overline{OWS}$ 信号告诉微处理器不加任何附加等待周期就能完成当前总线周期。$\overline{OWS}$ 信号由读/写信号和地址译码所驱动,低电平有效,并应由集电极开路门或三态驱动器来驱动。可以实现在没有等待周期情况下运行一个 16 位设备的存储器周期,或最小两个等待状态的情况下运行一个 8 位设备的存储器周期。

AT 机的 CLK 系统时钟频率为 6MHz,周期为 167ns,信号占空比为 50%,与微处理器时钟同步。

需要指出的是,IBM PC/AT 的总线周期需要 3 个系统时钟周期,而 80286 的总线周期是 2 个系统时钟周期,因此 IBM PC/AT 自动插入 1 个等待周期。对于 8 位设备的 8 位总线操作需要 6 个时钟周期,包括自动插入 4 个等待状态,因此 8 位总线周期大约是 $1\mu s$,这恰好和 XT 机 I/O 端口读/写周期相同,因此 XT 机的扩展插件板不做修改就可以用于 AT 机。这里 $\overline{OWS}$ 的有效可以去掉存储器的读/写周期中的等待状态,$\overline{OWS}$ 可以用于 IBM PC/AT 与快速 RAM 的接口。

IBM PC/AT 有单独的刷新电路,用 $\overline{REFRESH}$ (引脚 B_{19}) 表明刷新周期,XT 总线的 $\overline{DACK_0}$ 可以用于 I/O 通道的 DMA,故将 $\overline{DACK_0}$ 安排到 36 脚的总线插座 D_8 上。

4. AT 机的 I/O 地址分配

了解 AT 机的 I/O 地址分配,目的是为了产生正确的片选信号。从 PC/XT 到 PC/AT 硬件系统上、下兼容。PC 设计采用了 10 位端口地址 $A_0 \sim A_9$,共计 1024 个端口地址,地址范围 0～3FFH。其中 0～FFH 是给系统板上的 I/O 用的,100H～3FFH 是给 I/O 通道用的。地址分配如下。

系统板:000H～01FH　　DMA 控制器 1(8237)
　　　　020H～03FH　　中断控制器 1(主中断控制器 8259A)
　　　　040H～05FH　　定时/计数器(8254)
　　　　070H～07FH　　键盘控制器(8042)
　　　　080H～09FH　　DMA 页面寄存器(74LS612)
　　　　0A0H～0BFH　　中断控制器 2
　　　　0C0H～0DFH　　DMA 控制器 2

0F0H　　　清协处理器忙位

　　0F1H　　　复位协处理器

　　0F8H～0FFH　协处理器

I/O 通道：1F0H～1F8H　硬盘驱动器

　　200H～20FH　游戏 I/O 端口

　　278H～27FH　并行打印机口 2

　　2F8H～2FFH　串行口 2

　　300H～31FH　实验卡

　　360H～36FH　保留

　　378H～37FH　并行打印机口 1

　　380H～38FH　SDLC 同步数据链控制双同步端口 2

　　3A0H～3AFH　双同步端口 1

　　3B0H～3BFH　单色显示器和打印机适配器

　　3C0H～3CFH　保留

　　3D0H～3DFH　彩色图形显示器适配器

　　3F0H～3F7H　软盘控制器

　　3F8H～3FFH　串行口 1

　　不论是 PC/XT 还是 PC/AT，可访问端口地址都是 64KB，端口地址线是 A_0～A_{15}，为什么只使用 1024 个地址？原因有以下 2 个：

　　① 1024 个端口对用户来讲一般够用；

　　② 从电路实现角度看，只使用 10 条地址线译码比使用 16 条地址线译码要容易且节省得多。

　　那么是不是扩展槽的总线中，A_{10}～A_{15} 这 6 条高位地址线就不能用呢？是否在端口操作时这些地址均无效？回答是否定的。其实在 I/O 端口读/写周期中，A_{10}～A_{15} 也是有效的，如果按 PC/XT/AT 机的约定，访问的端口地址低于 1024，那么 A_{10}～A_{15} 均为 0。如果用软件访问高于 1024(3FFH)的地址端口时，情况会怎样？这里有两种情况：

　　① 当使用 16 位地址译码和读/写地址高于 3FFH 的端口时，如果其低 10 位与系统板上或标准插板占用端口重合时，将会引起系统板和标准板误译码，这是不允许的。例如，当对端口 FC00H 译码时，由于端口的低 10 位地址是 000H，系统板端口由 DMA 控制器占用，因此会引起 DMA 控制器的误动作，发生系统错误。

　　② 当使用 16 位地址译码和读/写地址高于 3FFH 的端口时，如果该端口地址的低 10 位与系统板及标准插件板占用的端口地址均不重合时，该端口是可用的。例如，端口 FF42H 的低 10 位地址是 342H，这是一个自由端口，未被占用。因此软件对 FF42H 端口的读/写指令不会引起任何误操作，这种情况还给了我们扩大端口数目的方法，利用低 10 位地址 342H，结合高 6 位 A_{10}～A_{15} 共可以构成 64 个端口，在插件电路板中需要大量端口时，可以利用这种方法扩充端口数。

5. 工业 PC(IPC，基于 ISA 总线的工业控制机)

　　最初作为办公自动化设计的 IBM PC/XT/AT 机很快被人们应用于工业控制和实验室，在当今世界拥有众多的用户。工业 PC 就是经过改造后，适用于工业应用中的 PC 机。由于 IBM PC 总线比 STD 总线有更多的优点，因此按工业控制机的要求对 PC 机进行适应工业环境的改进设计，使得工业 PC 序列产品成为模块化、嵌入式的。

工业 PC 机有如下特点：

① 全部采用板卡结构，包括 CPU 卡、视频卡、磁盘控制和输入/输出工业控制接口均为模块化，便于安装和更换，便于计算机的升级换代。

② 采用和 PC/XT/AT 总线兼容的无源底板，底板带有 ISA 插槽、PCI 插槽等，各种插槽的个数有多种组合，可供用户选择。无源底板使用带电源层和地的 4 层电路板，提高了抗干扰能力。这种设计使工业 PC 机能使用高速 CPU 卡。采用大功率的端子和工业电源线相连，保证接触可靠，板上带有 4 个 LED 显示器用于指示电源（＋5V、＋12V、－5V、－12V）状态。

③ 采用单板式（一体化）的 CPU 卡，构成单板式 PC 机。当把 CPU 卡插入无源底板，即与 IBM PC 机完全兼容。采用 VLSI、CMOS 芯片，做到低功耗、高可靠性，板上内存可扩展到 4GB，有硬盘和 USB 接口，键盘、鼠标插座，两串一并接口，实时时钟/日历，两级监视定时器 WDT（看门狗 Watchdog），CRT 视频卡采用 PCI 总线，提高显示速度。采用单板形式便于维修、更换，使平均故障修复时间（MTTR）<15min。

应用于工业环境中的 PC 机处于许多重型设备频繁启动、制动和高压线的环境中，电压波动是常见的情况，当电压降到一定程度时 CPU 将暂停；另外当软件故障时，系统的 CPU 可能陷入无限循环，使 CPU 在处理数据时总是处于挂起状态。因此，工业 PC 机设计了监视定时器 WDT，通过适当的编程和处理，当 CPU 处于停滞或挂起时，让看门狗定时器重新启动 CPU。

基于 CPU 卡，采用二级 WDT 设计：第一级利用 CPU 内部的 WDT 单元，通过软件可以将溢出周期编程为 0～176s（25MHz 主频时），第二级 WDT 用板上的 CPU 监视定时器实现，溢出时间可以通过跳线设定为 250ms、600ms 或 1.2s，系统的 BIOS 中提供了 WDT 调用服务，由用户程序调用完成 WDT 的设置、启动和刷新。WDT 启动后，第一级在设置的时间内没有被刷新（说明程序跑飞），即产生溢出，触发硬中断 15，同时二级 WDT 启动，在中断响应的过程中回调用户处理程序并重新复位 WDT，如果中断 15 没有得到响应，第二级 WDT 将在设置时间内溢出，并触发系统复位。

④ 采用 482.6mm 全钢机架，符合国际标准。坚固的全钢机箱，能承受冲击、震动和较宽温度范围内稳定，可防止电磁干扰。机箱内带 185～350W（视底板插槽多少）抗干扰电源，可以在电压和频率波动较大的情况下使用，交流输入 180～256V（220±20％），频率 47～63Hz。

机箱可装两个半高驱动器和光驱，带有橡皮缓冲防震支架，并可拆装。机箱正面有软盘、光驱防尘门，可防止灰尘进入。

带两个风扇，一个为电源冷却风扇，另一个为装有空气过滤器的机箱进风风扇，依靠进风风扇转速比电源风扇转速高，使机箱内为正压，防止灰尘和污物进入机箱。

用专门的防震卡架将插卡压紧，可以十分有效地保证插入的板卡在震动的情况下接触良好。

⑤ 有 RAM/ROM 电子盘卡，用于取代机械磁盘，可以进一步提高整机可靠性和抗干扰能力，提高运行速度。

⑥ 带有保护膜的标准 101 键盘。设有键盘锁定开关，可以防止非操作人员干预。

6. PC/104 标准（嵌入式工业控制机）

在过去 10 多年中，PC 总线广泛普及，其应用已超出最初期望的"个人"台式计算机应用领域，专用 PC 系统及 PC 的嵌入式应用开始随处可见，将 PC 当作控制器的应用有很多例子。为了使其适用于嵌入式系统的应用，将 PC 体系结构的硬件和软件再标准化，使嵌入式系统的设计者能够大幅度地降低开发成本，减少风险及缩短开发周期，并且由于规模化生产的经济性与 PC 兼容的软件、硬件、外设和开发工具都比其他结构体系的计算机的相应部件更便宜。由于以上原因，那些在自主产品中嵌入微机作为控制器的公司，一直希望将 PC 嵌入其产品中，从而获得采用 PC 体系结构所带来的益处。然而标准 PC 总线体系结构的产品体积庞大、功耗高,对大多数嵌入式控制应用来说可靠性差。唯一实际的选择是使用各种芯片设计 PC 机,直接嵌入产品。但是这都违背了现代发展趋势——摆脱"一切从头做起",即现代管理鼓励尽可能专业化分工合作,以减少开发成本,缩短产品设计周期。因此就要求 PC 总线的计算机的集成度更高,以满足嵌入式应用对减少体积、降低功耗的要求。并且这些目标实现的同时,必须保证与通用 PC 总线标准的硬件和软件完全兼容,使得已有的与 PC 相关的硬件、软件、开发工具和系统设计知识仍可全部沿用。PC/104 就满足了以上要求,它提供了 PC 总线在体系结构、硬件和软件的完全兼容性,并且结构紧凑(90×96mm²)的栈层叠接式模块,非常适合嵌入式控制应用的独特要求。

尽管 PC/104 模块自 1987 年才开始出现,到 1992 年才制定成文的标准,但到今天,随着新产品不断推出,PC/104 愈来愈引起人们的兴趣和关注。就像 PC 总线一样,PC/104 是一个事实上的标准,而不是由委员会讨论制定出来的理论上的总线标准,1992 年 IEEE 开始在原有的为 PC、PC/AT 制定的 IEEE-996(草案)基础上进行缩小尺寸而适应于嵌入式控制的标准化工作。PC/104 规格此时被采纳,成为 IEEE 标准,称为"P996.1 嵌入式 PC 模块标准"。

PC/104 模块在电气和机械特性与 ISA 总线兼容的基础上采用非常小的体积(90×96×30mm³),独特的自层叠式结构,如图 3-12 所示。模块之间采用纵向层叠和侧向插接方式,将通常印制板的边缘插接改为接触可靠的插针插座结构,并且模块叠接后用支柱和螺钉连接固定,因而可靠性高,配置灵活方便,便于排障和修理。用户可以选择各种不同的功能模块,如同搭积木一样设计满足各种要求的系统。采用 CMOS 和高集成度的元器件,低功耗的设计,无须散热。绝大多数 PC/104 模块均采用单+5V 电源,从而降低了系统对电源的要求,也无须机壳和机箱。

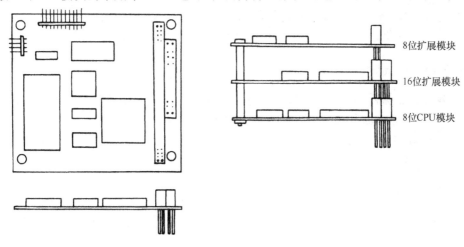

图 3-12　PC/104 结构

采用上述方法设计,使得 PC/104 模块非常适合作嵌入式应用。之所以将模块命名为"PC/104",是因为其总线之间的互连使用了 104 条信号线:一个 64 引脚连接器 P_1,一个 40 引脚连接器 P_2。P_1、P_2 连接器如图 3-13 所示。PC/104 总线的时序严格按照 ISA 标准时序。

随着 PC/104 产品被市场逐步地接受,许多计算机厂商和 OEM 用户也不断推出了与 PC/104 标准兼容的产品。外围模块系列已有通信控制、磁盘控制、显示控制、网络控制、数据采集与控制等几大类,数十种产品。PC/104 系统与 PC/AT 标准完全兼容,在 IBM PC 上运行的众多软件全部能在 PC/104 系统中运行。

PC/104 的模块在解决工业控制机的平台系统的高集成方面有许多独特的优点,工业控制机的一大特点是要有丰富的工业 I/O 接口,包括各种信号调理功能,随着 PC/104 应用范围的扩大,一定会不断丰富这些功能接口模块。

PC/104 模板也可以当成一个元件嵌入系统中,例如美国主要 STD 生产厂家往往采用在 STD 总线模板中嵌入 PC/104 模块、网络模块等办法来解决 CPU 的升级,而仍用各种 STD 总线 I/O 模板解决工业 I/O 的连接问题。同样地,许多工业 PC 机的 CPU 板上也往往带有 PC/104 的接口。可以说,PC/104 总线和 STD 总线、PC 总线是一种互补结构,它们的固有特点是嵌入式。

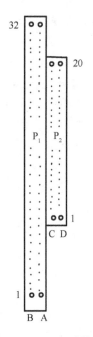

图 3-13 P₁、P₂ 连接器

3.2.3 MCA 总线

在 CPU 性能不断提高的情况下,由于 ISA 标准的限制,使系统总的性能没有根本改变。系统总线上的 I/O 和存储器的访问速度没有很大的提高,因而在强大的 CPU 处理能力与低性能的系统总线之间形成了一个瓶颈。为了打破这一瓶颈,IMB 公司推出第一台 386 微机时,便突破了 ISA 标准,创造了一个全新的与 ISA 标准完全不同的系统总线标准——MCA(Micro Channel Architecture)标准,即微通道结构。该标准定义系统总线上的数据宽度为 32 位,并支持猝发(Burst Mode)方式,使数据的传输速率提高到 ISA 的 4 倍,达到 33MB/s,地址总线的宽度扩展为 32 位,支持 4GB 的寻址能力,满足了 386 和 486 处理器的处理能力。

MCA 在一定条件下提高了 I/O 的性能,但它不论在电气上还是在物理上均与 ISA 不兼容,导致用户在扩展总线为 MCA 的微机上不能使用已有的 I/O 扩展卡。另一个问题是为了垄断市场,IBM 没有将这一标准公诸于世,因而 MCA 没有成为公认的标准。

3.2.4 EISA 总线

随着 486 微处理器的推出,I/O 瓶颈问题越来越成为制约计算机性能的关键问题。为冲破 IBM 公司对 MCA 标准的垄断,以 Compaq 公司为首,HP、AST、Epson 和 NEC 等 9 家计算机制造商联合起来,在已有的 ISA 基础上,于 1989 年推出了 EISA(Extension Industry Standard Architecture)扩展标准。EISA 具有 MCA 的全部功能,并与传统的 ISA 完全兼容,因而得到了迅速的推广。

EISA 总线主要有以下技术特点:

① 具有 32 位数据总线宽度,支持 32 位地址通路。总线的时钟频率是 33MHz,数据传输速率为 33MB/s,并支持猝发传输方式。

② 总线主控技术(Bus Master)。扩展卡上有一个称为总线主控的本地处理器,它不需要系统主处理器的参与而可以直接接管本地 I/O 设备与系统存储器之间的数据传输,从而能使主处理器发挥其强大的数据处理功能。

③ 与 ISA 总线兼容,支持多个主模块。总线仲裁采用集中式的独立请求方式,优先级固定。提供了中断共享功能,允许用户配置多个设备共享一个中断。而 ISA 不支持中断共享,有些中断分配给某些固定的设备。

④ 扩展卡的安装十分容易,自动配置,无须 DIP 开关。EISA 系统借助于随产品提供的配置文件能自动配置系统的扩展板。EISA 系统把各个插槽都规定了相应的 I/O 地址范围,使用这种 I/O 端口范围的插件不管插入哪个插槽中都不会引起地址冲突。

⑤ EISA 系统能自动地根据需要进行 32、16、8 位数据间的转换,这保证了不同 EISA 扩展

板之间、不同 ISA 扩展板之间以及 EISA 系统扩展板与 ISA 扩展板之间的相互通信。

⑥ 具有共享 DMA，总线传输方式增加了块 DMA 方式、猝发方式，在 EISA 的几个插槽和主机板中分别具有各自的 DMA 请求信号线，允许 8 个 DMA 控制器，各模块可按指定优先级占用 DMA 设备。

⑦ EISA 还可支持多总线主控模块和对总线主控模块的智能管理。最多支持 6 个总线主控模块。

3.2.5　PCI 总线

微处理器的飞速发展使得增强的总线标准如 EISA 和 MCA 也显得落后。这种发展的不同步，造成硬盘、视频卡和其他一些高速外设只能通过一个慢速而且狭窄的路径传输数据，使得 CPU 的高性能受到很大影响，而局部总线打破了这一瓶颈。从结构上看，局部总线好像是在 ISA 总线和 CPU 之间又插入一级，将一些高速外设如图形卡、网络适配器和硬盘控制器等从 ISA 总线上卸下，直接通过局部总线挂接到 CPU 总线上，使之与高速 CPU 总线相匹配。

PCI(Peripheral Component Interconnect，外围设备互连)总线是 1992 年以 Intel 公司为首设计的一种先进的高性能局部总线。它支持 64 位数据传送、多总线主控模块和线性猝发读/写和并发工作方式。随着 Pentium 芯片的推出，Intel 公司分别于 1992 年 6 月和 1995 年 6 月颁布了 PCI V1.0 和 V2.1 规范，目前已得到广泛应用。

1. PCI 总线的特点

（1）高性能

PCI 总线标准是一整套的系统解决方案。它能提高硬盘性能，可出色地配合影像、图形及各种高速外围设备的要求。PCI 局部总线采用的数据总线为 32 位，可支持多组外围部件及附加卡。传送数据的最高速率为 133MB/s。它还支持 64 位地址/数据多路复用，其 64 位设计中的数据传输速率为 266MB/s。而且 PCI 插槽能同时插接 32 位和 64 位卡，实现 32 位与 64 位外围设备之间的通信。

（2）线性猝发传输

PCI 总线支持一种称为线性猝发的数据传输模式，可以确保总线不断满载数据。外围设备一般会由内存某个地址顺序接收数据，这种线性或顺序的寻址方式，意味着可以由某一个地址自动加 1，便可接收数据流内下一个字节的数据。线性猝发传输能更有效地运用总线的带宽传送数据，以减少无谓的地址操作。

（3）采用总线主控和同步操作

PCI 的总线主控和同步操作功能有利于 PCI 性能的改善。总线主控是大多数总线都具有的功能，目的是让任何一个具有处理能力的外围设备暂时接管总线，以加速执行高吞吐量、高优先级的任务。PCI 独特的同步操作功能可保证微处理器能够与这些总线主控同时操作，不必等待后者的完成。

（4）具有即插即用(Plug&Play)功能

PCI 总线的规范保证了自动配置的实现，用户在安装扩展卡时，一旦 PCI 插卡插入 PCI 槽，系统 BIOS 将根据读到的关于该扩展卡的信息，结合系统的实际情况，自动为插卡分配存储地址、端口地址、中断和某些定时信息，从根本上免除人工操作。

（5）PCI 总线与 CPU 异步工作

PCI 总线的工作频率固定为 33MHz，与 CPU 的工作频率无关，可适合各种不同类型和频率的 CPU。因此，PCI 总线是一个完全与处理器无关的总线，不受制于系统所使用的微处理器的种类。加上 PCI 支持 3.3V 电压操作,使 PCI 总线不但可用于台式机,也可用于便携机、服务器和一些工作站。

PCI 独立于处理器的结构形成一种独特的中间缓冲器设计,将中央处理器子系统与外围设备分开,用户可随意增设多种外围设备。

(6) 兼容性强

由于 PCI 的设计是要辅助现有的扩展总线标准,因此它与 ISA、EISA 及 MCA 完全兼容。这种兼容能力能保障用户的投资。

(7) 低成本、高效益

PCI 的芯片将大量系统功能高度集成,节省了逻辑电路,耗用较少的线路板空间,使成本降低。PCI 部件采用地址/数据线复用,从而使 PCI 部件用以连接其他部件的引脚数减少至 50 个以下。

2. PCI 总线的性能

- 总线时钟频率:33MHz/66.6MHz
- 总线宽度:32 位/64 位
- 最大数据传输速率:133MB/s 或 266MB/s
- 支持 64 位寻址
- 适应 5V 和 3.3V 电源环境

3. PCI 总线的系统结构

PCI 局部总线已形成工业标准。它的高性能总线体系结构满足了不同系统的需求,低成本的 PCI 总线构成的计算机系统达到了较高的性能/价格比水平。因此,PCI 总线被应用于多种平台和体系结构中。

PCI 总线的组件、扩展板接口与处理器无关,在多处理器系统结构中,数据能够高效地在多个处理器之间传输。与处理器无关的特性,使 PCI 总线具有很好的 I/O 性能,能最大限度地使用各类 CPU/RAM 的局部总线、各类高档图形设备和各类高速外部设备,如 SCSI、HDTV、3D 等。

PCI 总线特有的配置寄存器为用户使用提供了方便。系统嵌入自动配置软件,在加电时自动配置 PCI 扩展卡,为用户提供了简便的使用方法。PCI 总线接口相对其他总线接口是比较复杂的,它不但有着严格的同步时序要求,而且为了实现即插即用和自动配置,还必须有许多配置寄存器。根据用户设备的性质不同,PCI 设备分为主设备(MASTER)和从设备(TARGET),因此 PCI 接口类型也就分为 MASTER 和 TARGET 两种接口。概括来说,PCI 接口主要包括 PCI 标准配置寄存器(64 字节)、PCI 总线逻辑接口、用户设备逻辑接口、数据缓冲区等。

图 3-14 所示是使用 PCI 总线的一种系统结构。可以看出,CPU、Cache、内存之间的数据传输通过微处理器系统总线进行,它的数据传输速率高于 PCI 总线。CPU、Cache、存储器子系统经过 Host-PCI 桥与 PCI 总线连接。这个桥提供了一个低延迟的访问通路,使 CPU 能够访问 PCI 设备,PCI 主设备(MASTER)也能够访问主存储器。该桥还提供了数据缓冲功能,使 CPU 与 PCI 总线上的设备并行工作而不必等待。同时,这个桥接电路包含"PCI 总线控制器",有多个设备申请使用总线时,由它进行裁决和分配总线的使用权。总之,Host-PCI 桥实现了 PCI 总线的全部驱动控制,它实际上是一个高速 I/O 协处理器,主要解决 I/O 设备同 CPU 的连接关系。

另一类"桥"用于生成多级总线结构,如 PCI-ISA/ESIA、PCI-USB、PCI-PCI 等。多级总线把不同传输速率、不同传输方式的设备分门别类地连接到各自合适的总线上,使得不同类型的设备

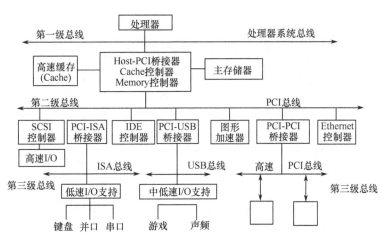

图 3-14　PCI 总线系统结构

共存于一个系统中,合理地分配资源。

典型的 PCI 总线一般仅支持 3 个 PCI 总线负载,由于特殊环境需要,专门的工业 PCI 总线可以支持多于 3 个的 PCI 总线负载。外插板卡可以是 3.3V 或 5V,两者不可通用。3.3V、5V 的通用板是专门设计的。从结构上看,PCI 是在 CPU 和原来的系统总线之间插入的一级总线,具体由一个桥接电路实现对这一层的管理,并实现上下之间的接口以协调数据的传送。

4. PCI 板卡的机械和电气规范

PCI 扩展卡采用原卡设计(Raw Card Design)思想,以便和现有的 ISA、EISA 及 MCA 总线系统兼容。PCI 扩展卡分为两种,即长卡和短卡。长卡提供约为 316cm² 的设计空间,用来实现一些复杂系统;短卡则提供以较小的成本和功耗来实现一定的功能和相应的系统,或者将已有系统小型化。PCI 为扩展板的连接定义了 32 位和 64 位两种接口。

PCI 总线的电气规范定义了所有的 PCI 设备和系统扩展板的电气性能相互约束,以及扩展板连接器的引脚分配。规范中提供了 5V 和 3.3V 两种电源的信号环境,这两种电源信号环境不能混合使用,也就是说,对一个给定的 PCI 总线设备或扩展板,所有的元件必须使用同一个电源信号规则。但是,通过设计可使 5V 的元件工作于 3.3V 的信号环境,反之亦然。因此根据电源的信号环境、板卡的物理尺寸以及信号接口的不同,通常使用的 PCI 卡如表 3-2 所示。

表 3-2　PCI 板卡类型

信号环境	32 位		64 位	
	短卡	长卡	短卡	长卡
3.3V	√	√	√	√
5V	√	√	√	√
3.3V 和 5V 通用	√	√	√	√

PCI 板卡的各种插槽如图 3-15 所示。

基本的 32 位 PCI 插槽有 120 个引脚。引脚的逻辑编号用了 124 个不同的数,其中有 4 个引脚不存在,但由具体的编号来替代。在一个方向上,插槽被编号以接收 5V 信号环境扩展板;当板卡旋转 180°,编号的位置又使该插槽接收 3.3V 信号环境扩展板。设计成能在 5V 和 3.3V 的电源信号环境下工作的通用 PCI 插板,有两个编号插槽,可以插入任何一个插槽。建立在相同插槽模式上的 64 位扩展板,引脚总数增加到 184 个。32 位插槽定义了电源环境,在由 32 位插槽子系统所定义的电源等级内,32 位板卡和 64 位板卡是可以相互协调的,如图 3-15(a)所示。

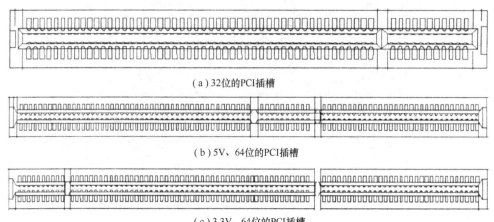

（a）32位的PCI插槽

（b）5V、64位的PCI插槽

（c）3.3V、64位的PCI插槽

图 3-15　PCI计算机系统结构

在 64 位插槽上,32 位板卡自己识别 32 位数据的传送;在 32 位插槽上,64 位板卡则使自己能完成 32 位数据的传送。

需要注意的是,不要把 PCI 的用于 5V 和 3.3V 电源信号环境和 5V 及 3.3V 元器件技术相混淆。通常情况下,TTL 的元器件使用 5V 的工作电压,CMOS 的元器件使用 3.3V 的工作电压,但是一个工作在 5V 的元器件可以设计成能在 3.3V 的工作电压下工作,反之亦然。元器件技术在每一种信号环境中都能混用,只需要一个电源转换芯片即可。然而,PCI 板卡的信号环境不能使用,在给定的 PCI 总线上的所有器件必须用相同的 5V 或 3.3V 的信号协定,这是由 PCI 规范的插槽所规定的。

PCI 总线是一种 CMOS 总线,其静态电流非常小,实际上直流驱动电流主要消耗在上拉电阻上。PCI 总线的信号驱动采用反射波方式而不是入射波。反射波方式驱动是指总线驱动器只把总线信号的幅度驱动到所要求幅度(高电压或低电压)的一半,然后电波沿着总线向目标传播,到达目标后再向原点反射,从而使原来的电压振幅加倍以达到要求的电压级别。实际上,在这段传播时间内总线驱动处于开关范围的中间,这段时间的长短至少为 10ns,在 33MHz 时钟下,相当于总线周期的 1/3。PCI 的上述两个电气特征,决定了 PCI 总线的 I/O 缓冲区特性的定义方式与其他方式不一样。

5V 环境基于绝对的开关电压,目的是为了和 TTL 开关电平兼容。而 3.3V 环境却是基于 V_{CC} 相关的开关电压,是一种最佳化的 CMOS 方法。这样,无论在主板上还是在扩展板上,PCI 元件都可以直接相连,而不需要额外附加缓冲或采用其他的连接方式。

5. PCI 总线信号

为了处理数据、地址、接口控制、总线仲裁和系统功能,PCI 接口需要作为被访问的目标设备或者作为总线设备去访问其他 PCI 目标设备。在一个 PCI 应用系统中,如果某设备能够取得总线控制权,就称其为"主设备";而被主设备选中以进行通信的设备称为"从设备"或"目标节点",这类设备没有总线控制权限。对于相应的接口信号线,通常分为必备的和可选的两大类。如果只作为目标设备,至少需要 47 条信号线;若作为主设备,则至少需要 49 条信号线。利用这些信号线便可处理数据、地址和访问控制,实现接口控制、仲裁及系统功能。图 3-16 所示为对主设备与目标设备综合考虑,并按功能将信号分组。

在图 3-16 中,PCI 引脚定义按照功能排列,信号后面具有"♯"标志的,表示该信号是低电平

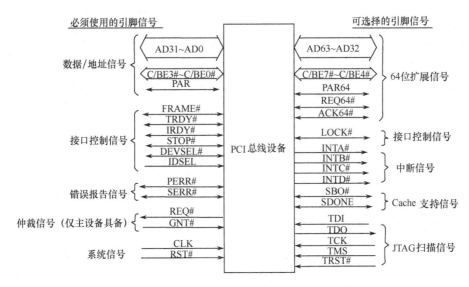

图 3-16 PCI 信号总线

有效;信号后面没有"♯"标志的,表示信号是高电平有效。表 3-3 给出了 PCI 板上的引脚分配。

表 3-3 **PCI 板卡的引脚分配**

引脚	5V 板卡		通用板卡		3.3V 板卡		注释
	B 面	A 面	B 面	A 面	B 面	A 面	
1	−12V	TRST♯	−12V	TRST♯	−12V	TRST♯	32 位开始
2	TCK	+12V	TCK	+12V	TCK	+12V	
3	Ground	TMS	Ground	TMS	Ground	TMS	
4	TDO	TDI	TDO	TDI	TDO	TDI	
5	+5V	+5V	+5V	+5V	+5V	+5V	
6	+5V	INTA♯	+5V	INTA♯	+5V	INTA♯	
7	INTB♯	INTC♯	INTB♯	INTC♯	INTB♯	INTC♯	
8	INTD♯	+5V	INTD♯	+5V	INTD♯	+5V	
9	PRSNT1♯	Reserved	PRSNT1♯	Reserved	PRSNT1♯	Reserved	
10	Reserved	+5V	Reserved	$+V_{10}$	Reserved	+3.3V	
11	PRSNT2♯	Reserved	PRSNT2♯	Reserved	PRSNT2♯	Reserved	
12	Ground	Ground	间隔		间隔		3.3V
13	Ground	Ground	间隔		间隔		
14	Reserved	Reserved	Reserved	Reserved	Reserved	Reserved	
15	Ground	RST♯	Ground	RST♯	Ground	RST♯	
16	CLK	+5V	CLK	$+V_{10}$	CLK	+3.3V	
17	Ground	GNT♯	Ground	GNT♯	Ground	GNT♯	
18	REQ♯	Ground	REQ♯	Ground	REQ♯	Ground	
19	+5V	Reserved	$+V_{10}$	Reserved	+3.3V	Reserved	
20	AD[31]	AD[30]	AD[31]	AD[30]	AD[31]	AD[30]	
21	AD[29]	+3.3V	AD[29]	+3.3V	AD[29]	+3.3V	

引脚	5V 板卡		通用板卡		3.3V 板卡		注释
	B 面	A 面	B 面	A 面	B 面	A 面	
22	Ground	AD[28]	Ground	AD[28]	Ground	AD[28]	
23	AD[27]	AD[26]	AD[27]	AD[26]	AD[27]	AD[26]	
24	AD[25]	Ground	AD[25]	Ground	AD[25]	Ground	
25	+3.3V	AD[24]	+3.3V	AD[24]	+3.3V	AD[24]	
26	C/BE[3]#	IDSEL	C/BE[3]#	IDSEL	C/BE[3]#	IDSEL	
27	AD[23]	+3.3V	AD[23]	+3.3V	AD[23]	+3.3V	
28	Ground	AD[22]	Ground	AD[22]	Ground	AD[22]	
29	AD[21]	AD[20]	AD[21]	AD[20]	AD[21]	AD[20]	
30	AD[19]	Ground	AD[19]	Ground	AD[19]	Ground	
31	+3.3V	AD[18]	+3.3V	AD[18]	+3.3V	AD[18]	
32	AD[17]	AD[16]	AD[17]	AD[16]	AD[17]	AD[16J	
33	C/BE[2]#	+3.3V	C/BE[2]#	+3.3V	C/BE[2]#	+3.3V	
34	Ground	FRAME#	Ground	FRAME#	Ground	FRAME#	
35	IRDY#	Ground	IRDY#	Ground	IRDY#	Ground	
36	+3.3V	TRDY#	+3.3V	TRDY#	+3.3V	TRDY#	
37	DEVSEL#	Ground	DEVSEL#	Ground	DEVSEL#	Ground	
38	Ground	STOP#	Ground	STOP#	Ground	STOP#	
39	LOCK#	+3.3V	LOCK#	+3.3V	LOCK#	+3.3V	
40	PERR#	SDONE	PERR#	SDONE	PERR#	SDONE	
41	+3.3V	SBO#	+3.3V	SBO#	+3.3V	SBO#	
42	SERR#	Ground	SERR#	Ground	SERR#	Ground	
43	+3.3V	PAR	+3.3V	PAR	+3.3V	PAR	
44	C/BE[1]#	AD[15]	C/BE[1]#	AD[15]	C/BE[1]#	AD[15]	
45	AD[14]	+3.3V	AD[14]	+3.3V	AD[14]	+3.3V	
46	Ground	AD[13]	Ground	AD[13]	Ground	AD[13]	
47	AD[12]	AD[11]	AD[12]	AD[11]	AD[12]	AD[11]	
48	AD[10]	Ground	AD[10]	Ground	AD[10]	Ground	
49	Ground	AD[09]	M66EN	AD[09]	M66EN	AD[09]	
50	间隔		间隔		Ground	Ground	5V
51	间隔		间隔		Ground	Ground	
52	AD[08]	C/BE[0]#	AD[08]	C/BE[0]#	AD[08]	C/BE[0]#	
53	AD[07]	+3.3V	AD[07]	+3.3V	AD[07]	+3.3V	
54	+3.3V	AD[06]	+3.3V	AD[06]	+3.3V	AD[06]	
55	AD[05]	AD[04]	AD[05]	AD[04]	AD[05]	AD[04]	
56	AD[03]	Ground	AD[03]	Ground	AD[03]	Ground	
57	Ground	AD[02]	Ground	AD[02]	Ground	AD[02]	
58	AD[01]	AD[00]	AD[01]	AD[00]	AD[01]	AD[00]	

引脚	5V 板卡		通用板卡		3.3V 板卡		注释
	B 面	A 面	B 面	A 面	B 面	A 面	
59	+5V	+5V	+V_{10}	+V_{10}	+3.3V	+3.3V	
60	ACK64#	REQ64#	ACK64#	REQ64#	ACK64#	REQ64#	
61	+5V	+5V	+5V	+5V	+5V	+5V	32 位
62	+5V	+5V	+5V	+5V	+5V	+5V	结束
	间隔		间隔		间隔		64 位
	间隔		间隔		间隔		
63	Reserved	Ground	Reserved	Ground	Reserved	Ground	64 位开始
64	Ground	C/BE[7]#	Ground	C/BE[7]#	Ground	C/BE[7]#	
65	C/BE[6]#	C/BE[5]#	C/BE[6]#	C/BE[5]#	C/BE[6]#	C/BE[5]#	
66	C/BE[4]#	+5V	C/BE[4]#	+V_{10}	C/BE[4]#	+3.3V	
67	Ground	PAR64	Ground	PAR64	Ground	PAR64	
68	AD[63]	AD[62]	AD[63]	AD[62]	AD[63]	AD[62]	
69	AD[61]	Ground	AD[61]	Ground	AD[61]	Ground	
70	+5V	AD[60]	+V_{10}	AD[60]	+3.3V	AD[60J]	
71	AD[59]	AD[58]	AD[59]	AD[58]	AD[59]	AD[58]	
72	AD[57]	Ground	AD[57]	Ground	AD[57]	Ground	
73	Ground	AD[56]	Ground	AD[56]	Ground	AD[56]	
74	AD[55]	AD[54]	AD[55]	AD[54]	AD[55]	AD[54]	
75	AD[53]	+5V	AD[53J]	+V_{10}	AD[53]	+3.3V	
76	Ground	AD[52]	Ground	AD[52]	Ground	AD[52]	
77	AD[51]	AD[50]	AD[51]	AD[50]	AD[51]	AD[50]	
78	AD[49]	Ground	AD[49]	Ground	AD[49]	Ground	
79	+5V	AD[48]	+V_{10}	AD[48]	+3.3V	AD[48]	
80	AD[47]	AD[46]	AD[47]	AD[46]	AD[47]	AD[46]	
81	AD[45]	Ground	AD[45]	Ground	AD[45]	Ground	
82	Ground	AD[44]	Ground	AD[44]	Ground	AD[44]	
83	AD[43]	AD[42]	AD[43]	AD[42]	AD[43]	AD[42]	
84	AD[41]	+5V	AD[41]	+V_{10}	AD[41]	+3.3V	
85	Ground	AD[40]	Ground	AD[40]	Ground	AD[40]	
86	AD[39]	AD[38]	AD[39]	AD[38]	AD[39]	AD[38]	
87	AD[37]	Ground	AD[37]	Ground	AD[37]	Ground	
88	+5V	AD[36]	+V_{10}	AD[36]	+3.3V	AD[36]	
89	AD[35]	AD[34]	AD[35]	AD[34]	AD[35]	AD[34]	
90	AD[33]	Ground	AD[33]	Ground	AD[33]	Ground	
91	Ground	AD[32]	Ground	AD[32]	Ground	AD[32]	
92	Reserved	Reserved	Reserved	Reserved	Reserved	Reserved	
93	Reserved	Ground	Reserved	Ground	Reserved	Ground	
94	Ground	Reserved	Ground	Reserved	Ground	Reserved	64 位结束

表 3-3 中标着"$+V_{10}$"的引脚是专用的电源引脚,用来在通用板上区分和驱动 PCI 信号线。在通用板上,PCI 元器件的 I/O 缓冲必须从这些专门的电源引脚供电,而不是从$+5V$ 或$+3.3V$电源引脚供电。

（1）系统信号

CLK:系统时钟信号(输入)。对于所有的 PCI 设备而言,该信号都是输入信号。其频率最高可达 33MHz/66MHz,最低频率一般为 0MHz(直流信号)。该引脚为所有 PCI 设备上的信号和数据传送提供时序,除 RST♯、IRQA♯、IRQB♯、IRQC♯和 IRQD♯信号外,所有的其他 PCI 信号,都在 CLK 的上升沿采样,所有其他的时间参数都是基于这个上升沿定义的。

RST♯:复位信号(输入),使 PCI 的各种寄存器和相关的信号恢复到初始状态。在上电复位时,PCI 接口的全部输出信号一般都应驱动到第三态。SERR♯为高阻状态,SBD♯和 SDONE 可驱动到低电平。REQ4 和 GNT♯必须同时驱动到第三态,不能在复位期间为高或为低。为防止 AD、C/BE♯及 PAR 在复位期间浮动,可由中心设备将它们驱动到逻辑低电平,但不能驱动为高电平。RST♯和 CLK 可以不同步,但要保证其撤销边沿没有反弹。当设备请求引导系统时,将响应复位,复位后响应系统引导。

（2）地址和数据信号

AD31～AD0:地址和数据的多路复用输入/输出信号。在 FRAME♯有效时,是地址期;在 IRDY♯和 TRDY♯同时有效时,是数据期。一个 PCI 总线的传输中包含一个地址信号期和跟在其后面的一个(或多个)数据期。PCI 总线支持猝发方式的读和写。

地址期为一个时钟周期,该周期中 AD31～AD0 线上含有一物理地址(32 位)。对于 I/O 操作,它是一个字节地址;若是存储器操作和配置操作,则是双字节地址。

在数据期,AD7～AD0 为最低字节,AD31～AD24 为最高字节。当 IRDY♯有效时表示写数据稳定有效,而 TRDY♯有效时表示读数据稳定有效。

C/BE3♯～C/BE0♯:总线命令和字节使能多路复用信号。在地址传送期间,这 4 条线上传输的是总线命令;在数据传送期间,它们传输的是字节使能信号,用来表示在整个数据期中,AD31～AD0 上哪些字节为有效数据。

PAR:AD31～AD0 和 C/BE3♯～C/BE0♯的数据校验是数据偶校验。通常所有 PCI 单元都要求奇偶校验。在地址段后一个时钟,PAR 稳定并有效。对于数据段,在写数据传送中,PAR 在 IRDY♯有效后一个时钟稳定并有效;而在读数据传送中,PAR 在 TRDY♯有效后一个时钟稳定并有效。一旦 PAR 有效后,它必须保持有效直到当前数据段完成后一个时钟(PAR 与 AD31～AD0 有相同时序,但延迟一个时钟)。在地址段和写数据段,PCI 总线主控设备驱动 PAR;在读数据段,PCI 目标设备驱动 PAR。

（3）接口控制信号

FRAME♯:帧周期信号(三态)。由当前主设备驱动,表示一次访问的开始和持续时间。该信号的有效表示总线传送的开始;在其存在期间,意味着数据传输继续进行;信号失效后,是传输的最后一个数据期。

IRDY♯:主设备准备好信号(三态)。该信号的有效表明发起本次传输的设备能够完成一个数据期。它需要与 TRDY♯配合使用,二者同时有效数据方能完整传输,否则即为等待周期。在读数据周期,该信号有效时,表示数据变量已在 AD31～AD0 中;在写数据周期,该信号有效时,表示从设备已做好接收数据的准备。

TRDY♯:目标设备准备好(三态),说明目标设备完成传送当前数据段的能力。TRDY♯与 IRDY♯一起使用。在 IRDY♯和 TRDY♯均采样为有效的任何一个时钟周期,完成数据段传输。在读数据传送中,TRDY♯说明 AD31～AD0 上已有有效数据。在写传数据传送中,说明目标已准备好接收数据。在 IRDY♯和 TRDY♯都有效之前需要插入等待状态。

STOP:停止信号(三态)。说明当前的目标要求总线主控停止当前传送。

LOCK♯:锁定信号(三态)。当该信号有效时,表示驱动它的设备所进行的操作可能需要多个传输才能完成。当 LOCK♯有效时,非独占传送可以对非当前锁定的地址进行,若 PCI 上的传送开始并不能保证对 LOCK♯的控制,对 LOCK♯的控制须由 LOCK♯的拥有协议与 GNT♯来完成。当只有一个总线主控拥有 LOCK♯时,不同的单元也可以使用 PCI 总线。如果一个设备采用了可执行的存储器,它也必须使用 LOCK♯,并且保证完成存储器的锁定操作。支持LOCK♯操作的目标,必须能至少提供 16 字节的锁定。连接系统存储器的主桥路也必须使用LOCK♯。

IDSEL:初始化设备选择信号(输入)。在参数配置读/写传输期间,用作片选信号。

DEVSEL♯:设备选择信号(三态)。当有效驱动时,说明驱动它的设备已将其地址解码为当前操作的目标。作为输入信号,DEVSEL♯说明总线上是否有设备被选中。

(4) 仲裁引脚

REQ♯:总线占用请求信号。该信号一旦有效,即表明驱动它的设备要求使用总线。这是一个点到点的信号线,任何主设备都有其 REQ♯信号。

GNT♯:对单元说明其对总线的操作已被允许。这是一个点对点信号,每个总线主控都有自己的 GNT♯信号。

(5) 错误报告引脚

为了可靠、完整地进行数据传输,PCI 局部总线标准要求所有设备都应具有错误报告引脚。

PERR♯:奇偶校验错误信号(三态)。该引脚只用于反馈除特殊周期外的其他传送过程中的数据奇偶校验错误。PERR♯维持三态,并在检测到传送数据中的数据奇偶错误后,在数据结束后两个时钟,由接收数据的单元驱动 PERR♯有效。在每一个被检测到有数据奇偶错误的数据段,PERR♯至少持续一个时钟周期。与所有的三态信号一样,在被释放到三态之前,PERR♯必须驱动到高电平一个时钟周期。对数据奇偶错误信息被丢失或错误反馈被延迟没有特殊条件。只有发出 DEVSEL♯并完成数据段后的单元才能发出 PERR♯信号。

SERR♯:系统错误报告信号(漏极开路)。该信号的作用是报告地址奇偶错、特殊命令序列中的数据奇偶错,以及其他可能引起灾难性后果的系统错误。如果设备不希望产生非屏蔽中断,就应采用其他机制来实现 SERR♯的报告。由于 SERR♯是一个漏极开路信号,因此,报告此类错误的设备只需将该信号驱动一个 PCI 周期即可。SERR♯信号的发出和时钟同步,因而满足总线上所有其他信号的建立时间和保持时间的要求。要使该信号复位,需要一个微弱的上拉作用,但这应由系统设计来提供,而不是靠报错的设备或中央资源。一般这种上拉复位需要 2～3个时钟周期才能完成。

(6) 中断引脚

PCI 上的中断引脚是可选用的,并且是"电平触发"的,低电平有效,用漏极开路输出驱动。INTx♯的有效与无效与 CLK 是异步的。PCI 为每一个单一功能设备定义一条中断线。对多功能设备或级联设备,最多可有 4 条中断线。对单一功能设备,只能使用 INTA♯,其余 3 条无意义。

PCI 局部总线中共有 4 条中断线,分别是:INTA♯、INTB♯、INTC♯和 INTD♯,均为漏极开路输出,其作用是请求一个中断,下面分别予以介绍。

INTA♯:中断 A,用于请求一次中断。

INTB♯:中断 B,用于请求一次中断并且只在多功能设备或级联设备上才有意义。

INTC♯:中断 C,功能与中断 B 一样。

INTD♯:中断 D,功能与中断 B 一样。

一个多功能设备上的任何功能都可以连接到 4 条中断线的任意一条。也就是说,各功能与中断线之间的连接是任意的,没有附加限制,二者的最终对应关系是由中断引脚寄存器来定义的,这显然提供了很大的灵活性。如果一个设备要实现一个中断,就定义为 INTA♯;要实现两个中断,就定义为 INTA♯ 和 INTB♯,依次类推。对于多功能设备,可以多个功能共用同一条中断线,或者各自使用一条中断线,或者是两种情况的组合。但是,对于单功能设备,绝对不能在多于一条中断线上发中断请求。

系统供应商在对 PCI 总线的各个中断信号和中断控制器进行连接时,其方法是随意的,可以是线或方式、程控电子开关方式,或者是二者的组合。这就是说,设备驱动程序对于中断共享,事先无法作出任何假定。这意味着设备驱动器对共用中断不能作任何假定,所有设备驱动器必须能与任何别的逻辑设备共用中断,包括同一多功能封装中不同设备之间的情况。

(7) 高速缓存引脚

为了使具有可缓存功能的 PCI 存储器能够与贯穿写(Write-Through)或回写式(Write-Back)的 Cache 相配合工作,可缓存的 PCI 存储器应能实现两条高速缓存支持信号作为输入。如果可缓存的存储器位于 PCI 总线上,那么连接回写式 Cache 和 PCI 的桥要能够将这对信号作为输出,而连接贯穿写 Cache 的桥只需要实现一个信号。上述的两个信号定义如下。

SBO♯:监视补偿(Snoop Backoff)。当其有效时,说明对这条变化线的一次命中。当 SBO♯信号无效而 SDONE 信号有效时,说明一个"干净"的监视结果。

SDONE:监视进行(Snoop Done)。表明对当前操作的监视状态。当其无效时,说明监视结果仍未定;当其有效时,说明监视已定义。

(8) 64 位总线扩展引脚

64 位扩展引脚是集体可选用的,也即如果采用了 64 位扩充特性,则本段的所有引脚都必须采用。这些引脚如下:

AD63~AD32:扩展的 32 位地址和数据多路复用线。在一个地址周期中(即如果使用了 DAC 命令且 REQ♯信号有效时),这 32 条线上出现的是 64 位地址的高 32 位,否则它们是保留的;在数据周期中,当 REQ64♯和 ACK64♯同时有效时,这 32 条线上含有高 32 位的数据信号。

C/BE7♯~C/BE4♯:总线指令和字节允许(Bus Command & Byte Enables)。在相同引脚上总线指令和字节允许复用。在地址段周期中(用 DAC 指令且 REQ64♯已有效),在 C/BE7♯~C/BE4♯上传送有效总线指令;否则这些引脚被保留且其值不定。在数据段,当 REQ64♯及 ACK64♯均有效时,C/BE7♯~C/BE4♯是字节允许信号,说明在哪些字节通道上含有有意义的数据。C/BE4♯相应于第 4 字节而 C/BE7♯对应于第 7 字节。

REQ64♯:64 位传输请求。该信号由当前主设备驱动,并表示本设备要求采用 64 位通路传输数据。它与 FRAME♯有相同的时序。

ACK64♯:应答 64 位传送(Acknowledge 64-Bit Transfer)。在当前操作所寻址的目标有效驱动该信号时,说明该目标将作 64 位传送,ACK64♯与 DEVSEL♯有相同时序。

PAR64:奇偶双字节校验。它是 AD63~AD32 和 C/BE7♯~C/BE4♯的偶校验位。当 REQ64♯有效且 C/BE7♯~C/BE4♯上是 DAC 命令时,PAR64 将在初始地址周期之后一个时钟周期有效,并在 DAC 命令的第二个地址期过后的一个时钟的时候失效。当 REQ64♯和 ACK64♯同时有效时,PAR64 在各数据周期内稳定有效,并且在 IRDY♯或 TRDY♯发出后的一个时钟的时候失效。PAR64 信号一旦有效,将保持到数据周期完成之后的一个时钟周期处。

该信号与 AD63～AD32 的时序相同,但延迟一个时钟周期,对于主设备是为了地址和写数据而发出 PAR64 信号,从设备是为了读数据而发出 PAR64 信号。

(9) JTAG 边缘扫描引脚

这组信号在设计 PCI 设备时是可选的,使用 IEEE1149.1 标准来测试存取口及边缘扫描结构(Test Access Port and Boundary Scan Architecture)。IEEE1149.1 规定了设计遵循 1149.1 的 IC 设计规则和参数。在一个设备中包含测试存取口(TAP),使得在测试该设备或安装有该设备的电路时可以使用边缘扫描。TAP 由 4 条或 5 条引脚组成,它们用于和 PCI 设备中的 TAP 控制器作串行接口。这几条信号引脚介绍如下。

TCK:测试时钟引脚(Test Clock),输入。在 TAP 操作期间记录状态信息和测试设备的输入或输出数据。

TDI:测试数据输入(Test Data Input),输入。在 TAP 操作期间将数据和测试指令串行移入设备中。

TDO:测试输出(Test Data Output),输入。在 TAP 操作期间将测试数据和测试指令串行移出设备中。

TMS:测试模式选择(Test Mode Select),输入。控制设备中的 TAP 控制器的状态。

TRST♯:测试复位(Test Reset),输入。给控制器提供一个异步初始化信号。在 IEEE1149.1 标准中,该信号是可选的。

这些 TAP 引脚在与设备的 PCI 接口的 I/O 缓存相同的电气环境(5V 或 3.3V)下工作。TDO 引脚的驱动强度不要求与标准 PCI 总线引脚相同,在设备的数据手册中应规定 TDO 的驱动强度。

系统商应负责设计和操作系统所要求的 1149.1 串行链码。该信号对于 PCI 总线是辅助的并且在多分支构造中不被操作。一个典型的 1149.1 环是这样创立的:将一个设备的 TDO 引脚连到另一个设备的 TDI 引脚而创建一个设备间的串行链。在这种应用中,这些 IC 接收同样的 TCK、TMS 及 TRST♯信号。整个 1149.1 环要么连到用作测试目的的母板测试连接器,要么连到一个外挂的 1149.1 控制 IC。

PCI 规范支持带有包含 1149.1 边缘扫描信号的连接器的扩展板,扩展板上的设备需要连到母板上的 1149.1 环。

在扩展板上连接并使用系统中的 1149.1 环的方法有以下几种。

● 在扩展板的制造测试期间只使用本板上的 1149.1 环。在这种情况下,母板上的 1149.1 不连接到扩展板上的 1149.1 信号。在制造测试期间母板自己做测试。

● 对系统中的每个扩展板连接器,在母板上产生一个分离的 1149.1 环。比如有 2 个扩展板连接器,母板上就需要有 3 个 1149.1 环。

● 使用允许分层 1149.1 多分支寻址的 IC。这种 IC 能处理多个 1149.1 环并允许多分支寻址和操作。

● 不支持 IEEE1149.1 标准接口的扩展板在硬件上要将其 TDI 引脚连接到其 TDO 引脚上。

对于基于 PCI 系统的 JTAG 边缘扫描的应用的更多资料,请参见相应的 PCI 规范。

6. **PCI 总线周期和地址空间**

(1) PCI 总线周期

PCI 基本的总线传输机制是猝发成组传输,这对存储空间和 I/O 空间都适用。一个猝发分组由一个地址期和一个或多个数据期组成。

图 3-17 给出了 PCI 总线的读操作时序。一次典型的读操作过程如下:

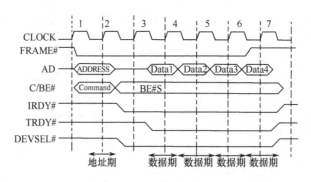

图 3-17　总线读周期时序

主设备获得总线使用权后,将 FRAME♯置为有效,表示一次总线周期开始。同时在 C/BE♯上发送 PCI 总线命令(见表 3-4),在 AD31～AD0 上发送地址信号。于是,PCI 总线进入"地址期"。此后,主设备将 IRDY♯信号置为有效,表示主设备已经就绪,随时可以接收数据,并且在 C/BE3♯～C/BE0♯上发送字节选择命令,表示要求 32 位总线传输哪几个字节的数据。

表 3-4　PCI 总线命令

C/BE3♯～C/BE0♯	命令	C/BE3♯～C/BE0♯	命令
0000	INTA 序列	1010	配置读入
0001	特殊周期	1011	配置写入
0010	I/O 读周期	1100	存储器多行读
0011	I/O 写周期	1101	双寻址周期(64 位)
0100	存储器读	1110	存储器一行读
0111	存储器写	1111	存储器写并无效

从设备通过 C/BE♯获知主设备的读命令,在地址期中从 AD 上得到存储器或 I/O 地址,被选中的设备发出 DEVSEL♯有效信号表示响应。同时,从设备内部的读操作开始进行。从设备将要求的数据读出后,将 TRDY♯置为有效,并将读出的数据送往 AD 信号线,PCI 总线进入数据期。主设备在主时钟信号的控制下,从 AD 上读入需要的数据。

如果主设备需要执行猝发总线周期(默认方式),则将 FRAME♯和 IRDY♯信号保持有效。从设备在这两个信号的控制下,将下一组数据送往 AD 信号线,进入下一个数据期。如果从设备不能在下一个时钟周期如期送出数据,则将 TRDY♯信号置为无效,数据传输将产生停顿。

主设备在发出最后一组数据的读命令之后,将 FRAME♯信号置为无效,表示数据传输即将结束。在最后一项数据传输后,主设备撤销 IRDY♯信号,从设备撤销 TRDY♯和 DEVSEL♯信号,一次 PCI 猝发总线传输结束。总线控制器发现 FRAME♯信号结束后,开始下一次总线仲裁。总线的仲裁和总线上的数据传输是同时进行的。

PCI 总线的数据传输不但依靠时钟信号作为定时基准,而且还使用了"联络"信号。从严格的意义上说,PCI 总线属于半同步总线。

(2) PCI 的地址空间

PCI 总线定义了 3 个物理地址空间:内存地址空间、I/O 地址空间和配置地址空间。前两个属于常规范围,第三个是 PCI 特有的,用于进行 PCI 的硬件资源配置。

PCI 总线的编址是分布式的,每个设备都有自己的地址译码电路,不需要进行统一译码。PCI 支持正向和负向两种类型的地址译码。所谓正向译码就是每个设备都监听地址总线,判断访问地址是否落在它的地址范围,如果是,使 DEVSEL♯有效以示应答,响应速度较快。负向译码是指没有一个设备作出响应时,由一个指定的设备(负向译码设备)作出响应。由于它要等到总线上其他所有设备都拒绝之后才能行动,所以速度较慢。负向译码对于像标准扩展总线(PCI/ISA 扩展桥)这类设备是很有用的,这是因为 ISA 总线设备的接口不具备发出响应信号 DEVSEL♯ 的功能。

7. PCI 配置空间

即插即用是由计算机自动配置各种资源的方法,它要求每块支持即插即用的板卡设置一组称为配置空间的寄存器,这些寄存器中保存了该板卡对系统资源的需求。Windows 系统启动时,BIOS 程序读出这些参数,综合每块板卡对资源的需求,对系统资源进行统一分配。由此可见,PCI 设备的地址空间是由系统动态分配的,是浮动的。

(1) PCI 头标区信息

PCI 配置空间是长度为 256B 的一段内存空间,其中前 64B 包含 PCI 接口的信息,如图 3-18 所示。任何因设备而异的信息必须安置在 64~255 的地址空间。PCI 配置空间头标区包含如下部分。

31	16	15	0	
设备标识(Device ID)		制造高标识(Vendor ID)		00H
状态(Status)		命令(Command)		04H
分类码(Class Code)			版本标志	08H
BIST	头类型	延迟定时器	Cache 行大小	0CH
基地址寄存器 0~5 (Base Address Register)				10H
				14H
				18H
				1CH
				20H
				24H
卡总线 CIS 指针(Card CIS Pointer)				28H
子系统标识(Subsystem ID)		子系统制造商标识		2CH
扩展 ROM 基地址(Expansion ROM Base Address)				30H
保留			容量指标	34H
保留				38H
Max_Lat	Max_Gnt	中断引脚	中断	3CH

图 3-18　PCI 配置空间头标区

● 制造商标识(Vendor ID):由 PCI 组织给 PCI 设备制造厂家的唯一编码,子系统制造商标识(Subsystem Vendor ID)也由该组织给出。

● 设备标识(Device ID):生产厂对这个产品的编号,类似的还有子系统标识(Subsystem ID)。操作系统根据子系统制造商标识和子系统标识识别设备类型,装载对应的驱动程序。

● 分类码(Class Code):代表该卡上设备的功能,如网卡、硬盘卡、扩展桥、多媒体卡等,它们都对应一个唯一的编码。

● 基地址寄存器 0~5(Base Address Registers):PCI 卡上通常有自己的存储器,或者以存储器编址的寄存器和 I/O 空间。为了使得驱动程序和应用程序能够对它们进行访问,需要申请一段 PCI 空间的存储区域。每个基地址寄存器格式如图 3-19 所示。第 0 位是只读位,为 0 表示申请存储器空间,这时用 1~2 位表示存储空间的类型(图内左侧)。第 4~31 位用来表示申请地址空间的大小,用其中可读/写的位数表示。第 0 位为 1 时表示申请 I/O 空间,第 3 位为 1 表示数据是可以预取的。可见,存储空间的大小由基地址寄存器的可读/写位数指定,分配的位置则由系统统一安排。由于有 6 个基地址寄存器,PCI 设备最多可以申请 6 段地址空间。

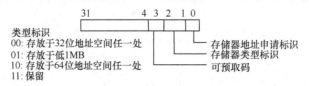

图 3-19　申请存储器空间

当一块 PCI 卡上具备一个以上功能时,应指定为多功能卡,每个功能都要有一个自己的配置空间。每个功能可以是不同的设备标识、功能类型、存储器和 I/O 地址空间及中断资源。配置空间的头类型(Header Type)用于指明是单功能卡还是多功能卡。头类型的第 7 位为 1 时代表多功能卡。访问配置空间时,3 位地址用于指定功能号,因此每块卡最多可支持 8 个功能部件。

由于 PCI 总线上只有 4 条中断请求线,因而多功能卡最多只能有 4 个中断源。

(2) 访问配置空间

通过 PCI 控制器对配置空间读/写的周期称为配置周期,该周期中使用 IDSEL 引脚作为选择信号。

系统上电后,屏幕上可以看到配置空间的一些信息,如图 3-20 所示。

PCI　Device　Listing...

Bus No.	Device No.	Func No.	Vendor No.	Device ID	Device Class	IRQ
0	7	1	8086	7111	IDE	14
0	7	2	8086	7112	Serial Bus	11
0	16	0	5333	0440	Display	11

图 3-20　配置空间信息

前两行表示这是 PCI 主桥上的设备(总线号为 0)。IDE 设备功能号为 1,USB 功能号为 2,这表示 IDE、USB 对 PCI 来讲只是一个 PCI 多功能设备。在有 PCI-PCI 桥时,此桥后的 PCI 总线同主桥 PCI 总线应该有不同的总线号。图 3-14 中第二级总线(PCI)的总线号为 0,第三级总线上的 PCI 总线号为 1、2 等。

可以通过 BIOS 调用“INT　1AH”获取 PCI 的配置信息,AH 应置为功能号 0B1H,AL 为子功能号。

● PCI_BIOS_PRESENG

查看 PCI BIOS 是否存在,若存在,版本号为多少。

入口:[AL]=01H

出口:[EDX]=“PCI”　ASCⅡ字符串

　　　[AH]=存在状态,00=存在,01=不存在

　　　[BX]=版本号

● FIND_PCIDEVICE

查找指定厂商和设备号的 PCI 板卡的位置。调用该函数后,用户可以利用该函数返回的总线号去调用 READ_CONFIG 和 WRITE_CONFIG 函数访问设备配置空间。

入口:[AL]=02H

[CX]=设备 ID 值(0~65535)

[DX]=厂商 ID 值(0~65534)

[SI]=索引号(0~n)

出口:[AH]=返回代码:SUCCESSFUL(=0),DEVICE_NOT_FOUND,BAD_VENDOR_ID

[BH]=总线号(0~255)

[BL]=设备号(高 5 位),功能号(低 3 位)

[CF]=完成状态,1=错误,0=成功

● FIND_PCI_CLASS_CODE

入口:[AL]=03H

查找指定类代码和索引的 PCI 设备的位置。在其后可调用 READ_CONFIG 和 WRITE_
CONFIG 函数去访问设备配置空间。

● GENERATE_SPECIAL_CYCLE

在 PCI 总线上产生特殊的周期。

入口:[AL]=06H

[BH]=总线号(0~255)

[EDX]=特殊周期的数据

出口:[AH]=返回代码:SUCCESSFUL(=0),FUNCTION_NOT_SUPPORTED

[CF]=完成状态,1=错误,0=成功

● READ_CONFIG_BYTE

按字节读取配置空间数据。

入口:[AL]=08H

[BH]=总线号(0~255)

[BL]=设备号(高 5 位),功能号(低 3 位)

[DI]=寄存器号(0~255)

出口:[AH]=返回代码:SUCCESSFUL=0

[CL]=读到的字节

[CF]=完成状态,1=错误,0=成功

● READ_CONFIG_WORD/READ_CONFIG_DWORD

按字/双字读取配置空间。

入口:[AL]=09H/0AH

[BH]=总线号(0~255)

[BL]=设备号(高 5 位),功能号(低 3 位)

[DI]=寄存器号(0,2,4,…,254)/(0,4,8,…,252)

出口:[AH]=返回代码:SUCCESSFUL(=0),BAD_REGISTER_NUMBER

[CL]/[ECX]=读取的字/双字

[CF]=完成状态,1=错误,0=成功

● WRITE_CONFIG_BYTE/WRITE_CONFIG_WORD/WRITE_CONFIG_DWORD

对设备的配置空间按字节/字/双字进行写。

入口:[AF]=0BH/0CH/0DH

[BH]=总线号(0~255)

[BL]=设备号(高 5 位),功能号(低 3 位)

[DI]＝寄存器号(0～255)

[CL]/[CX]/[ECX]＝要写入的字节/字/双字

出口：[AH]＝返回代码：SUCCESSFUL,BAD_REGISTER_NUMBER

[CF]＝完成状态,1＝错误,0＝成功

8. PCI 板卡的电源要求

(1) 电源去耦

对于一般情况,电源层到地线层之间的电容可以为插槽上的 V_{cc} 引脚提供适量的去耦作用。从插槽根部到 V_{cc}/GND 层的引线孔之间最大走线长度限制在 6.35mm(0.25in)以下,线宽不小于 0.51mm(0.02in)。但是在通用板上,在 I/O 缓冲电源线到地线层之间没有电容,需要外加去耦电容,在标有"＋V(I/O)"的引脚上,应用平均容量为 0.047μF 的电容将它耦合到地。

此外,所有 3.3V 引脚和没有使用的 5V 引脚,都需要用下列方法将它们耦合到地,以保证它们继续发挥有效的交流参考作用：

● 每个 V_{cc} 引脚上必须有去耦电容,且容量的平均值至少为 0.01μF;

● 从引脚根部到电容器焊盘的走线长度不大于 6.35mm(0.25in),线宽至少为 0.51mm (0.02in)。

● 多个引脚可以共用一个电容并且参与共用的引脚数不受限制,但必须满足上述两点要求。

(2) 电源的功耗

任何 PCI 板卡上所允许的最大功耗为 25W,该值是指来自插槽上 4 条电源线功耗的总和。在最坏情况下,全部 25W 功耗有可能取自单一的＋5V 或＋3.3V 电源。

通常大多数板卡耗电要比 25W 小得多,因此许多系统不会为每条电源线都提供 25W 的容量。为此,在可能的情况下耗电多于 10W 的板卡应设法维持在一种耗电不大于 10W 的节电状态,并且每次复位后就应处于此状态。在该状态下,板卡必须提供对它的 PCI 配置空间的完全访问,同时必须完成所要求的自举功能,例如一个视频板上基本的文本方式。至于板上的其他功能,必要时可以禁止。

上述的电源节电状态可用如下方法实现：

● 降低板上的时钟频率,这样做会降低性能但不限制功能;

● 用一个场效应管将一部分连到非关键部位的电源供电关闭,但这样可能会减少功能。

板卡的驱动程序启动之后,便可以把该板设置为全供电、全功能/性能状态,所使用的机构因设备不同而各异。在先进的电源管理系统中,在把整个板卡的功能全部开启之前,可要求设备驱动程序报告它的功耗需求情况,以使系统确定有无足够的电源容量来满足当前配置中的所有板卡。驱动程序必须能够精确地确定它的板卡在当前配置下所需的功率要求以及从哪个电源线上取得。

9. PCI 板卡的 PCB 布局布线要求

(1) 走线长度

从板卡的边缘插接引脚到 PCI 元器件的引脚之间,其走线长度有如下限制：

● 在 32 位和 64 位板卡上,所有 32 位接口信号的最大走线长度为 38.1mm(1.5in);

● 在所有的 64 位板卡上,用于 64 位扩展的附加信号线走线长度最大为 50.8mm(2in);

● 无论是 32 位板卡还是 64 位板卡,其上的时钟 CLK 信号走线长度为 63.5±2.5mm(2.5±0.1in),而且只能连到一个负载上。

(2) 布线及布局要求

插槽上的电源引脚分配已考虑了尽量方便四层板的布线及布局。有时需要将电源层分成两部分用于＋5V 和＋3.3V,即所谓的"分裂的电源层"。尽管这是一种标准技术,但是如果直接在分裂的电源层上有高速信号线跨过,有可能发生信号完整性问题。电源层的断裂处使得信号线的交流回路受阻,从而造成阻抗的不连续性。

建议在信号布局中尽量不要让高速信号线布置在两个电源平面上,应将它们全部布置在3.3V 平面上方,或者全部布置在 5V 平面上方。如果有的信号线不得已要跨越两个区域,可以将它放在板的另一面,使它在地线平面上方走线,因为地线平面无裂缝。如果有的信号无论采用什么办法都不能不让它跨在两个电源层平面的裂缝上,这时就应将两个电源层平面用电容耦合在一起,每 4 条跨过的信号线用一个 $0.01\mu F$ 的高速电容,并且该电容的位置距跨越点不得超过6.35mm(0.25in)。

(3) 阻抗的要求

PCI 扩展板上共享的 PCI 信号线的无负载特性阻抗应限制在 $60\sim100\Omega$ 的范围内。

(4) 信号的负载要求

在 PCI 扩展板上,共享的 PCI 信号只能带一个负载。如果违反板上布线长度或负载限制,将损害系统信号的完整性。特别是以下做法都是违反规定的:

● 直接在板卡的任何 PCI 引脚上(或经总线收发器)挂一个扩展 ROM;

● 不经过 PCI-PCI 桥而在一个扩展板上挂两个或更多的 PCI 设备;

● 除一个设备外又在 PCI 引脚上挂任何监听逻辑;

● 使用了 PCI 元器件组,使每个 PCI 引脚上所带负载多于一个,例如地址线和数据相互分离的元件;

● 使用了一个引脚电容大于 $10\mu F$ 的 PCI 元件;

● 不经 PCI-PCI 桥而在 PCI 信号线上加了上拉电阻。

10. PCI 总线设备开发及 S5933X

PCI 局部总线的发展,打破了 PC 机数据传输的瓶颈,拉近了 I/O 接口电路及存储器与 CPU的距离,提高了外设与 CPU 的数据传输速度。但是,由于 PCI 协议执行比较复杂,给设计者开发 PCI 接口卡带来了一定的困难。为了推广 PCI 总线,降低 PCI 的使用难度,PCI SIG 提供了一套 PCI 系统开发工具,许多元件制造商也纷纷推出 PCI 协议控制芯片,AMCC 公司生产的S5933X 就是这类芯片。

S5933X 是在 PCI 总线与用户应用电路之间完成 PCI 协议转换的芯片,使用户能像 ISA 总线那样轻松完成接口电路设计。它提供了 3 个物理总线接口:PCI 总线接口、外加总线接口和可选的 NV(非易失)存储器接口。数据传送可以在 PCI 总线与外加总线之间进行,也可以在 PCI总线与 NV 存储器之间进行。PCI 总线与外加总线之间的数据传送可以按以下 3 种方式进行。

① PASSTHRU:是 S5933X 的一种工作方式,在此工作方式下用户可将 PCI 板上的 I/O 空间和存储空间映射到系统中。其中,涉及 PASSTHRU ADDRESS 和 PASSTHRU DATA 两个功能模块。PASSTHRU 方式不支持主控方式,仅支持从控方式。

② MAILBOXES:供 PC 机与 PCI 板上微处理器之间传输参数用,其速度很低。

③ FIFO:先进先出队列及控制电路,数据写入 FIFO 后,按写入的先后顺序读出,供 PCI 板上进行大量数据传输用,S5933X 也用该功能模块来支持主控 DMA。

PCI 规范允许 PCI 设备自带一个 ROM,在系统上电访问配置空间时,将该扩展 ROM 拷贝入 RAM 并加以执行。一般设备的驱动程序必须在被调用时才能被执行,而 PCI 接口卡上 ROM在系统初始化时就能得到执行,S5933X 的 NV 存储器接口提供了这类功能。

3.3　常用外总线

3.3.1　RS-232C 总线

RS-232C 串行总线是 EIA(电子工业学会)正式公布的串行总线标准,也是在微机系统中最常用的串行接口标准,用于实现计算机与计算机之间、计算机与外部设备之间的同步或异步通信。采用 RS-232C 进行串行通信时,通信距离可达 15m,传输数据的速率可任意调整,最大可达 20kb/s。

采用 RS-232C 总线来连接系统时,有近程通信与远程通信之分。近程通信是指传输距离小于 15m 的通信,这时可以用 RS-232C 电缆直接连接。15m 以上的长距离通信需要采用调制解调器(Modem)经电话线进行。如图 3-21 所示为最常用的采用调制解调器的远程通信连接。

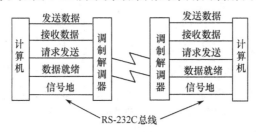

图 3-21　计算机与终端的远程连接

完整的 RS-232C 串行接口标准总线由 25 根信号线组成,采用 25 芯的插头座,包含两条信道:主信道和辅助信道。其中,辅助信道的速率要比主信道低得多,可以在连接的两个设备间传送一些辅助的控制信号,一般很少使用。即使对主信道而言,也不是所有的线都一定要用到,最常用的是 8 条线。这 8 条线在 25 芯插头中的排列次序及信号定义名称见表 3-5。其中,DTE 表示数据终端设备(包括计算机、终端、串口打印机等设备),DCE 表示调制解调器或其他通信设备。

表 3-5　RS-232C 主要线路功能表

针号	缩写符	功能	信号方向	
			DTE→DCE	DTE←DCE
1		屏蔽(保护)地		
2	TXD	发送数据	√	
3	RXD	接收数据		√
4	RTS	请求发送	√	
5	CTS	清除发送		√
6	DSR	数据设置就绪		√
7	—	信号地	√	√
20	STR	数据终端准备好	√	

RS-232C 接口的主要连线如图 3-22 所示。目前大多数计算机主机和 CRT 终端上都有可接 DCE 的 RS-232C 接口,而且可利用这个接口,在近距离内直接连接计算机和终端,此时的连线如图 3-23 所示。

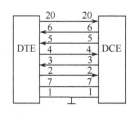
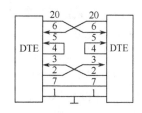

图 3-22 RS-232C 接口的主要连线图　　　图 3-23 计算机与终端间 RS-232C 对接

3.3.2 RS-422 总线

由于 RS-232C 接口是单端连接,考虑到干扰电平的影响,传输距离和波特率有所限制,为此,RS-422 接口采用了平衡驱动和差分接收器组合的双端接口方式,如图 3-24 所示。

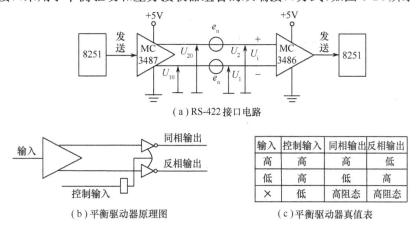

（a）RS-422 接口电路

（b）平衡驱动器原理图　　　（c）平衡驱动器真值表

图 3-24 RS-422 发送驱动器

因为两条传输线是扭在一起的,所以任何干扰引起的干扰电压在两条线上都是一样的,因此采用 RS-422 接口,传输距离可以达到 1000m,传输速率可以达到 10Mb/s。

3.3.3 USB 总线

USB(Universal Serial BUS)也称为通用串行总线,是由 Intel 等公司开发的。它采用通用的连接器,使用热插拔技术以及相应的软件,使得外设的连接、使用大大地简化,受到了普遍的欢迎,现在已经成为流行的外设接口。

USB 总线使用一个 4 针的标准插头,引线定义如表 3-6 所示。它支持热插拔(Hot Plug In)和即插即用(Plug&Play),USB 总线还能为低功耗装置提供电源,+5V 时最大可提供 500mA 的电流。USB 总线允许两种传输速度规格,1.5Mb/s 的低速传输和 12Mb/s 的全速传输,具有不同传输速度的各个节点设备允许相互通信。USB3.0 标准最高传输速率可达到 640Mb/s。

表 3-6 USB 总线信号定义

引脚	信号名称	导线颜色
1	VBUS	红
2	D−	白
3	D+	绿
4	GND	黑
外壳	屏蔽	多股线

USB 主控制器和根集线器合称为 USB 主机(Host)。USB 主控制器负责 USB 总线上的数据传输,它把并行数据转换成串行数据以便在总线上传输,把接收到的数据翻译成操作系统可以理解的格式。根集线器集成在主系统中,可以提供一个或更多的接入端口。根集线器检测外设的连接和断开,执行主控制器发出的请求并在设备和主控制器之间传递数据。根集线器由一个控制器和中继器组成。除了根集线器,USB 总线上还可以连接

附加的集线器。每个集线器可以提供 2 个、4 个或 7 个接入点，连接更多的 USB 设备。可以把集线器与外部设备集成在一起，更方便扩充系统。

为主机提供单个功能的设备称为功能件。功能件和集线器都称为 USB 设备。复合的设备有一个集线器和一个或多个功能件。每个集线器和功能件都有唯一的地址。允许最多连接 5 层集线器，总共 127 个外设和集线器（包括根集线器）。USB 的物理连接是一个层次型的星形结构，集线器位于每个星形结构的中心。星形结构的每一段都是主机、集线器或某一功能件之间的连接。完整的拓扑结构如图 3-25 所示。

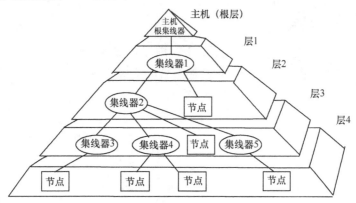

图 3-25　USB 总线拓扑结构

USB 总线上的每个设备都有一个由主机分配的唯一地址，由主机通过集线器在一个自动识别过程中分配。USB 总线上的数据传输是一种主-从式的传输，所有的传输都由 USB 主机发起，USB 设备仅仅在主机对它提出要求时才进行传输。

USB 总线有 4 种不同的传输模式：

① 同步传输，主要用于数码相机、扫描仪等中速外围设备；

② 中断传输，用于键盘、鼠标等低速设备；

③ 批量传输，供打印机、调制解调器、数字音响等不定期传送大量数据的中速设备；

④ 控制传输，配置设备时使用。

USB 通信时使用 3.3V 的差动信号 D＋和 D－，采用不归零翻转（Non Return to Zero Invert，NRZI）编码传送各种数据。它定义电压跳变（0→3.3V 或 3.3→0V）为"0"，电压保持不变为"1"。它既无时钟也无选通信号，在同步方法上采用一种称作同步模式的数据 10000000B，将它放在各种信息包的前面进行同步。如果发送的信息包含有连续的 6 个以上的 1，那么就在 6 个 1 后强制性地加上填充位 0，确保传输中发送和接收的同步。传送过程中对数据的正确性进行检测，发现错误通过"握手包"通知发送者，要求重新发送。检测、通知和再发送都由硬件来完成，不需要任何程序。

一次数据传输包括一个或多个事务，数据量少的传输可能只需要一个事务，如果数据量很大则一次传输需要多个事务。每一个事务包括它的源地址和目的地址。一个事务是一次单个的通信，一个事务必须连续进行，不允许被中断。每个事务由一个、两个或三个包组成，如图 3-26 所示。

主机为了尽可能快地监视所有的设备可能有的传输，把时间分成 1ms 的帧。每个传输都占有一个帧的一部分，一次完整的传输可以包括多个帧。

USB 包是数据传送的基本方式，USB 共有 3 种类型的包（见表 3-7）。USB 的传输总是首先由主机发出标志包开始的。标志包中有设备地址码、端口号、传输方向和传输类型等信息；其次是数据源向数据目的地发送的数据包或者发送无数据传送的指示信息，数据包可以携带的数据

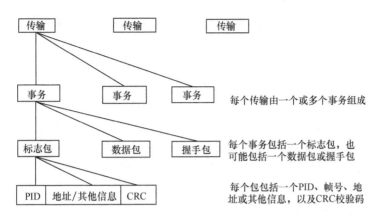

图 3-26　USB 数据传输

最多为 1023B；最后是数据接收方向数据发送方回送一个握手包，提供数据是否正常接收的反馈信息。如果有错误，需要重发。除了同步传输之外，其他传输类型都需要握手包。握手包有时也称为状态段、状态包、交换段。几个不同目标的包可以合在一起，共享总线。

表 3-7　USB 包的类型

包类型	使用包的传输类型	来源	内容（附加 PID）
标志	所有	主机	终端地址
数据	所有	主机或设备	数据或交换
握手（交换）	控制、中断、批量	主机或设备	无（ID 包含交换代码）

所有的包都以 8 位二进制码组成的"包标识"（PID）开始。PID 的低 4 位（见表 3-8）表示事务的种类，高 4 位用于错误校验。根据事务的不同，PID 之后可能是一个终端地址、数据、状态信息或一个帧的编号。包的最后是 CRC 校验位。

表 3-8　USB 的 PID 标识

类型	名字	PID 码	描述
标志	OUT	0001	主机到设备事务的终端地址
	IN	1001	设备到主机事务的终端地址
	SOF	0101	帧开始标记和帧编号
	SETUP	1101	主机到设备的 setup 事务的终端地址
数据	DATA0	0011	有偶同步位的数据包
	DATA1	1011	有奇同步位的数据包
交换	ACK	0010	接收器接收到无错误数据包
	NAK	1010	接收器不能接收数据或者发送者不能发送数据
	STALL	1110	一个控制请求不支持或终端被终止
特殊	PRE	1100	主机发送的先导，允许到低速设备的下游通信

PRE PID 是一个特殊情况，包含一个先导代号，该代号告诉集线器下一个包是低速的。

3.3.4　IEEE1394

除了 USB 之外，IEEE 1394 也是一种高性能的串行总线。IEEE 1394 接口支持 400Mb/s 的数据传输速率，支持异步传送和同步传送两种模式，其中的同步传送模式专用于实时地传送视频和音频数据。IEEE 1394 结构的所有资源，都是用存储器映射方式实现资源配置和管理的。USB 一般用于连接中低速外设并局限于 PC 领域，IEEE 1394 则向通信和数字家电方向发展。

3.4 现场总线

现场总线(Fieldbus)是连接工业过程现场仪表和控制系统之间的全数字化、双向和多站点的串行通信网络，从各类变送器、传感器、人机接口或有关装置获取信息，通过控制器向执行器传送信息，构成现场总线控制系统 FCS。现场总线不单是一种通信技术，也不仅是用数字仪表代替模拟仪表，而是用新一代的现场总线控制系统 FCS 代替传统的分散型控制系统 DCS。它与传统的 DCS 相比有很多优点，是一种全数字化、全分散式、全开放和多点通信的底层控制网络，是计算机技术、通信技术和测控技术的综合及集成。

3.4.1 现场总线的定义和特点

根据国际电工委员会 IEC(International Electrotechnical Commission)标准和现场总线基金会 FF(Fieldbus Foundation)的定义，现场总线是连接智能现场设备和自动化系统的数字式、双向传输和多分支结构的通信网络。

现场总线技术的特点如下：

① 全数字化通信：现场总线系统是一个"纯数字"系统，而数字信号具有很强的抗干扰能力，所以，现场的噪声及其他干扰信号很难扭曲现场总线控制系统里的数字信号，数字信号的完整性使得过程控制的准确性和可靠性更高。

② 一对 N 结构：一对传输线，N 台仪表，双向传输多个信号。这种一对 N 结构使得接线简单，工程周期短，安装费用低，维护容易。如果增加现场设备或现场仪表，只需并行挂接到电缆上，无须架设新的电缆。

③ 可靠性高：数字信号传输抗干扰强，精度高，无须采用抗干扰和提高精度的措施，从而降低了成本。

④ 可控状态：操作人员在控制室既可以了解现场设备或现场仪表的工作情况，也能对其进行参数调整，还可以预测或寻找故障。整个系统始终处于操作员的远程监视和可控状态，提高了系统的可靠性、可控性和可维护性。

⑤ 互换性：用户可以自由选择不同制造商所提供的性价比最优的现场设备或现场仪表，并将不同品牌的仪表互连。即使某台仪表发生故障，换上其他品牌的同类仪表也能照常工作，实现了"即接即用"。

⑥ 互操作性：用户把不同制造商的各种品牌的仪表集成在一起，进行统一组态，构成其所需的控制回路，而不必绞尽脑汁，为集成不同品牌的产品在硬件或软件上花费力气或增加额外投资。

⑦ 综合功能：现场仪表既有检测、变换和补偿功能，又有控制和运算功能，实现了一表多用，不仅方便了用户，而且降低了成本。

⑧ 分散控制：控制站功能分散在现场仪表中，通过现场仪表即可构成控制回路，实现了彻底的分散控制，提高了系统的可靠性、自治性和灵活性。

⑨ 统一组态：由于现场设备或现场仪表都引入了功能块的概念，所有制造商都使用相同的功能块，并统一组态方法，使组态变得非常简单，用户不需要因为现场设备或现场仪表种类不同而带来的组态方法的不同，再去学习和培训。

⑩ 开放式系统：现场总线为开放互连网络，所有技术和标准全是公开的，所有制造商必须遵

循。这样,用户可以自由集成不同制造商的通信网络,既可与同层网络互连,也可与不同层网络互连,还可极其方便地共享网络数据库。

3.4.2 现场总线网络协议模式

现场总线网络协议是按照国际标准化组织(International Standardization Organization, ISO)制定的开放系统互连(Open System Interconnection, OSI)参考模型建立的,如图 3-27 所示。它规定了现场应用进程之间的相互可操作性、通信方式、层次化的通信服务功能划分、信息的流向及传递规则。

OSI 参考模型将开放系统的通信功能划分为 7 个层次,将相似的功能集中在同一层中,功能差别较大的则分层处理,每层只对相邻的上、下层定义接口。每一层的功能是独立的。它将利用下一层提供的服务,并对上一层提供服务。当引入新技术或增加新功能时,则可把由通信功能扩充、变更所带来的影响限制在有关的层内,而不必改动全部协议。

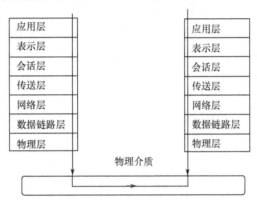

图 3-27　ISO/OSI 参考模型

OSI 的 7 个层次分别为:物理层、数据链路层、网络层、传输层、会话层、表示层和应用层。通常,物理层、数据链路层和网络层功能称为低层功能,即通信传送功能;传输层、会话层、表示层和应用层功能称为高层功能,即通信处理功能。

3.4.3 现场总线分类

过去 20 年内,世界上出现了多种现场总线的企业、集团和国家标准,这使人们十分困惑。既然现场总线有很多优点,为什么统一标准却十分困难? 这里存在两方面原因。

第一是技术原因。现场总线是用于过程自动化和制造自动化最底层的现场设备或现场仪表互连的通信网络,涉及行业的方方面面,不仅有技术问题,而且还有不同行业标准和用户习惯的继承、不同类型网络互连的协议制定等问题。

第二是商业利益。国家标准的制定是要参照现存的企业、集团或国家标准,吸取众家之长。这就使各个企业拼命想扩大自己已有的技术,以便在国际标准中占有更多的份额,使国际标准能对自己产生更有利的影响,占领更多的市场,带来更多的经济利益,从而导致目前多种现场总线共存的局面。

目前较流行的现场总线归纳起来有以下几种。

1. BIT 总线

该总线是 Intel 公司为单片机在集散式测控系统中进行通信传输而设计的一种主从式高速串行网。它借助于 RUPI-44 系列单片机,通过单片机中串行通信接口单元 SIU 实现数据通信。

其主要特性如下：

在通信传输的互连模型中，定义了物理层、数据链路层、应用层和用户层。其中，物理层符合 RS-485 标准，传送介质采用双绞线或同轴电缆；数据链路层符合 SDLC 协议（同步数据链路控制协议：它规定了按帧传输信息的结构和功能、错误检验和通知用户的方法）；应用层符合 Intel iDC51 软件格式，规定了远程存取信息控制的一系列命令和信息格式；用户层是从传输信息中分离出任务内容，并由相应的硬、软件系统来执行的。信道访问方式采用命令应答式，即主站向从站发出命令，从站采用应答方式响应。传输信息有同步和异步两种方式。异步方式采用 NRZI 信号编码。当传输速率为 62.5kb/s 时，最大传输距离为 1200m。

2. CAN 现场总线

CAN(Controller Area Network)是一种架构开放、广播式的新一代网络通信协议，称为控制器局域网现场总线。CAN 原是德国 Bosch 公司为欧洲汽车市场所开发的，推出之初用于汽车内部测量和执行部件之间的数据通信。目前 CAN 总线广泛应用于离散控制系统中的过程监控，以实现控制与测试之间可靠的实时数据交换。

CAN 协议是建立在国际标准组织的开放系统互连基础上的，不过其模型结构只有 3 层，即只取 OSI 底层的物理层、数据链路层和顶层的应用层，其信号传输介质为双绞线、同轴电缆和光纤等。采用双绞线通信，当通信距离为 40m 时，传输速率为 1Mb/s，当距离延长到 10km 时，传输速率为 50kb/s，挂接设备数量最多可达 110 个。

CAN 的信号传输采用短帧结构，每一帧的有效字节数为 8 个，因而传输时间短，受干扰的概率低。它支持点对点、一点对多点和全局广播式收/发数据。采用总线仲裁技术，当出现几个节点同时在网络上传输信息时，优先级高的节点可继续传输数据，而优先级低的节点则主动停止发送，从而避免了总线冲突。当节点严重错误时，它具有自动关闭的功能，以切断该节点的信息。

CAN 总线开发系统价格低廉，OEM 用户容易操作，许多国际上大的半导体厂商也积极开发出支持 CAN 总线的专用芯片。例如，Motolora 公司的 MC68HC05X4，Philips 公司的 P8XC592、82C200、82C150、82C250，Intel 公司的 82527 等。由于 CAN 总线的高通信速率、高可靠性、连接方便、多主站、通信协议简单和高性价比等突出优点，其应用由最初的汽车工业迅速发展至机械制造、铁路运输、医疗领域等各个方面。

3. LonWorks 现场总线

LonWorks 现场总线技术是美国 Echelon 公司为支持 LON(Local Operating Networks，局部操作网络)总线于 1991 年推出的，提供了一套包含所有设计、配置和支持控制网元素的完整开发平台。LonWorks 现场总线采用了 ISO/OSI 模型的全部 7 层通信协议，采用了面向对象的设计方法，通过网络变量把网络通信设计简化为参数设置。其通信速率从 300b/s～1.5Mb/s 不等，直接通信距离可达 2700m(双绞线，78kb/s)；支持双绞线、同轴电缆、光纤、射频、红外线和电力线等多种通信介质。LonWorks 使用的开放式通信协议 LonTalk 为设备之间交换控制状态信息建立了一个通用的标准。在 LonTalk 协议的协调下，系统和产品融为一体，形成一个网络控制系统。

4. PROFIBUS 现场总线

过程现场总线(Process Fieldbus)是一种国际性的开放式现场总线标准，目前世界上许多自动化技术生产厂家都为它们的设备提供 PROFIBUS 接口。PROFIBUS 现场总线分为 PROFIBUS-DP、PROFIBUS-FMS 和 PROFIBUS-PA 三种兼容版本。DP 型(Decentralized Periphery，分布式外围设备)用于分散外设间的高速传输，适合于加工自动化领域的应用；FMS(Fieldbus

Message Specification，现场总线报文规范）主要处理单元级的多主站数据通信，可以在不同的PLC 系统之间传输数据，适用于纺织、楼宇自动化、可编程控制器和低压开关等一般自动化；PA型（Process Automation，过程自动化）则是用于过程自动化的总线类型。PROFIBUS 提供 3 种类型的传输技术：DP 和 FMS 的 RS-485 传输；PA 的 IEC1158-2 传输；光纤。其传输速率为9.6kb/s～12Mb/s，最大传输距离在 12Mb/s 时为 100m，1.5Mb/s 时为 400m，可用中继器延长至 10km。传输介质可以是双绞线，也可以是光缆。

5. FF 现场总线

基金会现场总线（FF）是由现场总线基金会（Fieldbus Foundation）组织开发的，以 ISO/OSI开放系统互连模型为基础，取其物理层、数据链路层和应用层为 FF 通信模型的相应层次，并在应用层上增加了用户层。用户层主要针对自动化测控应用的需要，定义了信息存取的统一规则，采用设备描述语言规定了通用的功能块集。FF 分低速 H1 和高速 H2 两种通信速率。H1 用于过程自动化，当其传输速率为 31.25kb/s 时，传输距离为 200～1900m。H2 用于制造自动化，当其传输速率为 1.0Mb/s 时，传输距离为 750m；传输速率为 2.5Mb/s 时，传输距离为 500m。传送介质为双绞线、同轴电缆、光纤和无线电等。基金会现场总线还可以通过网桥、网关、计算机接口卡，与工厂管理层的网段挂接，形成完整的工厂信息网络，为实现企业综合自动化系统打下基础。

6. HART 现场总线

HART 现场总线被称为可寻址远程传感器高速通道的开放通信协议，是由美国 Rosemount公司提出并开发、用于现场智能仪表和控制室设备之间通信的一种协议。其特点是在现有模拟信号传输线上实现数字信号通信，属于模拟系统向数字系统转变过程中的过渡性产品，因而在当前的过渡时期具有较强的市场竞争能力，得到了较快的发展。

HART 规定了一系列命令，按命令方式工作，采用统一的设备描述语言 DDL。现场设备开发商采用这种标准语言来描述设备特性。由 HART 基金会负责登记管理这些设备描述，并把它们编为设备描述字典。主设备运用 DDL 技术来理解这些设备的特性参数，而不必为这些设备开发专用接口。但由于这种模拟、数字混合信号制式，导致难以开发出一种能满足各公司要求的通信接口芯片。

严格来说，HART 协议不能算作总线，只是提供了一种智能工业终端的通信协议和接口标准。但由于它具有相当大的开放性，并且是以智能终端为基础的技术标准，所以得到了广泛的应用。

7. WorkFIP 现场总线

WorkFIP 的特点是：具有单一的总线，可用于过程控制及离散控制，而且没有任何网桥或网关；低速和高速部分的衔接用软件的办法来解决；已有较完整的系列产品，不像 FF 目前只有低速 H1 部分的产品；已准备与 Internet→Extranet→Intranet 互联网相连接。WorkFIP 的战略措施是：一方面保持其独立的产品地位，并先使自己成为欧洲标准，尽快推出产品，占领市场；另一方面也做好准备，一旦 IEC 标准得到通过，马上与 IEC 靠拢。这样，两方面都已考虑到，可使自己立于不败之地。

3.5 总线模板举例

本节介绍基于 PC/XT 总线的模拟量输入、模拟量输出模板，型号 MS-1215 是北京工控机厂的产品，其模板原理图如图 3-28 所示。

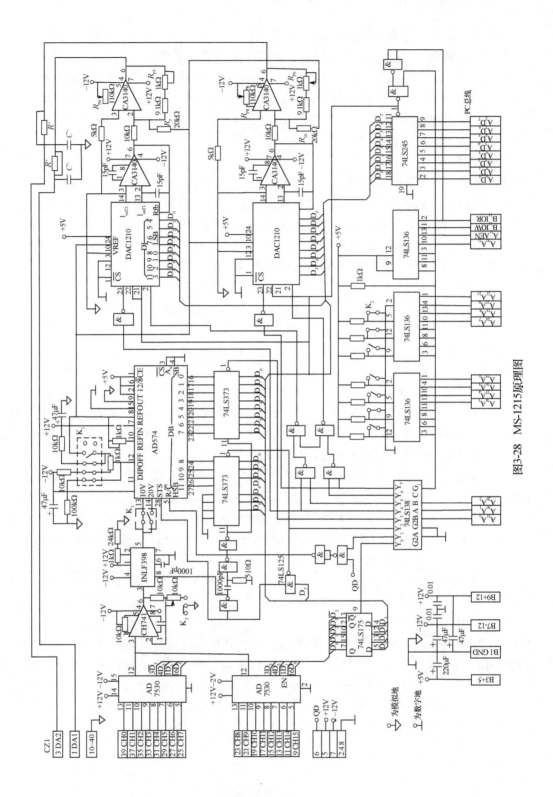

图3-28 MS-1215原理图

3.5.1 主要技术指标

1. 模拟量输入部分

● 通道数:单端 16 路。

● 输入电压范围:±5V,0~+10V。

● A/D 转换时间<40μs,分辨率 12 位。

● 总误差 0.25%(包括通道、采样/保持、A/D 转换误差)。

● 输入阻抗≥1MΩ。

● 可以外触发启动 A/D。

2. 模拟量输出部分

● 通道数:两路(数字保持方式)。

● 分辨率 12 位。

● 输出电压范围:±5V,0~+10V。

● 输出阻抗≤5Ω。

3.5.2 工作原理

MS-1215 原理框图如图 3-29 所示。可以将模板分成:总线缓冲与地址译码;多路模拟量输入;A/D 转换接口;模拟量输出通道。

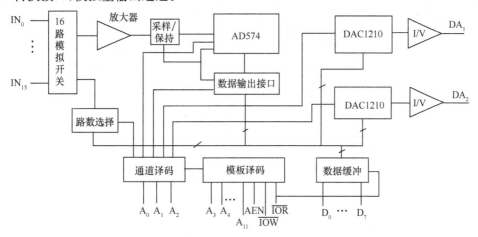

图 3-29　MS-1215 原理框图

1. 总线缓冲与地址译码

如图 3-30 所示。数据总线缓冲 74LS245,为双向数据缓冲电路,其中 1 脚为方向控制端,当 1 脚为高电平时,数据由 D→BD,当 1 脚低电平时,数据由 BD→D;19 脚为三态控制端,当 19 脚为高电平时,数据输出为高阻态,当 19 脚为低电平时,三态门打开。

数据总线缓冲的接口逻辑受 P 点控制,同时受 $\overline{IOR}$ 控制。74LS245 的方向控制端 1 的输入逻辑是 $S=\overline{P\cdot\overline{IOR}}$,说明只有模板选中,并且来了 $\overline{IOR}$ 信号,缓冲器才向系统总线缓冲,否则缓冲器向模板缓冲,且无高阻态,因为 19 端为常低。

模板选择电路由 3 片 74LS136 集电极开路的四异或门电路组成。模板占用 8 个端口地址,因此模板选择电路由 $A_3\sim A_9$ 确定,而实际上模板多使用了 A_{10}、A_{11} 两条地址线,目的为扩展通道数。采用异或门做译码电路是为了实现模板地址可人工装定。由开关 K_{2i} 来选择模板地址,

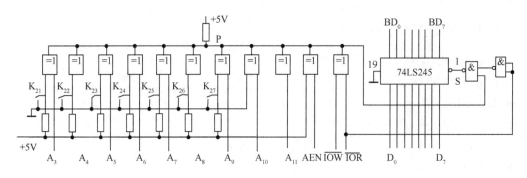

图 3-30　总线缓冲与地址译码

开关 K_{21}～K_{27} 对应地址 A_3～A_9。

在地址允许信号 AEN=0,地址 A_{11}=0,A_{10}=1,并且 $\overline{IOW}$ 或 $\overline{IOR}$ 有效时,模板的选通受开关 K_{2i} 的 7 个开关状态决定。假定开关状态为:K_{27}、K_{26}、K_{22}=ON;K_{25}、K_{24}、K_{23}、K_{21}=OFF,则模板选通地址为:710H～717H。

由于 PC/XT I/O 通道只使用 A_0～A_9 地址线,因此当模板插入 PC 机扩展槽中,在假设的 K_{2i} 开关拨码状态下,模板占用了 PC 机有效地址为 310H～317H,即为 PC 实验卡的 I/O 地址,模板选中的标志是 P 点为高电平。

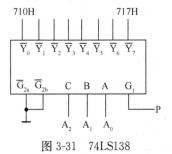

图 3-31　74LS138

板内译码由 74LS138 芯片完成,芯片引脚如图 3-31 所示。74LS138 的控制逻辑是:当 G_1=1,$\overline{G_{2a}}$=0,$\overline{G_{2b}}$=0 时,$\overline{Y_0}$～$\overline{Y_7}$ 低电平有效,输出受 C、B、A 按二进制编码控制。模板中 74LS138 的 G_1 受模板选通端 P 控制,$\overline{G_{2a}}$、$\overline{G_{2b}}$ 为允许状态,而选择端 C、B、A 分别接地址线 A_2、A_1、A_0,这样芯片输出端 $\overline{Y_0}$～$\overline{Y_7}$ 将对应地址为 710H～717H。模板设计 $\overline{Y_0}$～$\overline{Y_3}$ 用于模拟量输入通道,$\overline{Y_4}$～$\overline{Y_7}$ 用于模拟量输出通道。

2. 多路模拟量输入的控制

电路如图 3-32 所示。

16 路模拟量输入由两片 8 选 1 多路开关 AD7503 来选择,AD7503 与 CD4051 功能相似,但其电压传输范围大。AD7503 的多路地址由四 D 触发器 74LS175 接收从数据总线的低 4 位来的数据选择。74LS175 的端口用 $\overline{Y_0}$ 选通,故地址为 710H。假设拟接通第 10 路模拟量输入,则 D_3～D_0 位二进制数应为 1010 或 16 进制数为 0AH。用如下汇编程序语句可以完成多路开关的选通:

```
MOV   DX,710H
MOV   AL,0AH
OUT   DX,AL
```

由于执行 OUT　DX,AL 指令,输出端口地址 710H 选中,74LS175 将数据总线上的 0AH 存入四 D 触发器,因为 D_3=1 禁止第一片 AD7503,使能第二片 AD7503,又由于 $D_2 D_1 D_0$ 为 010,故第二片 AD7503 的第二号开关导通,正好是第 10 路模拟量信号,并且送到可调放大器。

可调放大器由 CA741 构成。当开关 K_3 打向右边,放大倍数可调大于 1,若接左边,放大倍数为 1。由于运算放大器随放大倍数的不同滞后时间不同,故需在通道号选择后到启动 A/D 转换之间加入延时时间。

3. A/D 转换与接口

此部分电路包括 AD574、采样保持器、数据锁存器等,如图 3-33 所示。

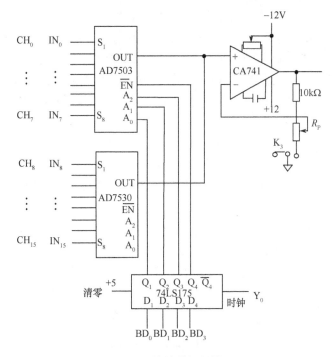

图 3-32 多路模拟量输入

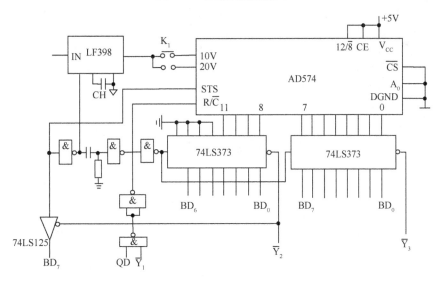

图 3-33 AD 转换与接口

AD 转换器采用 AD574（芯片引脚和功能与 AD1674 完全相同，只是不带采样保持器），芯片被接成启动 12 位转换方式和按 12 位并行输出方式，通过短路块 K_1 的切换，可以实现单极性 0～10V 或 0～20V 或者双极性±5V、±10V 输入方式。

采用独立控制接口方式，将 $\overline{CS}$、A_0 接地，$12/\overline{8}$、CE 接＋5V，只控制 R/$\overline{C}$ 端，就可启动 A/D 转换。用负脉冲控制，可由外部来触发脉冲 QD 或译码电路 $\overline{Y_1}$（地址 711H），执行汇编语句 OUT（711H），AL 来启动 A/D 转换，该语句中与 AL 的具体内容无关，只要对 711H 地址进行一次 I/O 操作，就能启动 AD574 进行一次转换。

启动 A/D 转换后，如何判断 A/D 转换完成？该模板采用查询方式，利用 AD574 的状态输出 STS，STS＝1 表示正在转换，STS＝0 表示 A/D 转换结束。电路中还利用此信号的变化，经 RC 微分之后将转换结果 12 位数据锁存进两片八 D 触发器 74LS373 中，同时 STS 信号经反向后，使采样保持器 LF398 脱离保持状态，进入采样、跟踪输入模拟信号。STS 信号还经三态缓冲器 74LS125 挂到数据总线 BD₇，构成查询端口，并与 A/D 转换结果的高 4 位数据共用一个端口地址，因此查询 A/D 转换状态的同时，可以读入 A/D 转换的高 4 位，其端口地址为 712H。端口地址 713H 是读 A/D 转换的低 8 位地址。这样通过下面的汇编语句可以实现查询 A/D 转换，并读入高 4 位：

```
B：IN   AL,(712H)    ;读 A/D 状态及高 4 位数据
    AND  AL,AL       ;与运算，结果影响标志位,SF 符号位
    JS   B           ;判符号位 SF＝1 数据未准备好，则转到 B
```

用下面语句：

```
IN   AL,(713H)       ;可以读 A/D 的低 8 位数据。
```

下面用一段完整的汇编程序来说明 MS-1215 模拟量输入通道的使用：

```
A：MOV  DX,710H      ;
    MOV  AL,0AH      ;送 CH10 路数号
    OUT  DX,AL       ;选通第 10 路 CH10 模拟信号
    NOP              ;空操作，等待多路开关可靠闭合
    NOP              ;
    NOP              ;
    INC  DX          ;DX＝711H
    OUT  DX,AL       ;启动 A/D
    INC  DX          ;DX＝712H
B：IN   AL,DX        ;读 A/D 状态及 A/D 高 4 位
    AND  AL,AL       ;
    JS   B           ;判 A/D 工作状态
    MOV  AH, AL      ;将高 4 位存入寄存器 AH
    INC  DX          ;DX＝713H
    IN   AL,DX       ;读 A/D 低 8 位
    MOV  DATA,AX     ;将 12 位 A/D 转换的数据存入内存
    JMP  A           ;循环启动
```

4. 模拟量输出通道

如图 3-34 所示。D/A 转换器采用 DAC1210，其内部有两个缓冲器，数据输入端接成字节输入方式，待转换的数据需两次缓冲输入。两个通道的 D/A 转换器接成分别数据输入而同时启动转换的工作方式。下面介绍其中一个通道的接口原理。

两个通道的传送端 $\overline{XFER}$ 和 $\overline{WR_2}$ 端连在一起受 S 端控制，只要是对本模板进行读操作，就同时启动两通道进行 D/A 转换。因此，对 D/A 转换操作要分两步把 12 位数据送入 DAC1210 的输入锁存器中，对于两个通道，需 4 次输出，最后用输入指令启动两路 D/A 转换转换器同时输出，汇编程序为：

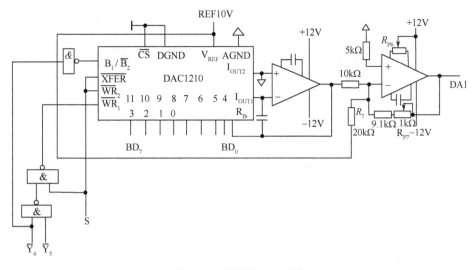

图 3-34　模拟量输出通道

```
MOV   AL,DATA1        ;
OUT   (714H),AL       ;送 DA1 高 8 位
MOV   AL,DATA2        ;
OUT   (715H),AL       ;送 DA1 低 4 位
MOV   AL,DATA3        ;
OUT   (716H),AL       ;送 DA2 高 8 位
MOV   AL,DATA4        ;
OUT   (717H),AL       ;送 DA2 低 4 位
IN    AL,(713H)       ;同时启动双通道 D/A
```

DAC1210 芯片的参考电源取自 AD574 的参考电源＋10V，输出运放接成偏移二进制编码的双极性输出（±5V），取消 R_7、R_{10} 电阻，可以实现单极性输出（0～＋10V）。

电位计 R_{P6}、R_{P8} 分别为 DA1、DA2 的零点校正；R_{P7}、R_{P9} 分别为 DA1、DA2 的满度校正。

习题与思考题 3

3-1　计算机为什么要采用标准总线的接口方式？

3-2　STD 总线有什么特点？

3-3　常用的串行总线有哪些？各有什么特点？

3-4　简要说明现场总线的特点。

3-5　简要说明设计 IBM PC/AT 总线进行 16 位 I/O 操作时应注意的事项。

3-6　IBM PC/AT 总线设计时是如何实现和 PC/XT 兼容，才保证了 PC/XT 模板可以正常运行的？

3-7　IBM PC 总线的一个中断申请端能否用"线或"的方式接多个中断申请源？

3-8　简要说明工业 PC 机和 PC/104 标准工业控制机各有什么特点以及各自的应用场合。

3-9　简要说明 PCI 总线的性能特点。

3-10　MS-1215 模板使用时能否用端口地址 310H～317H？为什么？

3-11　请将 MS-1215 模板改成 ISA 总线接口，按 16 位数据输入、输出。

第4章 数字 PID 控制器设计

从本章开始主要介绍计算机控制系统的实用控制器的设计方法。

按偏差的比例,积分,微分进行控制的控制器称为 PID 控制器,在连续控制系统中是技术成熟、应用最为广泛的一种控制器。它的结构简单,参数易于调整,在长期应用中积累了丰富的经验。特别是在工业过程控制中,由于被控对象的结构和参数不能完全掌握,系统参数又经常在变化,精确数学模型难以建立时,运用控制理论的方法去综合,耗费代价大却不能得到预期的效果,但是往往采用 PID 控制,经在线调整,却能够得到满意的控制效果,因此 PID 控制器得到了广泛应用。

如今,数字计算机广泛地应用于控制系统中。在直接数字控制系统中,计算机作为数字控制器,可以用程序,很简单又方便地实现数字 PID 控制规律,调整方便,能得到满意的控制效果,因此 PID 控制在计算机直接数字控制中应用广泛。数字 PID 控制比连续 PID 控制更为优越,因为用计算机实现 PID 控制,就不仅仅是简单地把 PID 控制规律数字化,而是利用计算机程序的灵活性,通过计算机强大的逻辑判断功能,克服连续 PID 控制中存在的问题,经修正而得到更完善的数字 PID 算法。

PID 控制对线性非时变的且是相当低阶的控制系统,其跟踪和抗干扰能力特别强,能获得期望的特性,特别是对低阶的系统,可以达到参数最优化控制。然而,PID 控制也有其局限性,当系统参数是时变的,或者系统是跟踪一个参考轨迹而不是简单的设定点变化时,控制性能严重地变坏,这时可以应用自校正控制器。此外,当系统存在有较大的滞后时,系统的性能也会严重地变坏,必须采取特别措施。

4.1 数字 PID 算法

4.1.1 模拟 PID 控制器

PID 控制是用系统输出量 $y(t)$ 和给定量 $r(t)$ 之间的误差的时间函数

$$e(t) = r(t) - y(t) \tag{4-1}$$

的比例、积分、微分的线性组合,构成控制量 $u(t)$,称为比例(Proportional)—积分(Integrating)—微分(Differential)控制,简称 PID 控制。在 PID 控制系统中,完成 PID 控制规律的控制器称为 PID 控制器。PID 控制器是一种线性控制器,其三项控制作用是相互独立的。实际应用中,可以根据被控对象的特性和控制的性能要求,灵活地采用不同的控制组合,构成比例(P)控制器、比例+积分(PI)控制器和比例+积分+微分(PID)控制器。

P:
$$u(t) = K_p e(t) \tag{4-2}$$

PI:
$$u(t) = K_p \left[e(t) + \frac{1}{T_i} \int_0^t e(\tau) d\tau \right] \tag{4-3}$$

PID:
$$u(t) = K_p \left[e(t) + \frac{1}{T_i} \int_0^t e(\tau) d\tau + T_d \frac{de(t)}{dt} \right] \tag{4-4}$$

式中,K_p 为比例系数;T_i 为积分时间常数;T_d 为微分时间常数。

也可以写成

$$u(t) = K_p e(t) + K_i \int_0^t e(\tau) d\tau + K_d \frac{de(t)}{dt} \tag{4-5}$$

式中，K_p 为比例系数；$K_i=K_p/T_i$ 为积分系数；$K_d=K_pT_d$ 为微分系数。

连续 PID 控制的系统结构如图 4-1 所示。图中，$D(s)$ 为 PID 控制器。

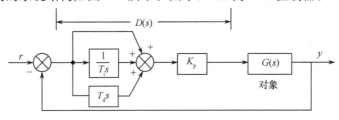

图 4-1　连续 PID 控制的系统

PID 的控制作用如图 4-2 所示，从图中可以看出 P、I、D 的物理意义。

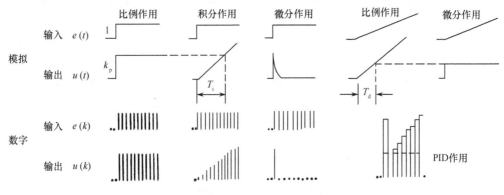

图 4-2　PID 的控制作用

比例系数 K_p 的物理意义：比例控制能迅速反应误差，从而减小稳态误差。但是，比例控制不能消除稳态误差。比例放大系数的加大，会引起系统的不稳定。

积分时间 T_i 的物理意义：对输入进行累积，达到比例作用大小所需的时间。T_i 越小，积分作用越强，反之 T_i 越大，积分作用越弱。因此，只要系统有误差存在，积分控制器就不断地积累，输出控制量，以消除误差。因而，只要有足够的时间，积分控制将能完全消除误差，使系统误差为零，从而消除稳态误差。积分有利于精度，但对稳定性有影响。积分作用太强会使系统超调加大，甚至使系统出现振荡。

微分时间 T_d 的物理意义：提前达到比例作用的时间。微分控制是超前控制，引入微分控制可以减小超调量，克服振荡，使系统的稳定性提高，同时加快系统的动态响应速度，减小调整时间，从而改善系统的动态性能。但 T_d 过大也会出现不稳定。

因此，结合上述各参数的物理意义，PID 控制算法具有以下优点：算法蕴涵了动态控制过程中过去、现在和将来的主要信息，其中，比例（P）代表了当前的信息，其纠正偏差的作用使过程反应迅速；微分（D）在信号变化时有超期控制作用，代表了将来的信息，能够减小过程超调，克服振荡，提高系统的稳定性，加快系统的过渡过程；积分（I）代表了过去积累的信息，它能消除静差，改善系统静态特性。此三种作用配合得当，可使动态过程快速、平稳、准确，收到良好的控制效果。

假设一个实际的被控对象为具有纯滞后的二阶惯性环节，滞后时间为 τ，即

$$G(s)=\frac{Ke^{-\tau s}}{(T_1s+1)(T_2s+1)} \tag{4-6}$$

理想的控制系统只能做到系统的输出在滞后时间 τ 后，才能准确地跟踪输入，因此相应的闭环传递函数为

$$\Phi(s)=e^{-\tau s} \tag{4-7}$$

所以模拟控制器的传递函数为

$$D(s) = \frac{1}{G(s)} \cdot \frac{\Phi(s)}{1-\Phi(s)} = \frac{(T_1 s + 1)(T_2 s + 1)}{K(1-e^{-\tau s})} \tag{4-8}$$

用级数展开,$e^{-\tau s} \approx 1 - \tau s$,代入上式,得

$$D(s) = \frac{(T_1 s + 1)(T_2 s + 1)}{K(1-e^{-\tau s})} = \frac{T_1 T_2 s^2 + (T_1 + T_2)s + 1}{K \tau s} \tag{4-9}$$

可把式(4-9)变形为

$$D(s) = K_p \left(1 + \frac{1}{T_i s} + T_d s \right) \tag{4-10}$$

式中,$K_p = \frac{T_1 + T_2}{K\tau}$,$T_i = T_1 + T_2$,$T_d = \frac{T_1 T_2}{T_1 + T_2}$。

式(4-10)其实就是模拟 PID 控制器的传递函数,K_p、T_i、T_d 分别就是比例系数、积分时间常数和微分时间常数。

由此可以得出一个结论:按照理想控制设计出来的控制器就是一个 PID 控制器。对于一般的被控对象,只要选择合适的参数,经过原系统的滞后时间后,其输出就可以准确地跟踪输入。这也是前面所说的 PID 控制对线性非时变的且是相当低阶的控制系统,其跟踪和抗干扰能力特别强,特别是对低阶的系统,可以达到参数最优化控制。因此,PID 控制在自动控制领域得到了广泛的应用。

4.1.2 数字 PID 控制器

用计算机实现 PID 控制,必须把模拟 PID 控制器离散化,即将式(4-4)离散化,从而得到数字 PID 的控制算式,进而编写 PID 控制程序,用软件实现 PID 控制。

将模拟 PID 控制算式(4-4)中的积分、微分用数值计算方法逼近,如微分项用差分代替,积分项用矩形或梯形和式代替。只要采样周期 T_s 取得足够小,这种逼近可以相当精确。

将微分项用差分代替,积分项用矩形和式代替,数字 PID 算式

$$u(k) = K_p \left\{ e(k) + \frac{T_s}{T_i} \sum_{j=0}^{k} e(j) + \frac{T_d}{T_s} [e(k) - e(k-1)] \right\} \tag{4-11}$$

式(4-11)表示的控制算式提供了执行机构在第 k 个采样时刻的位置 $u(k)$,比如用 PID 控制器控制阀门的开度,其输出 $u(k)$ 与阀门开度的位置一一对应,所以被称为"位置算式"。同样的,算式也可以写成

$$u(k) = K_p e(k) + K_i \sum_{j=0}^{k} e(j) + K_d [e(k) - e(k-1)] \tag{4-12}$$

从式(4-12)可以看出,要想计算出 $u(k)$,必须把前面所有时刻的偏差 $e(j)$ 进行累加,计算量比较大,编程也比较复杂,而且存储多个偏差值,也会占用大量的存储空间。为了简化运算,做如下改动。

前一时刻,即第 $k-1$ 时刻 PID 算式为

$$u(k-1) = K_p e(k-1) + K_i \sum_{j=0}^{k-1} e(j) + K_d [e(k-1) - e(k-2)] \tag{4-13}$$

用式(4-12)减去式(4-13)得

$$\Delta u(k) = u(k) - u(k-1)$$
$$= K_p [e(k) - e(k-1)] + K_i e(k) + K_d [e(k) - 2e(k-1) + e(k-2)] \tag{4-14}$$

式中,$u(k-1)$ 对应执行机构在第 $k-1$ 个采样时刻的位置,所以其输出 $\Delta u(k)$ 提供了执行机构在第 k 个采样时刻的位置增量,因此被称为"增量算式"。数字 PID 增量算式和位置算式本质相

同,只是形式不同而已,对系统的控制作用,两者完全相同。控制步进电机时可以使用"增量算式",在执行过程中用步进电机实现位置的累积,对位置的增量进行累加。

利用增量算法,可以得出位置的递推算式

$$u(k)=u(k-1)+\Delta u(k)$$
$$=u(k-1)+K_p[e(k)-e(k-1)]+K_ie(k)+K_d[e(k)-2e(k-1)+e(k-2)] \qquad (4\text{-}15)$$

为使算式更加简单,可以将式(4-15)展开,合并同类项得

$$u(k)=u(k-1)+q_0e(k)+q_1e(k-1)+q_2e(k-2) \qquad (4\text{-}16)$$

其中

$$q_0=K_p+K_i+K_d=K_p\left[1+\frac{T_s}{T_i}+\frac{T_d}{T_s}\right]$$

$$q_1=-K_p-2K_d=-K_p\left[1+2\frac{T_d}{T_s}\right]$$

$$q_2=K_d=K_p\frac{T_d}{T_s}$$

式(4-16)已看不出是 PID 表达式了,也看不出 P、I、D 作用的直接关系,只表示了各次误差量对控制作用的影响,在计算控制量时,预先选择好 K_p、T_i、T_d、T_s,只要存储最近的 3 个误差采样值 $e(k)$、$e(k-1)$、$e(k-2)$ 就可以了。

在使用数字 PID 控制算法时,为了确保控制的实时性,还可以将式(4-16)进一步写出具体实现形式

$$\begin{cases} u(k)=q_0e(k)+B(k-1) \\ B(k)=u(k)+q_1e(k-1)+q_2e(k-2) \end{cases} \qquad (4\text{-}17)$$

这样的算式可以使计算机运算延时时间最短。式(4-17)所示算法的流程图如图 4-3 所示。

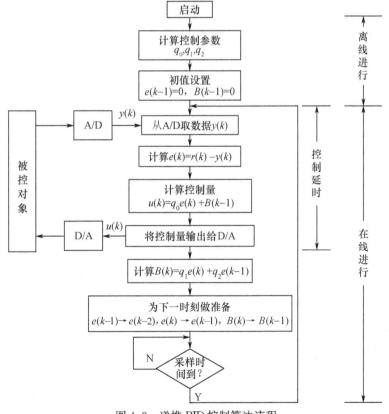

图 4-3　递推 PID 控制算法流程

4.2 数字 PID 控制器的参数整定

PID 控制器的参数整定是控制系统设计的核心内容,是根据被控对象的特性确定 PID 控制器的比例系数、积分时间和微分时间的大小。数字 PID 算法是在采样周期 T_s 足够小的前提下,用数字 PID 去逼近模拟 PID,因此参数整定方法也可以按模拟 PID 参数整定方法来整定。

PID 控制器的参数选择一般来说可以分成两个部分,首先是确定控制器的结构,以保证闭环系统的稳定,并尽可能地消除稳态误差。例如,要求系统稳定误差为零,则应选择包含积分环节的控制器如 PI、PID 等,对于有滞后性质的对象往往需要引入微分环节如 PD、PID 等。另外,根据被控对象和对控制性能的要求,还可以采用一些改进的 PID 算法等。一旦控制器的结构确定下来,下一步就可以开始选择参数。

参数的选择,要根据被控对象的具体特性和对控制系统的性能要求进行。工程上,一般要求整个闭环系统是稳定的,对给定量的变化能迅速响应并平滑跟踪,超调量要小,在不同干扰作用下,能保证被控量在给定值,当环境参数发生变化时,整个系统能保持稳定,等等。对控制系统自身性能来说,这些要求有些是矛盾的,因此,在确定参数时,必须根据系统的具体情况,满足主要的性能指标,同时兼顾其他方面的要求。

本章开头提到,在被控对象的数学模型知道很少甚至完全不了解的情况下,应用 PID 控制能得到满意的效果,这是一个很大的优点。实际的被控对象,特别是工业控制过程,数学模型很难准确获得,而且随着时间的变化,过程参数在不断地变化,过程模型也在缓慢地变化。PID 控制器的参数整定,可以不依赖于被控对象的数学模型。工程上,PID 控制器的参数常常是通过实验来确定的。

4.2.1 采样周期的选择

采样周期 T_s 在计算机控制系统中是一个重要参数。根据香农采样定理,采样周期 $T_s \leqslant \pi / \omega_{max}$。由于被控对象的物理过程以及参数的变化比较复杂,致使模拟信号的最高频率 ω_{max} 很难确定。因此,采样定理仅从理论上给出了采样周期的上限,即在满足香农采样定理的条件下,系统可真实地恢复原来的连续信号。在实际系统中,采样周期的选取要受到多方面因素的制约。如从系统控制品质要求来看,采样周期应取得小一些,这样更接近于连续系统,不仅控制性能好,而且可采用模拟 PID 控制参数的整定方法。从控制系统抗干扰和快速响应的要求来看,却希望采样周期长一些,这样可以控制更多回路,保证每个回路有足够的时间完成必要的计算。从执行机构特性来看,由于通常采用的执行机构响应速度不高,若采样周期过短,执行机构来不及响应,仍然达不到控制目的,所以采样周期也不能过短。从计算机的成本考虑,也希望采样周期长一些,这样计算机的运算速度和采集数据的速率也可降低,从而降低硬件成本。但目前随着计算机技术的飞速发展,这方面的制约越来越小。

综上所述,采样周期的选取应与 PID 参数的整定综合起来考虑。选取采样周期时,一般应考虑如下因素。

(1) 扰动信号

扰动可以看作是控制系统的另外的输入信号,控制回路的采样频率必须比扰动信号的最高频率要高。一般来说,连续系统要比数字系统的抗干扰性好,这是因为采样的数据或多或少是过时的信号。采样速率的确定要考虑到最大的高频随机干扰。只有在采样速率比干扰信号的特征频率要高得多时,数字控制系统的抗干扰性才不会比连续系统差得多。如果系统的干扰信号是高频的,则要适当地选择采样周期,使得干扰信号的低频处于采样器频带之外,从而使系统具有足够的抗干扰能力。如果干扰信号是频率已知的低频干扰,为了能够采用滤波的方法排除干扰信号,选择采样频率时,应使它与干扰信号频率保持整数倍的关系。

(2) 对象的动态特性

控制系统对给定信号的响应,是系统最首要的功能,要响应得快,系统必须有足够的带宽。采样周期应比被控对象的时间常数小得多,否则,采样信号无法反映瞬变过程。一般来说,采样周期 T_s 的最大值受系统稳定性条件和香农采样定理的限制而不能太大。然而实践中,采样速率高于参考输入信号带宽的两倍这一理论低限的要求,对于要求的时间响应来讲是不够的,因为控制系统必然是具有因果性的系统,而且采样时刻之间的性能是由动力学特性所制约的,对于一个系统,它的上升时间为 1s 的数量级,而所要求的闭环带宽为 0.5Hz,要求采样速率为 2~10Hz,即 4~20 倍于闭环的带宽,并不是不合理的。这样做是为了:①减小指令改变后系统对它的响应的延时;②使得由控制输入所产生的系统输出响应比较平滑。

若被控对象的时间常数为 T_p,纯滞后时间常数为 τ,当系统中 T_p 起主导作用时,$T_s < \dfrac{T_p}{10}$;当系统中 τ 处于主导位置时,可选 $T_s \approx \tau$。

(3) 计算机所承担的工作量

如果控制的回路较多,计算工作量较大,则采样周期长一些;反之,可以短一些。

(4) 对象所要求的控制品质

一般而言,在计算机运算速度允许的情况下,采样周期短,控制品质高。因此,当系统的给定信号频率较高时,采样周期 T_s 相应减小,以使给定量的改变能迅速地得到反映。另外,对于数字 PID 控制器,积分作用和微分作用都与采样周期有关。采样周期 T_s 选择得太小时,积分和微分作用都将不明显。这是因为当 T_s 太小时,$e(k)$ 的变化也就很小。

(5) 计算机及 A/D、D/A 转换器性能

计算机字长越长,计算速度越快,A/D、D/A 转换器的速度越快,则采样周期可相应减小,控制性能也较高。如果检测位数较少,过短的采样周期将使前后两次采样的数值之差没有变化,失去调节作用。因此需要短的采样周期时,A/D 转换的位数要多才行。但这将导致计算机等硬件成本增加,所以应从性价比出发加以选择。

(6) 执行机构的响应速度

通常执行机构惯性较大,采样周期应能与之相适应。如果执行机构响应速度较慢,特别是有纯滞后时,一般不宜使采样周期太短,因为太短采样周期会出现在新的控制器输出时,而上一个控制器还根本没有响应,那么过短的采样周期就失去了意义。

由上可见,影响采样周期的因素众多,有些还是互相矛盾的,因此必须视具体情况和主要要求作出选择。综合各种因素,应该是在满足控制系统的性能要求的条件下,尽可能地选择低的采样频率。在工业控制中,大量的被控对象都具有低通的性质。图 4-4 给出了选择采样周期的经验。

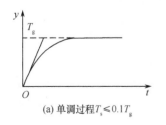
(a) 单调过程 $T_s \leqslant 0.1 T_g$

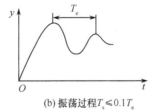
(b) 振荡过程 $T_s \leqslant 0.1 T_e$

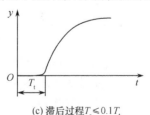
(c) 滞后过程 $T_s \leqslant 0.1 T_t$

图 4-4 采样周期的经验选择

综合上面的因素,采样周期应该这样选择:

① 对于工业过程控制,人们已在实践中总结出了如下经验数据可供参考:

- 温度　　10～20s;
- 流量　　1～5s;
- 压力　　3～10s;
- 液面　　6～8s;
- 成分　　15～20s。

② 对于伺服系统:

根据设计指标所提出的系统闭环带宽 ω_c 的要求,采样周期取:

$$T_s = \frac{1}{10} \frac{2\pi}{\omega_c} \tag{4-18}$$

根据对象的动态特性:

惯性环节——T_s 取惯性环节时间常数 T 的 $(1/10～1/2)$;

振荡环节——T_s 取自然振荡周期 T_n 的 $(1/8～1/10)$。

4.2.2　实验试凑法确定 PID 控制参数

实验试凑法是通过闭环实验,观察系统的响应曲线,根据各控制参数对系统响应的大致影响,反复试凑参数,以达到满意的响应,从而最后确定 PID 控制参数。试凑不是盲目的,而是在控制理论指导下进行的。我们在控制理论中已获得如下定性知识:

- 增加比例系数 K_p,可以加快系统响应,在有静差的情况下,有利于减小静差,但是过大的 K_p 会使系统稳定性变差,产生较大的超调;
- 减小积分时间 T_i,系统静差的消除加快,但系统稳定性变差;
- 增大微分时间 T_d,有利于加快系统响应,增加系统稳定性,但系统对噪声的抑制能力减弱,使系统对噪声有较敏感的响应。

在试凑时,可参考以上参数对控制过程响应趋势,对参数实行先比例、后积分、再微分的整定步骤。

① 整定比例部分,将比例系数由小变大,并观察相应的系统响应,直至得到反应快、超调小的响应曲线。如果系统静差小到允许范围,响应曲线已属满意,那么只需比例控制即可,由此确定比例系数。

② 如果在比例控制基础上系统静差不能满足设计要求,则加入积分环节。在整定时,首先置积分时间 T_i 为很大值,并将经第一步整定得到的比例系数略为缩小(如缩小为原值的 0.8),然后减小积分时间,使在保持系统良好动态的情况下,静差得到消除,在此过程中,可根据响应曲线的好坏反复改变比例系数和积分时间,以期得到满意的控制过程,得到整定参数。

③ 若使用比例积分控制消除了静差,但动态过程经反复调整仍不能满意,则可加微分环节,构成比例＋积分＋微分控制器。在整定时,先置微分时间 T_d 为零,在第二步整定基础上增大 T_d,同样地相应改变比例系数和积分时间,逐步试凑以获得满意的调节效果和控制参数。

应该指出,所谓"满意"的调节效果是根据不同的对象和控制要求而异的。此外,PID 控制器的参数对控制质量的影响不是十分敏感,因而在整定中参数的选择并不是唯一的。事实上,比例、积分、微分三部分作用往往互相补偿,因此用不同的整定参数,完全有可能得到同样的控制效果。从应用的角度看,只要被控过程在主要方面的指标已达到设计要求,那么相应的控制器参数即可选为有效的控制参数。

4.2.3 实验经验法确定 PID 控制参数

用实验试凑法确定 PID 控制器参数,需要进行较多的现场实验。为了减少实验试凑次数,可以利用人们在选择 PID 控制器参数时已获得的经验,根据要求,事先执行某些实验获得若干基础参数,然后按经验公式由这些基础参数导出 PID 控制参数。这就是实验经验法。实验经验法是由经典的频率法简化而来的,它简单易行、适于现场应用。通常采用以下方法。

1. 扩充临界比例度法

扩充临界比例度法是对整定模拟控制器参数的临界比例度法的扩充。这一方法适用于能自平衡的被控对象。

所谓比例度,定义为:当输入变化满量程的百分之几,就能使控制器输出改变整个有效范围。如图 4-5 所示,比例度 δ 与放大倍数 K_p 成反比,例如:比例度 $\delta=50\%$,即放大倍数 $K_p=2$。

连续系统使用的临界比例度法是:让系统投入闭环工作状态,待系统稳定后,把积分时间置于最大($T_i=\infty$),微分时间 T_d 放到最小($T_d=0$),表示系统成为纯比例控制状态。然后逐步增大比例系数,观察控制过程的变化情况。如果控制过程是发散的,则应将比例系数降低,直至持续 4—5 次等幅振荡为止。此时认为已近似达到临界振荡状态。记录下这时的比例系数就是临界比例系数 K_r,来回振荡一次的时间就是临界振荡周期 T_r。有了 T_r、K_r 就可以查临界比例度法整定参数表 4-1 给出。

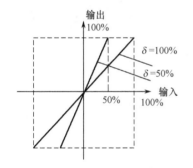

图 4-5　比例度的意义

表 4-1　临界比例度法整定参数表

控制器类型	K_p	T_i	T_d
P 控制	$0.5K_r$		
I 控制	$0.45 K_r$	$0.85 T_r$	
PID 控制	$0.6 K_r$	$0.5 T_r$	$0.125 T_r$

根据选择控制器的类型,分别求出控制器参数 K_p、T_i、T_d 的具体数值。代入系统中实验,经适当修改,使参数满足系统要求。

把模拟控制器的临界比例度法扩充到数字控制系统中,称为扩充临界比例度法。此时整定的任务是要确定 K_p、T_i、T_d、T_s 这 4 个参数。整定步骤如下:

① 选择一个足够短的采样周期 T_s,若是纯滞后系统($e^{-\tau s}$),则取 T_s 为纯滞后时间 τ 的 1/10以下。

② T_i 取无穷大,T_d 取零。用与临界比例度法相同的方法,逐渐增大比例系数,使系统出现等幅振荡,求得临界比例系数 K_r 和临界振荡周期 T_r。

③ 选择控制度 Q。实际运用中,控制度仅是表示控制效果的物理概念。控制度 Q 以模拟控制器为基准,将数字控制器的控制效果和模拟控制器的控制效果相比较,控制效果的评价函数采用误差平方积分,如式(4-19)所示。当控制度 $Q=1.05$ 时,就是数字控制效果与模拟控制效果相当;控制度 $Q=2$ 时,表示数字控制比模拟控制效果差一倍。

$$Q = \frac{\left[\int_0^\infty e^2 \mathrm{d}t\,\mathrm{min}\right]_{\text{数字}}}{\left[\int_0^\infty e^2 \mathrm{d}t\,\mathrm{min}\right]_{\text{模拟}}} \tag{4-19}$$

④ 根据选择的控制度和控制器的结构,查表 4-2,确定 K_p、T_i、T_d、T_s。

表 4-2　扩充临界比例度法整定参数表

控制度	控制器类型	T_s	K_p	T_i	T_d
1.05	PI	$0.03T_r$	$0.53K_r$	$0.88T_r$	
	PID	$0.014T_r$	$0.63K_r$	$0.49T_r$	$0.14T_r$
1.2	PI	$0.05T_r$	$0.49K_r$	$0.91T_r$	
	PID	$0.043T_r$	$0.47K_r$	$0.47T_r$	$0.16T_r$
1.5	PI	$0.14T_r$	$0.42K_r$	$0.99T_r$	
	PID	$0.09T_r$	$0.34K_r$	$0.43T_r$	$0.2T_r$
2.0	PI	$0.22T_r$	$0.36K_r$	$1.05T_r$	
	PID	$0.16T_r$	$0.27K_r$	$0.4T_r$	$0.22T_r$

⑤ 参数整定后,在实际系统中要加以适当调整,通常是首先投入比例积分,然后再调节微分作用,使系统性能满足要求。

2. 扩充响应曲线法

在模拟控制系统中,可以用响应曲线法代替临界比例度法。同样,在数字控制系统中,也可以用扩充响应曲线法代替扩充临界比例度法。用扩充响应曲线法整定 K_p、T_i、T_d、T_s 这 4 个参数的步骤如下:

① 数字控制器不接入控制系统,让系统处于手动操作状态下,将被控量调节到给定值附近,并使之稳定下来。然后突然改变给定值,给对象一个阶跃输入信号。

② 用记录仪表记录被控量在阶跃输入下的整个变化过程曲线,如图 4-6 所示。

③ 在曲线最大斜率处作切线,求得滞后时间 τ、被控对象时间常数 T_τ 以及它们的比值 T_τ/τ,查表 4-3,即可确定 K_p、T_i、T_d、T_s。

④ 参数整定后,在实际系统中要加以适当调整,通常是首先投入比例积分,然后再调节微分作用,使系统性能满足要求。

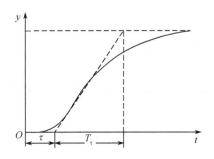

图 4-6　被控量在阶跃输入下的
变化过程曲线

表 4-3　扩充响应曲线法整定参数表

控制度	控制器类型	T_s	K_p	T_i	T_d
1.05	PI	0.1τ	$0.84T_\tau/\tau$	0.34τ	
	PID	0.05τ	$1.15T_\tau/\tau$	2.0τ	0.45τ
1.2	PI	0.2τ	$0.78T_\tau/\tau$	3.6τ	
	PID	0.16τ	$1.0T_\tau/\tau$	1.9τ	$0.55\tau_r$
1.5	PI	0.5τ	$0.68T_\tau/\tau$	3.9τ	
	PID	0.34τ	$0.85T_\tau/\tau$	1.62τ	0.65τ
2.0	PI	0.8τ	$0.57T_\tau/\tau$	4.2τ	
	PID	0.6τ	$0.6T_\tau/\tau$	1.5τ	0.82τ

3. 归一参数整定法

Roberts P. D 在 1974 年提出一种简化的扩充临界比例度法,它只需要整定一个参数,所以被称为归一参数整定法,这种方法比较简单,工作量小。

该方法以扩充临界比例度法为基础,人为规定以下约束条件

$$\begin{cases} T_s = 0.1T_r \\ T_i = 0.5T_r \\ T_d = 0.125T_r \end{cases} \tag{4-20}$$

式中，T_r 为纯比例作用下的临界振荡周期。

已知 PID 位置递推算式为

$$u(k)=u(k-1)+q_0e(k)+q_1e(k-1)+q_2e(k-2)$$

$$=u(k-1)+K_p\Big[1+\frac{T_s}{T_i}+\frac{T_d}{T_s}\Big]e(k)-K_p\Big[1+2\frac{T_d}{T_s}\Big]e(k-1)+K_p\frac{T_d}{T_s}e(k-2)$$

$$=u(k-1)+K_p\Big\{\Big[1+\frac{T_s}{T_i}+\frac{T_d}{T_s}\Big]e(k)-\Big[1+2\frac{T_d}{T_s}\Big]e(k-1)+\frac{T_d}{T_s}e(k-2)\Big\} \tag{4-21}$$

将式(4-20)代入上式，得

$$u(k)=u(k-1)+K_p\{2.45e(k)-3.5e(k-1)+1.25e(k-2)\} \tag{4-22}$$

这样，4 个参数就简化为一个参数 K_p 的整定。在线调整 K_p，观察控制效果，直到满意为止。

4.3 数字 PID 控制器的改进算法

使用数字 PID 控制器对系统进行控制，一般来说不如采用模拟 PID 控制器的控制效果好。这是因为：

① 模拟 PID 控制器进行的控制是连续的，控制作用每时每刻都在进行，而数字 PID 控制器在保持器作用下，存在着相位滞后，控制量在一个采样周期内是不变化的。

② 由于计算机的数值运算和输入、输出需要一定的时间，控制作用在时间上有延迟。

③ 计算机的有限字长和 A/D、D/A 转换器的转换精度使控制有误差。

因此如果单纯地用数字 PID 控制器去模仿模拟 PID 控制器，并不能获得理想的控制效果。必须发挥计算机运算速度快、逻辑判断功能强、编程灵活等优点，建立模拟 PID 控制器难以实现的特殊控制规律，才能在控制性能上超过模拟 PID 控制器。

下面介绍几种常用的 PID 控制算法的改进措施。采用数字 PID 控制器的改进算法之后，计算机控制系统的控制效果要比连续控制系统好得多。

4.3.1 积分算法的改进

控制系统中总是存在饱和非线性环节，如控制变量受到执行元件机械和物理性能的约束，只能限制在有限范围内，如

$$u_{min}\leqslant u\leqslant u_{max}$$

这样一来，如果系统突然启动或停止，给定值大幅度变化时，由计算机算出的控制量 u 有可能超出线性范围，使实际控制量不是计算值，而是比计算值小，从而发生不希望的饱和效应。如图 4-7 所示。

当给定值 r 由 r 突然变到 r'，根据 PID 算式算出的控制量 u 超出限制范围。例如 $u>u_{max}$，那么实际上它只能取上限 u_{max} 而不是计算值。系统输出 y 虽然不断上升，但是由于控制量受到限制，其增长要比没有限制时慢，偏差也将比正常情况下持续更长时间保持正值，使得 PID 算式中，积分项有较大累积值。只有让输出超出给定值 r' 后，出现负偏差，才能使累积值减少，这样必将经过相当长一段时间 τ 后，控制才能脱离饱和区，这样就使输出出现了明显超调。由于饱

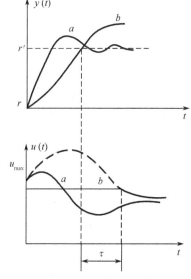

图 4-7　积分饱和现象

和效应主要是由积分项引起的,故称为"积分饱和"。

克服"积分饱和"作用的关键是限制积分,使积分累积不要过大。下面介绍常用的方法。

1. 积分分离 PID 算法

积分分离 PID 算法是为克服积分饱和的一种算法,在被控量开始跟踪时,误差很大,取消积分;等到被控量接近给定值时,才将积分作用投入,因此积分分离 PID 算法为

$$u(k) = K_{p}e(k) + \alpha K_{i}\sum_{j=0}^{k}e(j) + K_{d}[e(k) - e(k-1)] \tag{4-23}$$

式中,$\alpha = \begin{cases} 0 & |e(k)| > \varepsilon \\ 1 & |e(k)| \leqslant \varepsilon \end{cases}$,其中 ε 为积分分离界限。

积分分离界限 ε 作为控制算法中的一个可调参数,根据对象特性及控制要求来决定,既不能过大,也不能过小。ε 过大,则达不到积分分离的目的;过小,系统由 PD 控制,系统偏差就有可能无法进入积分区,始终不能启用积分作用,因而系统将会出现较大的偏差。积分分离 PID 算法可以显著降低系统的超调,缩短过渡过程时间。采用积分分离 PID 算法后系统的阶跃响应如图 4-8 所示。

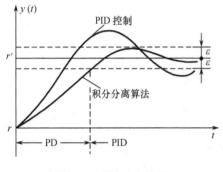

图 4-8　积分分离控制

2. 变速积分的 PID 算法

积分分离 PID 算法中,当偏差加大时,积分项不起作用,积分项前面的系数 $\alpha = 0$;当偏差在积分分离界限 ε 设定的误差带时,积分项累加偏差,积分项前面的系数 $\alpha = 1$。实际上,积分分离算法对积分项采用开关控制,α 是突变的。变速积分的实质是改进的积分分离法,其基本思想是根据偏差的大小改变积分项的累加速度。偏差越大,累加速度越慢,积分作用越弱;偏差越小,累加速度越快,积分作用越强。

在变速积分中,α 是缓慢变化的,它对积分项采用线性控制,比积分分离的 PID 控制算法更优越。

变速积分的 PID 控制算式为

$$u(k) = K_{p}e(k) + \alpha K_{i}\sum_{j=0}^{k}e(j) + K_{d}[e(k) - e(k-1)] \tag{4-24}$$

式中,$\alpha = \begin{cases} 0 & |e(k)| > A \\ [A - e(k)]/(B - A) & B \leqslant |e(k)| \leqslant A \\ 1 & |e(k)| < B \end{cases}$。

3. 遇限削弱积分法

遇限削弱积分法的基本思想是:当控制量进入饱和区以后,便停止增大积分项的累加,而只执行削弱积分的运算。因而在计算 $u(k)$ 时,先判断 $u(k-1)$ 是否已超出限制值。若超过某个方向输出限制值时,积分只累加反方向的 $e(k)$ 值。具体方法如下:

① 若 $u(k) \geqslant u_{max}$ 且 $e(k) \geqslant 0$,则不进行积分累加;

② 若 $e(k) < 0$,则进行积分累加;

③ 若 $u(k) \leqslant u_{min}$ 且 $e(k) \leqslant 0$,则不进行积分累加;

④ 若 $e(k) > 0$,则进行积分累加。

这种算法可以避免控制量长时间留在饱和区。用遇限削弱积分法时,系统响应和控制量如图 4-9 所示。

从形式上看,尽管积分分离算法和遇限削弱积分法都是通过停止积分作用实现的,但它们判

断停止积分的条件完全不同。积分分离法进行分离的依据是 PID 控制器的输入偏差 $e(k)$，而遇限削弱积分法的依据是最终的控制输出 $u(k)$。

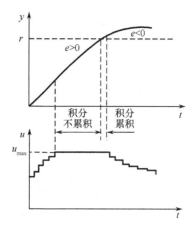

图 4-9 遇限削弱积分法

4. 消除积分不灵敏区

由式(4-14)、式(4-15)知，数字 PID 的增量型控制算式以及位置型递推算式中的积分项输出为

$$\Delta u_i(k) = K_i e(k) = K_p \frac{T_s}{T_i} e(k) \qquad (4-25)$$

由于计算机字长的限制，当运算结果小于字长所能表示的数的精度时，计算机就作为"零"将此数丢掉。从式(4-25)可知，当计算机的运行字长较短，采样周期 T_s 也短，而积分时间 T_i 又较长时，$\Delta u_i(k)$ 容易出现小于字长的精度而丢数，此积分作用消失，这就成为积分不灵敏区。

例如，某温度控制系统，温度量程为 $0 \sim 1275℃$，D/A 转换为 8 位，并采用 8 位字长的定点运算。设 $K_p=1, T_s=1s, T_i=10s, e(k)=50℃$，根据式(4-25)得

$$\Delta u_i(k) = K_p \frac{T_s}{T_i} e(k) = \frac{1}{10} \times \left(\frac{255}{1275} \times 50 \right) = 1$$

这就说明，如果偏差 $e(k)<50℃$，则 $\Delta u_i(k)<1$，计算机就作为"零"将此数丢掉，控制器就没有积分作用。只有当偏差达到 50℃时，才会有积分作用。这样，势必造成控制系统的残差。

为了消除积分不灵敏区，通常采用以下措施：

① 增加 D/A 和 A/D 转换位数，加长运算字长，这样可以提高运算精度。

② 当积分项 $\Delta u_i(k)$ 连续 n 次出现小于输出精度 σ 的情况时，不要把它们作为"零"舍掉，而是把它们累加起来，即

$$S_i = \sum_{j=1}^{n} \Delta u_i(j) \qquad (4-26)$$

直到累加值 S_i 大于 σ 时，才输出 S_i，同时把累加单元清零。

4.3.2 微分算法的改进

微分作用有助于减小超调，克服振荡，使系统趋于稳定，同时加快系统动作速度，减小调整时间，有利于改善系统的动态特性。但是，微分运算容易引入干扰，特别是用差分来代替微分，非常接近理想微分，对数据误差和噪声就更敏感。当系统偏差发生突然变化，或者系统受到干扰时，有可能造成在发生变化的一个采样周期里系统输出的数值很大，使执行器发生饱和。因此要设法减小噪声和误差在微分项中的影响。改进的方法是在计算微分时引进一定的平滑滤波。

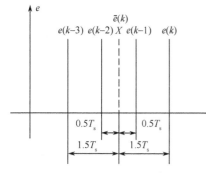

图 4-10 四点中心差分法

1. 四点中心差分法

这是在数字 PID 算法中应用成功的一种方法。一方面将 T_d/T_s 选择得比理想微分稍小些，另一方面在组成差分时，不是直接应用现时偏差 $e(k)$，而是应用过去和现在 4 个时刻的偏差的平均值作为基准。如图 4-10 所示。

$$\overline{e(k)} = \frac{e(k)+e(k-1)+e(k-2)+e(k-3)}{4} \qquad (4-27)$$

然后再通过加权求和形式，将差分近似为

$$\frac{T_d}{T_s}\Delta e(k)=\frac{T_d}{4}\left[\frac{e(k)-\overline{e(k)}}{1.5T_s}+\frac{e(k-1)-\overline{e(k)}}{0.5T_s}+\frac{\overline{e(k)}-e(k-2)}{0.5T_s}+\frac{\overline{e(k)}-e(k-3)}{1.5T_s}\right]$$

$$=\frac{T_d}{6T_s}[e(k)+3e(k-1)-3e(k-2)-e(k-3)]$$

用此式代替数字 PID 算式中的微分项,就可以得到修正后的 PID 算式为

$$u(k)=K_p\left\{e(k)+\frac{T_s}{T_i}\sum_{j=0}^{k}e(j)+\frac{T_d}{6T_s}[e(k)+3e(k-1)-3e(k-2)-e(k-3)]\right\}$$

$$(4-28)$$

2. 不完全微分算法

用差分代替微分之后,微分作用只在一次采样间隔中起作用,而实际对象都有惯性,因此理想微分作用不显著。我们总希望微分作用要持续一段时间。实际的微分环节传递函数中带有惯性,一方面对高频噪声起滤波作用,另一方面对有用信号的微分又能使它持续一段时间。基于这种思想,就产生了不完全微分算法。

不完全微分的 PID 算法传递函数为

$$\frac{U(s)}{E(s)}=K_p\left(1+\frac{1}{T_i s}+\frac{T_d s}{1+\frac{T_d}{k_D}s}\right) \tag{4-29}$$

式中,k_D 称为微分增益。

下面推导不完全微分的 PID 算式。

把式(4-29)分成比例积分和不完全微分两部分,$U(s)=U_{PI}(s)+U_D(s)$,其中

$$U_{PI}(s)=K_p\left[1+\frac{1}{T_s s}\right]E(s) \tag{4-30}$$

$$U_D(s)=K_p\frac{T_d s}{1+\frac{T_d}{k_D}s}E(s) \tag{4-31}$$

显然,式(4-29)的 PI 算式为

$$U_{PI}(s)=K_p\left[e(k)+\frac{T_s}{T_i}\sum_{j=0}^{k}e(j)\right] \tag{4-32}$$

为了推导式(4-31)的 D 算式,将它写成微分方程形式为

$$\left[\frac{T_d}{k_D}s+1\right]U_D(s)=K_p T_d s E(s)$$

$$\frac{T_d}{k_D}\frac{du_D(t)}{dt}+u_D(t)=K_p T_d\frac{de(t)}{dt} \tag{4-33}$$

同样地用差分代替微分,整理后可得

$$\frac{T_d}{k_D}\frac{u_D(k)-u_D(k-1)}{T_s}+u_D(k)=K_p T_d\frac{e(k)-e(k-1)}{T_s}$$

$$u_D(k)=\frac{T_d/k_D}{T_d/k_D+T_s}u_D(k-1)+\frac{K_p T_d}{T_d/k_D+T_s}[e(k)-e(k-1)] \tag{4-34}$$

令

$$T_d/k_D+T_s=T$$

$$\frac{T_d/k_D}{T}=\alpha$$

则

$$u_D(k) = \alpha u_D(k-1) + K_p T_d / T[e(k) - e(k-1)] \qquad (4-35)$$

于是不完全微分的 PID 算式为

$$u(k) = K_p[e(k) + \frac{T_s}{T_i}\sum_{j=0}^{k}e(j)] + K_p\frac{T_d}{T}[e(k) - e(k-1)] + \alpha u_D(k-1) \qquad (4-36)$$

与完全微分的 PID 算式相比,在 $e(t)$ 发生阶跃变化时,完全微分作用只在扰动发生的一个周期内起作用。而不完全微分作用按指数规律逐渐衰减到零,可以延续几个周期,如图 4-11 所示。延续时间的长短与 k_D 的选取有关,k_D 大,α 小,延续时间短;k_D 小,α 大,延续时间长。k_D 一般取 10~30。

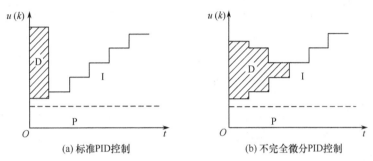

(a) 标准PID控制   (b) 不完全微分PID控制

图 4-11　不完全微分 PID 的作用

从改善系统动态性能的角度看,理想微分 PID 算法的微分作用仅局限于一个采样周期有一个大幅度的输出,在实际使用时会产生两方面的问题:一是控制输出可能超过执行机构或 D/A 转换的上、下限;二是执行机构的响应速度可能跟不上,无法在短时间内跟踪这种较大的微分输出。这样在大的干扰作用情况下,一方面会使算法中的微分不能充分发挥作用,另一方面也会对执行机构产生一个大的冲击。相反地,不完全微分 PID 算法由于惯性滤波的存在,使微分作用可持续多个采样周期,有效地避免了上述问题的产生,因而具有更好的控制性能。

从增强系统的抗干扰的角度看,由于微分对高频信号具有放大作用,采用理想微分容易在系统中引入高频的干扰,引起执行机构的频繁动作,降低执行机构的使用寿命。而不完全微分 PID 算法中包含一阶惯性环节,具有低通滤波的特性,抗干扰能力较强。

由于这些原因,不完全微分的 PID 算法效果更好。因此在控制质量要求较高的场合,常采用不完全微分 PID 算法。

4.3.3　其他 PID 控制算法

1. Bang-Bang-PID 复合控制

Bang-Bang 控制是一种时间最优控制,又称快速控制法,它的输出只有开和关两种状态。在输出低于设定值时,控制为开状态(最大控制量),使输出量迅速增大。在输出预计将达到设定值的时刻,关闭控制输出,依靠系统惯性使输出达到设定值。它的优点是控制速度快,执行器控制比较简单(只有开、关两种状态)。缺点是如果系统特性发生变化,会产生较大的控制误差,甚至导致系统不稳定。为此,可将 Bang-Bang 与 PID 两种控制方式结合起来。在偏差较大时,使用 Bang-Bang 控制,加快系统的响应速度;在偏差较小时,使用 PID 控制,提高系统的控制精度。即

$$\begin{cases} |e(k)| > \varepsilon & \text{Bang-Bang} \\ |e(k)| \leqslant \varepsilon & \text{PID} \end{cases} \qquad (4-37)$$

式中,ε 为控制阈值。ε 取得小,Bang-Bang 控制范围大,过渡过程时间短,但超调量可能变大;ε 取得大,则情况相反。当 $|e(k)| > \varepsilon$ 时,控制量取与偏差同符号的最大值和最小值。这种控制方

式在给定值升降时特别有效,因此比较适宜高精度的快速伺服系统,在定位线性控制段采用数字PID控制。

2. 带死区的 PID 控制算法

在计算机控制系统中,某些系统为了避免控制动作过于频繁,消除由此产生的振荡,可以人为地设计一个不灵敏区,采用带死区的 PID 控制,控制器结构如图 4-12 所示。相应的算式为

$$p(k) = \begin{cases} e(k) & |e(k)| > \varepsilon \\ 0 & |e(k)| \leqslant \varepsilon \end{cases} \tag{4-38}$$

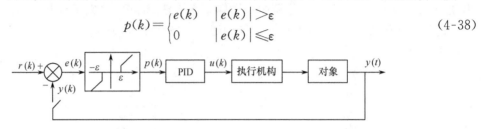

图 4-12　带死区的 PID 控制系统

在图 4-12 中,死区 ε 是一个可调参数,其具体数值可根据实际控制对象确定。ε 值太小,使调节过于频繁,达不到稳定被控对象的目的;ε 值太大,则系统会产生很大的滞后;当 ε＝0 时,即为常规 PID 控制。

3. 智能积分器

积分引入具有提高静态精度的作用,但是积分的相位滞后特性会降低系统的稳定裕度。为此很多学者研究非线性积分器,其中一种非线性积分器称为智能积分器,其输入/输出特性为

$$u(t) = \begin{cases} 0 & e(t) = 0,\ t = t_{\mathrm{m}} \\ \dfrac{1}{T_{\mathrm{i}}} \displaystyle\int_{t_{\mathrm{m}}}^{t} e(t)\mathrm{d}t & ee' > 0,\ t_{\mathrm{m}} < t < t_{\mathrm{n}} \\ e(t_{\mathrm{n}}) = \dfrac{1}{T_{\mathrm{i}}} \displaystyle\int_{t_{\mathrm{m}}}^{t_{\mathrm{n}}} e(t)\mathrm{d}t & e'(t) = 0,\ t = t_{\mathrm{n}} \\ e(t_{\mathrm{n}}) & ee' < 0,\ t > t_{\mathrm{n}} \end{cases} \tag{4-39}$$

式中,T_{i} 为积分时间,t_{m} 表示满足 $e(t_{\mathrm{m}})=0$ 的时刻,t_{n} 表示 $e'(t_{\mathrm{n}})=0$ 的时刻。对于一个动态过程,当满足 $e(t)=0$ 的时刻不止一个时,可分别把它们依次记为 $t_{\mathrm{m1}}, t_{\mathrm{m2}}, \cdots$。当满足 $e'(t)=0$ 时刻不止一个时,也分别把它们依次记为 $t_{\mathrm{n1}}, t_{\mathrm{n2}}, \cdots$。

设 $e(t)=A\sin\omega t$,用上面算法,输出 $u(t)$ 的波形如图 4-13 所示。

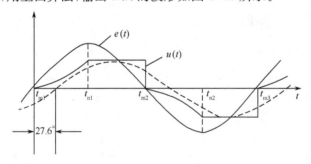

图 4-13　智能积分输出

输出的基波产生相位滞后只有 27.6°。当然还有 3、5、7、9 等高次谐波存在,这些高次谐波占的比例较小。再加上对象的低通滤波特性,这些高次谐波影响小。这种智能积分器与标准的积分作用相比,显著减小了相位滞后,有利于提高系统精度,而对系统的稳定裕度影响较小。

智能积分算法用计算机实现十分方便,见表 4-4。

表 4-4　智能积分算法

序号	条件	积分器输出	模式
1	$e(m)=0$	$u_{\mathrm{I}}(k)=0 \qquad kT_{\mathrm{s}}=mT_{\mathrm{s}}$	开关
2	$e(k)\Delta e(k)>0$	$u_{\mathrm{I}}(k)=\dfrac{T_{\mathrm{s}}}{T_{\mathrm{i}}}\sum\limits_{j=m}^{k}e(j) \qquad mT_{\mathrm{s}}<kT_{\mathrm{s}}<nT_{\mathrm{s}}$	积分
3	$\Delta e(n)=0$	$u_{\mathrm{I}}(n)=\dfrac{T_{\mathrm{s}}}{T_{\mathrm{i}}}\sum\limits_{j=m}^{n}e(j) \qquad kT_{\mathrm{s}}=nT_{\mathrm{s}}$	积分
4	$e(k)\Delta e(k)<0$	$u_{\mathrm{I}}(k)=\dfrac{T_{\mathrm{s}}}{T_{\mathrm{i}}}\sum\limits_{j=m}^{n}e(j)=u_{\mathrm{I}}(n) \qquad kT_{\mathrm{s}}>nT_{\mathrm{s}}$	保持

4. 仿人智能控制算法

仿人智能控制以人对控制对象的观察、记忆、决策等智能行为为基础。根据被调整量偏差及偏差变化率来决定特征模式,由特征辨识获得的特征状态及特征记忆等计算出控制器输出。这种决策过程很接近于人的思维过程。当系统误差趋于增加(即 $e(t)$ 和 $e'(t)$ 同号)或系统误差保持常值(即 $e'(t)=0$ 且 $e(t)\neq0$)时,仿人智能控制器采用比例控制模态,于是产生强烈的闭环控制作用,使误差尽快停止增加。而在系统误差向减小方向变化($e(t)$ 和 $e'(t)$ 异号)或为零(即 $e(t)=0$)时,仿人智能控制器采用保持控制模式取消强控制作用,使控制量为一常值。对系统的动态过程进行等待和观察,直到再次出现过调(即 $e(t)$ 和 $e'(t)$ 再次同号)时,控制器又改用比例控制模态。仿人智能控制器的记忆能力表现在对偏差极值的记录和累加,并以此作为对输出调整或修改的基础。

仿人智能控制算法见表 4-5。

表 4-5　仿人智能控制算法

序号	条件	控制器输出 $u(t)$	模式
1	$ee'>0$ 或 $e'=0, e\neq0$	$u_0(n-1)+K_{\mathrm{p}}e(t)$	比例
2	$ee'<0$ 或 $e=0$	$u_0(n)=KK_{\mathrm{p}}\sum\limits_{i=0}^{n}e_{\mathrm{mi}}(t)$	保持

注:K_{p} 为控制器比例系数;K 为保持系数;$u_0(n)$ 为 $u(t)$ 的第 n 次保持值;$e(t)$ 为偏差;$e'(t)$ 为偏差变化率;$e_{\mathrm{mi}}(t)$ 为第 i 个极值。

仿人智能控制算法的静态特性和动态特性分别如图 4-14 和图 4-15 所示。

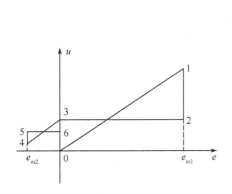

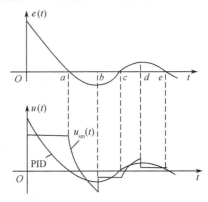

图 4-14　仿人智能控制算法的静态特性　　　　图 4-15　仿人智能控制算法的动态特性

图 4-15 中,Oa 段时间内 $e(t)>0$,$e'(t)<0$,即 $ee'<0$。这时误差 $e(t)$ 趋于减小,因此仿人智

能控制器采用保持控制模态,处于等待和观察阶段,其输出 $u_{sm}(t)$ 大于 PID 控制策略的输出 $u_{PID}(t)$,从而仿人智能控制有更快的响应速度。

当出现超调现象时,即图中 ab 段时间内,$e'(t)$ 仍然为负,但 $e(t)$ 却由正变为负,$ee'>0$,这时超调出现加剧趋势。由于仿人智能控制允许选择比 PID 大得多的比例系数 K_p,因此 $u_{sm}(t)$ 迅速下降,并且很快降到比 $u_{PID}(t)$ 更负的值,从而有效地抑制了超调的增加。

当误差的超调达到极值点后,$e(t)$ 不再增加,$e'(t)=0$,这时有经验的操作者不希望 $u(t)$ 太负,以致引起较大的回调,甚至多次振荡出现。于是仿人智能控制器立刻切换到保持控制模态,并且通过选择保持系数 K 的抑制作用($K<1$)使得 $e(t)$ 的变化率不致过大,减弱了系统的振荡性能。在 bc 段时间内,仿人智能控制器一直保持控制模态。由于保持系数 $k<1$,并且仿人智能控制器能够记忆极值点 $e_{mi}(t)$ 值,具有积分作用。这样,尽管 K_p 较大,但系统也不会出现类似于 PID 控制时因 K_p 过大而引起的振荡情况。另外,由于仿人智能控制器仅具有有限的记忆能力,使得保持控制作用期间,既具有积分特点,可以消除静误差,又不至于控制器过深饱和。

以此类推,仿人智能控制器交替采用比例控制模态(快速调节)和保持控制模态(抑制过调),使仿人智能控制比 PID 控制具有更快的系统响应速度和更小的超调量,兼顾了传统控制理论中认为不可调和的矛盾的两个方面(快速性和稳定性),具有更好的控制性能。

上面介绍的仿人智能控制算法采用比例控制和保持控制两种模态,反映了人的基本控制思想。但是从提高控制性能出发,仔细推敲上述算法,还不足以反映人在控制操作过程中对于系统响应特性上的预见性和采取控制决策。具体表现在控制器刚刚切换到比例控制模态时,由于误差 $e(t)$ 较小,为了使控制量快速下降(ab 段)或快速上升(cd 段),需要选择较大的比例增量 K_p,但是过大的 K_p 会影响系统的稳定性,在人进行控制操作时,可以预测系统响应的动态变化趋势,并且相应地调整控制量。为了进一步模仿人的这种预见性,仿人智能控制器可以在基本控制算法的基础上进行改进,例如将比例控制模态改为 PID 模态,算法见表 4-6。

表 4-6　仿人智能控制算法改进

序号	条件	控制器输出 $u(t)$	模式
1	$ee'>0$ 或 $e'=0, e\neq0$	$u_0(n-1)+K_p\left[e(t)+T_de'(t)+\dfrac{1}{T_i}\displaystyle\int_{t_1}^{t_2}e(t)dt\right]$	PID
2	$ee'<0$ 或 $e=0$	$u_0(n)=KK_p\displaystyle\sum_{i=0}^{n}e_{mi}(t)$	保持

将比例模态改为 PID 控制模态,在刚切换到该模态时,尽管误差 $e(t)$ 较小,比例控制作用不强,但这时 $e'(t)$ 较大,微分控制作用较强,因此仍可以使控制量快速下降(ab 段)或快速上升(cd 段),而当该控制模态接近结束时,尽管 $e'(t)$ 较小,微分作用减弱,但这时积分作用增强,仍可获得抑制超调的较强的控制量。

5. 带前馈补偿的 PID 控制器——复合控制算法

PID 控制器比较适用于调节系统,调节系统主要考察阶跃响应。而对于伺服系统,还需要考察系统对等速、等加速输入的稳态精度。为了提高系统的无差度,可以引入积分,但引入积分会带来系统稳定性变差,因此很难协调精度和稳定性的矛盾。在连续控制系统中常引入输入信号的某种函数关系加到控制规律中,构成一种既利用误差 e 进行闭环控制,又利用给定输入 r 进行开环控制的开、闭环复合控制系统。图 4-16 是复合控制系统的方块图。

按框图可以推导系统误差对输入的传递函数为

$$\Phi_e(s)=\frac{E(s)}{R(s)}$$

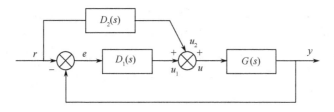

图 4-16　复合控制系统

$$E(s)=R(s)-D_2(s)G(s)R(s)-D_1(s)G(s)E(s)$$

$$E(s)[1+D_1(s)G(s)]=R(s)[1-D_2(s)G(s)]$$

$$\Phi_e(s)=\frac{E(s)}{R(s)}=\frac{1-D_2(s)G(s)}{1+D_1(s)G(s)} \tag{4-40}$$

而系统闭环传递函数为

$$Y(s)=D_2(s)G(s)R(s)+D_1(s)G(s)R(s)-D_1(s)G(s)Y(s)$$

$$\Phi(s)=\frac{Y(s)}{R(s)}=\frac{[D_1(s)+D_2(s)]G(s)}{1+D_1(s)G(s)} \tag{4-41}$$

若满足 $1-D_2(s)G(s)=0$，即

$$D_2(s)=\frac{1}{G(s)} \tag{4-42}$$

则 $\Phi_e(s)=0$，$\Phi(s)=1$。这意味着，在不考虑系统初始条件的情况下，输出 $y(t)$ 每时每刻都复现任意的输入 $r(t)$，即 $y(t)=r(t)$。

直观地解释就是：如果满足 $D_2(s)=\frac{1}{G(s)}$，那么输入是经由 $D_2(s)G(s)$ 而到达 $Y(s)$，有 $Y(s)=D_2(s)G(s)R(s)=R(s)$。

所以，不考虑系统初始条件情况下，$y(t)\equiv r(t)$。

但是，一般的被控对象的开环传递函数

$$G(s)=\frac{b_0s^m+b_1s^{m-1}+\cdots+b_m}{a_0s^n+a_1s^{n-1}+\cdots+a_n} \tag{4-43}$$

因为有惯性，所以上式中 $m<n$。

可见为实现 $D_2(s)=\frac{1}{G(s)}$，就需要获取输入量 $r(t)$ 的各高阶导数，这在工程上是不易实现的。再说微分阶次越高，对输入噪声干扰越敏感，反而影响系统工作。所以实际设计前馈补偿量 $D_2(s)$ 时，只能取参数近似满足 $D_2(s)=\frac{1}{G(s)}$。通常取微分的最高阶次 2 比较合适，正好用来补偿等速和等加速误差。这也和以电机为对象的对象简化模型一致，对象简化模型为

$$G(s)=\frac{k}{s(1+Ts)} \tag{4-44}$$

因此

$$D_2(s)=\frac{U_2(s)}{R(s)}=C_vs+C_as^2 \tag{4-45}$$

式中，C_v、C_a 分别为速度补偿系数和加速度补偿系数。

前面框图中如果不考虑前馈补偿，系统闭环传递函数为

$$\Phi(s)=\frac{D_1(s)G(s)}{1+D_1(s)G(s)} \tag{4-46}$$

可见加入前馈补偿后,系统闭环传递函数中特征方程 $1+D_1(s)G(s)$ 没有变化,即前馈补偿不影响原有的系统的稳定性。因此前馈补偿的引入可以很好地解决精度和稳定性之间的矛盾。

在计算机控制伺服系统中,数字输入是由上位机给定的,而上位机一般较忙,如数控、机器人控制中上位机要完成轨迹的规划,在火控系统中上位机要解算目标的提前量,因此没有可能发送前馈控制信号,只能由伺服系统自己获取。与数字 PID 算式获取方法相同,对输入 $r(t)$ 取一阶、二阶差分,就可以获取前馈信号(但要注意输入信号量化的影响)。

$$U_2(s)=C_v sR(s)+C_a s^2 R(s)$$

$$u_2(k)=C_{\sqrt{}}[r(k)-r(k-1)]+C_{a'}[r(k)-2r(k-1)+r(k-2)]$$

于是带前馈补偿的 PID 算式为

$$u(k) = u_1(k) + u_2(k) = K_p\left\{e(k)+\frac{T_s}{T_i}\sum_{j=0}^{k}e(j)+\frac{T_d}{T_s}[e(k)-e(k-1)]\right\}$$
$$+C_{\sqrt{}}[r(k)-r(k-1)]+C_{a'}[r(k)-2r(k-1)+r(k-2)]$$

$$(4\text{-}47)$$

6. 开方控制算法

伺服系统还要求系统大调转时快速平稳无超调。在数控和机器人的控制中可以采用轨迹规划,规划出点位控制的最优运动轨迹,以一个梯形的速度曲线来控制系统点位运动,实现平滑无超调。而伺服系统输入信号是随机的,没法规划。此时可采用开关模态、开方模态和 PID 模态控制算法。如表 4-7 所示,控制过程如图 4-17 所示。其中,e_P 为开方控制限,e_L 为 PID 控制限。

表 4-7 开方控制算法

序号	条件	控制器输出	模式
1	$\|e(k)\|>\|e_P\|$	$u(k)=\Omega_{max}$	开关
2	$\|e_L\|<\|e(k)\|<\|e_P\|$	$u(k)=\sqrt{2\varepsilon e(k)}$	开方
3	$\|e(k)\|<\|e_L\|$	$u(k)=K_p e(k)+K_i\sum_{j=0}^{k}e(j)+K_d[e(k)-e(k-1)]$	PID

在一个设置了电流环的伺服系统中,系统在启动、制动时有恒定的加速度特性,因此当给系统发出调转信号时(即给定阶跃),系统误差很大,控制器输出饱和值 $u(k)=\Omega_{max}$,系统将以最大加速度快速运动到最大转速 Ω_{max},并以这个最大转速运动。当达到中等偏差 P 点后,控制器控制给出最大减速规律将引导系统以最大减速度制动,平稳地到达协调点 L。

减速规律的意义解释如下:如图 4-18 所示,电机以减速加速度 ε 进行减速时,在 t 时刻转速 Ω 为

$$\Omega=(t_0-t)\varepsilon \qquad (4\text{-}48)$$

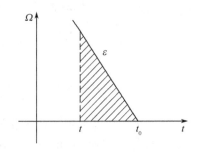

图 4-17　开方控制过程　　　　　　　　　图 4-18　减速规律

式中，t_0 为到达目标点(位置指令值)的时间。根据三角形面积公式，到达目标点的距离(即偏差 e)为

$$e=(t_0-t)\varepsilon(t_0-t)/2 \tag{4-49}$$

从式(4-48)和式(4-49)中消去 (t_0-t) 项得：$\Omega=\sqrt{2\varepsilon e}$。

以

$$\Omega_c=\sqrt{2\varepsilon e} \tag{4-50}$$

作为速度指令，以

$$e_P=\Omega_{max}^2/2\varepsilon \tag{4-51}$$

为到达 P 点的偏差。

开方控制器的增益非常大，理论上趋向于无穷大，这样，在平衡点附近就有潜在的不稳定性，在小误差情况下应该切换到别的控制方法，因此当 e 达到 e_L(线性范围)时，采用 PID 模态，引导系统无超调地平稳达到终点。

在系统进入稳态后，由 PID 模态对系统进行闭环控制。

习题与思考题 4

4-1 试说明比例、积分、微分控制作用的物理意义。

4-2 说明 PID 控制器实际编程时为什么使用式(4-17)。

4-3 控制度 $Q>1$，说明为什么使用理想 PID 算法的计算机控制系统的控制效果不如连续控制系统。

4-4 试分析 PID 的各种改进算法是针对什么问题提出的。

4-5 简述试凑法和扩充临界比例度法整定 PID 参数的步骤。

4-6 确定计算机控制系统的采样周期需要考虑哪些因素？

第 5 章　数字控制器的连续设计方法

从本章开始,我们所研究的数字控制系统设计是基于被控对象数学模型已知的情况下,用控制理论的方法,设计出数字控制器,使控制系统满足一定的性能指标。

工程上多数情况下被控对象是连续的,这样组成的计算机控制系统常称为"混合系统",如图 5-1 所示。图中数字与连续两种不同类型部分由 A/D 和 D/A 转换器连接起来,以保证信息的畅通。

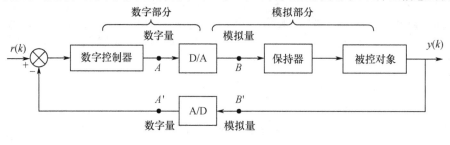

图 5-1　混合系统

对于一个具体的系统在进行分析和综合时,首先要解决数学描述问题。这种"混合系统"显然可以从两个不同的角度去看待,把系统从 A' 点断开,系统的输入和输出均为数字量,可以看成是一个离散系统;如果从 B' 点断开,输入和输出均是模拟量,系统可以看成是连续系统。这样可以把计算机控制系统的设计方法分为离散化设计方法和连续化设计方法两种。

离散化设计方法是:将被控对象和保持器组成的连续部分离散化,直接应用离散控制理论的一套方法进行分析和综合,设计出满足控制指标的离散控制器,由计算机去实现。

连续化设计方法是:忽略控制回路中所有的零阶保持器和采样器,在 s 域中按连续系统进行初步设计,求出连续控制器,然后再通过某种近似,将连续控制器变换为离散控制器,由计算机去实现。在这个设计过程中,也可以用某种 z 域分析法来检验原来的设计目的是否业已达到。

由于广大工程技术人员对 s 平面比对 z 平面更为熟悉,因此连续化设计方法易于被采用。连续设计方法的缺点是,在将连续控制器变换成离散控制器的过程中,无论哪一种方法均会引起 z 平面的极点偏离所需要的位置,因此需经适当的试凑。

5.1　使用连续化设计方法的条件

前面谈到,一个"混合系统",当从 B' 点断开,可以看成是连续系统,系统的典型结构如图 5-2 所示。从图中可以看出输入/输出都是连续量,但和真正连续系统相比,$D^*(s)$ 是离散的。怎样才能做到离散的 $D^*(s)$ 可以看成连续的 $D(s)$? 就是要讨论如何保证离散化后信息不丢失,也即按连续系统设计方法设计数字控制系统的条件。

要将上面的系统看成连续系统受到两个条件的约束。

1. 量化单位

模拟量经 A/D 转换之后才能进入计算机,因此模拟量经过了整量化,如果整量化单位过大,相当于系统中引入了较大的干扰。但是这个问题在工程上可实现的条件下,可以通过增加 A/D 转换的位数来将干扰限制在很小的程度。

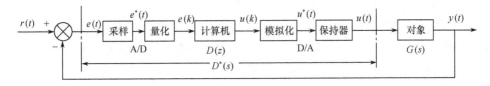

图 5-2　等效连续系统

例如，一个 5V 基准电源的转换器，当位数 $n=8$ 时，分辨率 $\delta=20\mathrm{mV}$；当 $n=12$ 时，分辨率 $\delta=1.25\mathrm{mV}$，量化单位已很小，完全可以看成连续信号。

2. 采样周期的选择

根据香农采样定理，只要采样角频率 $\omega_s \geq 2\omega_{max}$（$\omega_{max}$ 为连续信号的最大频率分量），连续信号可以由它的采样信号复现。采样定理给出了从采样信号恢复到连续信号的最低采样频率。

在数字控制系统中，完成恢复功能一般由零阶保持器来实现。我们知道零阶保持器的传递函数为

$$H_0(s) = \frac{1 - \mathrm{e}^{-T_s s}}{s} \tag{5-1}$$

其频率特性为

$$H_0(\mathrm{j}\omega) = \frac{1 - \mathrm{e}^{-T_s \mathrm{j}\omega}}{\mathrm{j}\omega} = T_s \frac{\sin\left(\dfrac{\omega T_s}{2}\right)}{\dfrac{\omega T_s}{2}} \angle -\frac{\omega T_s}{2} \tag{5-2}$$

图 5-3 所示为零阶保持器的幅频和相频特性，可见零阶保持器具有低通滤波特性。当采样角频率 ω_s 较高时，由采样所引进的高频分量得到了很好的平滑，连续信号被恢复。

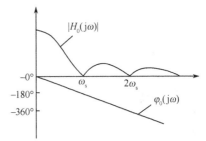

图 5-3　零阶保持器的频率特性

从零阶保持器的频率特性中可以看出，在数字控制系统中引进零阶保持器将对信号产生附加相位移。这就说明，尽管数字控制系统通过零阶保持器可以恢复连续信号，但也只能是近似的。当采样角频率 ω_s 取为 10 倍信号主频谱的最高频率 ω_{max} 时，零阶保持器带来的附加相移为

$$\varphi_0(\omega) = -\frac{\omega T_s}{2} = -\frac{\omega}{\omega_s}\pi = -\frac{\pi}{10} = -18° \tag{5-3}$$

可见是比较小的。因此采用连续设计方法，用离散控制器去近似连续控制器，要求有相当短的采样周期。

5.2　连续化设计步骤

首先按图 5-4 所示的系统结构，用连续系统的设计方法确定出控制器 $D(s)$。然后将控制器 $D(s)$ 变换为 $D(z)$，以便得到如图 5-5 所示的数字控制系统，并使其尽可能与连续系统有相似的特性。

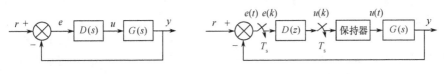

图 5-4　连续系统　　　　　　　　　图 5-5　数字控制系统

为此目的,连续化设计分 4 步进行。

第一步,合理地选择采样周期 T_s,检验系统中插入保持器后对系统特性的影响。如果采样角频率 ω_s 远大于所设计的系统的闭环带宽,那么保持器的影响可以忽略不计。倘若由于工程实现上的限制,采样角频率 ω_s 不能做得很高,就有必要对 $D(s)$ 进行修正,既考虑保持器的滞后特性对系统性能的影响,也可以将保持器的传递函数考虑到系统中,如图 5-6 所示,然后对带有保持器的连续系统重新进行设计,确定出新的 $D(s)$。

对于零阶保持器,连同采样开关一起,其传递函数可近似为

$$\frac{1}{T_s}\frac{T_s}{1+\dfrac{sT_s}{2}}=\frac{1}{1+\dfrac{sT_s}{2}} \tag{5-4}$$

其中,采样开关的传递系数为 $\dfrac{1}{T_s}$,零阶保持器近似传递函数为 $\dfrac{T_s}{1+\dfrac{sT_s}{2}}$。

第二步,将 $D(s)$ 变为 $D(z)$。在 5.3 节将介绍 6 种变换方法,其出发点都是如何使 $D(z)$ 逼近 $D(s)$ 的特性。

第三步,按图 5-7 所示的离散控制系统,检验其闭环特性是否符合设计要求。

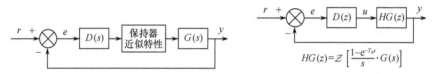

图 5-6 带保持器的连续系统   图 5-7 离散数字控制系统

第四步,将 $D(z)$ 变为差分方程形式,并编制计算程序。

在上述的设计步骤中,关键的问题就是如何将连续控制器转化为数字控制器,使两者性能尽量等效。

通常,为检验离散后的等效性能,可考察系统的以下特性:

① 脉冲响应特性;

② 阶跃响应特性,如超调量、振荡次数、上升时间、过渡过程时间等;

③ 频率特性,如通频带、增益裕度、相位裕度、闭环频率响应通频带、峰值等;

④ 直流增益;

⑤ 零极点分布。

如果检验结果是系统的设计指标没有达到,就要重新进行设计,改进设计的途径有:

① 重选合适的离散化方法;

② 提高采样频率;

③ 修正 $D(s)$ 设计。

5.3 $D(s)$ 的离散化方法

将 $D(s)$ 离散成 $D(z)$ 的方法有很多,不同的离散化方法所具有的特性不同,不同特性的接近程度也不一致,因此,对设计人员来说,必须明确的是:与连续控制器相比,期望离散化的控制器应具有什么性能。

如何评价这些方法的优劣,可以从两个方面出发。从 $D(s)$ 环节考虑,评价参数有:零点和极点;环节的频率响应(幅频与相频特性)。由于 $D(s)$ 是系统的控制器,因此最好的评价是从系统

出发。从系统出发,评价参数有:主导零、极点;系统带宽或穿越频率;直流增益;增益裕度,相位裕度;超调量;闭环频率特性的峰值。

下面介绍几种常用的离散化方法。

5.3.1 脉冲响应不变法

所谓脉冲响应不变是指所设计出的 $D(z)$ 的单位脉冲响应 $h(kT_s)$ 与 $D(s)$ 的单位脉冲响应 $h(t)$ 的采样值相等。按照这一原则来实现将 $D(s)$ 离散成 $D(z)$ 的方法,就是脉冲响应不变法,如图 5-8 所示。

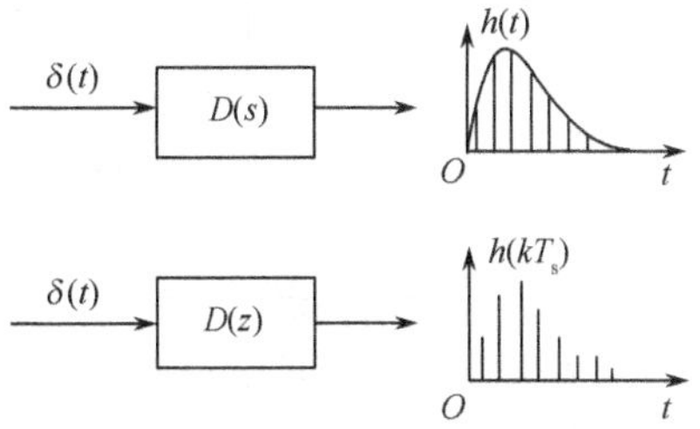

假设由连续设计求得

$$D(s) = \sum_{i=1}^{n} A_i \frac{1}{s+a_i} \qquad (5\text{-}5)$$

其单位脉冲响应为

$$h(t) = \mathcal{L}^{-1}\left[\sum_{i=1}^{n} A_i \frac{1}{s+a_i}\right] = \sum_{i=1}^{n} A_i e^{-a_i t} \quad (5\text{-}6)$$

单位脉冲响应的离散时间值为

$$h(kT_s) = \sum_{i=1}^{n} A_i e^{-a_i kT_s} \qquad (5\text{-}7)$$

图 5-8　脉冲响应不变法

对上式求 z 变换

$$D(s) = \sum_{i=1}^{n} A_i \sum_{k=0}^{\infty} e^{-a_i kT_s} z^{-k} = \sum_{i=1}^{n} \frac{A_i}{1-e^{-a_i T_s} z^{-1}} \qquad (5\text{-}8)$$

$$D(z) = \mathcal{Z}[h(kT_s)] = \mathcal{Z}[h(t)] = \mathcal{Z}[D(s)] = D(z) \qquad (5\text{-}9)$$

因为 $D(z)$ 的 z 反变换就是 $h(kT_s)$,也就是采用脉冲响应不变法所得到的 $D(z)$ 就是 $D(s)$ 的 z 离散化,所以,脉冲响应不变法也称为 z 变换法。当 $D(s)$ 很简单时,可以直接查 z 变换表,如果 $D(s)$ 较复杂,则必须先用部分分式展开成可查表的形式,再查 z 变换表。

【例 5-1】用脉冲响应不变法将 $D(s) = \dfrac{1}{s^2 + 0.2s + 1}$ 离散化成 $D(z)$,假设采样周期 $T_s = 1\text{s}$。

【解】
$$D(s) = \frac{1}{s^2 + 0.2s + 1} = \frac{1}{(s+0.1-0.995\text{j})(s+0.1+0.995\text{j})}$$
$$= \frac{1.005 \times 0.995}{(s+0.1)^2 + 0.995^2}$$

查 z 变换表得

$$D(z) = \frac{z e^{-0.1T_s} \sin 0.995 T_s}{z^2 - 2z e^{-0.1T_s} \cos 0.995 T_s + e^{-0.2T_s}}$$
$$= \frac{0.76z}{z^2 - 0.985z + 0.819}$$
$$= \frac{0.76z^{-1}}{1 - 0.985z^{-1} + 0.819z^{-2}} = \frac{U(z)}{E(z)}$$

等效差分方程为

$$u(k) = 0.985u(k-1) - 0.819u(k-2) + 0.76e(k-1)$$

脉冲响应不变法单位阶跃响应曲线如图 5-9 所示。

脉冲响应不变法频率响应曲线如图 5-10 所示。

由于脉冲响应不变法实质上就是 z 变换法,因此 s 平面与 z 平面的映射关系是基于 $z = e^{sT_s}$,

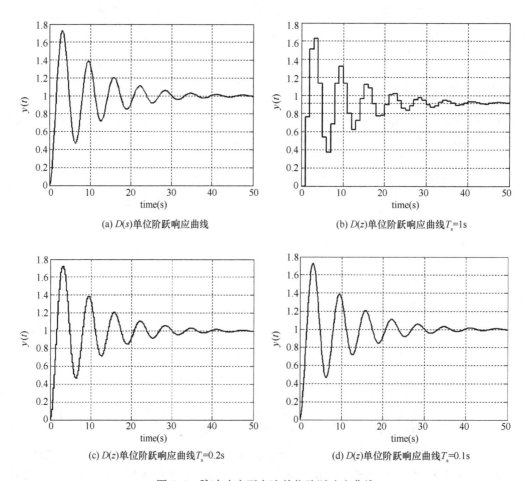

图 5-9　脉冲响应不变法单位阶跃响应曲线

s 平面左半平面映射到 z 平面单位圆内，当 $D(s)$ 是稳定的，变换成 $D(z)$ 也是稳定的。s 平面与 z 平面的单位圆不是单值关系，s 平面沿虚轴从 $-\omega_s/2$ 移到 $\omega_s/2$，对应于 z 平面沿单位圆转过一圈，当 $D(s)$ 的最高频率超出主频带 $-j\omega_s/2 \sim j\omega_s/2$，$z$ 变换后将产生频率混叠现象。如果发生混叠现象，高频将混入感兴趣的低频范围，则离散后频率响应将严重畸变。

有两种避免频率混叠现象发生的方法：

① 采样器前串联低通滤波器，以衰减高频分量；

② 使用足够高的采样频率。

二者都有缺点，加入一个低通滤波器会增加闭环回路的时间滞后，进而降低系统的稳定裕量。若想要采样频率比截止频率高很多的话，需要一个不易实现的硬件，从而为解决混叠付出昂贵的代价。所以，脉冲响应不变法只适用于连续控制器 $D(s)$ 具有陡峭衰减特性，且为有限带宽信号的场合。这时采样频率足够高，可减少频率混叠影响，于是 $D(z)$ 的频率特性才接近原连续的 $D(s)$。

因为 z 变换法总是将 s 平面的稳定区域映射到 z 平面的稳定区，因而，如果 $D(s)$ 是稳定的，则用 z 变换法离散后得到的 $D(z)$ 也是稳定的。

从计算的角度看，用此法确定等效 $D(z)$ 并不容易，因为求解复杂 $D(s)$ 的 z 变换是一个烦琐的过程。

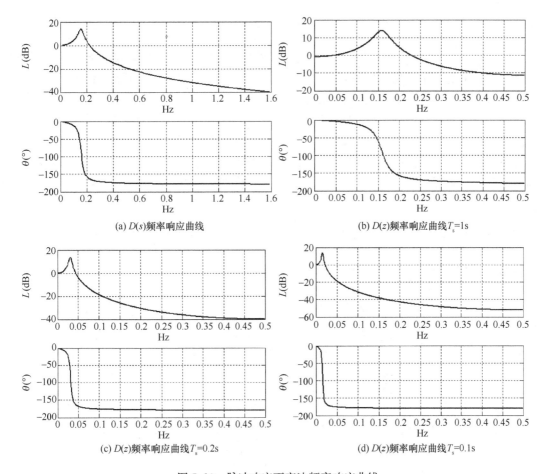

(a) $D(s)$频率响应曲线

(b) $D(z)$频率响应曲线 $T_s=1$s

(c) $D(z)$频率响应曲线 $T_s=0.2$s

(d) $D(z)$频率响应曲线 $T_s=0.1$s

图 5-10 脉冲响应不变法频率响应曲线

5.3.2 阶跃响应不变法

所谓阶跃响应不变是指所设计出的 $D(z)$ 的单位阶跃响应 $h(kT_s)$ 与 $D(s)$ 的单位阶跃响应 $h(t)$ 的采样值相等。按照这一原则来实现将 $D(s)$ 离散成 $D(z)$ 的方法,就是阶跃响应不变法,如图 5-11 所示。

用阶跃响应不变法离散 $D(s)$ 后得到的 $D(z)$,则有

$$\mathscr{Z}^{-1}\left[\frac{1}{1-z^{-1}}D(z)\right]=\mathscr{L}^{-1}\left[\frac{1}{s}D(s)\right]\Big|_{t=kT_s} \quad (5\text{-}10)$$

式中,$\mathscr{Z}^{-1}\left[\dfrac{1}{1-z^{-1}}D(z)\right]$ 表示 $D(z)$ 的阶跃响应,而

$\mathscr{L}^{-1}\left[\dfrac{1}{s}D(s)\right]$ 表示 $D(s)$ 的阶跃响应。对式(5-10)进行 z

变换,得

$$\frac{1}{1-z^{-1}}D(z)=\mathscr{Z}\left\{\mathscr{L}^{-1}\left[\frac{1}{s}D(s)\right]\right\}=\mathscr{Z}\left[\frac{D(s)}{s}\right]$$

即

$$D(z)=(1-z^{-1})\mathscr{Z}\left[\frac{D(s)}{s}\right] \quad (5\text{-}11)$$

图 5-11 阶跃响应不变法

$$D(z)=\mathscr{Z}\left[\frac{1-\mathrm{e}^{-sT_s}}{s}\cdot D(s)\right]$$

式(5-11)也可以写成如下形式

$$D(z) = \mathscr{Z}\left[\frac{1-\mathrm{e}^{-sT_s}}{s}D(s)\right] \qquad (5\text{-}12)$$

由此可以看成在 $D(s)$ 前加了一个采样保持器,从图 5-11 也可以看出。必须指出,这里的采样保持器是一个虚拟的数学模型,而不是实际硬件。把零阶保持器加进 $D(s)$ 再离散,较单纯使用脉冲响应不变法离散 $D(s)$ 更接近于连续系统。

零阶保持器的加入,虽然保持了阶跃响应和稳态增益不变的特性,但并未从根本上改变 z 变换的性质。这种方法本质上仍然是 z 变换法,因此 $D(s)$ 是稳定的,变换后 $D(z)$ 也是稳定的。由于零阶保持器具有低通滤波特性,将使信号最大频率低一些,因此频率混叠现象将比单纯采用脉冲响应不变法要有所改善。另外,零阶保持器的引入将带来相位滞后,故稳定裕度要差些,当采样频率较低时,应进行补偿。

【例 5-2】用阶跃响应不变法离散 $D(s) = \dfrac{1}{s^2 + 0.2s + 1}$,假设采样周期 $T_s = 1\mathrm{s}$。

【解】
$$
\begin{aligned}
D(z) &= \mathscr{Z}\left[\frac{1-\mathrm{e}^{-sT_s}}{s} \cdot \frac{1}{s^2+0.2s+1}\right] \\
&= (1-z^{-1})\mathscr{Z}\left[\frac{1}{s} - \frac{s+0.1}{(s+0.1)^2+0.995^2} - 0.1\frac{0.995}{(s+0.1)^2+0.995^2}\right] \\
&= (1-z^{-1})\left[\frac{1}{1-z^{-1}} - \frac{1-0.4923z^{-1}}{1-0.985z^{-1}+0.819z^{-2}} - \frac{0.763z^{-1}}{1-0.985z^{-1}+0.819z^{-2}}\right] \\
&= \frac{0.431z^{-1}+0.403z^{-2}}{1-0.985z^{-1}+0.819z^{-2}} = \frac{U(z)}{E(z)}
\end{aligned}
$$

等效差分方程为
$$u(k) = 0.985u(k-1) - 0.819u(k-2) + 0.431e(k-1) + 0.403e(k-2)$$
阶跃响应不变法单位阶跃响应曲线如图 5-12 所示。

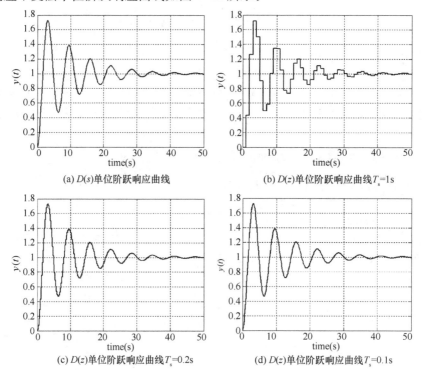

(a) $D(s)$ 单位阶跃响应曲线

(b) $D(z)$ 单位阶跃响应曲线 $T_s=1\mathrm{s}$

(c) $D(z)$ 单位阶跃响应曲线 $T_s=0.2\mathrm{s}$

(d) $D(z)$ 单位阶跃响应曲线 $T_s=0.1\mathrm{s}$

图 5-12　阶跃响应不变法单位阶跃响应曲线

阶跃响应不变法频率响应曲线如图 5-13 所示。

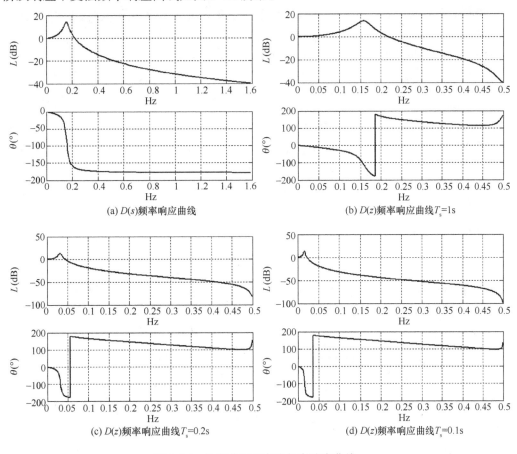

(a) $D(s)$频率响应曲线

(b) $D(z)$频率响应曲线 $T_s=1$s

(c) $D(z)$频率响应曲线 $T_s=0.2$s

(d) $D(z)$频率响应曲线 $T_s=0.1$s

图 5-13　阶跃响应不变法频率响应曲线

5.3.3　差分变换法

连续系统的控制器 $D(s)$ 在时间域里用微分方程来表示，当把微分运算用等效差分来近似时，就可以得到一个逼近给定微分方程的差分方程。这种等效差分可以分成后向差分和前向差分两种方法。

1. 后向差分

后向差分的近似式为

$$\left.\frac{\mathrm{d}e(t)}{\mathrm{d}t}\right|_{t=kT_s} \approx \frac{e(k)-e(k-1)}{T_s} \tag{5-13}$$

等式左边取拉氏变换为

$$sE(s)$$

等式右边取 z 变换为

$$\frac{E(z)-E(z)z^{-1}}{T_s}=\frac{1-z^{-1}}{T_s}E(z)$$

这样可以得到变换关系

$$s=\frac{1-z^{-1}}{T_s} \tag{5-14}$$

于是

$$D(z)=D(s)\Big|_{\frac{1-z^{-1}}{T_s}} \tag{5-15}$$

实际上，这种方法相当于数学中的矩形积分，即以矩形面积近似替代积分，控制量是由矩形面积 $T_s e(k)$ 累加而成的，如图 5-14 所示。由图可以看出，当采样周期较大时，该方法精度较差。

下面分析 s 平面与 z 平面之间的映射关系。

先看 s 平面虚轴的映射，令 $s=j\omega$，并将变换式(5-14)改写为

$$z=\frac{1}{1-sT_s}=\frac{1}{1-j\omega T_s}=\frac{1}{2}\left(1+\frac{1+j\omega T_s}{1-j\omega T_s}\right)$$

$$=\frac{1}{2}(1+e^{2j\arctan\omega T_s}) \tag{5-16}$$

取 z 的实部和虚部得

$$\mathrm{Re}(z)=\frac{1}{2}+\frac{1}{2}\cos(2\arctan\omega T_s) \tag{5-17}$$

$$\mathrm{Im}(z)=\frac{1}{2}\sin(2\arctan\omega T_s) \tag{5-18}$$

最后得

$$\left[\mathrm{Re}(z)-\frac{1}{2}\right]^2+\mathrm{Im}^2(z)=\left(\frac{1}{2}\right)^2$$

这是一个圆方程，圆心在 z 平面的 $(1/2,0)$，半径为 $1/2$，如图 5-15 所示。于是 s 平面的虚轴映射到 z 平面就是这个半径为 $1/2$ 的圆。

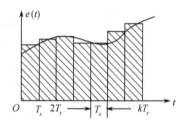

图 5-14　后向差分(矩形积分)法

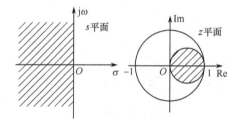

图 5-15　后向差分的映射关系

再看 s 左半平面的映射，令 $s=\sigma+j\omega$，则

$$z=\frac{1}{1-\sigma T_s-j\omega T_s}$$

$$|z|=\frac{1}{\sqrt{(1-\sigma T_s)^2+(\omega T_s)^2}} \tag{5-19}$$

若 $\sigma<0$（即表示 s 左半平面），$|z|<1$，说明映射到 z 平面的单位圆内，因此 $D(s)$ 是稳定的，经后向差分变换后，$D(z)$ 也是稳定的。

后向差分变换在 ω 从 $0\to\infty$ 时，唯一映射到半径为 $1/2$ 的圆上，因此没有出现频率混叠现象，但是频率被严重压缩了，不能保证频率特性不变。

很容易验证，变换前后稳态增益不变，即 $D(z)|_{z=1}=D(s)|_{s=0}$。

2. 前向差分

前向差分的近似式为

$$\left.\frac{\mathrm{d}e(t)}{\mathrm{d}t}\right|_{t=kT_s}\approx\frac{e(k+1)-e(k)}{T_s} \tag{5-20}$$

变换式为 $s=\dfrac{z-1}{T_s}$，或 $z=1+sT_s$。

这种方法也是一种矩形积分近似，控制量是由矩形面积 $T_s e(k-1)$ 累加而成的，如图 5-16 所示。

令 $s=\mathrm{j}\omega$，则 $z=1+\mathrm{j}\omega T_\mathrm{s}$，说明 s 平面的虚轴映射到 z 平面是一条过实轴 1、平行于虚轴的直线。如图 5-17 所示。

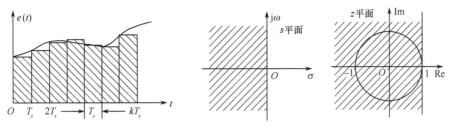

图 5-16　前向差分(矩形积分)法　　　　图 5-17　后向差分的映射关系

令 $s=\sigma+\mathrm{j}\omega$，则

$$z=1+\sigma T_\mathrm{s}+\mathrm{j}\omega T_\mathrm{s}$$
$$|z|=\sqrt{(1+\sigma T_\mathrm{s})^2+(\omega T_\mathrm{s})^2} \tag{5-21}$$

要使 $|z|<1$，除 $\sigma<0$ 外，还要求 ωT_s 较小时才行，可见这种变换会产生不稳定的 $D(z)$。

【例 5-3】用后向差分变换法离散 $D(s)=\dfrac{1}{s^2+0.2s+1}$，假设采样周期 $T_\mathrm{s}=1\mathrm{s}$。

【解】　$D(z)=D(s)\Big|_{\frac{1-z^{-1}}{T_\mathrm{s}}}=\dfrac{1}{\left(\dfrac{1-z^{-1}}{T_\mathrm{s}}\right)^2+0.2\dfrac{1-z^{-1}}{T_\mathrm{s}}+1}=\dfrac{0.455}{1-z^{-1}+0.455z^{-2}}=\dfrac{U(z)}{E(z)}$

等效差分方程为

$$u(k)=0.455e(k)+u(k-1)-0.455u(k-2)$$

后向差分变换法单位阶跃响应曲线如图 5-18 所示。

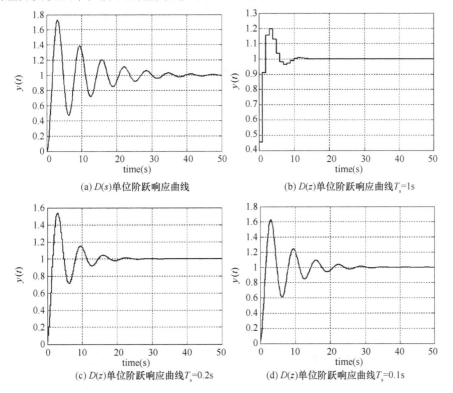

图 5-18　后向差分变换法单位阶跃响应曲线

后向差分变换法频率响应曲线如图 5-19 所示。

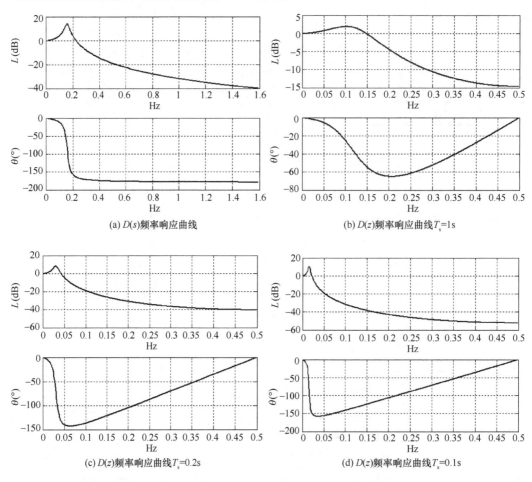

(a) $D(s)$频率响应曲线　　　　　　　　(b) $D(z)$频率响应曲线T_s=1s

(c) $D(z)$频率响应曲线T_s=0.2s　　　　　(d) $D(z)$频率响应曲线T_s=0.1s

图 5-19　后向差分变换法频率响应曲线

5.3.4　双线性变换法

双线性变换法又称 Tustin 法,可以从用梯形面积逼近积分运算得到。

定积分

$$u(t) = \int_0^t e(t)\,dt \tag{5-22}$$

两边求拉氏变换得

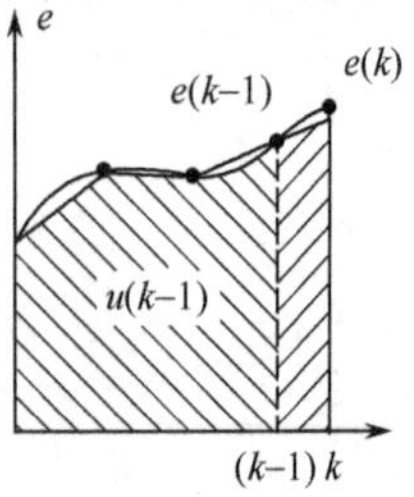

$$U(s) = \frac{1}{s}E(s) \tag{5-23}$$

积分传递函数

$$D(s) = \frac{U(s)}{E(s)} = \frac{1}{s} \tag{5-24}$$

当用梯形面积进行数值积分运算,如图 5-20 所示,算式如下

$$u(k) = u(k-1) + \frac{T_s}{2}\big[e(k) + e(k-1)\big] \tag{5-25}$$

图 5-20　梯形面积运算

求 z 变换得　　$U(z) = z^{-1}U(z) + \dfrac{T_s}{2}\big[E(z) + z^{-1}E(z)\big]$

积分 z 传递函数为

$$D(z) = \frac{U(z)}{E(z)} = \frac{T_s}{2} \cdot \frac{1+z^{-1}}{1-z^{-1}} = \frac{1}{\dfrac{2}{T_s} \cdot \dfrac{1-z^{-1}}{1+z^{-1}}} \tag{5-26}$$

比较式(5-23)和式(5-26)可以看到,为了实现积分运算,只要将 $D(s)$ 中的 s 用 $\dfrac{2}{T_s} \cdot \dfrac{1-z^{-1}}{1+z^{-1}}$ 替换即可,于是就得到双线性变换式

$$s = \frac{2}{T_s} \cdot \frac{1-z^{-1}}{1+z^{-1}} \tag{5-27}$$

离散化方法是

$$D(z) = D(s) \Big|_{s = \frac{2}{T_s} \cdot \frac{1-z^{-1}}{1+z^{-1}}} \tag{5-28}$$

再来分析双线性变换法 s 平面与 z 平面的映射关系。

变换式(5-28)还可以写成

$$z = \frac{\dfrac{2}{T_s} + s}{\dfrac{2}{T_s} - s} \tag{5-29}$$

设 $s = j\omega$,则

$$z = \frac{\dfrac{2}{T_s} + j\omega}{\dfrac{2}{T_s} - j\omega} = \frac{\left(\dfrac{4}{T_s^2} - \omega^2\right) + j\dfrac{4}{T_s}\omega}{\dfrac{4}{T_s^2} + \omega^2} \tag{5-30}$$

从式中可见,当 $\omega = 0, z = 1$;当 $\omega = \infty, z = -1$;当 $\omega = \dfrac{2}{T_s}, z = j$。说明 ω 从 $0 \to \infty, z$ 的相角单调地从 0 变到 π,即 s 平面的虚轴,唯一映射到 z 平面单位圆上。

设 $s = \sigma + j\omega$,得

$$z = \frac{\dfrac{2}{T_s} + \sigma + j\omega}{\dfrac{2}{T_s} - \sigma - j\omega}$$

$$|z| = \frac{\sqrt{\left(\dfrac{2}{T_s} + \sigma\right)^2 + \omega^2}}{\sqrt{\left(\dfrac{2}{T_s} - \sigma\right)^2 + \omega^2}} \qquad \text{当 } \sigma < 0, \ |z| < 1 \text{ 时} \tag{5-31}$$

说明 s 平面的左半平面映射到 z 平面的单位圆内。

从这样的映射关系可以看出,如果 $D(s)$ 是稳定的,双线性变换后 $D(z)$ 也是稳定的,并且不出现频率的混叠现象。

【例 5-4】 将 $D(s) = \dfrac{1}{s^2 + 0.2s + 1}$ 用双线性变换法离散,假设采样周期 $T_s = 1\mathrm{s}$。

【解】 $D(z) = D(s) \Big|_{s = \frac{2}{T_s} \cdot \frac{1-z^{-1}}{1+z^{-1}}}$

$$= \frac{1}{\left(\dfrac{2}{T_s} \cdot \dfrac{1-z^{-1}}{1+z^{-1}}\right)^2 + 0.2\left(\dfrac{2}{T_s} \cdot \dfrac{1-z^{-1}}{1+z^{-1}}\right) + 1} = \frac{0.185(1+2z^{-1}+z^{-2})}{1-1.111z^{-1}+0.852z^{-2}} = \frac{U(z)}{E(z)}$$

等效差分方程为

$$u(k) = 1.111u(k-1) - 0.852u(k-2) + 0.185e(k) + 0.37e(k-1) + 0.185e(k-2)$$

双线性变换法单位阶跃响应曲线如图 5-21 所示。

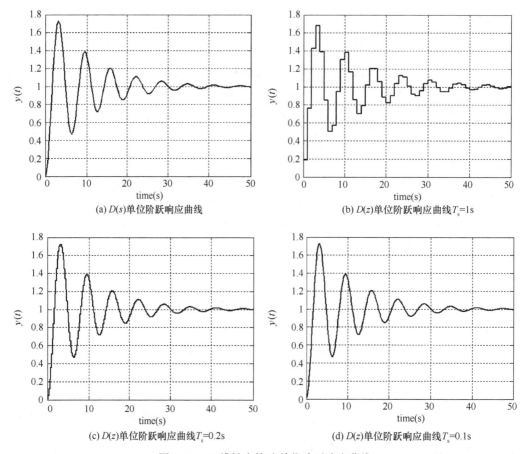

(a) $D(s)$单位阶跃响应曲线

(b) $D(z)$单位阶跃响应曲线$T_s=1$s

(c) $D(z)$单位阶跃响应曲线$T_s=0.2$s

(d) $D(z)$单位阶跃响应曲线$T_s=0.1$s

图 5-21　双线性变换法单位阶跃响应曲线

双线性变换法频率响应曲线如图 5-22 所示。

从例子中可以看出,连续控制器 $D(s)$ 零点少于极点数,经双线性变换之后,零、极点数相等,这一点可以做如下解释:由于双线性变换将整个 s 平面——对应变换到 z 平面,因此 $D(s)$ 在无穷远处的零点,经双线性变换后被变换到 $z=-1$ 处。因此,双线性变换后 $D(z)$ 的阶次不变,且分子、分母具有相同的阶次。若 $D(s)$ 分子阶次比分母阶次低 $p=n-m$ 次,则 $D(z)$ 分子上必有 $(z+1)^p$ 的因子。

双线性变换前后稳态增益不变,即$D(z)|_{z=1}=D(s)|_{s=0}$,因此稳态增益不需要进行修正。

5.3.5　频率预畸变的双线性变换法

经过双线性变换后,模拟频率 ω 与离散频率 ω' 之间存在着非线性关系,将 $s=\mathrm{j}\omega, z=\mathrm{e}^{\mathrm{j}\omega'T_s}$ 代入双线性变换式得

$$
\begin{aligned}
\mathrm{j}\omega &= \frac{2}{T_s}\cdot\frac{1-\mathrm{e}^{-\mathrm{j}\omega'T_s}}{1+\mathrm{e}^{-\mathrm{j}\omega'T_s}} = \frac{2}{T_s}\cdot\frac{\mathrm{e}^{\frac{\mathrm{j}\omega'T_s}{2}}\cdot\mathrm{e}^{-\frac{\mathrm{j}\omega'T_s}{2}}-\mathrm{e}^{-\frac{\mathrm{j}\omega'T_s}{2}}\cdot\mathrm{e}^{-\frac{\mathrm{j}\omega'T_s}{2}}}{\mathrm{e}^{\frac{\mathrm{j}\omega'T_s}{2}}\cdot\mathrm{e}^{-\frac{\mathrm{j}\omega'T_s}{2}}+\mathrm{e}^{-\frac{\mathrm{j}\omega'T_s}{2}}\cdot\mathrm{e}^{-\frac{\mathrm{j}\omega'T_s}{2}}} \\
&= \frac{2}{T_s}\cdot\frac{\mathrm{e}^{\frac{\mathrm{j}\omega'T_s}{2}}-\mathrm{e}^{-\frac{\mathrm{j}\omega'T_s}{2}}}{\mathrm{e}^{\frac{\mathrm{j}\omega'T_s}{2}}+\mathrm{e}^{-\frac{\mathrm{j}\omega'T_s}{2}}} = \frac{2}{T_s}\cdot\frac{\mathrm{j}\dfrac{\mathrm{e}^{\frac{\mathrm{j}\omega'T_s}{2}}-\mathrm{e}^{-\frac{\mathrm{j}\omega'T_s}{2}}}{2\mathrm{j}}}{\dfrac{\mathrm{e}^{\frac{\mathrm{j}\omega'T_s}{2}}+\mathrm{e}^{-\frac{\mathrm{j}\omega'T_s}{2}}}{2}} = \frac{2}{T_s}\cdot\frac{\mathrm{j}\sin\dfrac{\omega'T_s}{2}}{\cos\dfrac{\omega'T_s}{2}} \\
&= \mathrm{j}\frac{2}{T_s}\cdot\tan\frac{\omega'T_s}{2}
\end{aligned}
\tag{5-32}
$$

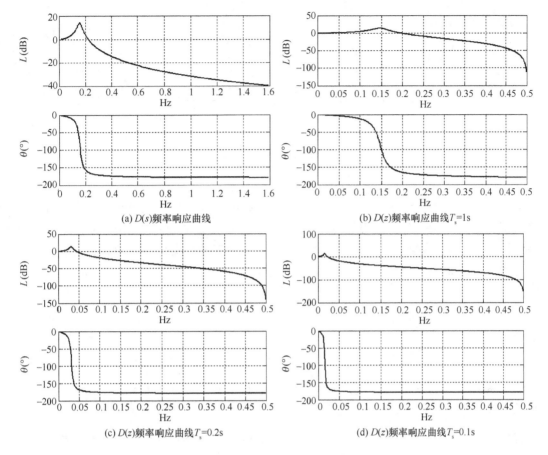

(a) $D(s)$频率响应曲线

(b) $D(z)$频率响应曲线$T_s=1\text{s}$

(c) $D(z)$频率响应曲线$T_s=0.2\text{s}$

(d) $D(z)$频率响应曲线$T_s=0.1\text{s}$

图 5-22 双线性变换法频率响应曲线

这样就得到了 ω 与 ω' 之间的非线性关系式

$$\omega=\frac{2}{T_s}\cdot\tan\frac{\omega'T_s}{2} \tag{5-33}$$

非线性关系如图 5-23 所示。由于频率之间的非线性关系使得双线性变换后的离散系统频率响应发生畸变,限制了双线性变换法的使用。

如果系统要求变换后的某些特定频率不能畸变时,可以采用预畸变方法来补偿,这种方法也称为预畸变 Tustin 变换。这种补偿可用下面例子来说明。

假设
$$D(s)=\frac{s}{\omega_0}+1$$

当考虑频率响应时,将 s 用 $\mathrm{j}\omega$ 代入得

$$D(\mathrm{j}\omega)=\frac{\mathrm{j}\omega}{\omega_0}+1$$

在临界频率 ω_0 处有 $D(\mathrm{j}\omega_0)=\mathrm{j}+1$。

如果要求双线性变换后 $D(z)$ 在频率 ω_0 处也有 $D(\mathrm{e}^{\mathrm{j}\omega_0 T_s})=\mathrm{j}+1$,可以采用预畸变,将 $D(s)$ 中的 ω_0 变换成 $\omega_0^*=\frac{2}{T_s}\cdot\tan\frac{\omega_0 T_s}{2}$,则

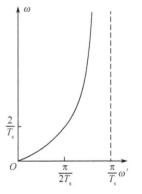

图 5-23 ω 与 ω' 之间的非线性关系

$$D(s) = \frac{s}{\frac{2}{T_s} \cdot \tan\frac{\omega_0 T_s}{2}} + 1$$

再采用双线性变换,代入 $s = \frac{2}{T_s} \cdot \frac{1-z^{-1}}{1+z^{-1}}$ 得

$$D(\mathrm{e}^{\mathrm{j}\omega' T_s}) = \frac{1}{\frac{2}{T_s}\tan\frac{\omega_0 T_s}{2}} \cdot \frac{2}{T_s}\frac{1-\mathrm{e}^{-\mathrm{j}\omega' T_s}}{1+\mathrm{e}^{-\mathrm{j}\omega' T_s}} + 1$$

$$= \frac{1}{\frac{2}{T_s}\tan\frac{\omega_0 T_s}{2}} \cdot \frac{2}{T_s}\mathrm{jtan}\frac{\omega' T_s}{2} + 1$$

当 $\omega' = \omega_0$,$D(\mathrm{e}^{\mathrm{j}\omega_0 T_s}) = \mathrm{j}+1$,保证了临界频率 ω_0 处 $D(s)$ 与 $D(z)$ 有相同的特性。因此,所谓频率预畸变,就是在将连续控制器 $D(s)$ 离散化之前,将感兴趣的频率进行修正,然后再用双线性变换法将修正后的连续控制器离散化成 $D(z)$。这样,预畸变的双线性变换法可由下面三步进行。

① 将所期望的极点和零点 $(s+a)$,以 a^* 代替 a

$$s+a \Rightarrow s+a^* \Big|_{a^* = \frac{2}{T_s}\tan\frac{aT_s}{2}}$$

② 将 $D(s, a^*)$ 变换成 $D(z, a)$

$$D(z, a) = D(s, a^*) \Big|_{s=\frac{2}{T_s} \cdot \frac{1-z^{-1}}{1+z^{-1}}}$$

③ 调整增益,因为频率预畸变之后,零、极点挪动了,直流增益发生了变化,所以必须从保证变化前后直流增益不变出发进行增益调整。

【例 5-5】已知 $D(s) = \dfrac{1}{s^2 + 0.2s + 1}$,$T_s = 1\mathrm{s}$,用频率预畸变的双线性变换法变换成 $D(z)$,$D(s)$ 的临界频率 $\omega_n = 1\mathrm{rad/s}$。

【解】(1) 进行频率预畸变

$$\omega_n^* = \frac{2}{T_s} \cdot \tan\frac{\omega_n T_s}{2} = 1.093$$

$$D(s) = \frac{1}{s^2 + 2\xi\omega_n s + \omega_n^2} \Rightarrow D(s, \omega_n^*) = \frac{1}{s^2 + 0.2\omega_n^* s + (\omega_n^*)^2} = \frac{1}{s^2 + 0.219s + 1.195}$$

(2) 对 $D(s, \omega_n^*)$ 进行双线性变换

$$D(z, \omega_n) = D(s, \omega_n^*) \Big|_{s=\frac{2}{T_s} \cdot \frac{1-z^{-1}}{1+z^{-1}}}$$

$$= \frac{k}{4\left(\frac{1-z^{-1}}{1+z^{-1}}\right)^2 + 0.219 \times 2\frac{1-z^{-1}}{1+z^{-1}} + 1.195} = \frac{0.178k(1+z^{-1})^2}{1 - 0.996z^{-1} + 0.827z^{-2}}$$

(3) 调整直流增益

令

$$D(z)\big|_{z=1} = D(s)\big|_{s=0}$$

$$\frac{0.178k(1+1)^2}{1 - 0.996 + 0.827} = 1$$

$$k = 1.17$$

（4）求 $D(z)$

$$D(z)=\frac{1.17\times0.178(1+z^{-1})^2}{1-0.996z^{-1}+0.827z^{-2}}=\frac{0.208+0.416z^{-1}+0.208z^{-2}}{1-0.996z^{-1}+0.827z^{-2}}$$

等效差分方程为

$$u(k)=0.996u(k-1)-0.827u(k-2)+0.208e(k)+0.416e(k-1)+0.208e(k-2)$$

带频率预畸变的双线性变换法单位阶跃响应曲线如图 5-24 所示。

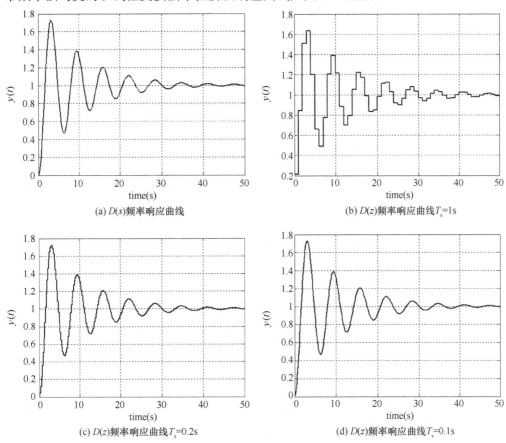

图 5-24　带频率预畸变的双线性变换法单位阶跃响应曲线

带频率预畸变的双线性变换法频率响应曲线如图 5-25 所示。

该方法本质上仍为双线性变换，因此具有双线性变换法的各种特征。但由于采用了频率预畸变进行修正，可以保证在 ω_0 处连续频率特征与离散后频率特征相同，但在其他频率处仍有畸变。

5.3.6　极点零点对应法

系统的零、极点位置决定了系统的性能。z 变换时，s 平面和 z 平面的极点是根据 $z=e^{sT_s}$ 关系对应的，零点并不存在这种对应关系。极点零点对应法是将 s 平面的零点和极点均用 $z=e^{sT_s}$ 关系一一对应地映射到 z 平面上，可以定义为下列变换关系

$$D(z)=D(s)\big|_{s+a=1-z^{-1}e^{-aT_s}} \tag{5-34}$$

对于复数极点或零点

$$(s+a+jb)(s+a-jb)\rightarrow1-2z^{-1}e^{-aT_s}\cos(bT_s)+e^{-2aT_s}z^{-2} \tag{5-35}$$

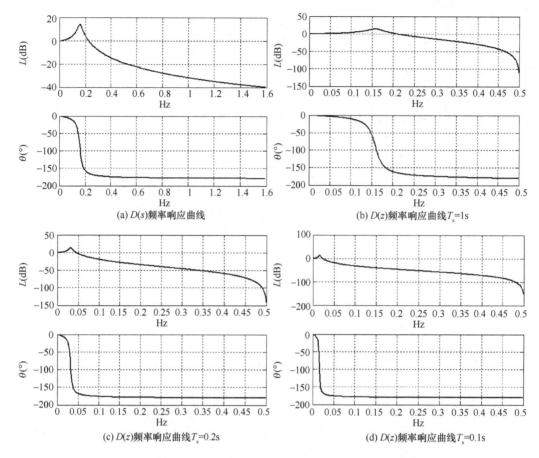

图 5-25 带频率预畸变的双线性变换法频率响应曲线

从这种变换法可以看到：

① 同一个 $D(s)$，用极点零点对应法和用脉冲响应不变法变换后的 $D(z)$ 极点相同而零点不同；

② 通常 $D(s)$ 的零点数少于极点数，可以认为 $D(s)$ 的某些零点在无穷远处，根据 $z=e^{sT_s}$ 的映射关系，对于具有低通滤波特性的 $D(s)$ 把无穷远处的零点映射到 $z=-1$；

③ 因为是直接进行零点、极点对应，并没有顾及到增益关系，所以必须让 $D(s)$ 与 $D(z)$ 在某一临界频率处有相同增益。

对于具有低通滤波特性的 $D(s)$，要保证直流增益不变，即

$$D(z)\big|_{z=1}=D(s)\big|_{s=0} \tag{5-36}$$

若 $D(s)$ 分子中有 s 因子，则可根据高频段增益相等的原则确定 $D(z)$ 增益，即

$$\big|D(z)\big|_{z=1}=\big|D(s)\big|_{s=\infty} \tag{5-37}$$

也可选择某个关键频率 ω_0 处的幅频相等来确定 $D(z)$ 增益，即

$$\big|D(j\omega_0)\big|=\big|D(e^{j\omega_0 T_s})\big| \tag{5-38}$$

【例 5-6】用极点零点对应法将下面 $D(s)$ 变换成 $D(z)$，假设 $T_s=1s$。

$$D(s)=\frac{1}{s^2+0.2s+1}$$

【解】因为零点较极点少两个，需要在 $z=-1$ 处配置两个零点。

$D(s)$ 的极点 $\qquad\qquad s_{1,2}=-0.1\pm j0.995$

在采样周期 $T_s=1s$ 时，将极点对应到 z 平面为

$$1-2z^{-1}\mathrm{e}^{-0.1}\cos 0.995+\mathrm{e}^{-0.2}z^{-2}=1-0.985z^{-1}+0.819z^{-2}$$

这样,极点、零点对应后 $D(z)$ 为

$$D(z)=\frac{(1+z^{-1})^2 \cdot k}{1-0.985z^{-1}+0.819z^{-2}}$$

确定增益:根据式(5-36)得

$$\frac{(1+1)^2 \cdot k}{1-0.985+0.819}=1$$
$$k=0.209$$

最后得到

$$D(z)=\frac{0.209(1+z^{-1})^2}{1-0.985z^{-1}+0.819z^{-2}}$$

等效差分方程为

$$u(k)=0.985u(k-1)-0.819u(k-2)+0.209e(k)+0.418e(k-1)+0.209e(k-2)$$

极点零点对应法单位阶跃响应曲线如图 5-26 所示。

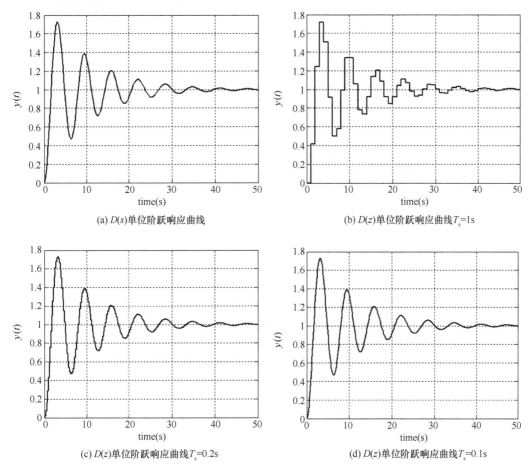

(a) $D(s)$ 单位阶跃响应曲线

(b) $D(z)$ 单位阶跃响应曲线 $T_\mathrm{s}=1\mathrm{s}$

(c) $D(z)$ 单位阶跃响应曲线 $T_\mathrm{s}=0.2\mathrm{s}$

(d) $D(z)$ 单位阶跃响应曲线 $T_\mathrm{s}=0.1\mathrm{s}$

图 5-26 极点零点对应法单位阶跃响应曲线

极点零点对应法频率响应曲线如图 5-27 所示。

在极点零点对应法中,如果将 $D(s)$ 中的所有无穷远零点均映射到 $D(z)$ 中的零点 $z=-1$,那么不管 $D(s)$ 的分子、分母阶次如何,$D(z)$ 的分子、分母阶次总是相等的。但如果考虑控制器实时计算的延迟,希望控制器单位脉冲有一步延迟时,则可以将一个无穷远零点映射为 $z=\infty$ 的零点,其他无穷远零点映射到 $z=-1$,此时 $D(z)$ 分子将比分母低一阶。

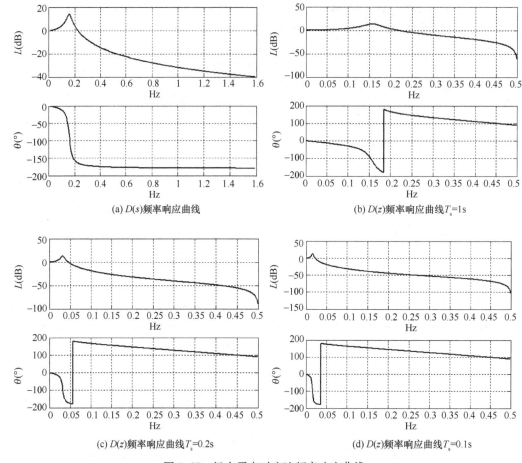

(a) $D(s)$频率响应曲线

(b) $D(z)$频率响应曲线 $T_\mathrm{s}=1\mathrm{s}$

(c) $D(z)$频率响应曲线 $T_\mathrm{s}=0.2\mathrm{s}$

(d) $D(z)$频率响应曲线 $T_\mathrm{s}=0.1\mathrm{s}$

图 5-27　极点零点对应法频率响应曲线

极点零点对应法还是基于 $z=\mathrm{e}^{sT_\mathrm{s}}$，所以 $D(s)$ 是稳定的，变换后 $D(z)$ 也是稳定的，但是不存在频率混叠现象。

5.4　各种离散化方法的比较

从 $D(s)$ 环节出发，把 5.3 节各种方法离散 $D(s)$ 的例子综合出来的 $D(z)$ 的零极点和频率特性作一比较，表 5-1 为离散后的零极点。

$$D(s)=\frac{1}{s^2+0.2s+1},\ T_\mathrm{s}=1\mathrm{s}$$

表 5-1　$D(s)$离散后的零极点

离散化方法	离散后极点	离散化零点
脉冲响应不变法	0.493+j0.759，0.493−j0.759	0
阶跃响应不变法	0.493+j0.759，0.493−j0.759	−0.935
差分变换法	0.5+j0.453，0.5−j0.453	0,0
双线性变换法	0.555+j0.737，0.555−j0.737	−1，−1
频率预畸变双线性变换法	0.498+j0.761，0.498−j0.761	−1，−1
极点零点对应法	0.493+j0.759，0.493−j0.759	−1，−1

各种离散化方法离散环节 $D(z)$ 与连续环节 $D(s)$ 的频率响应比较如下，其中实线为连续环节 $D(s)$，虚线为离散环节 $D(z)$，图 5-28 所示为 $T_\mathrm{s}=1\mathrm{s}$。

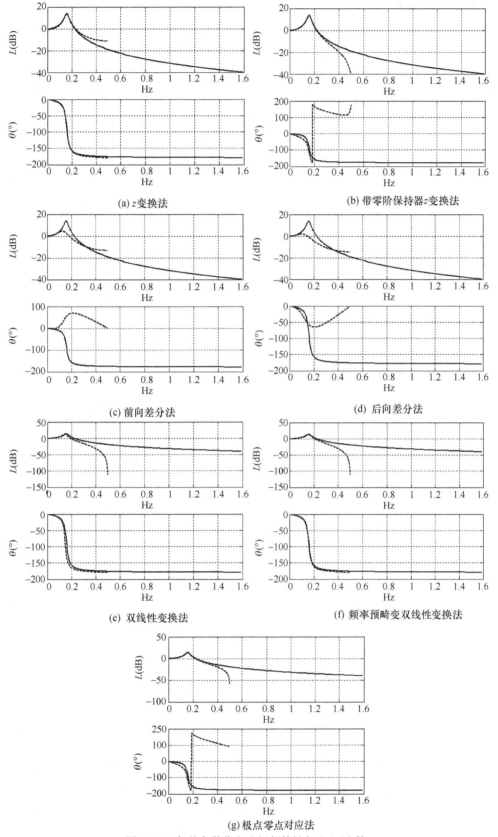

(a) z变换法

(b) 带零阶保持器z变换法

(c) 前向差分法

(d) 后向差分法

(e) 双线性变换法

(f) 频率预畸变双线性变换法

(g) 极点零点对应法

图 5-28　各种离散化方法幅频特性与 $D(s)$ 比较

图 5-29 所示为 $T_s = 0.2s$。

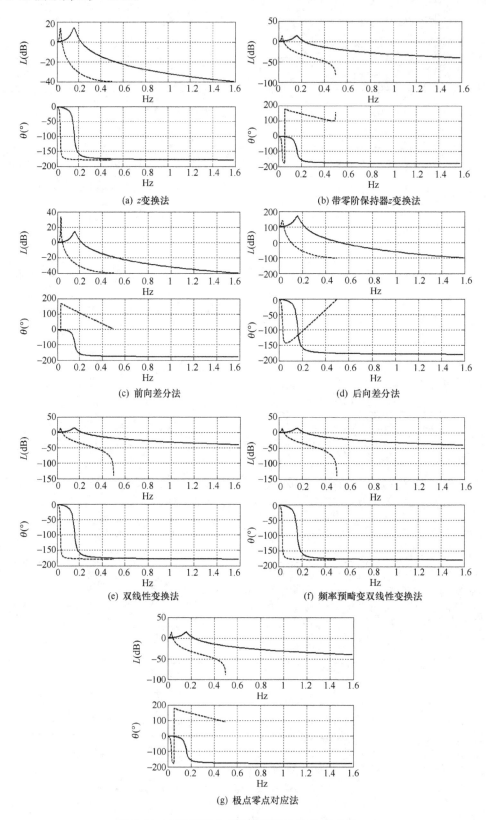

(a) z变换法

(b) 带零阶保持器z变换法

(c) 前向差分法

(d) 后向差分法

(e) 双线性变换法

(f) 频率预畸变双线性变换法

(g) 极点零点对应法

图 5-29 各种离散化方法幅频特性与 $D(s)$ 比较

图 5-30 所示为 $T_s = 0.1s$。

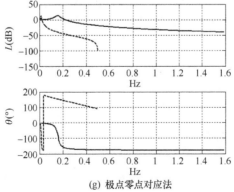

(a) z变换法

(b) 带零阶保持器z变换法

(c) 前向差分法

(d) 后向差分法

(e) 双线性变换法

(f) 频率预畸变双线性变换法

(g) 极点零点对应法

图 5-30 各种离散化方法幅频特性与 $D(s)$ 比较

由此可以看出,使用的离散化方法不同,采样点之间的响应也不同。进一步来说,没有哪一种离散化方法完全不失真。不管使用哪种离散化方法,任何两个采样点之间的实际响应(即连续响应),总是不同于同样两个采样点之间的离散控制器所发生的响应。

由于离散 $D(s)$ 的目的是着眼于用一个离散的系统去近似连续系统,因此比较各种离散方法的优劣,还是从系统的角度去研究较好,在这方面以色列的本茨(Ben-Zwi)和普林斯洛(Preis-zler)做了许多工作,他们的研究方法是利用一般位置随动系统的模拟设计作为试验性研究实例,共研究了 8 种不同离散方法和 4 种不同的采样频率,他们的研究方法和结论对设计者是很有用的。

所研究的位置随动系统如图 5-31 所示。设计出的控制器为

$$D(s)=\frac{K\left(1+\dfrac{s}{a}\right)}{\left(1+\dfrac{s}{b}\right)^2}$$

其中,$K=3.8,a=29.4\mathrm{rad/s},b=294\mathrm{rad/s}$。

达到的性能指标为:

相位裕度	$37°$
增益裕度	25dB
主导极点的阻尼系数	0.427
超调量	42%
闭环频率宽度	8Hz
闭环的峰值频率响应	4.95dB(4.75Hz 时)
在 $\omega=3\mathrm{Hz}$ 时最大相位滞后不大于	$13°$
直流增益	5dB

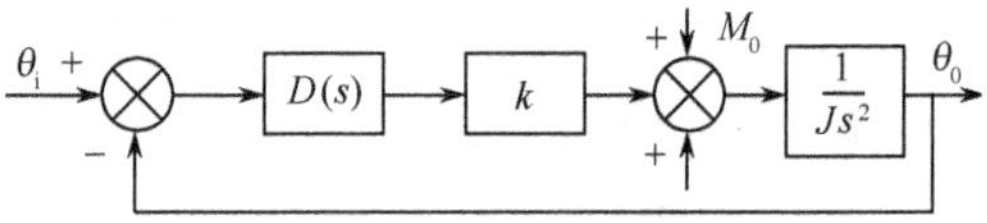

图 5-31 位置随动系统

由扰动力矩 0.28N·m 所引起的最大误差 e 是 0.01rad。

实验研究采用 4 种不同的采样频率:1kHz、100Hz、50Hz、33Hz。

8 种不同离散化方法是 5.3 节介绍的 6 种方法再加上一阶保持器的脉冲响应不变法和用 $z=0$ 补上所缺零点的极点零点对应法。

这样共得到 24 个 $D(z)$(其中 50Hz 和 33Hz 离散成同一个 $D(z)$),通过闭环实验获得闭环特性,性能比较见表 5-2、表 5-3、表 5-4 和表 5-5。由于离散系统中引入零阶保持器带来了相位滞后,所以闭环性能即使在采样频率很高时,都不能完全复现连续系统的特性。

表 5-2 采样频率 $\omega_s=1\mathrm{kHz}$

方　法	闭环频带宽度 $f(\mathrm{Hz})$	主导极点的阻尼系数	增益裕度 $k_g(\mathrm{dB})$	相位裕度 $r(°)$	频率响应 频率 $f(\mathrm{Hz})$	频率响应 最大增益 $k(\mathrm{dB})$	3Hz 时相位 $\varphi(°)$	超调量 (%)
模拟	8.0	0.42	≈24	37	4.75	4.9	-12	42
差分变换法	9.76	0.417	≈23	36	4.85	5.19	-12	45
脉冲响应不变法	7.13	0.147	≈27	17	4.75	11.6	-1	70
阶跃响应不变法	8.28	0.41	≈23	37	4.75	5.09	-12	45
加一阶保持器脉冲响应不变法	8.15	0.42	≈22	37	4.75	5.09	-12	43
极点零点对应法($z=-1$)	7.95	0.417	≈22	37	4.75	5.13	-12	44
极点零点对应法($z=0$)	8.08	0.425	≈24	37	4.75	4.97	-12	43
双线性变换法	8.16	0.42	≈23	37	4.75	5.11	-12	43
频率预畸变双线性变换法	8.16	0.42	≈23	37	4.75	5.09	-11.8	43

表 5-3　采样频率 $\omega_s = 100\text{Hz}$

方　法	闭环频带宽度 f(Hz)	主导极点的阻尼系数	增益裕度 k_g(dB)	相位裕度 r(°)	频率响应		3Hz时相位 φ(°)	超调量 (%)
					频率 f(Hz)	最大增益 k(dB)		
差分变换法	9.59	0.25	≈11	23	5.91	9.0	−8	71
脉冲响应不变法	不　稳　定							
阶跃响应不变法	不　稳　定							
加一阶保持器脉冲响应不变法	9.15	0.33	≈13	28	5.35	7.2	−10	60
极点零点对应法($z=-1$)	9.39	0.25	≈9	20	5.68	10.13	−7.9	77
极点零点对应法($z=0$)	9.01	0.35	≈15	30	5.25	6.6	−10.3	55
双线性变换法	9.25	0.34	≈12	27	7.4	7.06	−10	59
频率预畸变双线性变换法	7.96	0.44	≈15	39	4.66	4.69	−17.4	40

表 5-4　采样频率 $\omega_s = 50\text{Hz}$

方　法	闭环频带宽度 f(Hz)	主导极点的阻尼系数	增益裕度 k_g(dB)	相位裕度 r(°)	频率响应		3Hz时相位 φ(°)	超调量 (%)
					频率 f(Hz)	最大增益 k(dB)		
差分变换法	9.07	0.44	≈2	5	6.03	22.8	−5	113
加一阶保持器脉冲响应不变法	9.87	0.16	≈5	12	6.02	13.4	−7	88
极点零点对应法($z=-1$)	不　稳　定							
极点零点对应法($z=0$)	9.25	0.13	≈6	10	5.8	14.15	−62	95

表 5-5　采样频率 $\omega_s = 33\text{Hz}$

方　法	闭环频带宽度 f(Hz)	主导极点的阻尼系数	增益裕度 k_g(dB)	相位裕度 r(°)	频率响应		3Hz时相位 φ(°)	超调量 (%)
					频率 f(Hz)	最大增益 k(dB)		
差分变换法	不　稳　定							
加一阶保持器脉冲响应不变法	不　稳　定							
极点零点对应法($z=0$)	不　稳　定							
双线性变换法	10.05	0.85	≈3	7	6.03	18.83	−5.3	129

从以上闭环实验的结果可以看出：当采样频率 $f_s = 1\text{kHz}$，是闭环系统频带宽度的 100 多倍，除脉冲响应不变法外，所有方法都与连续系统结果一样。

当采样频率 $f_s = 100\text{Hz}$ 时为闭环带宽的十几倍，只有双线性变换法和加一阶保持器的脉冲响应不变法还能保持与连续系统一样，脉冲响应不变法和阶跃响应不变法使系统不稳定，其他方法性能有所下降。

当采样频率 $f_s = 50\text{Hz}$、33Hz 时，特别是 $f_s = 33\text{Hz}$ 时，差分变换法、加一阶保持器的脉冲响应不变法、极点零点对应法均使系统不稳定。

分析和经验表明，如果采样频率相对系统截止频率或最高频率取得较高，如采样频率大于系统截止频率或最高频率的 4～10 倍以上，通常各种离散化方法都能取得较好的近似度，但是没有一种方法能够获得和连续控制器 $D(s)$ 完全相同的特性，也不可能说某一种离散化方法对应于哪个给定的系统是最好的。因此在设计时，应采用几种方法，比较其数字仿真结果，选取效果最佳的一种方法。由于双线性变换法、频率预畸变双线性变换法和极点零点对应法具有较好的特性，通常会给出比较满意的结果，因此在设计时往往是首先选用的。

5.5 设计举例

【例 5-7】图 5-32 是一个连续控制系统,其技术指标是:闭环主导极点的阻尼比 $\xi=0.5$,无阻尼固有频率 $\omega_n=4\text{rad/s}$。转换成单位阶跃指标:超调量约为 16.3%,过渡过程时间(定义为 $4/\xi\omega_n$)2s。

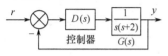

图 5-32 连续系统

现在采用计算机控制,要求把此系统原有的连续控制器变换成数字控制器,计算机控制系统应具有和原连续系统相同的响应。

【解】首先确定数字控制系统的采样周期 T_s。根据给出的 ξ 与 ω_n 值,系统的阻尼振荡频率为

$$\omega_d=\omega_n\sqrt{1-\xi^2}=4\sqrt{1-0.5^2}=3.464\text{rad/s}$$

因此所设计的系统对阶跃输入的响应将呈现出周期为 $2\pi/\omega_d$ 或 1.814s 的阻尼振荡。要求每个周期至少采样 8 次(这是经验规则,在某些系统中视情况而定,可选对象最小主要时间常数的 $1/10\sim1/2$ 作为采样周期 T_s)。采样周期的选择还与其他因素有关,具体见第 4 章 4.2.1 节。这里为说明设计方法简便起见,取 $T_s=0.2\text{s}$。

由于数字控制系统中采用零阶保持器,如前所述,它将带来时间滞后的影响,因此在进行连续化设计时,将采样保持近似成一阶惯性环节

$$G_h(s)=\cfrac{1}{\cfrac{T_s}{2}s+1}=\frac{1}{0.1s+1}=\frac{10}{s+10}$$

并引入被控对象中。这样含有 $G_h(s)$ 的控制系统框图变为图 5-33。

接着采用常规设计方法,设计出相应的连续控制器(根轨迹法或频率响应法都可用来获得满意的控制器)。按图 5-33 所示系统设计出连续控制器传递函数 $D(s)$ 为

$$D(s)=20.25\frac{s+2}{s+6.66}$$

控制器的零点 $s=-2$ 将与被控对象的极点 $s=-2$ 相消,而用新的极点 $s=-6.66$ 去代替。设计好的连续控制系统框图如图 5-34 所示。

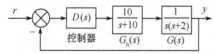 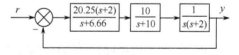

图 5-33 含有 $G_h(s)$ 的控制系统框图   图 5-34 连续控制系统框图

系统的闭环传递函数为

$$\frac{Y(s)}{R(s)}=\cfrac{\cfrac{202.5}{s(s+6.66)(s+10)}}{1+\cfrac{202.5}{s(s+6.66)(s+10)}}$$

$$=\frac{202.5}{(s+2+j2\sqrt{3})(s+2-j2\sqrt{3})(s+12.66)}$$

可见,所设计的系统有闭环极点 $s=-2\pm j2\sqrt{3}$,$s=-12.66$。因第三个极点远离原点(即第三个极点的实部是共轭复数极点实部的 6 倍多),故该系统的响应能够由两个闭环主导极点 $s=-2\pm j2\sqrt{3}$ 来近似。主导极点的阻尼比 ξ 与无阻尼固有振荡频率 ω_n 分别是 0.5 与 4rad/s,说明所设计的 $D(s)$ 使系统满足技术指标要求。

连续控制器 $D(s)$ 设计好后，下一步将它离散化成 $D(z)$。由于 $D(s)$ 中的零点 $s=-2$ 用来抵消被控对象不希望的极点，故采用极点零点对应法比较方便，它可使极点 $z=e^{-2T_s}$（即 $s=-2$）与离散化后的数字控制器的零点相消。

采用极点零点对应法，$D(s)$ 的极点 $s=-6.66$ 变换为极点 $z=e^{-6.66T_s}=e^{-6.66\times0.2}=0.2644$；零点 $s=-2$ 变换为零点 $z=e^{-2T_s}=e^{-2\times0.2}=0.6703$，故离散化后的数字控制器为

$$D(z)=K\frac{z-0.6703}{z-0.2644}$$

按照 $D(z)$ 与 $D(s)$ 低频增益不变的条件来确定增益常数 K。由

$$D(z)\Big|_{z=1}=K\frac{1-0.6703}{1-0.2644}=D(s)\Big|_{s=0}=20.25\frac{0+2}{0+6.66}$$

得 $K=13.57$。于是求出离散后的数字控制器为

$$D(z)=13.57\frac{z-0.6703}{z-0.2644} \tag{5-39}$$

下面将校验所设计的数字控制系统的响应，控制系统离散化成数字控制系统的框图如图 5-35 所示。为分析它必须先求被控对象前面有零阶保持器的脉冲传递函数 $G(z)$。注意到 $T_s=0.2\text{s}$，有

$$\begin{aligned}
G(z)&=\mathscr{Z}\left[\frac{1-e^{-0.2s}}{s}\cdot\frac{1}{s(s+2)}\right]=(1-z^{-1})\mathscr{Z}\left[\frac{1}{s^2(s+2)}\right]\\
&=(1-z^{-1})\mathscr{Z}\left[\frac{0.5}{s^2}-\frac{0.25}{s}+\frac{0.25}{s+2}\right]\\
&=\frac{z-1}{z}\left[\frac{0.1z}{(z-1)^2}-\frac{0.25z}{z-1}+\frac{0.25z}{z-e^{-0.4}}\right]\\
&=\frac{0.01758(z+0.8760)}{(z-1)(z-0.6703)}
\end{aligned}$$

应注意，前向脉冲传递函数可简化成

$$13.57\frac{z-0.6703}{z-0.2644}\cdot\frac{0.01758(z+0.8760)}{(z-1)(z-0.6703)}=\frac{0.2385(1+0.8760z^{-1})z^{-1}}{(1-0.2644z^{-1})(1-z^{-1})}$$

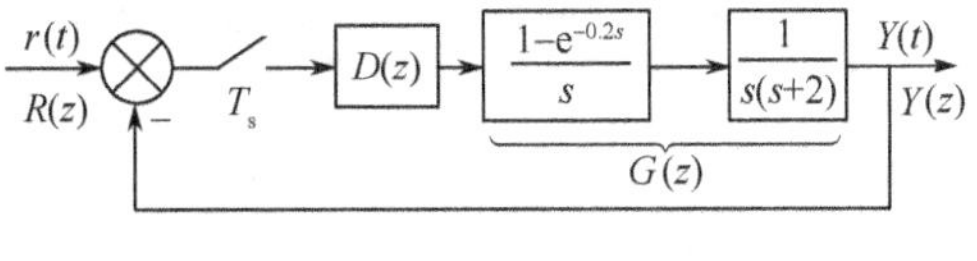

图 5-35　数字控制系统框图

图 5-36(b) 是所设计的数字控制系统的简化框图。于是解得闭环脉冲传递函数为

$$\begin{aligned}
\frac{Y(z)}{R(z)}&=\frac{0.2385(1+0.8760z^{-1})z^{-1}}{(1-0.2644z^{-1})(1-z^{-1})+0.2385(1+0.8760z^{-1})z^{-1}}\\
&=\frac{0.2385z^{-1}+0.2089z^{-2}}{1-1.0259z^{-1}+0.4733z^{-2}}
\end{aligned} \tag{5-40}$$

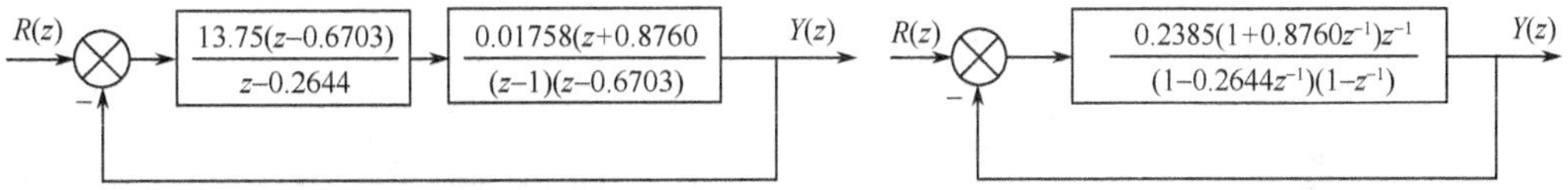

(a) 数字控制系统框图　　　　　　　　(b) 简化框图

图 5-36　数字控制系统框图和简化框图

求取数字控制系统的阶跃响应：

将式(5-40)转换成差分方程

$$y(k)=1.0259y(k-1)-0.4733y(k-2)+0.2385r(k-1)+0.2089r(k-2)$$

系统输入为单位阶跃信号为

$$r(k)=\begin{cases}0 & k<0 \\ 1 & k=0,1,2,\cdots\end{cases}$$

由式(5-40)可计算出控制系统阶跃响应,取前 20 个采样时刻,如表 5-6 所示。

表 5-6　阶跃响应

k	$y(k)$	$r(k)$	k	$y(k)$	$r(k)$
0	0	1	11	0.994016	1
1	0.2385	1	12	1.005	1
2	0.692077	1	13	1.00796	1
3	1.04452	1	14	1.0058	1
4	1.19141	1	15	1.00218	1
5	1.1753	1	16	0.999495	1
6	1.08924	1	17	0.998449	1
7	1.00859	1	18	0.998648	1
8	0.96657	1	19	0.999347	1
9	0.96164	1	20	0.99997	1
10	0.976467	1			

如图 5-37 所示,其中实线为所设计的连续控制系统的阶跃响应,而离散点为离散化成数字控制系统的阶跃响应。从图中可见数字控制系统与连续控制系统符合得很好。仔细观察,连续控制系统最大超调量近似为 16.5%,过渡过程时间约为 2s,而数字控制系统最大超调量约为 19%,过渡过程时间也约为 2s。应指出,减小采样周期 T_s,数字控制系统的超调量能减至 16.5%。

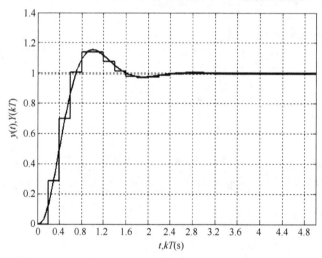

图 5-37　系统的阶跃响应比较

最后,将

$$D(z)=\frac{U(z)}{E(z)}=13.57\frac{z-0.6703}{z-0.2644}=\frac{13.57(1-0.6703z^{-1})}{1-0.2644z^{-1}}$$

改写成计算机实现的算法

$$u(k)=13.57e(k)-9.096e(k-1)+0.2644u(k-1) \tag{5-41}$$

为了避免运算过程中出现溢出,同时为使算法中的系数能在定点运算中得以表示,将式(5-41)改写成

$$\begin{cases} x(k) = \dfrac{13.57}{16}e(k) - \dfrac{9.096}{16}e(k-1) + 0.2644u(k-1) \\ u(k) = 16x(k) \end{cases} \qquad (5\text{-}42)$$

即先将数字控制器的增益减小 16 倍,算完后再扩大 16 倍,扩大 16 倍的方法可在计算机中用数值左移 4 位来实现,也可以由系统的模拟量放大器来补偿。为了防止溢出,在 $u(k)$ 输出之前要加上软件限幅处理。

考虑了控制算法的完整的数字控制系统框图如图 5-38 所示。

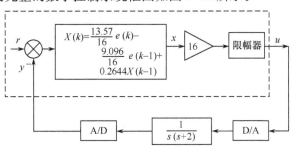

图 5-38　数字控制系统框图

由连续系统变为计算机控制系统,在其控制结构图中就必然增加了一个零阶保持器,零阶保持器具有滞后特性。如果在连续控制器 $D(s)$ 的设计中,没有考虑零阶保持器的影响,那么即使 $D(z)$ 与 $D(s)$ 完全等效,计算机控制系统的性能也因零阶保持器的引进而性能变差。

因此,有可能出现这种情况,前向差分法的等效性能就整个频段来说可能是最差的,但若在系统通频带范围内尚可以,而它的相位又超前于 $D(s)$,这时采用前向差分法离散化,系统的闭环性能反而不错。见例 5-8。

【例 5-8】 已知被控对象的传递函数为 $G(s) = \dfrac{10}{s(0.5s+1)}$,试设计一个数字控制器 $D(z)$,使闭环系统满足下列性能指标:

(1) 静态速度误差系数 $K_v \geqslant 10\mathrm{s}^{-1}$;

(2) 超调量 $\sigma \leqslant 25\%$;

(3) 调节时间 $t_s \leqslant 1\mathrm{s}$;

(4) 采样周期 $T_s = 0.05\mathrm{s}$。

【解】 第一步:设计模拟控制器。

考虑到本例的采样频率很高,$\omega_s = 2\pi/T_s = 125.6\mathrm{rad/s}$,远大于系统的截止频率($\omega_c \approx 10\mathrm{rad/s}$),因此可忽略零阶保持器的影响,直接按对象特性及设计指标进行连续域设计。

在此省略设计过程,直接给出设计结果

$$D(s) = 8\,\frac{s+2}{s+15}$$

该式是用根轨迹设计法得出的,是一个典型的超前校正网络。

第二步:将 $D(s)$ 离散成 $D(z)$。

对于这样一个超前校正网络,它的高频响应是不衰减的,因此不能用 z 变换离散,否则会因频率混叠而严重失真。

为比较起见,我们选择以下两种方法离散。

(1) 双线性变化法

$$D(z) = D(s)\Big|_{s=\frac{2}{T_s}\frac{z-1}{z+1}} = 8\,\frac{s+2}{s+15}\Big|_{s=40\frac{z-1}{z+1}} = \frac{6.109z - 5.5273}{z - 0.4546}$$

（2）前向差分法

$$D(z)=D(s)\Big|_{s=\frac{z-1}{T_s}}=8\,\frac{s+2}{s+15}\Big|_{s=20(z-1)}=\frac{8z-7.2}{z-0.25}$$

$D(s)$ 和 $D(z)$ 性能的比较分别如图 5-39 和图 5-40 所示。

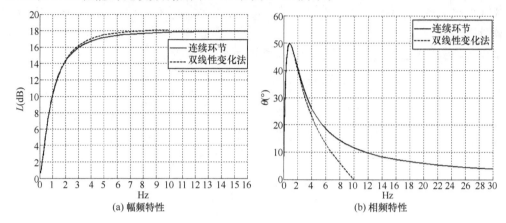

(a) 幅频特性　　　　　　　　　　(b) 相频特性

图 5-39　双线性变化法的频率特性

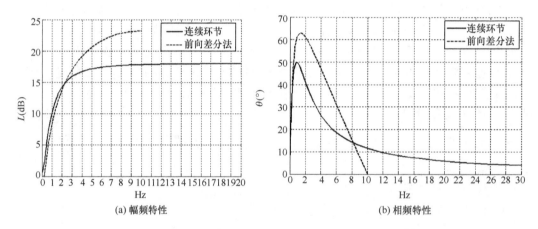

(a) 幅频特性　　　　　　　　　　(b) 相频特性

图 5-40　前向差分法的频率特性

就频率特性的整体来看（$0\sim f_s/2$），显然，双线性变化法离散后的等效性比前向差分法要好得多，但对控制系统而言，我们关心的只是系统通频带范围内的性能。该连续系统的开环传递函数为

$$D(s)G(s)=8\,\frac{s+2}{s+15}\cdot\frac{10}{s(0.5s+1)}$$

它的对数频率特性如图 5-41 所示。由图 5-41 可知，该系统的开环穿越频率为

$$\omega_c=9.1\text{rad/s}\approx1.5\text{Hz}$$

系统的通频带范围大约为 $0\sim1.5$Hz，用通频带范围来观察 $D(z)$ 对 $D(s)$ 的等效性可以发现，图 5-40 所示的前向差分法有它的优越性，因为在 1.5Hz 的频率范围内，它的幅频特性并未差得很多，但是相频特性则有超前，因而可以弥补零阶保持器的相位滞后。从以上分析可以预测，对本例来说，采用前向差分法离散化，整个闭环性能会比较好。

第三步：检验系统的性能指标。

此时，计算机控制系统的闭环结构框图如图 5-42 所示。其中，$D(z)$ 为数字控制器，被控对象为连续对象，它通过零阶保持器接收控制器的控制信号，为了能在 z 域分析系统性能，可将连

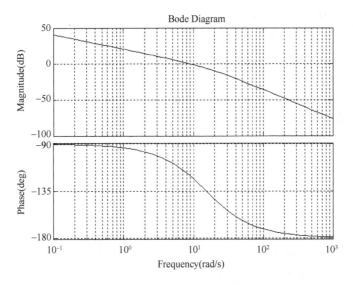

图 5-41 $D(s)G(s)$ 的对数幅频特性

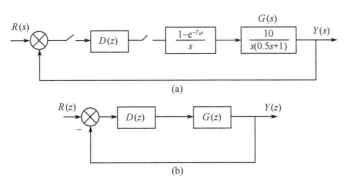

图 5-42 计算机控制系统方框图

续对象进行离散化,即离散对象为

$$G(z)=\mathscr{Z}\left[\frac{1-\mathrm{e}^{-T_s s}}{s}G(s)\right]=\mathscr{Z}\left[\frac{1-\mathrm{e}^{-T_s s}}{s}\frac{10}{s(0.5s+1)}\right]=\frac{0.0241z+0.0233}{(z-1)(z-0.9)}$$

通过计算机仿真,得到系统的超调量和调节时间,控制系统的阶跃响应曲线如图 5-43 所示。

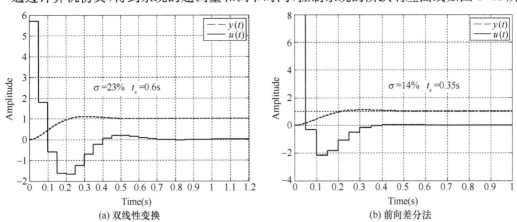

图 5-43 闭环系统的阶跃响应

比较图 5-43(a)和(b)又可以发现,采用前向差分法离散化的系统闭环性能比双线性变换法还要好。具体原因在第二步已经分析过,这是由于本例采用前向差分法相位超前的结果。

最后,再检查系统的静态指标。静态速度误差系数 K_v 的计算公式如下

$$K_v = \frac{1}{T_s}\lim_{z \to 1}(z-1)D(z)G(z)$$

代入双线性变换所得的 $D(z)$,得

$$K_v = \frac{1}{0.05}\lim_{z \to 1}\frac{6.109z-5.5273}{z-0.4546}\cdot\frac{0.0241z-0.0233}{z-0.9} = 10.11\text{s}^{-1}$$

代入前向差分法变换所得的 $D(z)$,得

$$K_v = \frac{1}{0.05}\lim_{z \to 1}\frac{8z-7.2}{z-0.25}\cdot\frac{0.0241z-0.0233}{z-0.9} = 10.11\text{s}^{-1}$$

可见,两者均满足 $K_v \geqslant 10\text{s}^{-1}$ 的要求。

至此,本例的动态、静态设计指标均达到要求,设计任务完成。

第四步:将 $D(z)$ 转换成控制算式,编制程序实现。

习题与思考题 5

5-1 说明使用连续设计方法的条件和设计步骤。

5-2 采用后向差分法和脉冲响应不变法将 $D(s)=2/(s+1)(s+2)$ 离散成 $D(z)$ 并转换成控制算式,采样周期 $T_s=0.1\text{s}$。

5-3 用极点零点对应法将下面连续控制器 $D(s)$ 离散成数字控制器 $D(z)$,采样周期 T_s。
$$D(s)=(s+a)/(s+b)^2$$

5-4 设连续控制器 $D(s)=1/(0.05s+1)$,用双线性变换法和频率预畸变双线性变换法将其离散成数字控制器 $D(z)$,采样周期 $T_s=0.1\text{s}$。求出 $\omega=20\text{rad/s}$ 时它们的幅值和相位,并与连续控制器在该频率时的幅值和相位相比较。

5-5 设连续控制器为 $D(s)=\dfrac{s+1}{s^2+1.4s+1}$,试用极点零点对应法使之离散化,采样周期 $T_s=1\text{s}$。

5-6 已知连续 PID 调节器的传递函数为
$$D(s)=K_p+\frac{K_p}{T_i s}+K_p T_d s$$
请用后向差分法求数字 PID 调节器,并写出 $u(k)$ 的差分表达式。

5-7 设连续控制器 $D(s)=4\dfrac{s+1}{s+2}$,请分别采用阶跃响应不变法、前向差分法、后向差分法、双线性变换法和频率预畸变双线性变换法将其离散成数字控制器 $D(z)$,采样周期 $T_s=0.2\text{s}$,并比较连续控制器和各离散控制器在频率 $\omega=1.6\text{rad/s}$ 时的幅值和相位。

5-8 图 5-44 是一个连续控制系统,请采用极点零点对应法设计一个合适的数字控制器 $D(z)$,需要考虑零阶保持器的影响,采样周期 $T_s=0.1\text{s}$,比较连续控制系统和离散控制系统的单位阶跃响应。

5-9 已知某方位跟踪系统的被控对象的传递函数为 $G(s)=\dfrac{1}{s(10s+1)}$,试在 s 平面上设计控制器 $D(s)$,并选用适当的离散化方法构成数字控制器 $D(z)$,取采样周期 $T_s=1\text{s}$ 和 $T_s=0.2\text{s}$ 两种情况,使系统满足以下指标:

图 5-44 连续控制系统

(1) 静态速度误差系数 $K_v=1\text{s}^{-1}$;

(2) 超调量 $\sigma \leqslant 25\%$;

(3) 调节时间 $t_s \leqslant 10\text{s}$。

第6章 数字控制器的离散设计方法

上一章数字控制器的连续设计方法,是以连续控制系统设计为基础,然后离散化控制器,使其成为能在计算机上实现的算法,进而构成计算机控制系统。这种设计方法的缺点是:系统的动态性能与采样频率的选择关系很大,采样频率若选得较低,则离散后失真较大,整个系统的性能显著降低。因此,采用这种设计方法,采样频率必须选得较高,这就要求控制计算机速度较快,导致系统成本增加。

由于这个原因,人们开始逐渐转移到直接在离散域进行设计,也就是假定被控对象本身是离散化模型或者是用离散化模型表示的连续对象,直接以采样系统理论为基础,以 z 变换为工具,在离散域中直接设计出数字控制器 $D(z)$。这种设计比连续化设计具有更一般的意义,它完全是根据采样系统的特点进行分析和综合,并导出相应的控制规律的。此时采样频率的选择主要决定于对象特性而不受分析方法的限制,因此采样频率不必选得太高。另外,控制器本身就是离散的,也就不存在离散化失真问题。

需要指出的是,虽然整个设计是在离散域进行的,但设计的具体方法都与连续系统相似。也就是说,连续系统的设计方法可推广应用到离散域中来。在连续域进行设计时,设计指标包括时域指标和频域指标,同样在离散域进行设计,也包含时域指标和频域指标。一个闭环离散控制系统的时域指标包括:稳定性及动静态指标,其中静态指标通过系统在指令信号和干扰信号作用下稳态误差的大小来衡量,而动态指标也包含超调量、上升时间、峰值时间及调节时间等。一个闭环离散控制系统的频域指标同样也可以利用系统的开环对数频率响应特性来描述。但 z 平面的频率特性为频率 ω 的超越函数,具有非线性特征,因此在频率域设计时,并不直接利用 z 平面的频率特性,而是将其变换到和连续域 s 平面更接近的平面上进行。

常用的离散化设计方法有以下几种。

① 解析设计法。通过代数解法计算出数字控制器的传递函数,以达到预先给定的闭环系统品质指标。

② 根轨迹设计法。通过零极点配置的方法,将系统的闭环特征根配置在期望的位置上。

③ 频率响应设计法。将离散域设计问题转换到类似于 s 平面的 w 平面上,从而可采用 s 平面的一切设计方法。

④ 状态空间设计法。通过状态或输出反馈,进行系统闭环设计。特别适用于多输入多输出系统、非线性系统和时变系统。

6.1 解析设计法

解析设计法设计数字控制系统的准则是:数字控制系统在典型的时间域输入信号的作用下(如阶跃输入、速度输入、加速度输入等),经过有限个采样周期,输出信号的稳态误差为零,且在尽可能少的有限个数目的采样周期,稳态误差为零。它的基本出发点是根据系统的性能指标要求,确定出闭环脉冲传递函数的形式,然后通过代数解法,求出数字控制器的传递函数。

计算机控制系统的框图如图 6-1 所示,其中零阶保持器 $G_h(s)$ 和连续对象 $G(s)$ 组成的广义对象为系统的连续部分,$D(z)$ 为数字控制器。

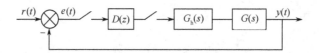

图 6-1 计算机控制系统框图

广义对象的脉冲传递函数为

$$G(z) = \mathscr{Z}\left[\frac{1 - e^{-T_s s}}{s}G(s)\right] \tag{6-1}$$

系统的闭环脉冲传递函数为

$$\Phi(z) = \frac{Y(z)}{R(z)} = \frac{D(z)G(z)}{1 + D(z)G(z)} \tag{6-2}$$

误差 $E(z)$ 的脉冲传递函数为

$$\Phi_e(z) = \frac{E(z)}{R(z)} = \frac{R(z) - Y(z)}{R(z)} = 1 - \Phi(z) = \frac{1}{1 + D(z)G(z)} \tag{6-3}$$

如果根据性能指标要求确定出系统的闭环特性 $\Phi(z)$，那么数字控制器就可以唯一确定。则数字控制器的脉冲传递函数为

$$D(z) = \frac{1}{G(z)} \cdot \frac{\Phi(z)}{1 - \Phi(z)} = \frac{\Phi(z)}{G(z)\Phi_e(z)} \tag{6-4}$$

用上述代数的方法求控制器 $D(z)$ 看起来很简单，但实际上做起来有很大困难。首先，如何把系统的性能指标转换为闭环特性 $\Phi(z)$；其次，解出的控制器 $D(z)$ 能否物理实现以及系统能否保证稳定。

6.1.1 最少拍系统的设计

在数字伺服系统中，通常要求系统输出值能够尽快地跟踪给定值的变化，最少拍控制就是适应这种要求的一种方法。

最少拍系统，也称为最小调整时间系统或最快响应系统。它是指系统对应于典型的输入具有最快的响应速度，被控量能在最短的时间内达到设定值。换言之，偏差采样值能在最短时间内达到并保持为零。

最少拍系统用数学式子表示，可写为

$$e(kT_s) = y(kT_s) - r(kT_s) = 0 \qquad k \geqslant j \tag{6-5}$$

式中，$r(kT_s)$ 为典型输入信号在采样时刻的值；$y(kT_s)$ 为典型输出信号在采样时刻的值；$e(kT_s)$ 为系统误差信号在采样时刻的值；j 为 $y(kT_s)$ 跟上 $r(kT_s)$ 的最少采样周期数。

式 (6-5) 也就是最少拍系统的性能指标要求。

1. 闭环脉冲传递函数的确定

一般情况下，控制系统常用的典型输入信号及其 z 变换为

单位阶跃输入函数

$$r(t) = 1(t), R(z) = \frac{1}{1 - z^{-1}}$$

单位速度输入函数

$$r(t) = t, R(z) = \frac{T_s z^{-1}}{(1 - z^{-1})^2} \quad (T_s \text{ 为采样周期})$$

单位加速度输入函数

$$r(t) = \frac{1}{2}t^2, R(z) = \frac{T_s^2 z^{-1}(1 + z^{-1})}{2(1 - z^{-1})^3}$$

对于时间 t 为幂函数的典型输入信号，即

$$r(t) = A_0 + A_1 t + \frac{A_2}{2!} a t^2 + \cdots + \frac{A_{q-1}}{(q-1)!} t^{q-1}$$

查 z 变换表可知,它们有共同的 z 变换形式

$$R(z) = \frac{A(z)}{(1-z^{-1})^q} \tag{6-6}$$

式中, $A(z)$ 是不含 $(1-z^{-1})$ 因子的关于 z^{-1} 的多项式,对于阶跃、速度、加速度输入函数, q 分别等于 $1,2,3$。

由稳态无静差的要求出发,有

$$\lim_{k \to \infty} e(kT_s) = \lim_{z \to 1} (1-z^{-1}) E(z) = \lim_{z \to 1} (1-z^{-1})(1-\Phi(z)) R(z)$$
$$= \lim_{z \to 1} (1-z^{-1}) \Phi_e(z) R(z) = \lim_{z \to 1} (1-z^{-1}) \frac{A(z)(1-\Phi(z))}{(1-z^{-1})^q} \tag{6-7}$$

应为零。由于 $A(z)$ 不含 $z=1$ 的零点,所以必须要求 $\Phi_e(z)$ 或 $1-\Phi(z)$ 中至少包含 $(1-z^{-1})^q$ 的因子,即

$$\Phi_e(z) = 1 - \Phi(z) = (1-z^{-1})^p F(z) \tag{6-8}$$

式中, $p \geqslant q$, q 是典型输入函数 $R(z)$ 分母中 $(1-z^{-1})$ 项的阶次, $F(z)$ 是待定的关于 z^{-1} 的多项式。

系统误差信号 $E(z)$ 的 z 变换展开式为

$$E(z) = \sum_{k=0}^{\infty} e(kT_s) z^{-k} = e(0) + e(T_s) z^{-1} + \cdots + e(jT_s) z^{-j} + \cdots \tag{6-9}$$

要使偏差尽快为零,应使式(6-9)中关于 z^{-1} 的项数最少。为此,式(6-8)中的 p 应选择为

$$p = q$$

因此,从准确性的要求来考虑,为使系统对式(6-6)的典型输入函数无稳态误差, $\Phi_e(z)$ 应满足

$$\Phi_e(z) = 1 - \Phi(z) = (1-z^{-1})^q F(z) \tag{6-10}$$

但若要使设计的数字控制器形式最简单、阶次最低,必须取 $F(z)=1$,这就是说,使 $F(z)$ 不含 z^{-1} 的因子, $\Phi_e(z)$ 才能使 $E(z)$ 中关于 z^{-1} 的项数最少。

$$\Phi_e(z) = 1 - \Phi(z) = (1-z^{-1})^q$$
$$\Phi(z) = 1 - \Phi_e(z) = 1 - (1-z^{-1})^q \tag{6-11}$$

现将以上分析结论列表,见表6-1。

表 6-1　各种典型输入下的最少拍系统

输入信号	$R(z)$	$1-\Phi(z)$	$\Phi(z)$	调节时间
$1(t)$	$\dfrac{1}{1-z^{-1}}$	$1-z^{-1}$	z^{-1}	T_s
t	$\dfrac{T_s z^{-1}}{(1-z^{-1})^2}$	$(1-z^{-1})^2$	$2z^{-1}-z^{-2}$	$2T_s$
$\dfrac{1}{2}t^2$	$\dfrac{T_s^2 z^{-1}(1+z^{-1})}{2(1-z^{-1})^3}$	$(1-z^{-1})^3$	$3z^{-1}-3z^{-2}+z^{-3}$	$3T_s$

注:此表仅适合于被控对象没有纯延迟环节,也没有不稳定零极点的情况,这时闭环脉冲传递函数的选择只和输入信号的幂次有关。

由表 6-1 所列出的对典型输入信号的最少拍闭环脉冲传递函数,可以计算出相应的输出脉冲序列如下:

对单位阶跃输入信号

$$Y(z) = \Phi(z) R(z) = \frac{z^{-1}}{1-z^{-1}} = z^{-1} + z^{-2} + z^{-3} + \cdots$$

输出脉冲序列如图 6-2 所示。

对单位速度输入信号

$$Y(z)=\Phi(z)R(z)=(2z^{-1}-z^{-2})\frac{T_s z^{-1}}{(1-z^{-1})^2}=2T_s z^{-2}+3T_s z^{-3}+4T_s z^{-4}+\cdots$$

输出脉冲序列如图 6-3 所示。

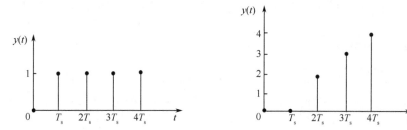

图 6-2　最少拍系统的单位阶跃响应　　图 6-3　最少拍系统的单位速度响应

【**例 6-1**】在图 6-1 中,设 $G(s)=\dfrac{10}{s(s+1)}$,$T_s=1$s,输入信号分别为单位阶跃、单位速度和单位加速度,请分别设计出相应于这 3 种不同输入信号的最少拍数字控制器。

【**解**】广义对象的脉冲传递函数为

$$G(z)=\mathscr{Z}\left[\frac{1-e^{-T_s s}}{s}\frac{10}{s(s+1)}\right]$$

$$=(1-z^{-1})\mathscr{Z}\left[\frac{10}{s^2(s+1)}\right]$$

$$=\frac{3.679z^{-1}(1+0.718z^{-1})}{(1-z^{-1})(1-0.3679z^{-1})}$$

由于广义对象稳定,不含单位圆外零、极点,$G(z)$ 不含纯滞后,故查表 6-1。

(1) 对单位阶跃信号

第一步,确定闭环脉冲传递函数 $\Phi(z)$ 和误差脉冲传递函数 $1-\Phi(z)$

$$\Phi(z)=z^{-1}$$

$$1-\Phi(z)=1-z^{-1}$$

第二步,求 $D(z)$

$$D(z)=\frac{1}{G(z)}\cdot\frac{\Phi(z)}{1-\Phi(z)}=\frac{z^{-1}}{\dfrac{3.679z^{-1}(1+0.718z^{-1})}{(1-z^{-1})(1-0.3679z^{-1})}(1-z^{-1})}$$

$$=\frac{0.2717(1-0.3679z^{-1})}{1+0.718z^{-1}}$$

第三步,检验误差序列

$$E(z)=(1-\Phi(z))R(z)=(1-z^{-1})\frac{1}{1-z^{-1}}=1$$

由误差的变换函数可知,所设计的系统,当 $k\geqslant1$ 后,$e(k)=0$。也就是说,一拍以后系统输出等于输入信号。

(2) 对单位速度输入信号

$$\Phi(z)=2z^{-1}-z^{-2}$$

$$1-\Phi(z)=(1-z^{-1})^2$$

$$D(z)=\frac{1}{G(z)}\cdot\frac{\Phi(z)}{1-\Phi(z)}=\frac{2z^{-1}(1-0.5z^{-1})}{\dfrac{3.679z^{-1}(1+0.718z^{-1})}{(1-z^{-1})(1-0.3679z^{-1})}(1-z^{-1})^2}$$

$$= \frac{0.5434(1-0.5z^{-1})(1-0.3679z^{-1})}{(1-z^{-1})(1+0.718z^{-1})}$$

$$E(z)=(1-\Phi(z))R(z)=(1-z^{-1})^2\frac{z^{-1}}{(1-z^{-1})^2}=z^{-1}$$

由误差的变换函数可知,按单位速度输入设计的系统,当 $k \geqslant 2$ 后,即两拍以后 $e(k)=0$。

(3) 对单位速度输入信号

$$\Phi(z)=3z^{-1}-3z^{-2}+z^{-3}$$

$$1-\Phi(z)=(1-z^{-1})^3$$

$$D(z)=\frac{1}{G(z)} \cdot \frac{\Phi(z)}{1-\Phi(z)}=\frac{3z^{-1}(1-z^{-1}+\frac{1}{3}z^{-2})}{\dfrac{3.679z^{-1}(1+0.718z^{-1})}{(1-z^{-1})(1-0.3679z^{-1})}(1-z^{-1})^3}$$

$$=\frac{0.8154(1-z^{-1}+\frac{1}{3}z^{-2})(1-0.3679z^{-1})}{(1-z^{-1})^2(1+0.718z^{-1})}$$

$$E(z)=(1-\Phi(z))R(z)=(1-z^{-1})^3\frac{z^{-1}(1+z^{-1})}{2(1-z^{-1})^3}$$

$$=0.5(z^{-1}+z^{-2})=0.5z^{-1}+0.5z^{-2}$$

由误差的变换函数可知,按单位加速度输入设计的系统,当 $k \geqslant 3$ 后,即三拍以后 $e(k)=0$。

2. $D(z)$ 的物理可实现性

任何物理可实现的系统,其分子阶次必然小于或等于分母阶次。

设被控对象的脉冲传递函数的通式为

$$G(z)=K\frac{z^{-l}(1+a_1z^{-1}+\cdots)}{(1+b_1z^{-1}+\cdots)} \tag{6-12}$$

$G(z)$ 分子的最高阶次为 z^{-l},分母的最高阶次为 z^0,所以分子阶次比分母低 l 阶,当对象具有纯滞后特性时,l 的数值增加。也就是说,$G(z)$ 代表了实际存在的物理对象,所以必然有分子阶次≤分母阶次的性质。

分析数字控制器 $D(z)$ 的计算公式

$$D(z)=\frac{1}{G(z)} \cdot \frac{\Phi(z)}{1-\Phi(z)}$$

发现,$G(z)$ 处于分母的位置,$G(z)$ 中的延迟因子 z^{-1} 将会使 $D(z)$ 分子的阶次比分母高 l 阶,为避免这种情况发生,只有要求 $\Phi(z)$ 将 $G(z)$ 中的全部延迟因子抵消掉,即要求闭环脉冲传递函数的形式为

$$\Phi(z)=z^{-l}(1+c_1z^{-1}+\cdots) \tag{6-13}$$

这样方可保证 $D(z)$ 分子的阶次不高于分母的阶次,从而能物理实现。

式(6-13)的物理意义还可以这样理解:如果对象具有 z^{-l} 纯延迟特性,则系统的闭环特性也具有相同的纯滞后,也就是说,数字控制器的串联校正作用只能改善系统的动态性能,而不可能使对象提前动作。

3. $D(z)$ 的稳定性条件

如果被控对象 $G(z)$ 具有单位圆上或圆外的零极点,那么由 $D(z)$ 计算式(6-4),必然会发生 $D(z)$ 的零点抵消 $G(z)$ 不稳定的极点、$D(z)$ 的极点抵消 $G(z)$ 不稳定的零点。这种零极点的抵消,从理论上来说可以得到一个稳定的闭环系统,但这种稳定是建立在零极点完全对消的基础上的。当系统参数产生漂移,或者辨识的参数有误差时,这种零极点对消不可能准确实现;从系统

非零初始状态响应来看也不收敛,从而引起闭环系统不稳定。所以,绝对不允许采用控制器的零极点去抵消对象的不稳定的零极点。这就意味着,对闭环脉冲传递函数的选择又要增加限制。

重新分析 $D(z)$ 算式

$$D(z) = \frac{1}{G(z)} \cdot \frac{\Phi(z)}{1 - \Phi(z)}$$

显然,如果 $\Phi(z)$ 包括 $G(z)$ 在单位圆上及圆外的零点,$1 - \Phi(z)$ 包括 $G(z)$ 在单位圆上及圆外的极点,那么就可避免用 $D(z)$ 去抵消 $G(z)$ 中的不稳定的零极点。

综合以上讨论,最少拍系统的闭环脉冲传递函数 $\Phi(z)$ 的选择应满足以下 3 个条件。

(1) 零稳态误差条件

依据典型输入 $R(z) = \dfrac{A(z)}{(1 - z^{-1})^q}$ 形式,选

$$1 - \Phi(z) = (1 - z^{-1})^q \tag{6-14}$$

以使 $E(z)$ 项数最少。

(2) 物理可实现条件

若对象 $G(z) = K \dfrac{z^{-l}(1 + a_1 z^{-1} + \cdots)}{(1 + b_1 z^{-1} + \cdots)}$ 包含 z^{-l} 延迟因子,则 $\Phi(z)$ 中也应包含相同的延迟因子,以保证 $D(z)$ 分子的阶次 $\leqslant$ 分母阶次,即要求

$$\Phi(z) = z^{-l} \tag{6-15}$$

(3) 稳定性条件

若 $G(z)$ 有在单位圆上和单位圆外不稳定的零极点 z_i 和 p_i,即 $|z_i| \geqslant 1$,$|p_i| \geqslant 1$,则应选

$$\Phi(z) = \prod_{i=1}^{k} (1 - z_i z^{-1}) F_1(z) \tag{6-16}$$

$$1 - \Phi(z) = \prod_{i=1}^{k} (1 - p_i z^{-1}) F_2(z) \tag{6-17}$$

以避免用 $D(z)$ 不稳定的零、极点去抵消对象的不稳定的极、零点。

式(6-17)中,$F_1(z)$ 和 $F_2(z)$ 称为协调因子,且 $F_1(z)$ 不含 $G(z)$ 中的不稳定极点 a_k,$F_2(z)$ 不含 $G(z)$ 中的不稳定零点 b_k。$F_1(z)$ 和 $F_2(z)$ 应取项数最少而能保证式(6-16)和式(6-17)均成立的 z^{-1} 的多项式。

综合式(6-14)~式(6-17),经过平衡、协调,最后找出同时满足这 3 个条件的 $\Phi(z)$ 的最低阶次表达式。

表 6-1 仅列出了满足零稳态误差的闭环脉冲传递函数,由上述讨论可知,在实际设计时,这是不够的。表 6-2 列出了闭环脉冲传递函数 $\Phi(z)$ 和 $1 - \Phi(z)$ 必须满足的全部条件。

表 6-2　最少拍系统闭环脉冲传递函数的选择

闭环特性	零稳态误差	物理可实现	稳定性
$\Phi(z)$		z^{-l}	$\prod\limits_{i=1} (1 - z_i z^{-1}) F_1(z)$
$1 - \Phi(z)$	$(1 - z^{-1})^q$		$\prod\limits_{i=1} (1 - p_i z^{-1}) F_2(z)$

注:① 输入 $r(t) = 1(t)$,$q = 1$;$r(t) = t$,$q = 2$;$r(t) = \dfrac{1}{2} t^2$,$q = 3$。

② l 为对象 $G(z)$ 的纯滞后幂次。

③ z_i 和 p_i 为 $G(z)$ 的零、极点,且 $|z_i| \geqslant 1$,$|p_i| \geqslant 1$

【例 6-2】若在图 6-1 中,被控对象传递函数为

$$G(s) = \frac{10}{s(0.1s+1)(0.05s+1)}$$

采样周期 $T_s = 0.2s$,试设计在单位阶跃输入作用下,能在最短时间内消除偏差采样值的数字控制器。

【解】第一步,广义对象的脉冲传递函数为

$$G(z) = \mathscr{Z}\left[\frac{1-e^{-T_s s}}{s}\frac{10}{s(0.1s+1)(0.05s+1)}\right]$$

$$= \frac{0.76z^{-1}(1+0.045z^{-1})(1+1.14z^{-1})}{(1-z^{-1})(1-0.135z^{-1})(1-0.0183z^{-1})}$$

分析上式,分子的最高阶次为 z^{-1},分母的最高阶次为 z^0,所以 $G(z)$ 的分子比分母低一阶。它有一个不稳定的零点($z=-1.14$),另有一个极点在单位圆上($z=1$),其余零极点均在单位圆内。

第二步,确定闭环脉冲传递函数 $\Phi(z)$

查表 6-2,可立即写出 $\Phi(z)$ 及 $1-\Phi(z)$ 中必须具备的因子:

$$\Phi(z) = z^{-1}(1+1.14z^{-1})$$
$$1-\Phi(z) = (1-z^{-1})$$

以上两式中,$\Phi(z)$ 是根据物理可实现条件及稳定性条件确定的;对本例零稳态误差及稳定性条件是一致的,要求 $1-\Phi(z)$ 包含 $(1-z^{-1})$ 因子。但是上面两式必须匹配适当的因子才能同时成立,即

$$\Phi(z) = z^{-1}(1+1.14z^{-1})F_1(z)$$
$$1-\Phi(z) = (1-z^{-1})F_2(z)$$

$F_1(z)$ 和 $F_2(z)$ 应取项数最少而能保证上面两式均成立的 z^{-1} 的多项式。分析本例,应取

$$F_1(z) = a$$
$$F_2(z) = 1+bz^{-1}$$

解得

$$1-az^{-1}(1+1.14z^{-1}) = (1-z^{-1})(1+bz^{-1})$$
$$a = 0.467$$
$$b = 0.533$$

所以

$$\Phi(z) = 0.467z^{-1}(1+1.14z^{-1})$$
$$1-\Phi(z) = (1-z^{-1})(1+0.533z^{-1})$$

第三步,求 $D(z)$

$$D(z) = \frac{1}{G(z)} \cdot \frac{\Phi(z)}{1-\Phi(z)}$$

$$= \frac{0.467z^{-1}(1+1.14z^{-1})}{\dfrac{0.76z^{-1}(1+0.045z^{-1})(1+1.14z^{-1})}{(1-z^{-1})(1-0.135z^{-1})(1-0.0183z^{-1})}(1-z^{-1})(1+0.533z^{-1})}$$

$$= \frac{0.615(1-0.135z^{-1})(1-0.0183z^{-1})}{(1+0.045z^{-1})(1+0.533z^{-1})}$$

可看到上式分子与分母同阶,也没有不稳定的零点,因而既是物理可实现又满足稳定性条件。

第四步,检验误差序列

$$E(z)=(1-\Phi(z))R(z)=(1-z^{-1})(1+0.533z^{-1}) \cdot \frac{1}{1-z^{-1}}=1+0.533z^{-1}$$

系统响应为

$$Y(z)=\Phi(z)R(z)=0.467z^{-1}(1+1.14z^{-1}) \cdot \frac{1}{1-z^{-1}}$$

$$=0.467z^{-1}+z^{-2}+z^{-3}+z^{-4}+\cdots$$

输出响应序列 $Y(z)$ 如图 6-4 所示。由图可见,对这个系统,达到采样点误差为零需要两个采样周期,而在表 6-1 中输入 $r(t)=1$ 时,只需要一个采样周期输出就达到稳态。调节时间的延长是由于被控对象在单位圆外有一个零点,为满足系统的稳定性要求而必须在调节时间上作出牺牲。对象的不稳定零极点数越多,调节时间越长;对象纯滞后时间越长,调节时间也越长。

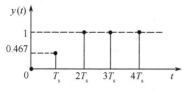

图 6-4 例 6-2 的输出响应序列

4. 最少拍系统的采样点间分析

以上最少拍系统的输出拉氏变换为

$$Y(s)=\frac{D(z)G_{h}(s)G(s)}{1+D(z)G_{h}G(z)}R(z)$$

$$=\frac{D(z)G_{h}G(z)}{1+D(z)G_{h}G(z)} \cdot \frac{G_{h}(s)G(s)}{G_{h}G(z)}R(z)$$

$$=\Phi(z)\frac{G_{h}(s)G(s)}{G_{h}G(z)}R(z) \tag{6-18}$$

输出的修正 z 变换为

$$Y(z,m)=\Phi(z)\frac{G_{h}G(z,m)}{G_{h}G(z)}R(z) \tag{6-19}$$

若 $G_{h}G(z)$ 和 $G_{h}G(z,m)$ 分别可表示为

$$G_{h}G(z,m)=z^{-d}\frac{M(z,m)}{N(z)} \tag{6-20}$$

$$G_{h}G(z)=z^{-d}\frac{M(z)}{N(z)} \tag{6-21}$$

则

$$Y(z,m)=\Phi(z)\frac{M(z,m)}{M(z)}R(z) \tag{6-22}$$

当 m 取 $0 \sim 1$ 之间的任何值,只要有零点,$M(z)$ 是消不掉的,所以

$$\Phi(z,m)=\Phi(z)\frac{M(z,m)}{M(z)} \tag{6-23}$$

已不是有限项多项式,从而 $\Phi_{e}(z,m)$ 也不是有限项多项式。也就是说,在采样点之间,总是 $y(t) \neq r(t)$。采样点上稳态误差为零,而采样点之间稳态误差不为零,形成波动现象。在实际系统中,这种波动不仅影响跟踪精度,而且浪费执行机构的驱动功率并增加机械摩损。为此,我们希望设计的系统,在典型输入信号作用下,经过有限个采样周期后,不仅在采样点无偏差,而且在采样点之间也不存在偏差,这就是无纹波最少拍系统的设计。

6.1.2 无纹波最少拍系统的设计

1. 纹波产生的原因

【例 6-3】在例 6-1 中,输入信号是单位阶跃信号下设计的系统,求其采样点之间的输出及控制信号。

【解】在例 6-1 中已经求得

$$D(z) = \frac{0.2717(1-0.3679z^{-1})}{1+0.718z^{-1}}$$

$$E(z) = 1$$

现在利用修正 z 变换求采样点之间的输出,取 $\Delta T = 0.5$,有

$$Y(z, \Delta T) = G(z, \Delta T)D(z)E(z) = \frac{0.2896 + 1.2799z^{-1} + 0.1486z^{-2}}{1 - 0.282z^{-1} - 0.718z^{-2}}$$

$$= 0.2896 + 1.3615z^{-1} + 0.7405z^{-2} + 1.1804z^{-3} + 0.8662z^{-4}$$

$$+ 1.0961z^{-5} + 0.9311z^{-6} + 1.0496z^{-7} + 0.9645z^{-8} + \cdots$$

计算得出 $y(t)$ 的变换函数各值对应于 $t = 0.5, 1.5, 2.5, 3.5, 4.5, 5.5, 6.5, 7.5, 8.5$s 时系统输出 $y(t)$ 的值,响应曲线如图 6-5(a) 所示。

被控对象的控制信号为

$$U(z) = D(z)E(z) = D(z)[1 - \Phi(z)] = \frac{0.2718(1-0.3679z^{-1})}{1+0.718z^{-1}} \cdot 1$$

$$= 0.2718 - 0.2951z^{-1} + 0.2119z^{-2} - 0.1522z^{-3} + 0.1093z^{-4}$$

$$- 0.07847z^{-5} + 0.05635z^{-6} - 0.0406z^{-7} + 0.0291z^{-8} + \cdots$$

式中,各系数对应了 $u(t)$ 的值,其变换曲线如图 6-5(b) 所示。

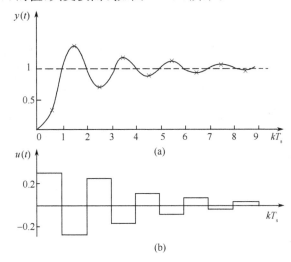

图 6-5　例 6-3 系统的响应和控制序列

从图 6-5 看到,虽然例 6-1 中设计的闭环系统在一个采样周期后进入稳态,采样点时刻系统输出信号的误差为零。但控制器的控制信号 $u(t)$ 却不停地在振荡,这种振荡的振幅虽然在逐渐衰减,但过渡过程迟迟不能结束,总围绕着一个平均值不停地在波动,正是由于这种波动造成了输出 $y(t)$ 的长期波动。

2. 无纹波条件

由于控制信号 $u(t)$ 的变化引起输出的波动,因此只要使 $u(t)$ 以最少的周期达到恒定(可以为零),即 $u(t)$ 的过渡过程在有限拍结束,就可以使采样间点不波动。

在前面研究的有纹波最少拍系统,我们要求系统的输出 $y(t)$ 在有限拍内过渡过程结束而进入稳态跟踪,在数学上则要求以 y 为输出的闭环传递函数为有限项,即

$$\Phi(z) = \frac{Y(z)}{R(z)} = a_0 + a_1 z^{-1} + \cdots + a_k z^{-k} = \frac{F(z)}{z^{-k}} \tag{6-24}$$

我们所讨论的零稳态误差条件、物理可实现条件及稳定性的条件都保证了闭环传递函数 $\Phi(z)$ 为有限项。

式（6-24）中，$F(z)$ 为 $\Phi(z)$ 的分子多项式，该式表明系统的过渡过程经 k 拍后结束而进入稳态。式（6-24）即为离散系统输出过渡过程在有限拍结束应符合的条件，即要求系统的闭环传递函数为有限项，或者说系统闭环传递函数的极点都在 z 平面的原点。

同样，我们可推论出，若要 $u(t)$ 的过渡过程在有限拍结束，只要保证以 u 为输出的闭环传递函数为有限项，即要求

$$\Phi_{\mathrm{u}}(z) = \frac{U(z)}{R(z)} \tag{6-25}$$

为有限项。

由图 6-1 可写出

$$\Phi_{\mathrm{u}}(z) = \frac{U(z)}{R(z)} = \frac{D(z)}{1 + D(z)G(z)} = \frac{\Phi(z)}{G(z)} \tag{6-26}$$

令

$$G(z) = \frac{G_{\mathrm{N}}(z)}{G_{\mathrm{D}}(z)}$$

式中，$G_{\mathrm{N}}(z)$ 为被控对象脉冲传递函数的分子；$G_{\mathrm{D}}(z)$ 为被控对象脉冲传递函数的分母。则有

$$\Phi_{\mathrm{u}}(z) = \frac{\Phi(z)}{G(z)} = \frac{\Phi(z)G_{\mathrm{D}}(z)}{G_{\mathrm{N}}(z)} \tag{6-27}$$

从上式可以看出，只要 $\Phi(z)$ 包括 $G_{\mathrm{N}}(z)$，也即包括 $G(z)$ 的全部零点，则式（6-27）右端就能整除，从而保证了 $\Phi_{\mathrm{u}}(z)$ 为有限项。

通过上述分析，无纹波最少拍系统的设计除了满足有纹波最少拍系统的 3 个条件外，还应对 $\Phi(z)$ 加更多的限制，即 $\Phi(z)$ 应包括 $G(z)$ 的全部零点。而这后一条又包含前述物理可实现条件（$\Phi(z)$ 包含 $G(z)$ 分子中的 z^{-1} 以及稳定性条件（$\Phi(z)$ 包含不稳定零点）。因此，无纹波最少拍系统闭环脉冲传递函数 $\Phi(z)$ 的选择可简化为表 6-3。

表 6-3 无纹波最少拍系统闭环脉冲传递函数的选择

闭环特性	内容	注释
$\Phi(z)$	$G_{\mathrm{N}}(z)$	对象全部零点
$1 - \Phi(z)$	$(1 - z^{-1})^q \prod\limits_{i=1}^{n}(1 - p_i z^{-1})F_2(z)$	$r(t) = 1(t), q = 1;$ $r(t) = t, q = 2;$ $r(t) = \dfrac{1}{2}t^2, q = 3;$ 且 $\lvert p_i \rvert \geqslant 1$

【例 6-4】对例 6-1 所示的系统，针对单位阶跃输入信号，设计无纹波最少拍数字控制器。

【解】第一步，例 6-1 的广义对象的脉冲传递函数为

$$G(z) = \frac{3.679 z^{-1}(1 + 0.718 z^{-1})}{(1 - z^{-1})(1 - 0.3679 z^{-1})}$$

第二步，确定闭环脉冲传递函数 $\Phi(z)$ 和误差脉冲传递函数 $1 - \Phi(z)$。

根据表 6-3，选择

$$\Phi(z) = z^{-1}(1 + 0.718 z^{-1}) \cdot F_1(z)$$
$$1 - \Phi(z) = (1 - z^{-1}) \cdot F_2(z)$$

式中，$F_1(z)$ 和 $F_2(z)$ 为同时满足 $\Phi(z)$ 和 $1 - \Phi(z)$ 要求而必须加入的协调因子，对照例 6-2，取

$$F_1(z) = a$$
$$F_2(z) = 1 + b z^{-1}$$

解得

$$a = 0.582$$
$$b = 0.418$$

这样,最终可确定

$$\Phi(z)=0.582z^{-1}(1+0.718z^{-1})$$
$$1-\Phi(z)=(1-z^{-1})(1+0.418z^{-1})$$

第三步,求 $D(z)$

$$D(z)=\frac{1}{G(z)} \cdot \frac{\Phi(z)}{1-\Phi(z)}=\frac{0.158(1-0.368z^{-1})}{1+0.418z^{-1}}$$

第四步,对设计结果进行验算

(1) 误差信号

$$E(z)=(1-\Phi(z))R(z)=1+0.418z^{-1}$$

即
$$e(0)=1,e(T_s)=0.418,e(2T_s)=e(3T_s)=\cdots=0$$

由此可见,系统输出经两拍进入稳态,稳态误差为零。

(2) 控制器输出

$$U(z)=E(z)D(z)=0.158(1-0.368z^{-1})=0.158-0.058z^{-1}$$

即
$$u(0)=0.158,u(T_s)=-0.058,u(2T_s)=u(3T_s)=\cdots=0$$

由上式可见,$u(kT_s)$ 也经两拍结束过渡过程,因为输入信号是单位阶跃信号,所以 $u(kT_s)$ 的稳态值为零。

(3) 系统输出

$$Y(z)=\Phi(z)R(z)=\frac{0.582z^{-1}(1+0.718z^{-1})}{1-z^{-1}}$$
$$=0.582z^{-1}+z^{-2}+z^{-3}+\cdots$$

即
$$y(0)=0,y(T_s)=0.528,y(2T_s)=y(3T_s)=\cdots=1$$

由此可见,系统从第二拍开始跟踪上输入信号。

采用扩展 z 变换计算采样点之间的输出响应,其响应曲线如图 6-6 所示,可见采样点之间不再存在纹波。

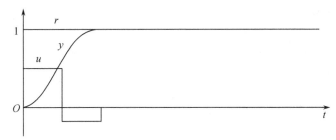

图 6-6　例 6-4 系统的响应和控制序列

再采用扩展 z 变换计算例 6-1 中采样点之间的输出响应,其响应曲线如图 6-7 所示。

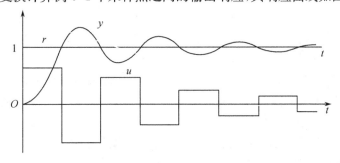

图 6-7　例 6-1 系统的响应和控制序列

比较两图可以看到：无纹波系统两拍后达到稳态，而有纹波系统一拍就能跟上输入，这说明为使系统输出无纹波，是以增加调节时间为代价的。

6.1.3 最少拍系统的讨论

1. 最少拍系统的局限性

最少拍系统控制器的设计使得系统对某一类输入信号的响应为最少拍，但这种设计方法对其他类型的输入信号的适应性较差，甚至会引起大的超调和静差。因此，这种设计方法应对不同的输入信号使用不同的数字控制器或闭环脉冲传递函数，否则，就得不到最佳性能。图 6-8 示意了最少拍系统对输入信号敏感性的变化规律。

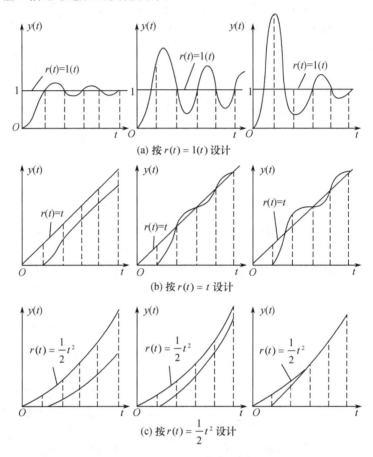

(a) 按 $r(t)=1(t)$ 设计

(b) 按 $r(t)=t$ 设计

(c) 按 $r(t)=\dfrac{1}{2}t^2$ 设计

图 6-8　最少拍系统对输入信号的敏感性

由图 6-8 可见，针对一种典型的输入信号进行设计，得到的系统闭环脉冲传递函数 $\Phi(z)$，用于次数较低的输入信号时，系统出现较大的超调，响应时间也会增加，但在采样时刻的误差为零。而当其用于次数较高的输入信号时，输出将不能完全跟踪输入，以至于产生稳态误差。所以一种典型的最少拍闭环脉冲传递函数 $\Phi(z)$ 只适应一种特定的输入而不能适应多种不同类型的输入。但对于实际系统，它的输入往往是复杂的，有时甚至是随机的，因此最少拍系统对输入信号的敏感性限制了它的实际应用。

下面介绍一种设计最少拍控制器的改进方法，其基本思想是以牺牲有限拍的性质为代价，换取系统对不同的输入类型皆能获得比较满意的控制效果。

2. 惯性因子法

这时的误差脉冲传递函数 $\Phi_e(z)=1-\Phi(z)$ 不再是有限多项式 $(1-z^{-1})^q \cdot F(z)$，而是将其修改为

$$1-\Phi^*(z)=\frac{1-\Phi(z)}{1-\alpha z^{-1}} \tag{6-28}$$

即针对某一种典型输入设计的最少拍闭环脉冲传递函数 $\Phi(z)$ 中加入惯性因子（或称阻尼因子）项 $1-\alpha z^{-1}$。这样，闭环系统的脉冲传递函数

$$\Phi^*(z)=\frac{\Phi(z)-\alpha z^{-1}}{1-\alpha z^{-1}} \tag{6-29}$$

也不再是 z^{-1} 的有限项多项式。也就是说，加入惯性因子后，系统已不可能在有限个采样周期内到达稳态，且没有稳态误差了，而只能渐近地趋于稳态，但是，系统对输入类型的敏感程度却因此降低了。通过合理地选择参数 α，可以对不同类型的输入均获得比较满意的响应。

为使系统稳定，α 的取值范围应满足 $|\alpha|<1$。为使响应能单调衰减，通常取 $0<\alpha<1$。α 的取值可以通过反复试凑来确定，也可根据某些优化准则，例如均方误差

$$J=\sum_{k=0}^{\infty} e^2(k)$$

的最小化来选定。

【例 6-5】例 6-1 中

$$G(z)=\frac{3.679z^{-1}(1+0.718z^{-1})}{(1-z^{-1})(1-0.3679z^{-1})}$$

对单位速度输入信号设计的最少拍系统，结果是

$$\Phi(z)=2z^{-1}-z^{-2}$$
$$1-\Phi(z)=(1-z^{-1})^2$$

现在引入惯性因子。当惯性因子取不同值时考察系统对单位阶跃输入信号和对单位速度输入信号的响应。

【解】分别取 $\alpha=-0.5,0.0,0.5,0.8$，计算系统对单位阶跃输入信号和对单位速度输入信号的响应，参见表 6-4 和图 6-9。

表 6-4　取不同惯性因子 α 的系统响应

输入	α	输 出 响 应								
		0	T_s	$2T_s$	$3T_s$	$4T_s$	$5T_s$	$6\,T_s$	$7T_s$	$8T_s$
单位阶跃	-0.5	0	2.5000	0.2500	1.3750	0.8123	1.1938	0.9351	1.0234	0.9882
	0.0	0	1.4073	1.5926	1	1	1	1	1	1
	0.5	0	1.5000	1.2500	1.1250	1.0625	1.0313	1.0156	1.0072	1.0030
	0.8	0	1.2000	1.1600	1.1280	1.1024	1.0891	1.0655	1.0525	1.0420
单位速度	-0.5	0	0	2.5000	2.7500	4.1250	4.9375	6.0313	6.9084	8.0079
	0.0	0	1.4073	3	4	5	6	7	8	
	0.5	0	0	1.5000	2.7500	3.8750	4.9375	5.9688	6.9844	7.9923
	0.8	0	0	1.2000	2.3600	3.4880	4.5900	5.6640	6.7157	7.4956

在实际应用中，应兼顾不同的情况，折中选择 α 值。

值得注意的是，使用惯性因子法并不能改善系统对所有输入类型的响应，因此，这种方法只适用于输入类型不多的情况。如果要使控制系统适应面广，则可针对各种输入类型分别设计，在线切换。

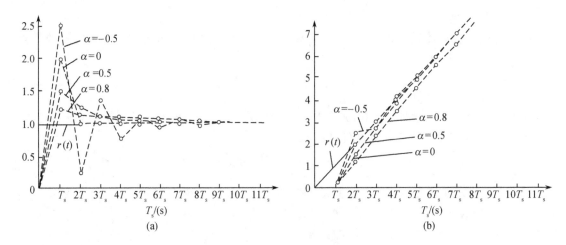

图 6-9　例 6-5 不同 α 的系统响应

3. 极点位置的讨论

最少拍系统的闭环脉冲传递函数中含有多重极点,且都位于 z 平面的零点,$z=0$,这是由于设计中用 $D(z)$ 的增益、极点和零点补偿了 $G(z)$ 中的相应部分所致。从理论上可以证明,这一多重极点对系统参数变化的灵敏度可以达到无穷。因此,如果系统参数发生变化,或在计算机中存入的参数与设计参数略有差异,将使实际输出严重偏离期望状态。惯性因子法中由于惯性因子的加入,将使系统对参数变化的灵敏度降低。

4. 采样周期的限制

既然最少拍系统在特定输入信号作用下,只经过几个采样周期,系统稳态误差就为零,那么是否采样周期取得越短,系统的调节时间就可无限制地减少呢?回答是否定的。这是因为实际系统中,能源的功率是有限制的,例如驱动对象的力矩、电机转速不可能无限提高,它存在着饱和转速。采样时间越短,则控制器输出越大,这就立即会使系统工作于非线性饱和状态,从而使性能显著变坏。此外,系统的响应快,必然使运动部件具有较高的速度和加速度,它将承受过大的离心载荷和惯性载荷,如果超过强度极限就会遭到破坏。

6.2　根轨迹设计法

在连续控制系统中,用根轨迹法设计校正网络是一种很好的方法。这种方法是在已知控制系统开环传递函数的零、极点分布的情况下,通过改变校正网络的结构和参数,使整个系统的闭环特征根配置在希望的位置上。和连续系统一样,可采用 z 平面根轨迹法来设计数字控制器。

6.2.1　z 平面的根轨迹

计算机控制系统的结构图如图 6-10 所示,图中,$D(z)$ 为数字控制器,$G(z)$ 为被控对象的脉冲传递函数,也即连续对象连同零阶保持器一起变换到 z 平面。

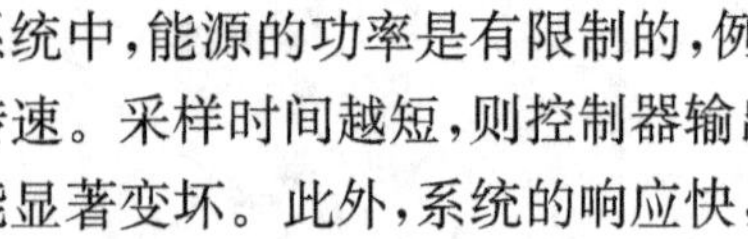

$$G(z)=\mathscr{Z}\left[\frac{1-\mathrm{e}^{-T_s s}}{s}G(s)\right] \tag{6-30}$$

该系统的闭环脉冲传递函数为

图 6-10　控制系统结构图

$$\Phi(z)=\frac{Y(z)}{R(z)}=\frac{D(z)G(z)}{1+D(z)G(z)} \tag{6-31}$$

闭环系统的特征方程为

$$1+D(z)G(z)=0 \qquad (6\text{-}32)$$

z 平面根轨迹的定义和 s 平面一样，是指当系统某个参数（如开环增益）由零到无穷大变化时，上述闭环特征方程的根在 z 平面上移动的轨迹。

若连续系统的开环传递函数为 $D(s)G(s)$，则在 s 平面特征方程为

$$1+D(s)G(s)=0 \qquad (6\text{-}33)$$

比较式(6-32)和式(6-33)，两者形式完全一样，只不过一个是复变量 s 的方程，另一个是复变量 z 的方程，由此得出，连续系统在复域 s 中绘制根轨迹的一切规则，均可不加改变地搬到复域 z 中来。

两个平面上根轨迹有两个不同点：

① z 平面上的稳定边界是单位圆而不是一条虚轴；

② z 平面上 ω_n 可以有负的值。

【例6-6】某采样控制系统的结构图如图6-11所示，采样周期 $T_s=1\mathrm{s}$，试绘制增益 K 从零变化到无穷大时闭环系统的根轨迹。

【解】首先求系统的开环传递函数

$$G(z)=\mathscr{Z}\left[\frac{K}{s(s+1)}\right]=\frac{Kz(1-\mathrm{e}^{-T_s})}{(z-1)(z-\mathrm{e}^{-T_s})}=\frac{0.632Kz}{(z-1)(z-0.368)}=\frac{K_0z}{(z-1)(z-0.368)}$$

$G(z)$ 有两个极点：$p_1=1$，$p_2=0.368$，一个零点：$z_1=0$，所以根轨迹有两个分支，分别从 p_1 和 p_2 出发，一个趋向零点 $z_1=0$，另一个趋向无穷远。实轴上分离点的坐标为

$$\frac{1}{d-1}+\frac{1}{d-0.368}=\frac{1}{d}$$

解得
$$d=\pm0.607$$

图6-12所示为根轨迹图。从图6-12可以看出，在 z 平面上，稳定的分界线为单位圆，因此，z 平面的根轨迹必须相对于单位圆来分析。

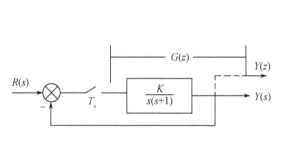

图 6-11　例6-6 控制系统结构图

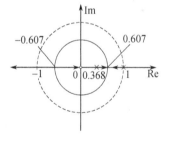

图 6-12　例6-6 的根轨迹图

图6-12中，根轨迹与单位圆交在 $(-1,\mathrm{j}0)$ 点，该点即为系统的临界稳定点，可求得该点的根轨迹增益为

$$K_0=\frac{|z-p_1|\cdot|z-p_2|}{|z-z_1|}=\frac{|-1-1|\cdot|-1-0.368|}{|-1-0|}=2.736$$

根据开环传递函数

$$0.632K=K_0$$

所以系统的临界放大倍数为

$$K=\frac{K_0}{0.632}=\frac{2.736}{0.632}=4.33$$

绘制一个有很多开环极点和零点的复杂系统的根轨迹看起来很复杂，不过随着计算机技术

的迅速发展,已有十分完善的程序软件来计算和绘制根轨迹了,从而免去了烦杂的手算工作,但能够采用既定规则,快速勾画出根轨迹草图将是十分有用的。

6.2.2　z 平面极点位置与动态响应的关系

在连续系统中,已知系统传递函数极点位置,我们立即能估计出该极点所对应的瞬态响应情况,在离散系统中,掌握 z 平面上极点位置与动态响应的关系也十分重要。

设离散系统闭环脉冲传递函数为

$$\Phi(z) = \frac{b_0 \prod\limits_{i=1}^{m} (z - z_i)}{a_0 \prod\limits_{i=1}^{n} (z - p_i)} \qquad n \geqslant m \tag{6-34}$$

当输入为单位阶跃信号,即 $r(k)=1(k)$ 时,系统的输出响应为

$$Y(z) = \Phi(z)R(z) = \frac{\Phi_N(z)}{\Phi_D(z)} \cdot \frac{z}{z-1} \tag{6-35}$$

式中,$\Phi_N(z)$ 为 $\Phi(z)$ 的分子多项式,$\Phi_D(z)$ 为 $\Phi(z)$ 的分母多项式。若 $\Phi(z)$ 没有重极点,则将上式进行部分分式展开后为

$$Y(z) = \frac{\Phi_N(1)}{\Phi_D(1)} \cdot \frac{z}{z-1} + \prod_{i=1}^{n} \frac{y_i z}{z - p_i} \tag{6-36}$$

式中,$\Phi_N(1)$,$\Phi_D(1)$ 为 $\Phi_N(z)$,$\Phi_D(z)$ 中 $z=1$ 代入所得的常数值;y_i 为常系数。对上式进行 z 反变换,则可得到离散系统输出的阶跃响应为

$$Y(kT_s) = \frac{\Phi_N(1)}{\Phi_D(1)} + \prod_{i=1}^{n} y_i p_i^k \qquad (k = 0,1,2,\cdots) \tag{6-37}$$

式中,第一项为稳态分量,第二项为瞬态分量。显然,瞬态分量 $y_i p_i^k$ 脉冲序列是收敛还是发散、单调还是振荡,完全取决于极点在 z 平面上的位置。以下我们给出瞬态分量(对应于脉冲响应)和极点位置的关系。

1. 极点位于实轴上的情况

① $0 < p_i < 1$,即极点位于 z 平面单位圆正实轴上,响应 $y_i p_i^k$ 序列单调收敛,且 p_i 越小(即越靠近原点),衰减越快。

② 当 $p_i = 1$,对应的瞬态响应为等幅脉冲序列。

③ 当 $p_i > 1$,响应 $y_i p_i^k$ 序列为单调发散。

④ 当 $-1 < p_i < 0$,即极点位于单位圆负实轴上,由于 $|p_i| < 1$,响应是收敛的,且 k 为偶数时,p_i^k 为正值,k 为奇数时,p_i^k 为负值。因此,该瞬态分量为正负交替的收敛振荡脉冲序列,p_i^k 且越接近原点,收敛越快。

⑤ 当 $p_i = -1$,瞬态响应为正负交替的等幅振荡脉冲序列。

⑥ $p_i < -1$,瞬态响应为正负交替的发散振荡脉冲序列。

以上④⑤⑥正负交替振荡的频率为:每两个采样周期振荡一周,即若极点位于 z 平面负实轴上,则它对应的瞬态响应必以 $1/2$ 的采样频率振荡。

以上情况如图 6-13 所示。

2. 极点为共轭复数的情况

当 p_i 为复时,它必然成对出现,即复数对为

$$p_i, p_i^* = |p_i| e^{\pm \theta_i} \tag{6-38}$$

式中,$|p_i|$ 为复数极点的模,θ_i 为相角。它们所对应的瞬态响应为

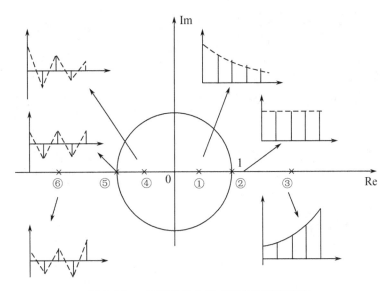

图 6-13 z 平面实轴上极点对应的瞬态响应

$$Y(k) = \mathscr{Z}^{-1}\left[\frac{y_i z}{z-p_i} + \frac{y_i^* z}{z-p_i^*}\right] = y_i p_i^k + y_i^* p_i^{*k}$$
$$= 2|y_i| \cdot |p_i|^k \cos(\omega \cdot kT_s + \psi_i) \tag{6-39}$$

式中，y_i，y_i^* 为部分分式的系数，由于传递函数的系数均为实数，所以，y_i 和 y_i^* 必为共轭复数，且表示为

$$y_i, y_i^* = |y_i| e^{\pm \psi_i} \tag{6-40}$$

由式(6-39)可知，共轭极点 p_i，p_i^* 对应的瞬态响应是余弦振荡脉冲序列。振荡是收敛还是发散，完全取决于该对极点的模值 $|p_i|$，即：

① 当 $|p_i| < 1$，即共轭复根在单位圆内，则响应是振荡衰减的，且复极点越靠近原点，振荡衰减越快；

② 当 $|p_i| > 1$，即共轭复根在单位圆外，则响应是振荡发散的；

③ 当 $|p_i| = 1$，即共轭复根在单位圆上，则响应为等幅振荡序列。

式(6-39)中，余弦振荡的频率为

$$\omega = \frac{\theta_i}{T_s} \tag{6-41}$$

即振荡频率与共轭极点的相角有关，θ_i 越大，振荡频率越高。当 $\theta_i = \pi$，即一对复极点会合到负实轴上，振荡频率为最高，此时 $\omega = \frac{\omega_s}{2}$，即形成正负交替振荡。

【例 6-7】图 6-14 的 z 平面上 6 对共轭极点，其中，3 对(①、②、③)在右半平面，它们的相角均为 $\pm \frac{\pi}{4}$，幅值则分别大于 1、等于 1 和小于 1，另外 3 对(④、⑤、⑥)在左半平面，它们的相角均为 $\pm \frac{3\pi}{4}$，幅值同样大于 1、等于 1 和小于 1，试分析它们的瞬态响应。

【解】(1)共轭极点对应的瞬态响应为余弦振荡脉冲序列，振荡是收敛、发散还是等幅取决于共轭极点的幅值，因此共轭极点对①、④应是发散的，②、⑤是等幅振荡，③、⑥是振荡收敛(见图 6-14)。

(2)共轭极点对应的瞬态响应的频率取决于该极点的相角 θ_i，θ_i 越大，振荡频率越高。

图 6-14 中,极点对①、②、③的 θ_i 相同,振荡频率为

$$\omega = \frac{\theta_i}{T_s} = \frac{\pi/4}{T_s}$$

也即振荡一周需要 $8T_s$。

极点对④、⑤、⑥的相角 θ_i 相同,振荡频率为

$$\omega = \frac{\theta_i}{T_s} = \frac{3\pi/4}{T_s}$$

也即 $8T_s$ 内振荡了三周。换言之,极点对④、⑤、⑥的振荡频率是极点对①、②、③的 3 倍。

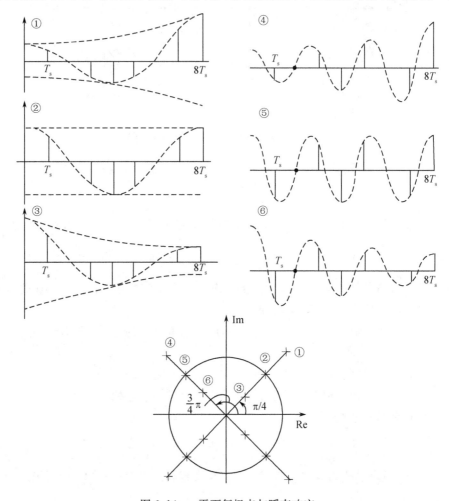

图 6-14　z 平面复极点与瞬态响应

总的来说,极点位置和瞬态响应变化的趋势如图 6-15 所示,极点越靠近原点,振荡收敛越快,极点的相角越大,振荡频率越增大。

通过 z 平面实极点和复极点对应的瞬态响应分析,可以看出,离散系统的闭环极点的分布影响系统的动态响应特性。

当极点分布在 z 平面的单位圆上或单位圆外时,对应的瞬态响应是等幅的或发散的序列,系统不稳定。

当极点分布在 z 平面的单位圆内时,对应的瞬态响应是衰减序列,而且极点越接近 z 平面的原点,衰减越快,系统的瞬态响应越快;反之,极点越接近于单位圆周,衰减越慢,系统过渡过程时间越长。

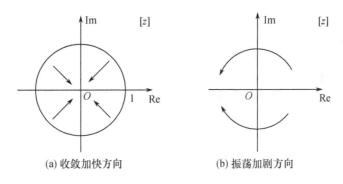

(a) 收敛加快方向　　　　　　　(b) 振荡加剧方向

图 6-15　极点位置与瞬态响应变化趋势

另外,当极点分布在单位圆内左半平面时,虽然响应是衰减的,但是由于正负交替振荡,系统动态特性并不好。

因此,在进行离散系统设计时,应使其闭环极点尽量避免分布在 z 平面单位圆的左半部,尤其不要靠近负实轴,以避免较高频率的振荡。比较理想的是分布在单位圆右半部靠近原点的地方,这时相应的过渡过程振荡小且衰减快。

6.2.3　系统性能指标与 z 平面极点位置的关系

在连续系统设计中,当性能指标用时域特征量表示时,采用根轨迹设计控制器比较方便,因为我们可以根据时域指标,在 s 平面上近似确定希望极点的允许区域,然后采用根轨迹技术,将系统的闭环极点配置到该区域内。z 平面根轨迹设计法可以采用类似的方法。

以二阶无零点系统作为研究对象,根据系统的性能指标,找出 s 平面上希望极点允许的范围,然后根据变换关系,将 s 平面希望极点映射到 z 平面来。下面给出一些结论,如图 6-16 所示。为了避免频率混叠,我们仅讨论在主频带内(即 ω 在 $-\omega_s/2 \sim +\omega_s/2$ 范围内)的映射。

① 给定超调量指标,在 s 平面上是过原点的射线,映射到 z 平面则是螺旋线。如图 6-16(a) 所示。

② s 平面上 ω_n 为常数的极点位置以原点为圆心,半径为 ω_n 的圆上,在 z 平面上则可画出一簇等 ω_n 的曲线。当时域指标要求上升时间小于某个值时,就只要按式(6-42)找到该等 ω_n 线,在配置 z 平面极点时,应位于该线的左边。如图 6-16(b) 所示。

$$\omega_n \geqslant 2.5/t_r \tag{6-42}$$

③ 当给定调节时间要求时,在 s 平面上要求特征根实部 $\xi\omega_n \geqslant 3.5/t_s$,映射到 z 平面,则反映为对 z 平面特征根幅值的要求,即特征根幅值应满足

$$R = e^{-\xi\omega_n T_s} \leqslant e^{-3.5T_s/t_s} \tag{6-43}$$

也就是调节时间要求反映在 z 平面上,就是要让特征根位于式(6-43)表示的圆之内。如图 6-16(c) 所示。

图 6-17 为 z 平面上等 ξ 和等 ω_n 两簇标准曲线。阻尼比 ξ 取 $0 \sim 1$ 之间(间隔为 0.1),是按式(6-43)计算的一簇二阶系统特征根轨迹,自然频率 ω_n 按 $0 \sim \pi/T_s$ 之间分度(间隔为 $\pi/10T_s$),也是一簇二阶系统特征根轨迹。

【例 6-8】某二阶离散系统,采样周期 $T_s = 1s$,要求其性能指标达到:$\sigma \leqslant 15\%$,$t_r \leqslant 8s$,$t_s \leqslant 15s$,试画出 z 平面特征根位置的允许范围。

【解】由超调量指标要求及近似公式　　　$\xi \approx 0.6\left(1 - \dfrac{\sigma\%}{100}\right)$

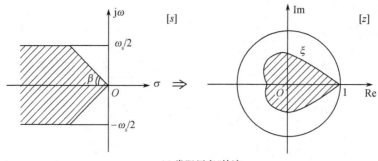

(a) 常阻尼率ξ轨迹

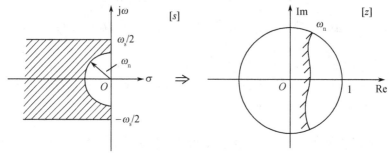

(b) 常ω_s轨迹

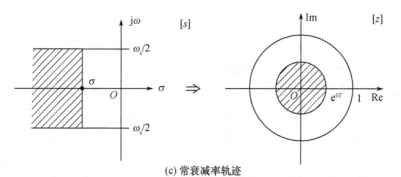

(c) 常衰减率轨迹

图 6-16　s 平面与 z 平面的映射关系

得

$$\xi \geqslant 0.6\left(1-\frac{15}{100}\right) = 0.5$$

由上升时间要求及式(6-42)得

$$\omega_n \geqslant 2.5/t_r = 0.3125$$

由调节时间要求及式(6-43)得

$$R \leqslant e^{-3.5T_s/t_s} = 0.79$$

在图 6-17 上，找到 $\xi=0.5$ 的螺旋线及 $\omega_n = \pi/10T_s = 0.3125$ 的等 ω_n 线（与所计算的 $\omega_n = 0.3125$ 相近的等 ω_n 线），并以原点为中心，以 $R=0.79$ 为半径画圆（只需画到与等 ξ 线和等 ω_n 线相交即可），则以上 3 条曲线构成的封闭曲线即为满足上述品质指标要求的 z 平面特征根允许范围。

6.2.4　设计举例

根轨迹设计法实质上是一种闭环极点的配置技术，即通过反复试凑设计控制器的结构和参数，使整个闭环系统的主导极点配置在希望的位置上。

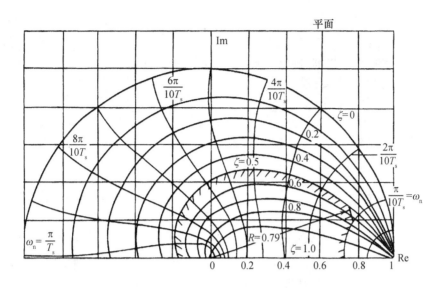

图 6-17　等 ξ、等 ω_n 曲线及例 6-8 特征允许域

应用根轨迹法设计的步骤如下：

第一步：根据给定的时域指标，在 z 平面画出希望极点的允许范围。

第二步：设计数字控制器 $D(z)$。

在连续系统中，模拟控制器最常采用的是相位超前或相位滞后的一阶网络，以及它们的组合。以一阶网络为例，它的传递函数为

$$D(s)=\frac{1+\alpha Ts}{1+Ts} \tag{6-44}$$

当 $\alpha>1$，为超前网络；$\alpha<1$ 时，为滞后网络。

在离散系统中，数字控制器也可选择类似的形式

$$D(z)=K_0\frac{z-z_0}{z-p_0} \tag{6-45}$$

式中，z_0 为控制器 $D(z)$ 的实零点；p_0 为控制器 $D(z)$ 的实极点；K_0 为控制器 $D(z)$ 的放大系数。

若要求控制器不影响系统的稳定性能，则要求

$$\lim_{z\to1}D(z)=1$$

$$K_0=\frac{1-p_0}{1-z_0} \tag{6-46}$$

z 平面上，若 $D(z)$ 的零点位于极点的左边，则为相位超前控制；若极点位于零点的右边，则是相位滞后控制。

$D(z)$ 的结构选择必须要考虑物理可实现性，即分子的阶次必须小于分母的阶次，否则无法实现。同时也要注意不要试图用 $D(z)$ 去抵消对象在单位圆外或单位圆上以及接近单位圆的零极点，否则会因不精确的抵消而产生不稳定的现象。

第三步：检验系统的动态响应，如不满足指标要求，重新设计 $D(z)$。

【例 6-9】某数字伺服系统中，被控对象的传递函数为

$$G(s)=\frac{10}{s(0.2s+1)}$$

采样周期 $T_s=0.2\mathrm{s}$。试设计一数字控制器 $D(z)$，使系统满足下列品质指标：

① 对阶跃输入的超调量 $\sigma\leqslant15\%$；

② 上升时间 $t_r \leqslant 0.55$s；

③ 调节时间 $t_s \leqslant 1$s。

【解】第一步：根据品质指标，确定希望闭环极点允许范围。

由超调量指标要求得

$$\xi \geqslant 0.6\left(1-\frac{15}{100}\right)=0.5$$

由上升时间要求得

$$\omega_n \geqslant \frac{2.5}{t_r}=4.5$$

由调节时间要求得

$$R \leqslant e^{-3.5T_s/t_s}=0.5$$

在图 6-17 上，找到 $\xi=0.5$ 的螺旋线及 $\omega_n=3\pi/10T_s=4.71$ 的等 ω_n 线（与所计算的 $\omega_n=4.5$ 相近的等 ω_n 线），并以原点为中心，以 $R=0.5$ 为半径画圆，以上 3 条曲线构成的封闭曲线即为满足上述品质指标要求的 z 平面特征根允许范围，如图 6-18 所示。

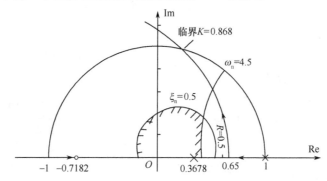

图 6-18　允许域及 $D(z)=K$ 的根轨迹

第二步：设计数字控制器 $D(z)$。

求出被控对象的脉冲传递函数

$$G(z)=\mathscr{Z}\left[\frac{1-e^{-T_s \cdot s}}{s}\frac{10}{s(0.2s+1)}\right]=\frac{0.7355(z+0.7182)}{(z-1)(z-0.3678)}$$

进行第一次试探，令 $D(z)=K_c$，此时系统的开环传递函数为

$$D(z)G(z)=\frac{0.7355K_c(z+0.7182)}{(z-1)(z-0.3678)}$$

画出闭环系统的根轨迹，由于根轨迹对称于实轴，所以只画出上半圆，如图 6-18 所示。从图上可以看出，选择 $D(z)=K_c$ 时，系统的根轨迹在允许域之外，因而不能满足品质指标的要求。

进行第二次试探，令

$$D(z)=K_c\frac{z-z_1}{z-p_1}=K_c\frac{z-0.3678}{z}$$

上式采用了零极点对消法消去对象在 0.3678 的极点，同时配置了一个新的偏左的极点 $p_1=0$，以使根轨迹左移，进入允许域，此时系统的开环传递函数为

$$D(z)G(z)=K\frac{z+0.7182}{z(z-1)}$$

式中，$K=K_c\times0.7355$ 为根轨迹增益。其根轨迹如图 6-19 所示。

由图 6-19 可见，根轨迹移近了允许域。在允许域内的根轨迹上，取系统的一对闭环极点

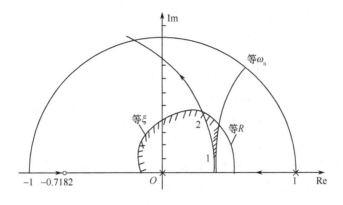

图 6-19　第二次试探的根轨迹

$0.386\pm j0.099$,该点对应的根轨迹增益为 $K=0.223$,由此推出控制器的增益为

$$K_c=K/0.7355=0.223/0.7355=0.303$$

由此得控制器的参数为

$$D(z)=0.303\frac{z-0.3678}{z}$$

第三步:检验闭环系统的品质指标。

根据响应 $y(t)$ 的数据(参见图 6-20),计算出它的品质指标为

$$\sigma=0,t_r=0.7s,t_s=0.9s$$

检验性能指标要求:上升时间 t_r 未达到要求,这也说明了即使闭环极点选在域内,由于零点的影响及各种近似处理,也可能达不到品质指标。分析根轨迹图 6-19,可能是取得离等 ω_n 线的边界太近了,重选闭环极点 $0.32\pm j0.391$,对应的根轨迹增益为 $K=0.357$,由此推出控制器的增益为

$$K_c=K/0.7355=0.357/0.7355=0.4853$$

由此得控制器的参数为

$$D(z)=0.4853\frac{z-0.3678}{z}$$

计算系统的响应(参见图 6-21),得到它的品质指标为

$$\sigma=8\%,t_r=0.4s,t_s=0.9s$$

全部满足要求,设计完成。

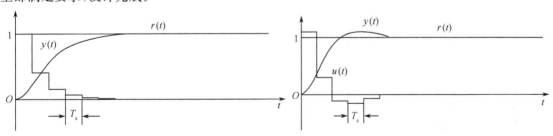

图 6-20　$D(z)=0.303\dfrac{z-0.3678}{z}$ 时的系统响应　　图 6-21　$D(z)=0.4853\dfrac{z-0.3678}{z}$ 时的系统响应

6.3　频率响应设计法

在连续控制系统设计中,频率响应设计法和根轨迹设计法是两大行之有效的经典设计方法,特别是对数频率特性曲线(即 Bode 图)能采用简单的方法近似绘制,因此频率法应用得更广泛。

由于 s 平面和 z 平面的映射关系为

$$z = \mathrm{e}^{sT_s} \tag{6-47}$$

要得到频率特性,则需用

$$z = \mathrm{e}^{\mathrm{j}\omega T_s} \tag{6-48}$$

这样,z 域的频率特性已不再是 ω 的有理函数,而是以超越函数的形式出现,从而不能像 s 平面那样,将传递函数分解成各种典型环节,如积分环节、惯性环节、振荡环节等,采用渐近的直线来画出近似的对数幅频特性。那么,在 z 平面上 Bode 图设计方法的优点就不再存在。另外,z 变换把 s 左半平面的基本带和辅助带都映射进入 z 平面的单位圆内,所以涉及整个左半平面的常规频率响应设计法,就不适用于 z 平面。为了能够应用频率响应设计法分析和设计离散时间系统,必须对 z 平面进行某种变换。

6.3.1 双线性变换和 w 平面

解决上述困难可以通过把 z 平面中的脉冲传递函数变换到一个 w 平面,该变换通常称为 w 变换,是一种双线性变换,有两种形式。

(1)
$$w = \frac{z-1}{z+1} \tag{6-49}$$

或
$$z = \frac{1+w}{1-w} \tag{6-50}$$

(2)
$$w = \frac{2}{T_s}\frac{z-1}{z+1} \tag{6-51}$$

或
$$z = \frac{1 + \dfrac{T_s}{2}w}{1 - \dfrac{T_s}{2}w} \tag{6-52}$$

第二种形式与第一种形式的区别是加了一个变化常数 $2/T_s$,其中 T_s 为采样周期。

使用实践证明,具有 $2/T_s$ 系数的 w 变换比前者优越得多,所以,以下所研究的 w 变换均指式(6-51)和式(6-52)所示的 w 变换。

1. w 变换的性质

① 当采样周期无限缩小,复变量 w 近似等于复变量 s。

以 $z = \mathrm{e}^{sT_s}$ 代入 w 变换公式,并在两端取 $T_s \to 0$ 的极限

$$\lim_{T_s \to 0} w = \lim_{T_s \to 0} \frac{2}{T_s}\frac{z-1}{z+1}\bigg|_{z=\mathrm{e}^{sT_s}} = \lim_{T_s \to 0} \frac{2}{T_s}\frac{\mathrm{e}^{sT_s}-1}{\mathrm{e}^{sT_s}+1}$$

$$= \lim_{T_s \to 0} \frac{2(s\mathrm{e}^{sT_s})}{(\mathrm{e}^{sT_s}+1) + T_s s\mathrm{e}^{sT_s}} = \frac{2s}{2} = s \tag{6-53}$$

上式表明,当采样频率无限高时,w 平面便可视作连续域 s 平面。

② 传递函数的相似性

假设连续被控对象为

$$G(s) = \frac{a}{s+a} \tag{6-54}$$

它用零阶保持器接收给它的控制信号,则它的脉冲传递函数为

$$G(z) = \mathscr{Z}\left[\frac{1-\mathrm{e}^{sT_s}}{s}G(s)\right] = \mathscr{Z}\left[\frac{1-\mathrm{e}^{sT_s}}{s}\frac{a}{s+a}\right] = \frac{1-\mathrm{e}^{-aT_s}}{z-\mathrm{e}^{-aT_s}} \tag{6-55}$$

利用 w 变换公式(6-52)将 $G(z)$ 再变换到 w 平面,得

$$G(w) = G(z) \Big|_{z=\frac{1+\frac{T_s}{2}w}{1-\frac{T_s}{2}w}} = A \cdot \frac{1 - \frac{T_s}{2}w}{w+A} \qquad (6\text{-}56)$$

式中

$$A = \frac{2}{T_s} \cdot \frac{1 - e^{-aT_s}}{z - e^{-aT_s}}$$

为常数。

以 $a=5$,采样周期 $T_s=0.1\mathrm{s}$ 代入,则有

$$G(s) = \frac{5}{s+5}$$

$$G(z) = \frac{0.3935}{z - 0.6065}$$

$$G(w) = \frac{4.899\left(1 - \frac{w}{20}\right)}{w + 4.899}$$

比较 $G(w)$ 和 $G(s)$,可以看到它们的增益值和极点值十分相近,而 $G(z)$ 则没有这种相似性。不同的是,$G(w)$ 比 $G(s)$ 多了一个因子 $\left(1 - \frac{w}{20}\right)$,也即 $G(w)$ 多了一个在 $w = \frac{2}{T_s} = 20$ 的零点。这是因为双线性变换后,分子和分母总是同阶,因而该零点可看作是 $G(s)$ 在无穷远的零点映射过来的。

当 $T_s \to 0$ 时,对式(6-56)取极限,得

$$\lim_{T_s \to 0} G(w) = \frac{a}{w+a} \qquad (6\text{-}57)$$

这时,$G(w)$ 和 $G(s)$ 就完全一致。

上述结论能推广到一般,即只要考虑 s 平面在无穷远的零点,那么 w 平面的传递函数和 s 平面的传递函数非常相似。同时,我们也注意到,$G(z)$ 则不具备和 $G(s)$ 相似的性质。

③ $w = \frac{2}{T_s}$ 的零点的意义

$w = \frac{2}{T_s}$ 的零点是用零阶保持器重构数字控制信号而引进的,它出现在 w 平面的右半部,所以是非最小相位零点。它的引进清楚地反映了零阶保持器的相位滞后特性,此处就不具体说明了。不过零阶保持器的特性在 w 传递函数中能清楚地显示出来,这是 w 平面表示的一大优点。

2. 映射关系

从 s 平面映射到 w 平面经过两步映射。

① 通过 z 变换,s 平面的基本带首先映射到 z 平面:$s=0$ 点映射到 $z=1$ 点;$s=0 \sim s=\mathrm{j}\frac{\omega_s}{2}$ 段映射至 z 平面上半平面的单位圆周上;$s=0 \sim s=-\mathrm{j}\frac{\omega_s}{2}$ 段映射至 z 平面下半平面的单位圆周;s 平面的基本带的左半部分映射至 z 平面的单位圆内;s 平面的基本带的右半部分映射至 z 平面的单位圆外,如图 6-22(a)和(b)所示。

② 通过 w 变换又将 z 平面映射到整个 w 平面:z 平面的原点 $z=0$ 映射至 w 平面上的 $w=-\frac{2}{T_s}$ 点;z 平面上单位圆的圆周映射为整个 w 平面的虚轴 $\mathrm{j}\nu$,ν 是 w 平面上的虚拟频率;将 z 平面上单位圆外的区域变换为 w 平面的右半平面。如图 6-22(b)和(c)所示。

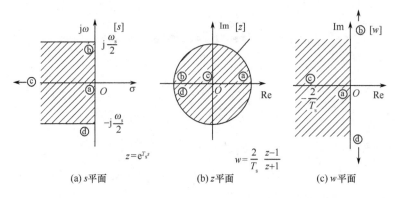

(a) s平面   (b) z平面   (c) w平面

图 6-22　从 s 平面到 z 平面以及从 z 平面到 w 平面的映射关系示意图

从图 6-22 可以看到，s 平面上，当 s 沿着轴 $j\omega$ 从 0 变化到 $j\dfrac{\omega_s}{2}$ 时，在 z 平面上，z 从 z＝1 沿着单位圆变化到 z＝－1 点，而在 w 平面上，ν 则沿着虚轴从 ν＝0 变化到了 ν＝j∞。

由于 s 平面和 w 平面的稳定区域均为左半平面，因而可以得出这样的结论：s 平面的一切稳定性判别方法均适用于 w 平面；s 平面的综合、分析方法，如频率法、根轨迹法等均适用于 w 平面设计。这样，人们在 s 平面上积累的丰富设计经验又可用在 w 平面上进行离散系统的设计。

从图 6-22 可以看出，w 平面与 s 平面是非常相似的，w 平面的左半平面对应了 s 平面的左半平面，w 平面的虚轴对应了 s 平面的虚轴。但两个平面却是不同的。主要差别是在 s 平面 $-\dfrac{\omega_s}{2}\leqslant\omega\leqslant\dfrac{\omega_s}{2}$ 频率范围内的状态映射到 w 平面的 $-∞\leqslant\nu\leqslant∞$ 范围。这说明虽然模拟控制器的频率响应特征将在数字控制器中重现，但其频率刻度将从模拟控制器的无限大区间被压缩到数字控制器中的有限区间。

以 $s＝j\Omega$，$z＝e^{j\omega T_s}$ 代入变换公式 $z＝e^{sT_s}$，则有 $\Omega＝\omega$，这说明，s 平面上的频率和 z 平面上的频率是线性相等关系。因此在 s 平面和 z 平面频率都用 ω 表示。

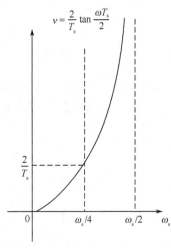

图 6-23　s 平面和 w 平面的
频率变换关系

以 $\omega＝j\nu$，$z＝e^{j\omega T_s}$ 代入变换公式 (6-51)，可得 w 平面和 z 平面的频率关系

$$\omega\big|_{\omega=j\nu}=j\nu=\frac{2}{T_s}\frac{z-1}{z+1}\bigg|_{z=e^{j\omega T_s}}=\frac{2}{T}\frac{e^{j\omega T_s}-1}{e^{j\omega T_s}+1}$$

$$=\frac{2}{T_s}\frac{e^{j(1/2)\omega T_s}-e^{-j(1/2)\omega T_s}}{e^{j(1/2)\omega T_s}+e^{-j(1/2)\omega T_s}}=\frac{2}{T_s}j\tan\frac{\omega T_s}{2}$$

即

$$\upsilon=\frac{2}{T_s}\tan\frac{\omega T_s}{2} \tag{6-58}$$

这样，s 平面真实频率 ω 和 w 平面虚拟频率 ν 之间是如图 6-23 所示的非线性关系。ω 和 ν 的量纲都是 rad/s。当采样频率很高，而系统的角频率又处于低频段时，若

$$\omega\leqslant\frac{\pi}{2T_s}=\frac{\omega_s}{4}\qquad 或 \qquad \nu<\frac{2}{T_s}$$

时，可近似认为下式成立

$$\tan\frac{\omega T_s}{2}\approx\frac{\omega T_s}{2}$$

代入式 (6-58)，有下式成立

$$\nu \approx \omega \tag{6-59}$$

在低频段，w 平面虚拟频率 ν 和 s 平面真实频率 ω 近似相等的关系是相当有意义的，这样，在设计数字控制器的定性阶段，设计人员可将 w 平面的频率当作真实频率看待。但是必须注意，当频率较高时，不能将 s 平面和 w 平面上的频率看作相等，而必须按照式(6-58)进行换算。

6.3.2　w 平面设计步骤

上面已讲过，当数字控制系统变换到 w 平面后，s 平面上的一切分析设计技术都可照搬过来。在连续系统中，改善系统的性能指标可以采用串联超前网络、串联滞后网络和串联超前－滞后网络。超前控制可增加频带宽，提高快速性，并且可使稳定裕量加大，增加平稳性。滞后控制则可增加稳态精度，提高稳定裕度，但截止频率下降，快速性降低。同时采用滞后和超前控制将能全面提高系统的控制性能。

利用 w 变换技术在 w 平面上设计数字控制器的步骤可分 6 步进行。

① 先求前面有保持器的被控对象在 z 平面上的传递函数 $G(z)$，若给定的是零阶保持器，则

$$G(z) = \mathscr{Z}\left[\frac{1 - \mathrm{e}^{-sT_s}}{s}G(s)\right]$$

再由式(6-52)给出的双线性变换公式将 $G(z)$ 变换成传递函数 $G(w)$，即

$$G(w) = G(z)\Big|_{z = \frac{1 + \frac{T_s}{2}w}{1 - \frac{T_s}{2}w}}$$

可按照采样频率为闭环系统带宽 10 倍的经验规则来选择合适的采样周期 T_s。

② 把 $\omega = \mathrm{j}\nu$ 代入 $G(w)$ 中，并画出 $G(\mathrm{j}\nu)$ 的 Bode 图。

③ Bode 图上读取静态误差系数、相位裕量和增益裕量。

④ 设数字控制器传递函数 $D(w)$ 的低频增益为 1，确定满足给定静态误差系数要求的系统增益，然后应用连续时间控制系统的常规设计技术确定数字控制器传递函数的零、极点，再由 $D(w)G(w)$ 求出所设计系统的开环传递函数。

⑤ 用式(6-51)给出的双线性变换，把控制器传递函数变换成 $D(z)$。

$$D(z) = D(w)\Big|_{w = \frac{2}{T_s}\frac{z-1}{z+1}}$$

则上式就是数字控制器的脉冲传递函数。

⑥ 用算法实现数字控制器的脉冲传递函数 $D(z)$。

在给出了上述设计步骤之后，应着重指出以下两点。

① $G(w)$ 是非最小相位传递函数，其相角曲线与典型的最小相位传递函数的相角曲线不同。注意要考虑非最小相位项才能正确绘制出相角曲线。

② w 平面的频率轴是畸变了的。虚拟频率 ν 与实际频率 ω 之间的关系是

$$\nu = \frac{2}{T_s}\tan\frac{\omega T_s}{2}$$

比如，要求的带宽为 ω_b，则需要设计系统的带宽为 ν_b

$$\nu_b = \frac{2}{T_s}\tan\frac{\omega_b T_s}{2}$$

6.3.3　设计举例

【例 6-10】讨论如图 6-24 中的数字控制系统。要求在 w 平面内设计一个数字控制器，以使系统相位裕量为 $50°$，增益裕量至少 10dB(相应主导闭环极点的阻尼比 ξ 约为 0.5)，静态速度误

差系数 $K_v = 2\text{s}^{-1}$。设采样周期 $T_s = 0.2\text{s}$。

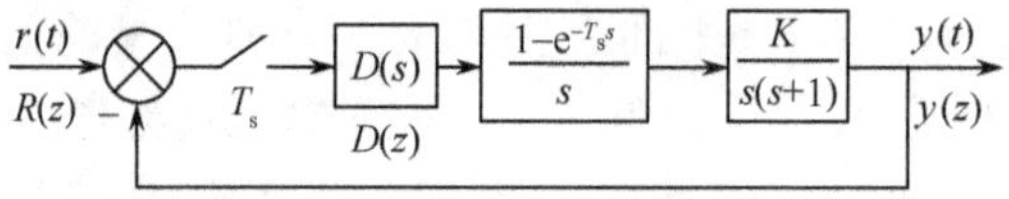

图 6-24　数字控制系统

【解】首先，求解被控对象的脉冲传递函数 $G(z)$，被控对象前面有零阶保持器。

$$G(z) = \mathscr{Z}\left[\frac{1-\text{e}^{-0.2s}}{s} \cdot \frac{K}{s(s+1)}\right] = (1-z^{-1})\mathscr{Z}\left[\frac{K}{s^2(s+1)}\right]$$

$$= 0.01873\frac{K(z+0.9356)}{(z-1)(z-0.81871)}$$

下一步，将被控对象的脉冲传递函数 $G(z)$ 变换成 $G(w)$。

$$z = \frac{1+\dfrac{T_s}{2}w}{1-\dfrac{T_s}{2}w} = \frac{1+0.1w}{1-0.1w}$$

因而

$$G(w) = \frac{0.01873K\left(\dfrac{1+0.1w}{1-0.1w}+0.9356\right)}{\left(\dfrac{1+0.1w}{1-0.1w}-1\right)\left(\dfrac{1+0.1w}{1-0.1w}-0.8187\right)} = \frac{K\left(\dfrac{w}{300.6}+1\right)\left(1-\dfrac{w}{10}\right)}{w\left(\dfrac{w}{0.997}+1\right)}$$

设数字控制器的传递函数 $D(w)$ 在低频段的增益为 1，并有下列形式

$$D(w) = \frac{1+\dfrac{w}{a}}{1+\dfrac{w}{b}}$$

则系统的开环传递函数为

$$D(w)G(w) = \frac{1+\dfrac{w}{a}}{1+\dfrac{w}{b}} \cdot \frac{K\left(\dfrac{w}{300.6}+1\right)\left(1-\dfrac{w}{10}\right)}{w\left(\dfrac{w}{0.997}+1\right)}$$

要求的静态速度误差系数 $K_v = 2\text{s}^{-1}$，所以

$$K_v = \lim_{w\to0}wD(w)G(w) = \lim_{w\to0}\left[w \cdot \frac{1+\dfrac{w}{a}}{1+\dfrac{w}{b}} \cdot \frac{K\left(\dfrac{w}{300.6}+1\right)\left(1-\dfrac{w}{10}\right)}{w\left(\dfrac{w}{0.997}+1\right)}\right] = K = 2$$

解得增益 $K = 2$。

图 6-25 所示为系统的 Bode 图。图中 $G(\text{j}\nu)$ 的幅值与相角曲线用虚线表示（注意位于右半 w 平面的零点 $\nu = 10$ 有相位滞后）。从图上可以看出系统的相位裕量为 $30°$，增益裕量是 15.5dB。

除了要求系统 $K_v = 2\text{s}^{-1}$ 以外，技术指标还要求相位裕量为 $50°$ 及增益裕量至少为 10dB。采用经典频率法设计技术（具体过程简略），选择控制器的零点为 0.997，再令控制器的极点在 3.27，则控制器的传递函数为

$$D(w) = \frac{1+\dfrac{w}{0.997}}{1+\dfrac{w}{3.27}}$$

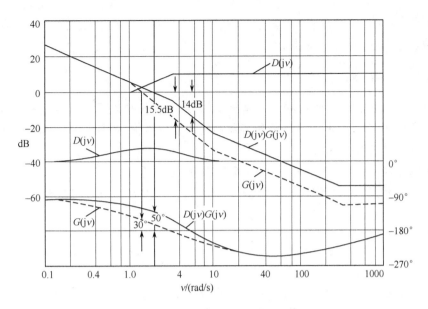

图 6-25 数字控制系统的 Bode 图

可以看出这是一个超前校正网络。$D(\mathrm{j}\nu)$ 的幅值、相角曲线及校正后的系统开环传递函数 $D(\mathrm{j}\nu)G(\mathrm{j}\nu)$ 的幅值、相角曲线在图 6-25 中用实线表示。校正后得到新的穿越频率 $\nu=2$，又 $G(\mathrm{j}2)$ 的相角近似为 $-162°$。在 $\nu=2$ 处增加 $32°$ 可得到 $50°$ 的相位裕量。最后，系统的相位裕量为 $50°$，增益裕量为 14dB，满足性能指标要求。

用式 (6-51) 给出的双线性变换，把控制器传递函数变换成 $D(z)$。

$$D(z)=D(w)\bigg|_{w=\frac{2}{T_\mathrm{s}}\frac{z-1}{z+1}}=\frac{1+\dfrac{w}{0.997}}{1+\dfrac{w}{3.27}}\bigg|_{w=10\frac{z-1}{z+1}}=\frac{1+\dfrac{1}{0.997}\left(10\dfrac{z-1}{z+1}\right)}{1+\dfrac{1}{3.27}\left(10\dfrac{z-1}{z+1}\right)}=2.718\,\frac{z-0.8187}{z-0.5071}$$

校正后系统的开环传递函数为

$$D(z)G(z)=\frac{2.718(z-0.8187)}{z-0.5071}\cdot\frac{2\times0.01873(z+0.9356)}{(z-1)(z-0.8187)}=\frac{0.1018(z+0.9356)}{(z-1)(z-0.5071)}$$

系统的闭环脉冲传递函数为

$$\frac{Y(z)}{R(z)}=\frac{0.1018(z+0.9356)}{(z-1)(z-0.5071)}=\frac{0.1018(z+0.9356)}{(z-1)(z-0.5071)+0.1018(z+0.9356)}$$

$$=\frac{0.1018(z+0.9356)}{(z-0.7026+\mathrm{j}0.3296)(z-0.7026-\mathrm{j}0.3296)}$$

从上式可以看到闭环极点位于

$$z=0.7026\pm\mathrm{j}0.3296$$

同时注意到闭环脉冲传递函数有一个零点在 $z=-0.9356$ 处，然而，由于它位于 z 平面负实轴的 0 和 -1 之间且靠近 $z=-1$ 点，因此，这个零点对暂态和频率响应的影响是很小的。

设计好的系统满足给定的性能指标要求：相位裕量为 $50°$，增益裕量至少 10dB，静态速度误差系数 $K_\mathrm{v}=2\mathrm{s}^{-1}$。

6.4 纯滞后控制技术

在实际应用中，有相当一部分被控对象具有较大的纯滞后特性，纯滞后环节常会引起系统产生超调或振荡,从而降低了系统的稳定性,延长了调节时间。下面介绍两种算法,对具有纯滞后特性的被控对象具有较好的控制作用。

6.4.1 Smith 预估控制

1957 年 Smith 提出了一种纯滞后补偿模型,但由于模拟仪表不能实现这种补偿,致使这种方法在工程中无法实现。现在,在计算机控制系统中则可以很方便地实现纯滞后补偿。

1. Smith 预估控制原理

一个单回路控制系统如图 6-26 所示,其中,$D(s)$ 为控制器的传递函数;$G(s)e^{-\tau s}$ 为被控对象的传递函数;$G(s)$ 为被控对象中不包含纯滞后部分的传递函数;$e^{-\tau s}$ 为被控对象纯滞后部分的传递函数。

其闭环传递函数为

$$\Phi(s)=\frac{D(s)G(s)e^{-\tau s}}{1+D(s)G(s)} \tag{6-60}$$

闭环传递函数的分母中包含纯滞后环节,它降低了系统的稳定性。当纯滞后时间 τ 较大时,系统将是不稳定的,这就是大纯滞后过程难以控制的本质。

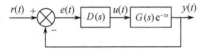

图 6-26 带纯滞后环节的控制系统

Smith 预估控制器原理:引入一个补偿环节与对象并联,用来补偿被控对象中的纯滞后部分,该环节称为预估器,也称为 Smith 预估控制器,其传递函数为 $G(s)(1-e^{-\tau s})$,补偿后系统框图如图 6-27(a)所示。图 6-27(a)可转换成图 6-27(b)的等效形式。由此可由 Smith 预估控制器和控制器 $D(s)$ 组成了一个补偿回路,构成了纯滞后补偿器,其传递函数为 $D'(s)$,即

$$D'(s)=\frac{D(s)}{1+D(s)G(s)(1-e^{-\tau s})} \tag{6-61}$$

经补偿后的系统闭环传递函数为

$$\Phi'(s)=\frac{D'(s)G(s)e^{-\tau s}}{1+D'(s)G(s)e^{-\tau s}}=\frac{D(s)G(s)}{1+D(s)G(s)}e^{-\tau s} \tag{6-62}$$

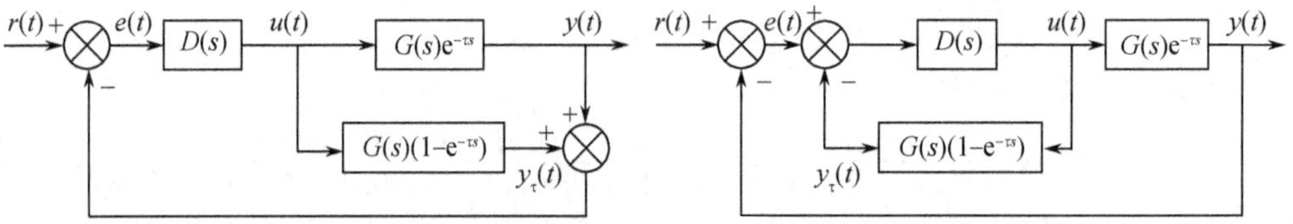

(a) 补偿后 　　　　　　　　　　　　(b) 等效形式

图 6-27 带 Smith 预估器的控制系统框图

式(6-62)说明,经 Smith 预估器补偿后,纯滞后环节被移到闭环控制回路之外,消除了纯滞后部分对控制系统品质的不利影响,从而不影响闭环系统的稳定性。拉普拉斯(Laplace)变换的位移定理说明,纯滞后环节 $e^{-\tau s}$ 只起到延迟的作用,仅仅将控制作用在时间轴上推迟了一段时间 τ,控制系统的过渡过程及性能指标都与对象特性为 $G(s)$ 时完全相同,如图 6-28(a)所示。

图 6-28(b)表明,带纯滞后补偿的控制系统就相当于在控制器为 $D(s)$、被控对象为 $G(s)e^{-\tau s}$ 的系统的反馈回路串上一个传递函数为 $e^{\tau s}$ 的反馈环节,即检测信号通过超前环节 $e^{\tau s}$ 后进入控制器。

因此,从形式上可把纯滞后补偿视为对输出状态的预估作用,故称为 Smith 预估器。

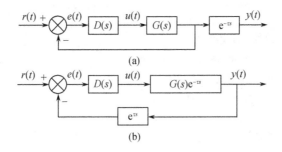

图 6-28　Smith 预估控制系统等效框图

2. 具有纯滞后补偿的数字控制器

由图 6-29 可见,纯滞后补偿的数字控制器由两个部分组成:一部分是数字 PID 控制器;另一部分是 Smith 预估器。

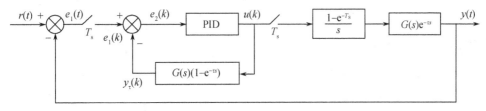

图 6-29　具有纯滞后补偿的控制系统

(1) Smith 预估器

Smith 预估器的输出可按图 6-30 计算,在此取 PID 控制器前一个采样时刻的输出 $u(k-1)$ 作为预估器的输入。

为了实现滞后环节,在内存中设置 N 个单元作为存放信号 $m(k)$ 的历史数据,存储单元的个数 N 由下式决定

$$N = \tau/T_s \quad (取整)$$

式中,τ 为纯滞后时间;T_s 为采样周期。

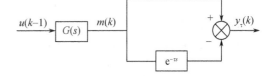

图 6-30　Smith 预估器框图

在每个采样周期,把第 $N-1$ 个单元移入第

N 个单元,第 $N-2$ 个单元移入第 $N-1$ 个单元,以此类推,直到把第 1 个单元移入第 2 个单元,最后将 $m(k)$ 移入第 1 个单元。从单元 N 输出的信号,就是滞后 N 个采样周期的 $m(k-N)$ 信号。图 6-30 中,$u(k-1)$ 是 PID 数字控制器上一个采样周期的输出,$y_\tau(k)$ 是 Smith 预估器的输出。从图中可知,必须先计算传递函数 $G(s)$ 的输出 $m(k)$ 后,才能计算预估器的输出

$$y_\tau(k) = m(k) - m(k-N) \tag{6-63}$$

在工业上,许多被控对象可近似用一阶惯性环节加纯滞后来表示

$$G_0(s) = G(s)e^{-\tau s} = \frac{K}{1+T_0 s}e^{-\tau s} \tag{6-64}$$

式中,K 为被控对象的放大系数;T_0 为被控对象的时间常数;τ 为纯滞后时间。

则预估器的传递函数为

$$G_\tau(s) = G(s)(1-e^{-\tau s}) = \frac{K}{T_0 s + 1}(1-e^{-\tau s}) \tag{6-65}$$

(2) 纯滞后补偿控制算法步骤

第一步:计算反馈回路的偏差 $e_1(k)$。

$$e_1(k)=r(k)-y(k) \tag{6-66}$$

第二步：计算纯滞后补偿器的输出 $y_\tau(k)$。

由图 6-30 先求出 $m(k)$，再按式(6-63)得到 $y_\tau(k)$。

$$\frac{M(s)}{U(s)\mathrm{e}^{-\tau s}}=G(s)=\frac{K}{T_0 s+1}$$

化为微分方程，可写为

$$T_0\frac{\mathrm{d}m(t)}{\mathrm{d}t}+m(t)=Ku(t-T_s)$$

相应的差分方程为

$$T_0\frac{m(k)-m(k-1)}{T_s}+m(k)=Ku(k-1)$$

整理得

$$m(k)=am(k-1)+bu(k-1)$$

其中，$a=\dfrac{T_0}{T_0+T_s}$，$b=K(1-a)$。

当然，对于如式(6-64)所示的比较简单的对象模型，可由

$$\frac{Y_\tau(s)}{U(s)\mathrm{e}^{-\tau s}}=G(s)(1-\mathrm{e}^{-\tau s})=\frac{K(1-\mathrm{e}^{-NT_s})}{T_0 s+1}$$

直接求出 $y_\tau(k)$ 为

$$y_\tau(k)=ay_\tau(k-1)+b[u(k-1)-u(k-N-1)] \tag{6-67}$$

式(6-67)称为 Smith 预估控制算法。

第三步：计算偏差 $e_2(k)$。

$$e_2(k)=e_1(k)-y_\tau(k) \tag{6-68}$$

第四步：计算控制器的输出 $u(k)$。

当控制器采用 PID 控制算法时，则

$$\begin{aligned}
u(k)&=u(k-1)+\Delta u(k)\\
&=u(k-1)+K_\mathrm{p}[e_2(k)-e_1(k-1)]+\\
&\quad K_\mathrm{i}e_2(k)+K_\mathrm{d}[e_2(k)-2e_1(k-1)+e_2(k-2)]
\end{aligned} \tag{6-69}$$

式中，K_p 为 PID 控制器的比例系数；$K_\mathrm{i}=K_\mathrm{p}\dfrac{T_s}{T_\mathrm{i}}$ 为积分系数；$K_\mathrm{d}=K_\mathrm{p}\dfrac{T_\mathrm{d}}{T_s}$ 为微分系数。

从以上分析来看，Smith 预估器的补偿作用完全可以消除滞后环节对系统的不利影响，成为理想的控制方法，但是由于 Smith 预估器依赖于被控对象精确的数学模型，使其应用受到限制，存在一定的局限性。为此，许多专家学者对 Smith 预估器进行了改进，研究出多种改进的 Smith 预估器，使其成为一种常用的、可以对纯滞后的被控对象进行精确控制的有效手段。

6.4.2　大林算法

1968 年，美国 IBM 公司的大林(E. B. Dahlin)针对具有纯滞后的被控对象提出了大林算法，取得了良好的控制效果。

1. 大林算法的设计原则

设被控对象 $G(s)$ 为带有纯滞后的一阶或二阶惯性环节，即

$$G(s)=\frac{K}{T_1 s+1}\mathrm{e}^{-\tau s} \tag{6-70}$$

或

$$G(s) = \frac{K}{(T_1 s + 1)(T_2 s + 1)} e^{-\tau s} \tag{6-71}$$

式中，τ 为纯滞后时间；T_1、T_2 为时间常数；K 为放大系数。

大林算法的设计目标是使整个闭环系统所期望的传递函数 $\Phi(s)$ 相当于一个惯性环节和一个延迟环节相串联，即

$$\Phi(s) = \frac{1}{T_\tau s + 1} e^{-\tau s} \tag{6-72}$$

式中，T_τ 为闭环系统的时间常数，纯滞后时间 τ 和被控对象 $G(s)$ 的纯滞后时间相同，且与采样周期 T_s 有整数倍关系，即 $\tau = N T_s$，N 为正整数。

计算机控制系统如图 6-1 所示，考虑带有零阶保持器的 $\Phi(s)$，其所对应的期望闭环脉冲传递函数为

$$\Phi(z) = \frac{Y(z)}{R(z)} = \mathscr{Z}\left[\frac{1 - e^{-T_s s}}{s} \frac{e^{-\tau s}}{T_\tau s + 1}\right] = \frac{(1 - e^{-T_s/T_\tau}) z^{-N-1}}{1 - e^{-T_s/T_\tau} z^{-1}} \tag{6-73}$$

则

$$\begin{aligned}
D(z) &= \frac{1}{G(z)} \frac{\Phi(z)}{1 - \Phi(z)} \\
&= \frac{1}{G(z)} \frac{(1 - e^{-T_s/T_\tau}) z^{-N-1}}{1 - e^{-T_s/T_\tau} z^{-1} - (1 - e^{-T_s/T_\tau}) z^{-N-1}}
\end{aligned} \tag{6-74}$$

若已知被控对象的脉冲传递函数 $G(z)$，则可由式(6-74)求出数字控制器 $D(z)$。

① 被控对象为带纯滞后的一阶惯性环节，其脉冲传递函数为

$$G(z) = \mathscr{Z}\left[\frac{1 - e^{-T_s s}}{s} \frac{K e^{-\tau s}}{T_1 s + 1}\right] = K z^{-N-1} \frac{1 - e^{-T_s/T_1}}{1 - e^{-T_s/T_1} z^{-1}} \tag{6-75}$$

将式(6-75)代入式(6-74)得到数字控制器为

$$D(z) = \frac{(1 - e^{-T_s/T_\tau})(1 - e^{-T_s/T_1} z^{-1})}{K(1 - e^{-T_s/T_1})[1 - e^{-T_s/T_\tau} z^{-1} - (1 - e^{-T_s/T_\tau}) z^{-N-1}]} \tag{6-76}$$

② 被控对象为带纯滞后的二阶惯性环节，其脉冲传递函数为

$$G(z) = \mathscr{Z}\left[\frac{1 - e^{-T_s s}}{s} \frac{K e^{-\tau s}}{(T_1 s + 1)(T_2 s + 1)}\right] = \frac{K(C_1 + C_2 z^{-1}) z^{-N-1}}{(1 - e^{-T_s/T_1} z^{-1})(1 - e^{-T_s/T_2} z^{-1})} \tag{6-77}$$

其中

$$\begin{cases}
C_1 = 1 + \dfrac{1}{T_2 - T_1}(T_1 e^{-T_s/T_1} - T_2 e^{-T_s/T_2}) \\
C_2 = e^{-T_s(1/T_1 + 1/T_2)} + \dfrac{1}{T_2 - T_1}(T_1 e^{-T_s/T_2} - T_2 e^{-T_s/T_1})
\end{cases} \tag{6-78}$$

将式(6-77)代入式(6-74)得

$$D(z) = \frac{(1 - e^{-T_s/T_\tau})(1 - e^{-T_s/T_1} z^{-1})(1 - e^{-T_s/T_2} z^{-1})}{K(C_1 + C_2 z^{-1})[1 - e^{-T_s/T_\tau} z^{-1} - (1 - e^{-T_s/T_\tau}) z^{-N-1}]} \tag{6-79}$$

【例 6-11】设被控对象传递函数为

$$G(s) = \frac{10}{s(s+1)} e^{-2.5s}$$

采样周期 $T_s = 0.5\text{s}$，期望的闭环传递函数的一阶惯性环节的时间常数 $T_\tau = 0.5\text{s}$，请按照大林算法设计数字控制器 $D(z)$，并求出在单位阶跃输入作用下的控制器输出 $U(z)$ 和系统输出 $Y(z)$。

【解】第一步，求系统的广义对象的脉冲传递函数为 $G(z)$

被控对象的滞后时间是采样周期的整数倍，$N = \dfrac{\tau}{T_s} = 5$

$$G(z) = \mathscr{Z}\left[\frac{1 - e^{-T_s s}}{s} \frac{10}{s(s+1)} e^{-2.5s}\right] = 10(1 - z^{-1}) z^{-5} \mathscr{Z}\left[\frac{10}{s^2(s+1)}\right]$$

$$= 10z^{-6} \frac{(T_s - e^{-T_s} - 1) + (1 - T_s e^{-T_s} - e^{-T_s})z^{-1}}{(1 - z^{-1})(1 - e^{-T_s}z^{-1})}$$

$$= \frac{1.06z^{-6}(1 + 0.858z^{-1})}{(1 - z^{-1})(1 - 0.606z^{-1})}$$

第二步，确定闭环脉冲传递函数 $\Phi(z)$

$$\Phi(z) = \mathscr{Z}\left[\frac{1 - e^{-T_s s}}{s} \frac{e^{-2.5s}}{T_\tau s + 1}\right] = \frac{(1 - e^{-T_s/T_\tau})z^{-N-1}}{1 - e^{-T_s/T_\tau}z^{-1}} = \frac{0.632z^{-6}}{1 - 0.368z^{-1}}$$

第三步，求数字控制器 $D(z)$

$$D(z) = \frac{1}{G(z)} \cdot \frac{\Phi(z)}{1 - \Phi(z)}$$

$$= \frac{0.632z^{-6}(1 - z^{-1})(1 - 0.606z^{-1})}{1.06z^{-6}(1 + 0.858z^{-1})(1 - 0.368z^{-1} - 0.632z^{-6})}$$

$$= \frac{0.596(1 - z^{-1})(1 - 0.606z^{-1})}{(1 + 0.858z^{-1})(1 - 0.368z^{-1} - 0.632z^{-6})} \tag{6-80}$$

第四步，求系统输出 $Y(z)$

$$Y(z) = R(z)\Phi(z) = \frac{1}{(1 - z^{-1})} \cdot \frac{0.632z^{-6}}{1 - 0.368z^{-1}}$$

$$= 0.632z^{-6} + 0.865z^{-7} + 0.950z^{-8} + 0.982z^{-9} + \cdots \tag{6-81}$$

第五步，求控制器输出 $U(z)$

$$U(z) = R(z)\frac{\Phi(z)}{G(z)}$$

$$= \frac{1}{(1 - z^{-1})} \cdot \frac{0.596(1 - z^{-1})(1 - 0.606z^{-1})}{(1 + 0.858z^{-1})(1 - 0.368z^{-1})}$$

$$= 0.596 - 0.65z^{-1} + 0.512z^{-2} - 0.4z^{-3} + 0.186z^{-4} - \cdots \tag{6-82}$$

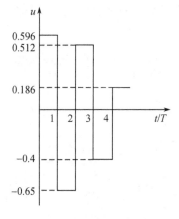

图 6-31　控制器输出响应序列

控制器输出响应序列 $U(z)$ 如图 6-31 所示。

2. 振铃现象及其消除方法

由式(6-81)、式(6-82)以及图 6-31 可以看出，系统输出在采样点上的值可以按期望的指数形式变化，但控制器输出序列有大幅度的摆动，其振荡频率为采样频率的 1/2。这种数字控制器的输出 $u(k)$ 以 1/2 采样频率大幅度衰减的振荡，称为振铃(Ringning)现象，这与前面介绍的最少拍有纹波系统中的纹波实质上是一致的。被控对象中惯性环节的低通特性，使得这种振荡对系统的输出几乎没有任何影响，但是振荡现象却会增加执行机构的摩损；在存在耦合的多回路控制系统中，还有可能影响到系统的稳定性。

(1) 振铃现象的分析

在 6.1.2 节最少拍系统设计中，我们讨论纹波产生的原因时，得到式(6-26)所示的数字控制器的输出与系统输入函数的关系，这是分析振铃现象的基础。由式(6-26)得

$$U(z) = \Phi_u(z)R(z)$$

式中，$\Phi_u(z)$ 代表数字控制器的输出。

单位阶跃输入函数 $R(z) = \frac{1}{1 - z^{-1}}$ 中含有极点 $z = 1$，如果 $\Phi_u(z)$ 中的极点在 z 平面的负实轴上，且与 $z = -1$ 点相近，那么数字控制器的输出序列 $u(k)$ 因含有这两种幅值相近的瞬态项而有

波动。分析 $\Phi_u(z)$ 在 z 平面负实轴上的极点分布情况,就可得出振铃现象的有关结论。

① 被控对象为带纯滞后的一阶惯性环节时,其脉冲传递函数 $G(z)$ 为式(6-75),闭环系统的期望传递函数 $\Phi(z)$ 为式(6-73),由式(6-26),则有

$$\Phi_u(z)=\frac{\Phi(z)}{G(z)}=\frac{(1-\mathrm{e}^{-T_s/T_\tau})(1-\mathrm{e}^{-T_s/T_1}z^{-1})}{K(1-\mathrm{e}^{-T_s/T_1})(1-\mathrm{e}^{-T_s/T_\tau}z^{-1})} \tag{6-83}$$

求得极点 $z=\mathrm{e}^{-T_s/T_\tau}>0$,故得出结论:在带纯滞后的一阶惯性环节组成的系统中,$\Phi_u(z)$ 不存在负实轴上的极点,这种系统不存在振铃现象。

② 被控对象为带纯滞后的二阶惯性环节时,$G(z)$ 为式(6-77),$\Phi(z)$ 仍为式(6-73),由式(6-26)可得

$$\Phi_u(z)=\frac{\Phi(z)}{G(z)}=\frac{(1-\mathrm{e}^{-T_s/T_\tau})(1-\mathrm{e}^{-T_s/T_1}z^{-1})(1-\mathrm{e}^{-T_s/T_2}z^{-1})}{KC_1[1+(C_2/C_1)z^{-1}](1-\mathrm{e}^{-T_s/T_\tau}z^{-1})} \tag{6-84}$$

上式有两个极点,第一个极点 $z=\mathrm{e}^{-T_s/T_\tau}>0$,不会引起振铃现象;第二个极点 $z=-C_2/C_1$。由式(6-78),当 $T_s\to0$ 时,有

$$\lim_{T_s\to0}(-C_2/C_1)=-1 \tag{6-85}$$

说明可能出现负实轴上与 $z=-1$ 相近的极点,这一极点将引起振铃现象。

(2)振铃幅度

振铃幅度(Ringing Amplitude,RA)用来衡量振铃强烈的程度。要想描述振铃强烈的程度,就必须找出数字控制器输出量的最大值 $u_{\max}$。但该值与系统参数的关系难以用解析的式子描述出来,所以常用单位阶跃作用下数字控制器第 0 拍输出量与第 1 拍输出量的差值来衡量振铃幅度。

由式(6-26),$\Phi_u(z)$ 是 z 的有理分式,写成一般形式为

$$\Phi_u(z)=Az^{-l}\frac{1+b_1z^{-1}+b_2z^{-2}+\cdots}{1+a_1z^{-1}+a_2z^{-2}+\cdots}=Az^{-l}Q(z) \tag{6-86}$$

从式(6-86)看出,数字控制器的单位阶跃响应输出序列幅度的变化仅与 $Q(z)$ 有关,因为 Az^{-l} 只是将输出序列延时和放大或缩小。故为简单起见,令 $A=1,l=0$,则有

$$\begin{aligned} U(z)&=\Phi_u(z)R(z)=\frac{1+b_1z^{-1}+b_2z^{-2}+\cdots}{1+a_1z^{-1}+a_2z^{-2}+\cdots}\cdot\frac{1}{1-z^{-1}} \\ &=\frac{1+b_1z^{-1}+b_2z^{-2}+\cdots}{1+(a_1-1)z^{-1}+(a_2-a_1)z^{-2}+\cdots} \\ &=1+(b_1-a_1+1)z^{-1}+\cdots \end{aligned} \tag{6-87}$$

则振铃幅值为

$$\mathrm{RA}=u(0)-u(1)=1-(b_1-a_1+1)=a_1-b_1 \tag{6-88}$$

对于带纯滞后的二阶惯性环节组成的系统,其振铃幅度由式(6-84)可得

$$\mathrm{RA}=\frac{C_2}{C_1}-\mathrm{e}^{-T_s/T_\tau}+\mathrm{e}^{-T_s/T_1}+\mathrm{e}^{-T_s/T_2} \tag{6-89}$$

根据式(6-89)及式(6-78),当 $T_s\to0$ 时,可得

$$\lim_{T_s\to0}\mathrm{RA}=2 \tag{6-90}$$

(3)振铃现象的消除

有两种方法可用来消除振铃现象。第一种方法是先找出 $D(z)$ 中引起振铃现象的因子($z=-1$ 附近的极点),然后令其中的 $z=1$,根据终值定理,这样处理不影响输出量的稳态值。

在振铃现象的分析中已经给出带纯滞后的二阶惯性环节系统数字控制器的表达式为

式(6-79)，其极点 $z = -C_2/C_1$ 将引起振铃现象。令极点因子 $(C_1 + C_2 z^{-1})$ 中的 $z = 1$，就可消除这个振铃极点。

【例6-12】 接例6-11，按大林算法设计消除振铃现象的数字控制器 $D(z)$，并求出在单位阶跃输入作用下的控制器输出 $U(z)$。

【解】 第一步，求消除振铃现象的数字控制器 $D(z)$

例6-11中，由式(6-80)可以看出，$z = -0.858$ 这个靠近 $z = -1$ 的极点是引起振铃现象的因子。因此令式中 $(1 + 0.858z^{-1})$ 中的 $z = 1$，得消除振铃现象的数字控制器 $D(z)$ 为

$$D(z) = \frac{0.321 - 0.515z^{-1} + 0.195z^{-2}}{1 - 0.368z^{-1} - 0.632z^{-6}}$$

第二步，求控制器输出 $U(z)$

对于改进后的 $D(z)$

$$\Phi_u(z) = \frac{0.321(1 - z^{-1})(1 - 0.606z^{-1})}{1 - 0.368z^{-1}}$$

则控制器输出 $U(z)$ 为

$$U(z) = R(z)\Phi_u(z) = \frac{0.321 - 0.195z^{-1}}{1 - 0.368z^{-1}}$$

$$= 0.321 - 0.076z^{-1} - 0.028z^{-2} - 0.010z^{-3} - 0.0039z^{-4} - \cdots$$

可见，控制量的输出按一个方向逐步衰减，消除了振铃现象。

这种消除振铃现象的方法虽然不影响输出稳态值，却改变了数字控制器的动态特性，因此会影响闭环系统的瞬态性能。

第二种方法是从保证闭环系统的特性出发，选择合适的采样周期 T_s 及系统闭环时间常数 T_τ，使得数字控制器的输出避免产生强烈的振铃现象。从式(6-89)中可以看出，振铃幅度与被控对象的参数 T_1、T_2 有关，也与闭环系统期望的时间常数 T_τ 及采样周期 T_s 有关。通过适当选择 T_s 和 T_τ，可以把振铃幅度抑制在最低限度以内。有的情况下，系统闭环时间常数 T_τ 作为控制系统的性能指标被首先确定了，但仍可通过式(6-89)选择采样周期 T_s 来抑制振铃现象。

3. 大林算法的设计步骤

具有纯滞后的系统采用离散化设计方法设计数字控制器，主要考虑的性能指标是控制系统无超调或超调很小，为保证系统稳定，允许有较长的调节时间。设计中应注意的一个问题是振铃现象。下面是考虑振铃现象影响时设计数字控制器的一般步骤：

① 根据系统性能，确定闭环系统时间常数 T_τ，给出振铃幅度 RA 的指标；

② 由式(6-89)与采样周期 T_s 的关系，解出给定振铃幅度下对应的采样周期，如果 T_s 有多解，则选择较大的采样周期；

③ 确定纯滞后时间 τ 与采样周期 T_s 之比的最大整数 N；

④ 求广义对象的脉冲传递函数 $G(z)$ 及闭环系统的期望脉冲传递函数 $\Phi(z)$；

⑤ 求数字控制器的脉冲传递函数 $D(z)$。

6.5　状态空间设计法

控制工程中采用状态空间方法的主要优点在于它能适用于多输入多输出系统、非线性系统、时变系统，因此本节主要介绍状态空间的最短时间控制系统设计，主要介绍单输入单输出系统、考虑了非线性特性的最短时间控制系统以及多输入多输出系统。

6.5.1 单输入单输出的二阶系统

研究图 6-32 所示的计算机控制系统,图中被控对象是一个单输入单输出二阶系统,设采样周期 $T_s=1s$。

如果按图 6-33 选取状态变量,很容易获得被控对象的状态方程和输出方程

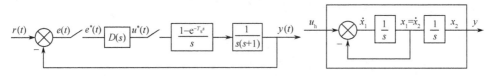

图 6-32　计算机控制系统　　　　图 6-33　状态变量选取

$$\begin{cases} \dot{x}_1=-x_1+u_h \\ \dot{x}_2=x_1 \\ y=x_2 \end{cases} \tag{6-91}$$

写成矩阵形式为

$$\begin{cases} \begin{bmatrix} \dot{x}_1 \\ \dot{x}_2 \end{bmatrix}=\begin{bmatrix} -1 & 0 \\ 1 & 0 \end{bmatrix}\begin{bmatrix} x_1 \\ x_2 \end{bmatrix}+\begin{bmatrix} 1 \\ 0 \end{bmatrix}u_h \\[2mm] y=\begin{bmatrix} 0 & 1 \end{bmatrix}\begin{bmatrix} x_1 \\ x_2 \end{bmatrix} \end{cases}$$

即

$$\begin{cases} \dot{\boldsymbol{x}}(t)=\boldsymbol{F}\boldsymbol{x}(t)+\boldsymbol{G}\boldsymbol{u}(t) \\ \boldsymbol{y}(t)=\boldsymbol{C}\boldsymbol{x}(t) \end{cases} \tag{6-92}$$

由于系统中采用了零阶保持器,因此首先必须将带有零阶保持器的被控对象离散化。有了零阶保持器后,系统输入信号 u_h 为阶梯状,因此很容易由连续系统的状态方程解去进行离散化(即恒值输入下的状态方程解)。这样,获得的离散状态方程为带有零阶保持器的。即由 kT_s 时刻,在 $u_h=$ 常值作用下,让状态转移到 $(k+1)T_s$ 时刻,从而求出离散状态方程。

已知被控对象的状态方程为(一般形式)

$$\begin{cases} \dot{\boldsymbol{x}}(t)=\boldsymbol{F}\boldsymbol{x}(t)+\boldsymbol{G}\boldsymbol{u}(t) \\ \boldsymbol{y}(t)=\boldsymbol{C}\boldsymbol{x}(t)+\boldsymbol{D}\boldsymbol{u}(t) \\ \boldsymbol{x}(t_0)=\boldsymbol{x}(0) \end{cases} \tag{6-93}$$

式中,$\boldsymbol{x}(t)$ 为 n 维状态变量;$\boldsymbol{y}(t)$ 为 p 维输出变量;$\boldsymbol{u}(t)$ 为 m 维控制变量;$\boldsymbol{F}$ 为 $n\times n$ 维状态转移矩阵;$\boldsymbol{G}$ 为 $n\times m$ 维驱动矩阵;$\boldsymbol{C}$ 为 $p\times n$ 维输出矩阵;$\boldsymbol{D}$ 为 $p\times m$ 维直传矩阵。

非齐次状态方程解

$$\boldsymbol{x}(t)=\mathrm{e}^{\boldsymbol{F}(t-t_0)}\boldsymbol{x}(0)+\int_{t_0}^{t}\mathrm{e}^{\boldsymbol{F}(t-\tau)}\boldsymbol{G}\boldsymbol{u}(\tau)\mathrm{d}\tau \tag{6-94}$$

由于 $\boldsymbol{u}(t)$ 是阶梯输入,所以 $\boldsymbol{u}(t)=\boldsymbol{u}(kT_s)=$ 常数,$kT_s\leqslant t<(k+1)T_s$。

当取初始条件 $\boldsymbol{x}(0)=\boldsymbol{x}(t_0)=\boldsymbol{x}(kT_s)$,积分上限为 $t=(k+1)T_s$,于是可求得

$$\boldsymbol{x}[(k+1)T_s]=\mathrm{e}^{\boldsymbol{F}T_s}\boldsymbol{x}(kT_s)+\int_{kT_s}^{(k+1)T_s}\mathrm{e}^{\boldsymbol{F}[(k+1)T_s-\tau]}\boldsymbol{G}\boldsymbol{u}(kT_s)\mathrm{d}\tau \tag{6-95}$$

由于在积分区间内输入为常数,而且积分对所有 k 都成立,所以 $\boldsymbol{u}(kT_s)$ 可以提出来。当取变量替换 $t=(k+1)T_s-\tau$ 时,则有

$$\int_{kT_s}^{(k+1)T_s}\mathrm{e}^{\boldsymbol{F}[(k+1)T_s-\tau]}\boldsymbol{G}\mathrm{d}\tau=\int_{0}^{T_s}\mathrm{e}^{\boldsymbol{F}t}\boldsymbol{G}\mathrm{d}t \tag{6-96}$$

此式为与 T_s 有关的常数矩阵,将其代入式(6-95)并整理可得

$$\boldsymbol{x}[(k+1)T_s] = e^{\boldsymbol{F}T_s}\boldsymbol{x}(kT_s) + \left(\int_0^{T_s} e^{\boldsymbol{F}t}\boldsymbol{G}\mathrm{d}t\right)\boldsymbol{u}(kT_s) \tag{6-97}$$

这就是带零阶保持器的离散状态方程,可简写成

$$\begin{cases} \boldsymbol{x}(k+1) = \boldsymbol{A}(T_s)\boldsymbol{x}(k) + \boldsymbol{B}(T_s)\boldsymbol{u}(k) \\ \boldsymbol{y}(k) = \boldsymbol{C}\boldsymbol{x}(k) + \boldsymbol{D}\boldsymbol{u}(k) \end{cases} \tag{6-98}$$

式中

$$\boldsymbol{A}(T_s) = e^{\boldsymbol{F}T_s}$$

$$\boldsymbol{B}(T_s) = \int_0^{T_s} e^{\boldsymbol{F}t}\boldsymbol{G}\mathrm{d}t$$

式中,$\boldsymbol{A}(T_s)$ 为系统的状态转移矩阵,$\boldsymbol{B}(T_s)$ 为驱动矩阵。对于前面给定的二阶系统

$$\boldsymbol{F} = \begin{bmatrix} -1 & 0 \\ 1 & 0 \end{bmatrix} \qquad \boldsymbol{G} = \begin{bmatrix} 1 \\ 0 \end{bmatrix}$$

$$\boldsymbol{A}(T_s) = e^{\boldsymbol{F}T_s} = \mathcal{L}^{-1}\{(s\boldsymbol{I}-\boldsymbol{F})^{-1}\} = \mathcal{L}^{-1}\left\{\left(\begin{bmatrix} s & 0 \\ 0 & s \end{bmatrix} - \begin{bmatrix} -1 & 0 \\ 1 & 0 \end{bmatrix}\right)^{-1}\right\} = \begin{bmatrix} e^{-T_s} & 0 \\ 1-e^{-T_s} & 1 \end{bmatrix}$$

$$\boldsymbol{B}(T_s) = \int_0^{T_s} e^{\boldsymbol{F}t}\boldsymbol{G}\mathrm{d}t = \int_0^{T_s} \begin{bmatrix} e^{-t} & 0 \\ 1-e^{-t} & 1 \end{bmatrix}\begin{bmatrix} 1 \\ 0 \end{bmatrix}\mathrm{d}t = \int_0^{T_s}\begin{bmatrix} e^{-t} \\ 1-e^{-t} \end{bmatrix}\mathrm{d}t = \begin{bmatrix} 1-e^{-T_s} \\ T_s-1+e^{-T_s} \end{bmatrix}$$

采样周期 $T_s = 1\mathrm{s}$,带有零阶保持器的连续系统离散化后的状态空间表达式为

$$\begin{cases} \boldsymbol{x}(k+1) = \begin{bmatrix} e^{-1} & 0 \\ 1-e^{-1} & 1 \end{bmatrix}\boldsymbol{x}(k) + \begin{bmatrix} 1-e^{-1} \\ e^{-1} \end{bmatrix}\boldsymbol{u}(k) \\ \boldsymbol{y}(k) = x_2(k) \end{cases} \tag{6-99}$$

系统设计的任务是:确定控制器的 z 传递函数 $D(z)$,对于被控对象任意的初始状态 $\boldsymbol{x}(0)$,使输出 $y(t)$ 以最少的 N 步跟踪上参考输入 $r(t)$。

举例来说:若参考输入为阶跃函数 $r(t) = 1(t)$,则设计的任务是确定控制器的 z 传递函数 $D(z)$,对于被控对象任意的初始状态 $\boldsymbol{x}(0)$,以最少的 N 步满足下面的跟踪条件:

位置条件:$y(N) = x_2(N) = 1$

速度条件:$x_1(N) = 0$

这里

$$x_1(N) = \dot{x}_2(N) = \dot{y}(N) = 0$$

为的是保证 $t \geqslant NT_s$ 之后输出 $y(t)$ 能始终跟踪上参考输入 $1(t)$(即输出无纹波)。

这样设计分 3 步。

● 确定满足跟踪条件 $x_1(N) = 0$,$x_2(N) = 1$ 的控制信号序列 $\{u(k)\}$ 及其 z 变换 $U(z)$。

● 确定上述控制信号序列作用下的输出响应序列 $\{y(k)\}$,并根据已给的参考输入序列 $\{r(k)\}$,求出误差序列 $\{e(k) = r(k) - y(k)\}$ 及其 z 变换 $E(z)$。

● 求出控制器的 z 传递函数 $D(z) = U(z)/E(z)$。

应当指出,跟踪条件中最少步数 N 需待定,根据 N 的不同,可以设计出性能不同的快速计算机控制系统。

下面针对前面给出的简单二阶系统,按照不同参考输入不同步数 N 来讨论系统的设计。

1. 阶跃输入 $r(t) = 1(t)$

(1) $N = 1$(快速有纹波系统)

确定满足跟踪条件的控制序列 $\{u(k)\}$ 的 z 变换 $U(z)$。

假设系统初始状态 $\boldsymbol{x}(0)=0$，在第一步控制信号 $u(0)$ 作用下，可求得

$$\begin{bmatrix} x_1(1) \\ x_2(1) \end{bmatrix} = \begin{bmatrix} e^{-1} & 0 \\ 1-e^{-1} & 1 \end{bmatrix} \begin{bmatrix} x_1(0) \\ x_2(0) \end{bmatrix} + \begin{bmatrix} 1-e^{-1} \\ e^{-1} \end{bmatrix} u(0)$$

$$= \begin{bmatrix} 0.368 & 0 \\ 0.632 & 1 \end{bmatrix} \begin{bmatrix} x_1(0) \\ x_2(0) \end{bmatrix} + \begin{bmatrix} 0.632 \\ 0.368 \end{bmatrix} u(0) \qquad (6\text{-}100)$$

根据跟踪条件，一步满足跟踪条件

$$\begin{bmatrix} x_1(1) \\ x_2(1) \end{bmatrix} = \begin{bmatrix} 0 \\ 1 \end{bmatrix} = \begin{bmatrix} 0.632 \\ 0.368 \end{bmatrix} u(0) \qquad (6\text{-}101)$$

从方程中可见，我们无法找到 $u(0)$ 同时满足上面两个方程，也就是说一步控制无法满足两个跟踪条件。为此只能满足位置跟踪条件，速度条件满足不了，所以一步跟踪设计的系统是有纹波系统。

(2) $N=2$（快速无纹波系统）

取 $N=2$，则提供了两个控制参数 $u(0)$、$u(1)$，可以控制两个状态变量 x_1、x_2，这样既可以满足位置条件，又可以满足速度条件，因此可获得快速无纹波系统。

首先确定满足跟踪条件的控制序列 $\{u(k)\}$ 的 z 变换 $U(z)$。

在两步控制信号 $u(0)$、$u(1)$ 作用下，可得

$$\begin{bmatrix} x_1(2) \\ x_2(2) \end{bmatrix} = \begin{bmatrix} e^{-1} & 0 \\ 1-e^{-1} & 1 \end{bmatrix} \begin{bmatrix} x_1(1) \\ x_2(1) \end{bmatrix} + \begin{bmatrix} 1-e^{-1} \\ e^{-1} \end{bmatrix} u(1)$$

$$= \begin{bmatrix} e^{-1} & 0 \\ 1-e^{-1} & 1 \end{bmatrix} \begin{bmatrix} e^{-1} & 0 \\ 1-e^{-1} & 1 \end{bmatrix} \begin{bmatrix} x_1(0) \\ x_2(0) \end{bmatrix} + \begin{bmatrix} e^{-1} & 0 \\ 1-e^{-1} & 1 \end{bmatrix} \begin{bmatrix} 1-e^{-1} \\ e^{-1} \end{bmatrix} u(0) + \begin{bmatrix} 1-e^{-1} \\ e^{-1} \end{bmatrix} u(1)$$

假定系统初始状态 $\boldsymbol{x}(0)=0$，再根据跟踪条件，则有

$$\begin{bmatrix} x_1(2) \\ x_2(2) \end{bmatrix} = \begin{bmatrix} 0 \\ 1 \end{bmatrix} = \begin{bmatrix} e^{-1}(1-e^{-1}) \\ 1-e^{-1}+e^{-2} \end{bmatrix} u(0) + \begin{bmatrix} 1-e^{-1} \\ e^{-1} \end{bmatrix} u(1) \qquad (6\text{-}102)$$

两个方程联立求解可求得

$$\begin{bmatrix} u(0) \\ u(1) \end{bmatrix} = \begin{bmatrix} 1.582 \\ -0.582 \end{bmatrix}$$

即在 $u(0)$、$u(1)$ 作用下，系统从 $\boldsymbol{x}(0)=0$ 到达

$$\boldsymbol{x}(2) = \begin{bmatrix} 0 \\ 1 \end{bmatrix}$$

满足了跟踪条件，以后的控制信号应为 $u(2)=u(3)=\cdots=0$，可以如下证明：

因为

$$\begin{bmatrix} x_1(3) \\ x_2(3) \end{bmatrix} = \begin{bmatrix} 0 \\ 1 \end{bmatrix} = \begin{bmatrix} e^{-1} & 0 \\ 1-e^{-1} & 1 \end{bmatrix} \begin{bmatrix} x_1(2) \\ x_2(2) \end{bmatrix} + \begin{bmatrix} 1-e^{-1} \\ e^{-1} \end{bmatrix} u(2)$$

$$= \begin{bmatrix} e^{-1} & 0 \\ 1-e^{-1} & 1 \end{bmatrix} \begin{bmatrix} 0 \\ 1 \end{bmatrix} + \begin{bmatrix} 1-e^{-1} \\ e^{-1} \end{bmatrix} u(2)$$

$$= \begin{bmatrix} 0 \\ 1 \end{bmatrix} + \begin{bmatrix} 1-e^{-1} \\ e^{-1} \end{bmatrix} u(2) \qquad (6\text{-}103)$$

所以 $u(2)=0$，可见 $u(2)$ 以后均应为零。因此我们求得控制序列 $\{u(k)\}$ 的 z 变换为

$$U(z) = \sum_{k=0}^{\infty} u(k) z^{-k} = 1.582 - 0.582 z^{-1}$$

下面求误差序列$\{e(k)\}$的z变换$E(z)$。

对于$k=0$,有
$$e(0)=r(0)-y(0)=1-x_2(0)=1$$

$k=1$

$$\begin{bmatrix}x_1(1)\\x_2(1)\end{bmatrix}=\begin{bmatrix}1-\mathrm{e}^{-1}\\\mathrm{e}^{-1}\end{bmatrix}u(0)=\begin{bmatrix}1\\0.58\end{bmatrix}$$

$$y(1)=x_2(1)=0.58$$

$$e(1)=r(1)-y(1)=1-0.58=0.42$$

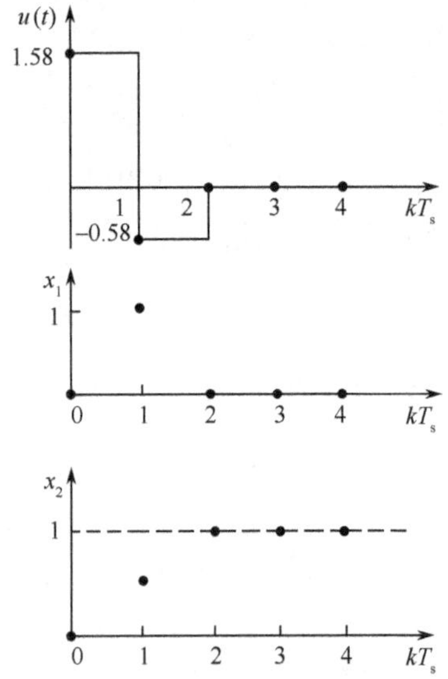

$k\geqslant2$,注意到已满足跟踪条件,故$e(k)=0,k=2,3,\cdots$。
因此误差序列$\{e(k)\}$的z变换为

$$E(z)=\sum_{k=0}^{\infty}e(k)z^{-k}=1+0.42z^{-1}$$

这样就获得了控制器的z传递函数为

$$D(z)=\frac{U(z)}{E(z)}=\frac{1.58-0.58z^{-1}}{1+0.42z^{-1}} \tag{6-104}$$

系统对单位阶跃响应的控制过程如图 6-34 所示。

（3）$N\geqslant3$（具有饱和非线性特性的快速无纹波系统）

当$N\geqslant3$时,提供了 3 个或 3 个以上的控制参数$u(0)$、$u(1)$、$u(2)$,$\cdots$,除了控制两个状态变量x_1和x_2以外,还可以附加其他约束条件。工程实践中,很重要的约束条件是控制信号的饱和非线性。这是因为被控对象的执行元件的功率总是有限的。

图 6-34　系统响应

图 6-35 所示为具有饱和非线性的计算机控制系统,图中作用到被控对象上的控制信号满足$|u(t)|\leqslant1$,下面针对阶跃输入来设计具有饱和非线性的快速无纹波系统。

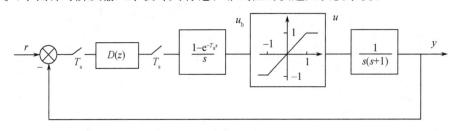

图 6-35　具有饱和非线性的计算机控制系统

设计的思路是:先按无饱和非线性的快速无纹波系统的方法,由跟踪条件计算出开始两步的控制信号$u(0)$、$u(1)$,如果$u(0)$、$u(1)$都小于等于 1,则设计有效,并进一步求出控制器的z传递函数$D(z)$。如果上述条件不满足,则令$|u|>1$的控制作用等于±1（正负号取决于控制信号的极性）,增加一步,然后重复上述过程,直到满足跟踪条件为止。

对于图 6-35 给定的系统,设初始状态$\boldsymbol{x}(0)=0$,参考输入$r(t)$的单位阶跃函数$1(t)$,由上节计算知,无饱和非线性的快速无纹波系统的开始两步控制信号为

$$\begin{bmatrix}u(0)\\u(1)\end{bmatrix}=\begin{bmatrix}1.582\\0.582\end{bmatrix}$$

我们发现$u(0)=1.582>1$超过了线性范围,因此取$u(0)=1$为最大允许值$+1$,在第一步控制信号$u(0)=1$作用下,可得

$$\begin{bmatrix} x_1(1) \\ x_2(1) \end{bmatrix} = \begin{bmatrix} 1-\mathrm{e}^{-1} \\ \mathrm{e}^{-1} \end{bmatrix} u(0) = \begin{bmatrix} 0.632 \\ 0.368 \end{bmatrix}$$

现在以

$$\boldsymbol{x}(1) = \begin{bmatrix} 0.632 \\ 0.368 \end{bmatrix}$$

为初始条件,确定满足跟踪条件的两步控制信号 $u(1)$、$u(2)$,仿照前面有

$$\begin{bmatrix} x_1(3) \\ x_2(3) \end{bmatrix} = \begin{bmatrix} 0 \\ 1 \end{bmatrix}$$

$$= \begin{bmatrix} \mathrm{e}^{-1} & 0 \\ 1-\mathrm{e}^{-1} & 1 \end{bmatrix} \begin{bmatrix} \mathrm{e}^{-1} & 0 \\ 1-\mathrm{e}^{-1} & 1 \end{bmatrix} \begin{bmatrix} x_1(1) \\ x_2(1) \end{bmatrix} + \begin{bmatrix} \mathrm{e}^{-1} & 0 \\ 1-\mathrm{e}^{-1} & 1 \end{bmatrix} \begin{bmatrix} 1-\mathrm{e}^{-1} \\ \mathrm{e}^{-1} \end{bmatrix} u(1) + \begin{bmatrix} 1-\mathrm{e}^{-1} \\ \mathrm{e}^{-1} \end{bmatrix} u(0)$$

$$= \begin{bmatrix} \mathrm{e}^{-2} & 0 \\ 1-\mathrm{e}^{-2} & 1 \end{bmatrix} \begin{bmatrix} 0.632 \\ 0.368 \end{bmatrix} + \begin{bmatrix} \mathrm{e}^{-1}-\mathrm{e}^{-2} \\ 1-\mathrm{e}^{-1}+\mathrm{e}^{-2} \end{bmatrix} u(1) + \begin{bmatrix} 1-\mathrm{e}^{-1} \\ \mathrm{e}^{-1} \end{bmatrix} u(2)$$

最后可得

$$\begin{bmatrix} 0.233 & 0.632 \\ 0.767 & 0.368 \end{bmatrix} \begin{bmatrix} u(1) \\ u(2) \end{bmatrix} = \begin{bmatrix} -0.086 \\ 0.086 \end{bmatrix}$$

解得

$$\begin{bmatrix} u(1) \\ u(2) \end{bmatrix} = \begin{bmatrix} 0.215 \\ -0.215 \end{bmatrix}$$

可见控制作用都小于 1,因此 $u(1)$、$u(2)$ 作用下系统从

$$\boldsymbol{x}(1) = \begin{bmatrix} 0.632 \\ 0.368 \end{bmatrix}$$

到达

$$\boldsymbol{x}(3) = \begin{bmatrix} 0 \\ 1 \end{bmatrix}$$

满足了跟踪条件,故设计有效。以后的控制信号为 0,$u(3)=u(4)=\cdots=0$,因此,求得了控制信号序列 $\{u(k)\}$,它的 z 变换为

$$U(z) = \sum_{k=0}^{\infty} u(k) z^{-k} = 1 + 0.215 z^{-1} - 0.215 z^{-2}$$

接着求误差信号序列 $\{e(k)\}$ 的 z 变换 $E(z)$。

对于 $k=0$,有 $\qquad e(0) = r(0) - y(0) = 1 - x_2(0) = 1$

$k=1$

$$\begin{bmatrix} x_1(1) \\ x_2(1) \end{bmatrix} = \begin{bmatrix} 1-\mathrm{e}^{-1} \\ \mathrm{e}^{-1} \end{bmatrix} u(0) = \begin{bmatrix} 0.632 \\ 0.368 \end{bmatrix}$$

$$e(1) = r(1) - y(1) = 1 - 0.368 = 0.632$$

$k=2$

$$\begin{bmatrix} x_1(2) \\ x_2(2) \end{bmatrix} = \begin{bmatrix} \mathrm{e}^{-1} & 0 \\ 1-\mathrm{e}^{-1} & 1 \end{bmatrix} \begin{bmatrix} x_1(1) \\ x_2(1) \end{bmatrix} + \begin{bmatrix} 1-\mathrm{e}^{-1} \\ \mathrm{e}^{-1} \end{bmatrix} u(1) = \begin{bmatrix} 0.368 \\ 0.847 \end{bmatrix}$$

$$e(2) = r(2) - y(2) = 1 - 0.847 = 0.153$$

$k \geqslant 3$,由于已满足跟踪条件,故 $e(k)=0$,$k=3,4,\cdots$。因此误差序列 $\{e(k)\}$ 的 z 变换为

$$E(z) = \sum_{k=0}^{\infty} e(k) z^{-k} = 1 + 0.632 z^{-1} + 0.153 z^{-2}$$

这样就得到控制器 z 传递函数为

$$D(z)=\frac{U(z)}{E(z)}=\frac{1+0.215z^{-1}-0.215z^{-2}}{1+0.632z^{-1}+0.153z^{-2}} \tag{6-105}$$

其控制过程如图 6-36 所示,系统也是快速无纹波。

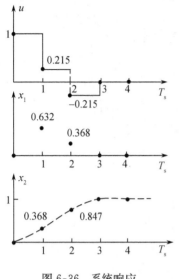

图 6-36　系统响应

应当指出,阶跃输入的幅值越大,或者控制信号的线性范围越小,也即饱和深度越深,过渡过程的步数 N 就越多。

2. 等速输入

下面针对等速输入 $r(t)=t$ 进行设计,这时应满足的跟踪条件改为

$$\begin{cases} x_1(N)=\dot{y}(N)=1 \\ x_2(N)=y(N)=N \end{cases} \tag{6-106}$$

$x_1(N)=1$:保证 $t\geqslant NT_s$ 后 $y(t)$ 无纹波;$x_2(N)=N$:位置。

这样,系统的设计任务仍然是:确定控制器的 z 传递函数 $D(z)$,使系统由被控制对象任意初始状态 $x(0)$,以最少的 N 步满足跟踪条件。

和前面一样,根据最少步数 N 的不同,可以设计出性能不同的快速控制系统。

$N=1$:对于等速输入是无意义的,因为 $e(0)=r(0)-y(0)=0$,控制器在开始瞬间无输入,第一步控制信号 $u(0)=0$,故无法进行控制。

$N=2$:同样 $e(0)=0$,第一步控制 $u(0)=0$,由于 $N=2$,所以提供一个可以控制的信号 $u(1)$,但是它只能控制一个状态变量,例如位置 x_2,故只能满足跟踪位置,不能满足跟踪速度的要求,所以 $N=2$ 所设计的系统是快速有纹波系统。

若 $N=3$,则可提供 $u(1)$、$u(2)$ 两个控制参数,可以控制两个状态 x_1、x_2,同时满足位置和速度跟踪的要求,得到快速无纹波系统。

下面研究这种系统设计。

首先确定满足跟踪条件的控制序列 $\{u(k)\}$ 的 z 变换 $U(z)$:

由离散状态方程,在两步控制信号 $u(1)$、$u(2)$ 作用下,可得

$$\begin{bmatrix} x_1(3) \\ x_2(3) \end{bmatrix}=\begin{bmatrix} e^{-2} & 0 \\ 1-e^{-2} & 1 \end{bmatrix}\begin{bmatrix} x_1(1) \\ x_2(1) \end{bmatrix}+\begin{bmatrix} e^{-1} & 0 \\ 1-e^{-1} & 1 \end{bmatrix}\begin{bmatrix} 1-e^{-1} \\ e^{-1} \end{bmatrix}u(1)+\begin{bmatrix} 1-e^{-1} \\ e^{-1} \end{bmatrix}u(2)$$

因为已假设系统初始条件 $x(0)=0$,而第一步的控制 $u(0)=0$,所以 $x(1)=0$,再根据 $N=3$ 的跟踪条件,则有

$$\begin{bmatrix} x_1(3) \\ x_2(3) \end{bmatrix}=\begin{bmatrix} 1 \\ 3 \end{bmatrix}=\begin{bmatrix} e^{-1}(1-e^{-1}) \\ 1-e^{-1}+e^{-2} \end{bmatrix}u(1)+\begin{bmatrix} 1-e^{-1} \\ e^{-1} \end{bmatrix}u(2)$$

$$\begin{bmatrix} e^{-1}(1-e^{-1}) & 1-e^{-1} \\ 1-e^{-1}+e^{-2} & e^{-1} \end{bmatrix}\begin{bmatrix} u(1) \\ u(2) \end{bmatrix}=\begin{bmatrix} 1 \\ 3 \end{bmatrix}$$

$$\begin{bmatrix} 0.233 & 0.632 \\ 0.767 & 0.368 \end{bmatrix}\begin{bmatrix} u(1) \\ u(2) \end{bmatrix}=\begin{bmatrix} 1 \\ 3 \end{bmatrix}$$

解得

$$\begin{bmatrix} u(1) \\ u(2) \end{bmatrix}=\begin{bmatrix} 3.81 \\ 0.137 \end{bmatrix}$$

这样在 $u(1)$、$u(2)$ 作用下,系统从 $\boldsymbol{x}(0)$ 到达

$$\boldsymbol{x}(3)=\begin{bmatrix}1\\3\end{bmatrix}$$

满足了跟踪条件。以后的控制作用应为 $u(3)=u(4)=\cdots=1$,这一点可以如下验证:

当 $k\geqslant3$,假设在 k 瞬时满足了跟踪条件,即

$$\boldsymbol{x}(k)=\begin{bmatrix}1\\k\end{bmatrix}$$

则假定在控制信号 $u(k)=1$ 作用下,可得第 $k+1$ 瞬时的状态 $\boldsymbol{x}(k+1)$

$$\begin{bmatrix}x_1(k+1)\\x_2(k+1)\end{bmatrix}=\begin{bmatrix}\mathrm{e}^{-1}&0\\1-\mathrm{e}^{-1}&1\end{bmatrix}\begin{bmatrix}1\\k\end{bmatrix}+\begin{bmatrix}1-\mathrm{e}^{-1}\\\mathrm{e}^{-1}\end{bmatrix}\times1=\begin{bmatrix}1\\k+1\end{bmatrix}$$

可见在控制信号 $u(k)=1$ 作用下,下一瞬时 $(k+1)T_s$ 时,也满足跟踪条件。因此求得了控制信号序列 $\{u(k)\}$,其 z 变换为

$$U(z)=\sum_{k=0}^{\infty}u(k)z^{-k}=3.81z^{-1}+0.173z^{-2}+z^{-3}+z^{-4}+\cdots$$
$$=3.81z^{-1}+0.173z^{-2}+\frac{z^{-3}}{1-z^{-1}}$$

下面求误差序列　$e(k)=r(k)-y(k)=r(k)-x_2(k)$

$k=0$　　$e(0)=0$

$k=1$　　$e(1)=1-x_2(1)=1$

$k=2$

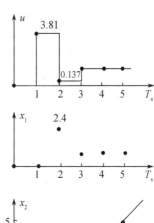

$$\begin{bmatrix}x_1(2)\\x_2(2)\end{bmatrix}=\begin{bmatrix}1-\mathrm{e}^{-1}\\\mathrm{e}^{-1}\end{bmatrix}u(1)$$
$$=\begin{bmatrix}0.632\\0.368\end{bmatrix}\times3.81=\begin{bmatrix}2.4\\1.4\end{bmatrix}$$
$$e(2)=2-x_2(2)=2-1.4=0.6$$
$$e(k)=0\quad k=3,4,\cdots$$

求得

$$E(z)=\sum_{k=0}^{\infty}e(k)z^{-k}=z^{-1}+0.6z^{-2}$$

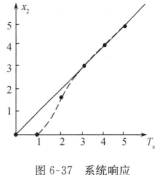

这样就求得控制器 z 传递函数为

$$D(z)=\frac{U(z)}{E(z)}=\frac{3.81+0.173z^{-1}}{1+0.6z^{-1}}+\frac{z^{-2}}{(1+z^{-1})(1+0.6z^{-1})}$$
$$=\frac{3.81-3.637z^{-1}+0.827z^{-2}}{1-0.4z^{-1}-0.6z^{-2}} \tag{6-107}$$

图 6-37　系统响应

其控制过程如图 6-37 所示。

6.5.2　多输入多输出快速系统设计

上述设计方法如果与上节解析设计法相比较可以看出,设计的结果 $D(z)$ 是相同的,对于单输入单输出系统,似乎采用解析设计法比状态空间设计法方便,而且解析设计法可以直接得到 $D(z)$ 的封闭形式,状态空间设计法要得到 $D(z)$ 的封闭形式不太容易。但是状态空间设计法的优点主要体现在多输入多输出的复杂系统设计之中。

1. 多输入多输出系统的一般设计方法

下面研究如图 6-38 所示的多变量计算机控制系统。

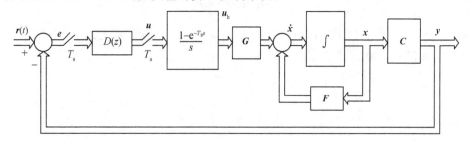

图 6-38 多变量计算机控制系统

被控对象的状态空间表达式为

$$\begin{cases} \dot{x} = Fx + Gu_h \\ y = Cx \end{cases}$$

式中，x 为 $n \times 1$ 维状态向量；u_h 为 $m \times 1$ 维控制向量；y 为 $p \times 1$ 维输出向量。

假定系统参数输入向量 $r(t)$ 是单位阶跃向量 $r(t) = 1$。

系统的设计任务是：确定 $m \times p$ 维的 z 传递函数阵 $D(z)$，对于被控对象任意的初始状态 $x(0)$，使系统输出 $y(t)$ 以最少的 N 步跟踪上参数输入 $r(t)$，并且在采样点之间无纹波。

现在我们研究跟踪条件：

首先输出 $y(t)$ 应满足 $y(N) = Cx(N) = r(N) = 1$。

这是因为：在 $NT_s \leqslant t < (N+1)T_s$ 的间隔内，控制信号 $u_h(t) = u(N)$ 为常数。由状态方程

$$\dot{x} = Fx + Gu_h$$

知，若

$$\dot{x} = 0$$

则在 $NT_s \leqslant t < (N+1)T_s$ 的间隔内，$x(t) = x(N)$ 不变，也就是说，由于 $t \geqslant NT_s$ 时，$u_h(t) = u(N)$，$x(t) = x(N)$ 不变，从而使第一个条件在 $t \geqslant NT_s$ 之后，始终满足 $y(t) = Cx(t) = Cx(N) = 1$。

于是，系统设计的任务是：确定控制器的 $m \times p$ 维的 z 传递函数阵 $D(z)$，对于被控对象的任意初始状态 $x(0)$，以最少的 N 步，满足跟踪条件：

$$\begin{cases} y(N) = 1 \\ \dot{x}(N) = 0 \end{cases} \tag{6-108}$$

多输入多输出系统的设计步骤与单输入单输出系统相同，也分三步：

① 确定满足跟踪条件的控制序列 $\{u(k)\}$ 及其 z 变换 $U(z)$；

② 确定上述控制信号序列作用下的输出响应序列 $\{y(k)\}$，并根据给定的参考输入序列 $\{r(k)\}$，求出误差序列 $\{e(k) = r(k) - y(k)\}$ 及其 z 变换 $E(z)$；

③ 求出控制器的 $m \times p$ 维的 z 传递函数阵 $D(z) = U(z)/E(z)$。

下面首先确定满足跟踪条件下的控制信号序列 $\{u(k)\}$ 的 z 变换 $U(z)$。

由于系统采用零阶保持器，被控对象的离散状态方程为

$$x(k+1) = Ax(k) + Bu(k) \tag{6-109}$$

其中

$$A = e^{FT_s}$$

$$B = \int_0^{T_s} e^{Ft} G \, dt$$

状态方程解

$$x(k) = A^k x(0) + \sum_{j=0}^{k-1} A^{k-j-1} B u(j) \tag{6-110}$$

系统输出为(对于 $x(0)=0$)

$$y(k) = \sum_{j=0}^{k-1} CA^{k-j-1} B u(j) \tag{6-111}$$

由系统的第一个跟踪条件可得

$$y(N) = \sum_{j=0}^{N-1} CA^{N-j-1} B u(j) = 1 \tag{6-112}$$

写成矩阵形式为

$$\begin{bmatrix} CA^{N-1}B & CA^{N-2}B & CA^{N-3}B & \cdots & CB \end{bmatrix} \begin{bmatrix} u(0) \\ u(1) \\ \vdots \\ u(N) \end{bmatrix} = \begin{bmatrix} 1 \end{bmatrix} \tag{6-113}$$

再根据第二个跟踪条件

$$\dot{x}(N) = Fx(N) + Gu(N) = \sum_{j=0}^{N-1} FA^{N-j-1} B u(j) + Gu(N) = 0 \tag{6-114}$$

写成矩阵形式为

$$\begin{bmatrix} FA^{N-1}B & FA^{N-2}B & FA^{N-3}B & \cdots FB & G \end{bmatrix} \begin{bmatrix} u(0) \\ u(1) \\ \vdots \\ u(N-1) \\ u(N) \end{bmatrix} = \begin{bmatrix} 0 \end{bmatrix} \tag{6-115}$$

由上面两个跟踪条件可以组成确定 $(N+1)$ 个控制向量 $\{u(0) \ u(1) \ \cdots \ u(N-1) \ u(N)\}$ 的联立方程组

$$\begin{bmatrix} CA^{N-1}B & CA^{N-2}B & \cdots & CB & 0 \\ FA^{N-1}B & FA^{N-2}B & \cdots & FB & G \end{bmatrix} \begin{bmatrix} u(0) \\ u(1) \\ \vdots \\ u(N-1) \\ u(N) \end{bmatrix} = \begin{bmatrix} 1 \\ 0 \end{bmatrix} \tag{6-116}$$

假定方程组有解,并设解为: $u(j) = P(j) 1 (j=0,1,\cdots N)$。

由于保证了第二个跟踪条件,所以 $k \geqslant N$ 时,对象输入 $u(k)$ 保持不变。 $u(k) = u(N) = P(N)1$ $(k \geqslant N)$。

这样就得到控制向量序列 $\{u(k)\}$ 的 z 变换为

$$U(z) = \sum_{k=0}^{\infty} u(k) z^{-k} = \left[\sum_{k=0}^{N-1} P(k) z^{-k} + P(N) \sum_{k=N}^{\infty} z^{-k} \right] 1$$

$$= \left[\sum_{k=0}^{N-1} P(k) z^{-k} + P(N) \frac{z^{-N}}{1 - z^{-1}} \right] 1 \tag{6-117}$$

接着求误差向量序列 $\{e(k)\}$ 的 z 变换 $E(z)$,因为

$$e(k) = r(k) - y(k) = 1 - Cx(k)$$

$$= 1 - \sum_{j=0}^{k-1} CA^{k-j-1} Bu(j)$$

$$= 1 - \sum_{j=0}^{k-1} CA^{k-j-1} BP(j)1$$

$$= \left[I - \sum_{j=0}^{k-1} CA^{k-j-1} BP(j) \right] 1 \tag{6-118}$$

注意到已满足跟踪条件,所以当 $k \geqslant N$ 时,误差信号应消失,$e(k)=0$,这样,误差向量序列 $\{e(k)\}$ 的 z 变换为

$$E(z) = \sum_{k=0}^{\infty} e(k)z^{-k} = \sum_{j=0}^{N-1} \left[I - \sum_{j=0}^{k-1} CA^{k-j-1} BP(j) \right] 1 z^{-k} \tag{6-119}$$

求控制器的 $m \times p$ 维的 z 传递函数阵 $D(z)$。因为 $U(z)=D(z)E(z)$,所以

$$\left[\sum_{k=0}^{N-1} P(k)z^{-k} + P(N)\frac{z^{-N}}{1-z^{-1}} \right] 1 = D(z) \left\{ \sum_{k=0}^{N-1} \left[I - \sum_{j=0}^{k-1} CA^{k-j-1} BP(j) \right] 1 z^{-k} \right\} 1$$

$$\left[\sum_{k=0}^{N-1} P(k)z^{-k} + P(N)\frac{z^{-N}}{1-z^{-1}} \right] = D(z) \sum_{k=0}^{N-1} \left[I - \sum_{j=0}^{k-1} CA^{k-j-1} BP(j) \right] z^{-k} \tag{6-120}$$

一般来说 $p \times p$ 阵

$$\sum_{k=0}^{N-1} \left[I - \sum_{j=0}^{k-1} CA^{k-j-1} BP(j) \right] z^{-k} \tag{6-121}$$

为非奇异,式(6-120)两边右乘式(6-121)方阵的逆,可求得控制器的 $m \times p$ 维的 z 传递函数阵为

$$D(z) = \left[\sum_{k=0}^{N-1} P(k)z^{-k} + P(N)\frac{z^{-N}}{1-z^{-1}} \right] \left\{ \sum_{k=0}^{N-1} \left[I - \sum_{j=0}^{k-1} CA^{k-j-1} BP(j) \right] z^{-k} \right\}^{-1} \tag{6-122}$$

最后分析最少步数 N 的确定方法。我们知道,要满足 $(p+n)$ 个跟踪条件,$(N+1)$ 个 m 维控制向量 $\{u(0)\ u(1)\ \cdots\ u(N-1)\ u(N)\}$ 必须至少提供 $(p+n)$ 个控制参数,即

$$(N+1) \times m \geqslant p+n$$

所以最少步数 N 应取为满足上式的最小整数。这一点从联立方程组可以看出,当控制参数个数少于状态个数,不能保证跟踪条件;只有控制参数个数等于状态个数时,才唯一确定保证跟踪条件;当控制参数的个数大于状态个数时,可以附加其他约束条件。

2. 设计举例

已知连续部分状态方程为

$$\begin{bmatrix} \dot{x}_1 \\ \dot{x}_2 \end{bmatrix} = \begin{bmatrix} -1 & 0 \\ 1 & 0 \end{bmatrix} \begin{bmatrix} x_1 \\ x_2 \end{bmatrix} + \begin{bmatrix} 1 \\ 0 \end{bmatrix} u$$

输出方程为

$$y = \begin{bmatrix} 0 & 1 \end{bmatrix} \begin{bmatrix} x_1 \\ x_2 \end{bmatrix}$$

系统带有零阶保持器,当采样周期 $T_s=1\text{s}$,连续部分离散化后的状态方程系数矩阵

$$A = \begin{bmatrix} e^{-1} & 0 \\ 1-e^{-1} & 1 \end{bmatrix} = \begin{bmatrix} 0.368 & 0 \\ 0.632 & 1 \end{bmatrix}$$

$$B = \begin{bmatrix} 1-e^{-1} \\ e^{-1} \end{bmatrix} = \begin{bmatrix} 0.632 \\ 0.368 \end{bmatrix}$$

因为系统 $n=2, m=p=1$,根据 $(N+1)m=p+n$,知 $N=2$,故 $u(k)$ 只有三项,所以联立方程组为

$$\begin{bmatrix} CAB & CB & 0 \\ FAB & FB & G \end{bmatrix} \begin{bmatrix} u(0) \\ u(1) \\ u(2) \end{bmatrix} = \begin{bmatrix} 1 \\ 0 \\ 0 \end{bmatrix}$$

则有

$$CB = \begin{bmatrix} 0 & 1 \end{bmatrix} \begin{bmatrix} 1-e^{-1} \\ e^{-1} \end{bmatrix} = e^{-1} = 0.368$$

$$CAB = \begin{bmatrix} 0 & 1 \end{bmatrix} \begin{bmatrix} e^{-1} & 0 \\ 1-e^{-1} & 1 \end{bmatrix} \begin{bmatrix} 1-e^{-1} \\ e^{-1} \end{bmatrix} = 1-e^{-1}+e^{-2} = 0.768$$

$$FB = \begin{bmatrix} -1 & 0 \\ 1 & 0 \end{bmatrix} \begin{bmatrix} 1-e^{-1} \\ e^{-1} \end{bmatrix} = \begin{bmatrix} e^{-1}-1 \\ 1-e^{-1} \end{bmatrix} = \begin{bmatrix} -0.632 \\ 0.632 \end{bmatrix}$$

$$FAB = \begin{bmatrix} -1 & 0 \\ 1 & 0 \end{bmatrix} \begin{bmatrix} e^{-1} & 0 \\ 1-e^{-1} & 1 \end{bmatrix} \begin{bmatrix} 1-e^{-1} \\ e^{-1} \end{bmatrix} = \begin{bmatrix} -e^{-1}(1-e^{-1}) \\ e^{-1}(1-e^{-1}) \end{bmatrix} = \begin{bmatrix} -0.233 \\ 0.233 \end{bmatrix}$$

即

$$\begin{bmatrix} 0.768 & 0.368 & 0 \\ -0.233 & -0.632 & 1 \\ 0.233 & 0.632 & 0 \end{bmatrix} \begin{bmatrix} u(0) \\ u(1) \\ u(2) \end{bmatrix} = \begin{bmatrix} 1 \\ 0 \\ 0 \end{bmatrix}$$

解此方程得

$$\begin{bmatrix} u(0) \\ u(1) \\ u(2) \end{bmatrix} = \begin{bmatrix} 1.58 \\ -0.58 \\ 0 \end{bmatrix}$$

因此，$P(0)=u(0)=1.58$，$P(1)=u(1)=-0.58$，$P(2)=u(2)=0$。

可见经过两拍，便能完全消除稳态误差，且 $u(k)=0(k\geqslant2$ 时)，控制器 z 传递函数 $D(z)$ 为

$$D(z) = \left[P(0)+z^{-1}P(1)+P(2)\frac{z^{-2}}{1-z^{-1}}\right]\left[z^{-0}\boldsymbol{I}+z^{-1}(\boldsymbol{I}-\boldsymbol{CA}^0\boldsymbol{B}P(0))\right]^{-1}$$

$$= [1.58-0.58z^{-1}][1+z^{-1}-0.368\times1.58z^{-1}]^{-1}$$

$$= \frac{1.58-0.58z^{-1}}{1+0.419z^{-1}}$$

和前面计算机结果相同。

习题与思考题 6

6-1　用解析设计法设计得到的系统闭环脉冲传递函数有什么特点？这种系统存在什么问题？

6-2　无纹波最少拍系统的设计要求是什么？按照这些要求设计得到的系统，在有限个采样周期内系统即可满足稳态误差为零。是不是采样周期选择得越小，系统响应时间越短？

6-3　已知被控对象的传递函数为

$$G(s) = \frac{5}{s(s+1)}$$

采用零阶保持器。

（1）试设计在各种典型输入（单位阶跃信号、单位速度信号、单位加速度信号）时的最少拍系统，采样周期为 1s，并计算出输出响应 $y(k)$、控制 $u(k)$、误差 $e(k)$ 序列；

（2）试设计在单位阶跃输入时，不同采样周期的最少拍系统。采样周期分别为 10s，0.1s 和 0.01s。

6-4　已知被控对象的传递函数为

$$G(s) = \frac{6}{s(s+2)(s+5)}$$

采用零阶保持器,采样周期为 0.1s,试设计在各种典型输入(单位阶跃信号、单位速度信号、单位加速度信号)时的最少拍无纹波系统,并计算出输出响应 $y(k)$、控制 $u(k)$、误差 $e(k)$ 序列。

6-5　复习在 s 平面上绘制根轨迹的规则。

6-6　已知某方位跟踪系统的被控对象传递函数为

$$G(s) = \frac{1}{s(10s+1)}$$

采样周期 $T_s = 1s$,令数字控制器

$$D(z) = K_c \frac{z - 0.905}{z + 0.4}$$

试在 z 平面上画出 $D(z)G(z)$ 的闭环根轨迹,并取稳态速度误差系数 $K_v = 1s^{-1}$ 处为系统工作点,检验闭环系统响应。

6-7　已知某系统的被控对象传递函数为

$$G(s) = \frac{e^{-10s}}{100s+1}$$

采样周期 $T_s = 0.2s$,采用零阶保持器,试用根轨迹法设计数字控制器,使闭环系统的主导极点 $\xi = 0.5$,计算速度误差系数 K_v,并求出单位阶跃响应。

6-8　试分析比较 s 平面、z 平面和 w 平面的关系。

6-9　已知某系统的被控对象传递函数为

$$G(s) = \frac{1}{s(s+1)}$$

采样周期 $T_s = 0.2s$,采用零阶保持器,请在 w 平面上设计相位超前或相位滞后数字控制器,速度误差系数 $K_v \geqslant 2s^{-1}$,相位裕量为 $50°$,增益裕量至少 10dB。

6-10　已知某系统的开环传递函数为

$$G(s) = \frac{e^{-30s}}{24s+1}$$

闭环期望传递函数为

$$\Phi(s) = \frac{e^{-30s}}{9s+1}$$

请采用大林算法求其控制器。设采样周期 $T_s = 30s$。

6-11　被控对象的传递函数为 $G(s) = \frac{e^{-s}}{s+1}$,采样周期 $T_s = 1s$,按图 6-29 所示结构,采用 Smith 预估控制,求控制器的递推公式。

*第7章 数字控制器的复杂控制规律设计方法

随着现代控制理论的迅速发展,计算机技术的进步,控制系统的结构越来越复杂,控制要求也越来越高。因此学术界出现很多研究控制方式的改进问题,例如,容错控制、鲁棒控制、自适应控制、智能控制等。

本章将简单介绍几种数字控制器复杂控制规律的设计方法。

7.1 自适应控制技术

7.1.1 自适应控制的产生

自适应控制是在控制方式的发展过程中产生的,为了解决实际问题,控制方式从古典控制方式中的开环控制发展到闭环控制,一直到现代控制方式中的最优控制发展到容错控制、鲁棒控制、自适应控制、智能控制。自适应控制与其他控制方式的逻辑关系如图 7-1 所示。

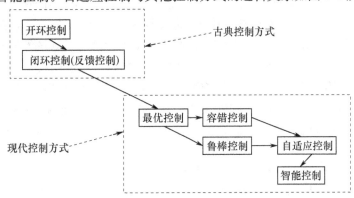

图 7-1 自适应控制与其他控制方式的逻辑关系

要成功设计一个性能良好的控制系统,不论是通常的反馈控制系统或是最优控制系统,都要掌握被控对象或被控过程的数学模型。然而,绝大多数被控对象或被控过程的数学模型事先难以确知,或者它们的数学模型会在运行过程中发生较大范围的变化,对于这类对象的不确定因素,常规控制往往难以克服。

引起被控对象不确定的主要因素表现在如下几个方面。

① 系统内部机理过于复杂,很难利用现有的知识和方法确定它们的动态过程和有关参数,如化工过程的反应炉等。

② 系统所处环境的变化而引起的被控对象参数的变化。如飞行器随着飞行高度、飞行速度和大气条件的变化,动力学参数将发生变化;化学反应的过程参数随着温度等因素的变化而变化;电子元器件参数随着温度和湿度等因素而变化。

③ 系统本身的变化引起被控对象参数的变化。如飞行器飞行中,质量和质心随着燃料的消耗而改变;化学反应过程,当原料不同时系统参数会有很大的变化;绕纸卷筒的惯性会随着纸卷的直径而变化;机械手的动态特性随机械手的伸屈在很大范围内变化。

为了较好地解决这类问题,确保系统的控制品质仍能自动维持或接近某种意义下最优运动状态,提出了一种新的设计思想——自适应控制。这种思想设计可以表达如下:在控制系统运动过程中,系统本身不断地测量被控对象的状态、性能或参数,从而"认识"或"掌握"被控对象,然后根据掌握的被控对象信息,与期望的性能相比较,进而作出决策,来改变控制器的结构、参数或根据自适应规律来改变控制作用,以保证系统达到某种意义下的最优或接近最优状态。按照这样的思想所建立的控制系统,称为自适应控制系统。

7.1.2 自适应控制的定义

自适应控制技术一直处在与其他技术整合和自身发展过程之中。目前,关于自适应控制的定义有许多不同的论述,不同的学者根据自己的观点提出了各自关于自适应控制的定义,众说不一。下面是一些比较著名的关于自适应控制系统的定义。

1961年,Truxal提出了一个包含广泛的定义,即"任何按自适应观点设计的物理系统均为自适应系统"。按照这个定义,许多控制系统都可包括在自适应系统这一范畴内。如带有扰动补偿环节的反馈控制系统以及预编程序的控制系统等都可称为自适应系统,因为它们对可预期的扰动具有一定的适应能力。但有很多人认为,上述系统并不属于自适应控制系统的范畴,因为它们对系统参数的调整或附加的控制信号,都不是根据当时系统的特性、性能和参数变动的实际情况而决策的,而是事先确定下来的,因而并不符合测量、辨识、决策和改造的过程。

1962年,Gibson提出了一个比较具体的自适应控制的定义:一个自适应控制系统必须提供被控对象当前状态的连续信息,也就是要辨识对象,它必须将当前的系统性能与期望的或者最优的性能相比较,并作出使系统趋向期望或最优性能的决策,最后,它必须对控制器进行适当的修正以驱使系统走向期望或最优状态,这三方面的功能是自适应控制系统所必须具有的功能。

1974年,Landau提出了一个更加具体的定义:一个自适应系统,利用其中的可调节系统的各种输入、状态和输出来度量某个性能指标,将所测得的性能指标与规定的性能指标相比较,然后由自适应机构来修正可调节系统的参数或者产生一个辅助输入信号,以保持系统的性能指标接近于规定的指标。定义中所指的"可调节系统"应理解为"可以用修正自身的参数或内部结构,或修正输入信号来调节其性能的子系统"。

上述关于自适应控制的定义具有一些共同的特征,如"系统的不确定性"、"信息的在线积累"和"过程的有效控制"。考虑到这样一些共同的概念,自适应控制可以简单地定义为:在系统工作过程中,系统本身能不断地检测系统参数或运行指标,根据参数的变化或运行指标的变化,改变控制参数或控制作用,使系统运行于最优或接近于最优工作状态。

7.1.3 自适应控制的基本原理和类型

1. 自适应控制的基本原理

尽管自适应控制系统的方案千变万化,但是它们仍有一些基本的公共点,结构上具有一定的相似性,自适应控制基本原理的方块图如图7-2所示。在这个系统中,性能计算或辨识装置根据被控对象的实时检测信息对对象的参数或性能指标连续地或周期地进行在线辨识,然后决策机构根据所获得的信息并按照一定的评价系统优劣的性能准则,决定所需的控制器参数或控制信号,最后通过修正机构实现这项控制决策,使系统趋向所期望的性能,从而确保系统对内、外环境的变化具有自动适应的能力。

性能计算或辨识装置、决策机构和修正机构合在一起统称为自适应机构,它是自适应控制系统的核心,本质上就是一种自适应算法。

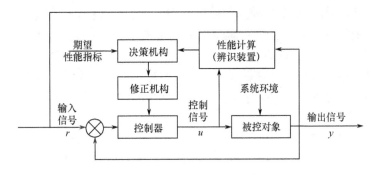

图 7-2 自适应控制基本原理方块图

2. 自适应控制系统的结构形式

（1）按照自适应控制系统结构分类

通常分为可变增益自适应控制系统、模型参考自适应控制系统、自校正控制系统、直接优化目标函数的自适应控制系统以及新型自适应控制系统等。

① 可变增益自适应控制系统

可变增益自适应控制系统结构图如图 7-3 所示。它的结构和原理比较直观，调节器按受控过程的参数变化规律进行设计。当参数因工作情况和环境等变化而变化时，通过能测量到的系统的某些变量，经过计算并按规定的程序来改变调节器的增益结构。

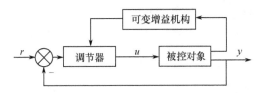

图 7-3 可变增益自适应控制系统结构图

这种方案中系统参数的变动处于开环之中，因此，它是开环自适应控制系统，其理论和分析方法均不同于其他自适应控制系统的理论和分析方法。虽然它难以完全克服系统参数变化带来的影响以实现完善的自适应控制，但是由于它具有结构简单、响应迅速和运行可靠等优点，因而，获得了较为广泛的应用。另外，应该指出的是，若调节器本身对系统参数变化不灵敏（如某些非线性校正装置和变结构系统），那么这种自适应控制方案往往能够得到较满意的结果。

② 模型参考自适应控制系统

模型参考自适应控制（Model Reference Adapting Control）系统是由线性模型跟随系统演变而来的，线性模型跟随系统的方块图如图 7-4 所示，它由参考模型、控制器、模型跟随调节器和被控对象组成，其中参考模型代表被控对象应该具有的特性。

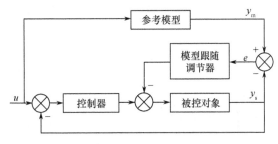

图 7-4 线性模型跟随系统的方块图

模型跟随调节器的输入是参考模型的输出 y_m 和被控对象输出 y_s 的差值 e，e 为广义输出误差，它的功能就是确保被控对象输出 y_s 能够跟踪参考模型的输出 y_m，消除广义误差 e，从而使被控对象具有与参考模型一样的性能。

然而，设计模型跟随调节器时需要事先知道被控对象的数学模型及有关参数。如果这些参数是未知的，或在运行过程中发生变化，则对线性模型跟随控制系统加以改造，从而引出了模型参考自适应控制系统。

模型参考自适应控制系统的基本结构如图 7-5 所示，它由两个环路组成，内环由调节器与被控对象组成可调系统，外环由参考模型与自适应机构组成。当被控对象受干扰的影响而使运行特性偏离了最优轨线后，优化的参考模型的输出 y_m 与被控对象的输出 y_s 相比较就产生了广义误差 e，并通过自适应机构，根据一定的自适应规律产生反馈作用，以修改调节器的参数或产生一个辅助的控制信号，促使可调系统与参考模型输出相一致，从而使广义误差 e 趋向极小值或减小至零，这就是模型参考自适应控制系统的基本工作原理，系统中的参考模型并不一定是实际的硬件，它可以是计算机中的一个数学模型。不论在理论上还是实际应用上，模型参考自适应控制系统是一类很重要的自适应系统。

模型参考自适应控制系统的结构形式除了可用来达到控制目的外，还可用来作为系统参数估计或状态观测的自适应方案，如图 7-6 所示。它与控制使用时的区别仅在于需将参考模型与实际对象的位置进行交换，两者是互为对偶的形式。

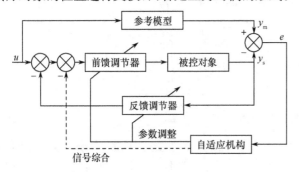

图 7-5　模型参考自适应控制系统

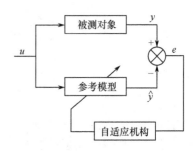

图 7-6　模型参考自适应参数估计
或状态观测系统

③ 自校正控制系统

自校正控制系统也称参数自适应系统，一般结构如图 7-7 所示。它也有两个环路：一个环路由调节器与被控对象组成，称为内环，它类似于通常的反馈控制系统；另一个环路由递推参数辨识器与调节器参数设计计算机组成，称为外环。因此，自校正控制系统是将在线参数辨识与调节器的设计有机地结合在一起，在运行过程中，首先进行被控对象的参数在线辨识，然后根据参数辨识的结果，进行调节器参数的设计，并根据设计结果修改调节器参数以达到有效消除被控对象参数扰动所造成的影响。

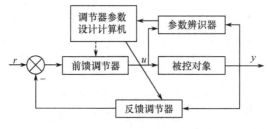

图 7-7　自校正控制系统

自校正控制系统通常属于随机自适应系统,它具有确定性等价性质,即当系统中所有未知参数用相应的估计值代替后,其控制规律的形式恰与对应的参数已知的随机最优控制规律的形式相同。由此可见,在寻求自校正控制规律时,即可根据给定的性能指标综合出系统的最优控制规律,然后,用估计模型来估计未知参数,并用估计结果代替上述最优控制规律中的相应的未知参数,就得到了自校正的控制规律。显然,这里没有考虑未知参数的估计值是否等于真值,也没有考虑到它与真值的偏离程度,因此,一般来讲,这时的自校正控制规律可能不一定是渐近最优的。

在自校正控制系统中,参数辨识的方法有很多种,例如,随机逼近法、递推最小二乘法、辅助变量法及极大似然法等,但是应用比较普遍的主要是递推最小二乘法。自校正控制规律的设计可以采用各种不同的方案,比较常用的有最小方差控制、二次型最优控制和极点配置等。

④ 新型自适应控制系统

前三种结构形式都是假定被控对象的数学模型的结构是不变的和已知的,从而可调器的结构也是不变的和已知的。在自适应控制过程中,只是适当调整它的参数值就达到自适应的目的。然而,在新型自适应控制系统中,将进一步弱化或取消这一假设。

● 自组织自适应控制系统

系统将具有自动调整控制器结构的功能,通过测量和判断,系统对于不同的外部情况,可自动地从规定的不同的控制器结构形式中选出满足设计性能指标的控制器并计算出相应的参数,从而达到自适应控制的目的。

● 自学习自适应控制系统

这种形式可以认为是自适应控制系统的最高形式,它是自组织自适应控制系统的进一步发展。系统利用人工智能的技术去发现、鉴别并补充现有的控制器形式,它可以随时补充系统的知识库和数据库,具有创新和记忆功能,可选取或创造出一个最好的控制结构形式和参数与当前实际情况相匹配,以达到自适应控制的目的。

(2)自适应控制系统按干扰影响分类

① 确定性自适应控制系统

这类自适应控制系统假定被控对象不受随机干扰影响,即在确定性环境下讨论系统分析和设计问题。前面提及的可变增益自适应控制系统、模型参考自适应控制系统、优化目标函数自适应控制系统的讨论中不考虑随机干扰,因而属于确定性自适应控制系统。

② 随机性自适应控制系统

这类自适应控制系统考虑随机干扰对被控对象输出量的影响。如前面所述的自校正系统考虑随机干扰的影响,因而属于随机性自适应控制系统。

3. 自适应控制的理论问题

自适应控制系统是一种特定的时变非线性系统,分析这类系统是比较困难的,尤其随机干扰时更是如此。从自适应控制理论的发展现状来看,有如下几个主要的理论问题。

(1)稳定性分析

自适应控制系统设计的首要问题是要保证系统全局稳定,目前许多自适应控制系统是以能保证整个系统全局稳定为准则的。为此目的,对于确定性系统的自适应控制系统设计可以利用李雅普诺夫稳定理论和波波夫的超稳定性理论等数学工具。两种方法虽然不同,但是从现有的参考文献来看,所得的结果是基本相同的。新的自适应控制规律还在不断地涌现出来,但它们首先都必须要保证系统的全局稳定性。要做到这一点并不是轻易的事,因为系统本质是非线性的,分析是困难的。

（2）收敛性分析

对于离散自适应控制系统,尤其是随机离散系统,一般采用递推自适应算法,这有利于实现在线计算和用微处理机实现。对于这类算法首要的问题是保证算法能收敛到预期的值。由于这种递推自适应控制系统也是本质非线性的,所以分析这种递推算法的收敛性也不是一件容易的事。1977 年,Ljung 提出利用求平均值的方法将随机递推算法过程转化为常微分方程,利用常微分方程来分析算法的收敛性。后来,Sternby,Cawthrop 和 Goodwin 等人都曾用 Martingale 收敛定理分别证明了一些自适应控制算法的收敛性。就其本质来说,Martingale 收敛过程分析相当于李雅普诺夫函数在随机系统中的应用。1981 年,陈翰馥将 Martingale 定理和微分方程两种方式结合起来,用 Martingale 定理证明递推过程的一致有界性及某种程度的收敛性,然后用微分方程的办法证明算法收敛到真值。除上述分析方法外,还可以有其他的分析方法,分析方法的不同有可能获得不同的自适应递推算法,但这些算法必须保证系统的收敛性。

（3）鲁棒性分析

目前的自适应控制系统一般都是针对被控对象结构已知而参数未知的情况进行设计的。实际上,被控对象的结构常常不能完全确知,如对象特性中常附有未计或难以计及的寄生高频特性。对于线性反馈系统,即使系统具有足够的稳定储备,这种附加的高频特性也有可能引起失稳,或者使系统的特性严重变坏。这就提出了自适应控制系统的鲁棒性问题。如何设计鲁棒性强的自适应控制系统是一个重要的理论课题。

（4）品质分析

品质分析包括如何提高自适应控制系统参数自适应的速度? 如何优化自适应控制的过程? 如何保证性能而又简化算法? 等等。自适应控制系统是时变非线性系统,分析这种系统的动态品质,并研究改进措施是很困难的。在研究改进措施时,首先要满足的实际要求就是自适应控制的速度要大于对象特性变化的速度。

自适应控制理论中的问题远不止以上所列这些方面。随着实践和理论的不断进步,近年来在自适应控制系统的稳定性和算法收敛性的分析等方面,都取得了一些突破性的进展,而且,为了达到更好的控制效果,自适应控制技术与其他控制技术的融合也日趋增多,出现了越来越多的研究问题。

随着计算机技术的发展和控制理论的不断完善,自适应技术已广泛应用于航空、航天、航海、电力、化工、生物医学、道路交通、经济管理等行业。

7.1.4 局部参数最优化理论

用局部参数最优化理论设计模型参考自适应系统是一种最早的设计方法,是 1958 年美国麻省理工学院仪表实验室提出的,因此通常称为 MIT 律。

1. 设计要求

局部参数最优化的设计思想是系统包含若干可调参数(如可调增益、反馈回路可调参数等),当被控对象的特性由于外界环境条件的改变或其他干扰的影响而发生变化时,自适应机构对这些可调参数进行调整,以补偿外界环境或其他干扰对系统性能的影响,从而逐步使得模型和控制对象之间的广义误差所构成的性能指标达到或接近最小值。因此它的设计原理就是构造一个由广义误差和可调参数组成的目标函数,并把它视为位于可调参数空间中的一个超曲面,利用参数最优化方法使这个目标函数逐渐减小,直到目标函数值达到最小或位于最小值的某个邻域为止,从而满足可调系统与参考模型之间的一致性要求。

在 MIT 律中,常常用到误差的二次型目标函数。在单变量情况下,大多采用平方误差积分目标函数。为使目标函数达到最小的参数最优化方法有:最速下降法(梯度法)、Newton-Raphson 法、共轭梯度法和变尺度法等,其中梯度法比较简单。

梯度法是寻求函数极值的一种方法,函数梯度负方向$\left(-\dfrac{\mathrm{d}f}{\mathrm{d}x}\right)$是该函数的最速下降方向,因而可按此方向求得函数的极小值。

对一元函数 $f(x)$ 寻求最小值的调整量为

$$\Delta x = -\lambda \frac{\mathrm{d}f}{\mathrm{d}x} \tag{7-1}$$

式中,λ 为步长系数,$\lambda > 0$,$\dfrac{\mathrm{d}f}{\mathrm{d}x}$为 $f(x)$ 在 x 方向的导数,即梯度。

对多元函数 $F(x) = F(x_1, x_2, \cdots, x_m)$,其梯度为

$$\frac{\partial F}{\partial x} = \left(\frac{\partial F}{\partial x_1}, \frac{\partial F}{\partial x_2}, \cdots, \frac{\partial F}{\partial x_m}\right)^{\mathrm{T}} \tag{7-2}$$

在用局部参数最优化方法设计自适应律时,为了简化设计过程特做如下假设:

① 可调系统的参数已位于参考模型参数的某个邻域内;

② 可调参数的调节速度低,即自适应增益小。

2. 具有一个可调增益的模型参考自适应系统(MIT)

具有一个可调增益的模型参考自适应系统的结构如图 7-8 所示。

系统中具有一个可调增益 K_c,理想模型的增益 K_m 是常数。当被控系统中 K_v 受环境条件的改变或其他干扰的影响而发生漂移时,将使得被控系统的动态特性与模型的动态特性之间产生偏差。为了克服 K_v 的漂移所造成的影响,就由自适应机构来调节可调增益 K_c,使得 K_c 与 K_v 的乘积始终与模型的增益 K_m 相一致。

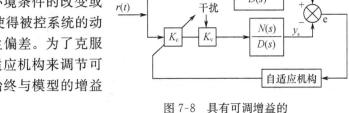

图 7-8 具有可调增益的
模型参考自自适应系统

设控制对象的传递函数为

$$W_s(s) = \frac{K_v N(s)}{D(s)} \quad K_v > 0 \tag{7-3}$$

参考模型的传递函数为

$$W_m(s) = K_m \frac{N(s)}{D(s)} \tag{7-4}$$

其中,K_v 是受环境和干扰影响而发生变化的未知的对象增益。K_m 为参考模型增益,根据希望的动态响应来确定,认为是已知的。$D(s)$、$N(s)$ 为已知的常系数多项式。

$$\begin{cases} D(s) = s^n + a_1 s^{n-1} + \cdots + a_{n-1} s + a_n \\ N(s) = b_1 s^{n-1} + \cdots + b_{n-1} s + b_n \end{cases} \tag{7-5}$$

输出广义误差为

$$e = y_m - y_s \tag{7-6}$$

式中,y_m 为参考模型输出,y_s 为被控系统的输出,广义误差 e 表示输入信号为 $r(t)$ 时,被控系统的响应与参考模型的响应之间的偏差。

设所选的性能指标为

$$J = \frac{1}{2} \int_{t_0}^{t_1} e^2(K_c, \tau) \mathrm{d}\tau \tag{7-7}$$

设计的目标是寻求 K_c 的调节规律,以使 J 最小,最终达到

$$\lim_{t \to \infty} e(t) \to \infty \qquad (7-8)$$

下面用梯度法来寻找 K_c 的适应律。为此，对 J 求关于 K_c 的偏导数

$$\frac{\partial J}{\partial K_c} = \frac{1}{2} \int_{t_0}^{t_1} 2e \frac{\partial e}{\partial K_c} \mathrm{d}\tau \qquad (7-9)$$

根据梯度法，使 J 下降的方向是它的负梯度方向，于是新的可调增益参数值应取为

$$\Delta K_c = -\lambda \frac{\partial J}{\partial K_c} = -\lambda \int_{t_0}^{t_1} e \frac{\partial e}{\partial K_c} \mathrm{d}\tau \qquad (7-10)$$

$$\Delta \dot{K}_c = -\lambda e \frac{\partial e}{\partial K_c} \quad \lambda > 0 \qquad (7-11)$$

又

$$K_c = K_{c0} + \Delta K_c \qquad (7-12)$$

式中，K_{c0} 为可调增益的初始值，则

$$\dot{K}_c = \Delta \dot{K}_c = -\lambda e \frac{\partial e}{\partial K_c} \qquad (7-13)$$

由此可见，上式就表示可调增益 K_c 的自适应调节规律。那么只要求出 $\dfrac{\partial e}{\partial K_c}$，增益调整律就可以确定，而

$$\frac{\partial e}{\partial K_c} = \frac{\partial y_m}{\partial K_c} - \frac{\partial y_s}{\partial K_c} = -\frac{\partial y_s}{\partial K_c}$$

则式(7-13)写成

$$\dot{K}_c = \lambda e \frac{\partial y_s}{\partial K_c} \qquad (7-14)$$

式中，$\dfrac{\partial y_s}{\partial K_c}$ 称为被控系统对可调参数的敏感度函数，不容易直接求得。并且由于系统中一般存在着高频干扰，在构成系统时要避免使用微分元件，所以在自适应律中应尽量避免使用敏感度元件 $\dfrac{\partial y_s}{\partial K_c}$。因此，就需要寻找与 $\dfrac{\partial y_s}{\partial K_c}$ 等效而又容易获得的信息。

从图 7-8 可以看出，断开自适应机构回路，求由参考输入 r 到输出广义误差 e 的开环传递函数 $W(s)$ 为

$$W(s) = \frac{E(s)}{R(s)} = (K_m - K_c K_v) \frac{N(s)}{D(s)} \qquad (7-15)$$

令算子

$$P = \frac{\mathrm{d}}{\mathrm{d}t}, P^2 = \frac{\mathrm{d}^2}{\mathrm{d}t^2}, \cdots, P^n = \frac{\mathrm{d}^n}{\mathrm{d}t^n}, \frac{E(s)}{R(s)} \to \frac{e(t)}{r(t)}$$

则 e 应满足以下微分方程

$$D(P) \cdot e(t) = (K_m - K_c K_v) N(P) r(t) \qquad (7-16)$$

两边对 K_c 求偏导数，注意 K_m 是已知常数，且和 K_c 无关。而 K_v 因变化较慢，因此认为在 K_c 调整期间，K_v 保持不变。

$$D(P) \frac{\partial e(t)}{\partial K_c} = -K_v N(P) r(t) \qquad (7-17)$$

参考模型的输出 y_m 应满足

$$\frac{K_m N(P)}{D(P)} r(t) = y_m(t)$$

即

$$D(P)y_{\mathrm{m}}(t)=K_{\mathrm{m}}N(P)r(t) \tag{7-18}$$

将式(7-17)、式(7-18)相除,并整理得

$$\frac{\partial e(t)}{\partial K_{\mathrm{c}}}=-\frac{K_{\mathrm{v}}}{K_{\mathrm{m}}}y_{\mathrm{m}}(t) \tag{7-19}$$

将上式代入式(7-13),得 K_{c} 的调整律

$$\dot{K}_{\mathrm{c}}=-\lambda\left(-\frac{K_{\mathrm{v}}}{K_{\mathrm{m}}}\right)ey_{\mathrm{m}}(t)=\mu ey_{\mathrm{m}}(t) \tag{7-20}$$

其中

$$\mu=\lambda\frac{K_{\mathrm{v}}}{K_{\mathrm{m}}}$$

式(7-20)为可调增益的调节规律,即系统的自适应规律。根据这个自适应律,可得图 7-9 所示的 MIT 自适应控制系统。

这种自适应机构由一个乘法器和一个积分器所组成。因为它利用的是输出偏差而不是状态偏差,因此自适应律所需的信号都是容易获得的,这是 MIT 方案的优点。但是,这种设计方法在设计过程中并未考虑稳定性问题,不能保证所设计的自适应控制系统总是稳定的。这是它的缺点。因此,在求得自适应规律后,尚需进行稳定性的校验,以确保广义误差 e 在闭环回路中能收敛于某一允许的数值。

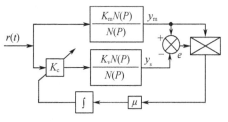

图 7-9 MIT 自适应控制系统

3. 具有多个可调增益的模型参考自适应系统的设计

设参考模型的方程为

$$\left(\sum_{i=0}^{n}a_{i}P^{i}\right)y_{\mathrm{m}}=\left(\sum_{i=0}^{m}b_{i}P^{i}\right)r \tag{7-21}$$

可调系统的方程为

$$\left(\sum_{i=0}^{n}\alpha_{i}(e,t)P^{i}\right)y_{\mathrm{s}}=\left(\sum_{i=0}^{m}\beta_{i}(e,t)P^{i}\right)r \tag{7-22}$$

式中, $P^{i}=\dfrac{\mathrm{d}^{i}}{\mathrm{d}t^{i}}$ 为微分算子, α_{i} 、β_{i} 为可调参数。

取目标函数为

$$J=\frac{1}{2}\int_{t_{0}}^{t}e^{2}(\tau)\mathrm{d}\tau \tag{7-23}$$

式中, $e=y_{\mathrm{m}}-y_{\mathrm{s}}$。

设计目的就是寻求可调参数 $\alpha_{i}(e,t)$, $\beta_{i}(e,t)$ 的调节规律,以使 J 最小。

显然,当 $\alpha_{i}=a_{i}(i=0,1,\cdots,n)$, $\beta_{i}=b_{i}(i=0,1,\cdots,m)$ 时,有 $y_{\mathrm{m}}=y_{\mathrm{s}}$,则 $e=\dot{e}=\ddot{e}=\cdots=0$, $J\to\min$ 。因此, J 不仅是 e 的显函数,同时也是可调系统与参考模型间参数偏差的隐函数。

令参数偏差

$$\begin{cases}\varphi_{i}=a_{i}-\alpha_{i} & i=0,1,\cdots,n \\ \psi_{i}=b_{i}-\beta_{i} & i=0,1,\cdots,m\end{cases} \tag{7-24}$$

可以将 J 想象为由 φ_{i} 、ψ_{i} 组成的欧几里德空间的一个超曲面。利用梯度法在这个超曲面上选择 φ_{i} 及 ψ_{i} 的增量,使 J 能达到最小值。

为了计算方便,并不失一般性,设 $a_{0}=\alpha_{0}=1$ 。根据梯度法,使 J 下降的方向是它的负梯度

方向，于是新的可调增益参数值应取为

$$\begin{cases} \Delta\varphi_i = -\lambda_a \dfrac{\partial J}{\partial \varphi_i} & \lambda_a > 0 \quad i = 0, 1, \cdots, n \\[3mm] \Delta\psi_i = -\lambda_b \dfrac{\partial J}{\partial \psi_i} & \lambda_b > 0 \quad i = 0, 1, \cdots, m \end{cases} \tag{7-25}$$

又因为式(7-23)，则有

$$\begin{cases} \dfrac{\partial J}{\partial \varphi_i} = \dfrac{1}{2} \displaystyle\int_{t_0}^{t} \dfrac{\partial e^2(\tau)}{\partial \varphi_i} d\tau = \displaystyle\int_{t_0}^{t} \dfrac{e \partial e}{\partial \varphi_i} d\tau \\[3mm] \dfrac{\partial J}{\partial \psi_i} = \dfrac{1}{2} \displaystyle\int_{t_0}^{t} \dfrac{\partial e^2(\tau)}{\partial \psi_i} d\tau = \displaystyle\int_{t_0}^{t} \dfrac{e \partial e}{\partial \psi_i} d\tau \end{cases} \tag{7-26}$$

将式(7-26)代入式(7-25)，得

$$\begin{cases} \Delta\varphi_i = -\lambda_a \displaystyle\int_{t_0}^{t} \dfrac{e \partial e}{\partial \varphi_i} d\tau \\[3mm] \Delta\psi_i = -\lambda_b \displaystyle\int_{t_0}^{t} \dfrac{e \partial e}{\partial \psi_i} d\tau \end{cases} \tag{7-27}$$

即

$$\begin{cases} \varphi_i(t) = -\lambda_a \displaystyle\int_{t_0}^{t} \dfrac{\partial e}{\partial \varphi_i} d\tau + \varphi_i(t_0) \\[3mm] \psi_i(t) = -\lambda_b \displaystyle\int_{t_0}^{t} \dfrac{\partial e}{\partial \psi_i} d\tau + \psi_i(t_0) \end{cases} \tag{7-28}$$

式中，$\varphi_i(t_0)$、$\psi_i(t_0)$ 为常数。

将式(7-28)分别对 φ_i 和 ψ_i 求导，可得

$$\begin{cases} \dot{\varphi}_i(t) = -\lambda_a e \dfrac{\partial e}{\partial \varphi_i} & i = 1, 2, \cdots, n \\[3mm] \dot{\psi}_i(t) = -\lambda_b e \dfrac{\partial e}{\partial \psi_i} & i = 0, 1, \cdots, m \end{cases} \tag{7-29}$$

由式(7-24)可知，a_i、b_i 是固定的常数，所以有

$$\begin{cases} \varphi'_i = (a_i - \alpha_i)' = -\alpha'_i \\[2mm] \psi'_i = (b_i - \beta_i)' = -\beta'_i \end{cases} \tag{7-30}$$

又因为 $e = y_m - y_s$，y_s 是 α_i、β_i 的函数，y_m 是 a_i、b_i 的函数，和 α_i、β_i 无关，则有

$$\begin{cases} \dfrac{\partial e}{\partial \alpha_i} = -\dfrac{\partial y_s}{\partial \alpha_i} \\[3mm] \dfrac{\partial e}{\partial \beta_i} = -\dfrac{\partial y_s}{\partial \beta_i} \end{cases} \tag{7-31}$$

将式(7-31)代入式(7-29)，得

$$\begin{cases} \dot{\alpha}_i = -\lambda_a e \dfrac{\partial e}{\partial \alpha_i} = \lambda_a e \dfrac{\partial y_s}{\partial \alpha_i} & i = 1, 2, \cdots, n \\[3mm] \dot{\beta}_i = -\lambda_b e \dfrac{\partial e}{\partial \beta_i} = \lambda_b e \dfrac{\partial y_s}{\partial \beta_i} & i = 0, 1, \cdots, m \end{cases} \tag{7-32}$$

式中，$\dfrac{\partial y_s}{\partial \alpha_i}$，$\dfrac{\partial y_s}{\partial \beta_i}$ 为可调系统的灵敏度函数，共有 $n+m+1$ 个，它们可以借助于可调系统方程导出来的灵敏度模型产生。

从可调系统方程(7-22)，有

$$y_s = -\left(\sum_{i=1}^{n}\alpha_i P^i\right)y_s + \left(\sum_{i=0}^{m}\beta_i P^i\right)r \tag{7-33}$$

对式(7-33)两边分别取关于 α_i 及 β_i 的偏导数,并考虑到其各阶导数的连续性,因而可以变换对时间和对参数的微分次序。

$$\begin{cases} \dfrac{\partial y_s}{\partial \alpha_i} = -P^i y_s - \left(\sum_{j=1}^{n}\alpha_j P^j\right)\dfrac{\partial y_s}{\partial \alpha_i} & i=1,2,\cdots,n \\[3mm] \dfrac{\partial y_s}{\partial \beta_i} = P^i r - \left(\sum_{j=1}^{n}\alpha_j P^j\right)y_s\dfrac{\partial y_s}{\partial \beta_i} & i=0,1,\cdots,m \end{cases} \tag{7-34}$$

从式(7-34)可以看出,自适应规律所需要的敏感度函数,可以由敏感度模型的输出得到。假设自适应调整的过程相对于参数 α_i、β_i 时变速度要快,因此在该过程中可以把参数 α_i、β_i 看成是不变的。另外,由于调整的作用,φ_i 和 ψ_i 相对来说是比较小的,即认为可调参数 α_i、β_i 已位于参考模型参数 a_i、b_i 的某个邻域内,则有

$$\begin{cases} \alpha_i(e,t) \approx \alpha_i(e,0) \approx a_i \\ \beta_i(e,t) \approx \beta_i(e,0) \approx b_i \end{cases} \tag{7-35}$$

这样式(7-34)可以写成

$$\begin{cases} \dfrac{\partial y_s}{\partial \alpha_i} = -P^i y_s - \left(\sum_{j=1}^{n}a_j P^j\right)\dfrac{\partial y_s}{\partial \alpha_i} & i=1,2,\cdots,n \\[3mm] \dfrac{\partial y_s}{\partial \beta_i} = P^i r - \left(\sum_{j=1}^{n}a_j P^j\right)y_s\dfrac{\partial y_s}{\partial \beta_i} & i=0,1,\cdots,m \end{cases} \tag{7-36}$$

即

$$\begin{cases} \dfrac{\partial y_s}{\partial \alpha_i} + \left(\sum_{j=1}^{n}a_j P^j\right)\dfrac{\partial y_s}{\partial \alpha_i} = -P^i y_s & i=1,2,\cdots,n \\[3mm] \dfrac{\partial y_s}{\partial \beta_i} + \left(\sum_{j=1}^{n}a_j P^j\right)y_s\dfrac{\partial y_s}{\partial \beta_i} = P^i r & i=0,1,\cdots,m \end{cases} \tag{7-37}$$

则敏感度滤波器的传递函数为

$$\begin{cases} F_\alpha(s) = \dfrac{\mathscr{L}\left[\dfrac{\partial y_s}{\partial \alpha_i}\right]}{\mathscr{L}[-P^i y_s]} = \dfrac{1}{1+\sum\limits_{j=1}^{n}a_j s^j} & i=1,2,\cdots,n \\[5mm] F_\beta(s) = \dfrac{\mathscr{L}\left[\dfrac{\partial y_s}{\partial \beta_i}\right]}{\mathscr{L}[P^i r]} = \dfrac{1}{1+\sum\limits_{j=1}^{n}a_j s^j} & i=0,1,\cdots,m \end{cases} \tag{7-38}$$

传递函数和的形式是一样的,若输入分别为 $-P^i y_s$ 和 $P^i r$,则相应的输出即为 $\dfrac{\partial y_s}{\partial \alpha_i}$ 和 $\dfrac{\partial y_s}{\partial \beta_i}$,代入式(7-32),即得可调参数 α_i、β_i 的调节规律。

用上述传递函数来产生敏感度函数,每一个可调参数需要一个敏感度模型,这样就需要 $n+m+1$ 个模型,而且敏感度系统的输入分别要进行 n 和 m 个纯微分环节处理,这是难以用结构来实现的。为了克服这些缺点。可以把式(7-36)中的 i 换成 $i-1$,得

$$\dfrac{\partial y_s}{\partial \alpha_{i-1}} = -P^{i-1} y_s - \left(\sum_{j=1}^{n}a_j P^j\right)\dfrac{\partial y_s}{\partial \alpha_{i-1}} \tag{7-39}$$

将上式对 i 求偏导

$$\frac{\partial}{\partial t}\left(\frac{\partial y_s}{\partial \alpha_{i-1}}\right)=-P^i y_s-\left(\sum_{j=1}^{n} a_j P^j\right)\frac{\partial}{\partial t}\left(\frac{\partial y_s}{\partial \alpha_{i-1}}\right) \qquad (7\text{-}40)$$

把式(7-40)与式(7-36)相比较,可以看出

$$\frac{\partial y_s}{\partial \alpha_i}=\frac{\partial}{\partial t}\left(\frac{\partial y_s}{\partial \alpha_{i-1}}\right) \qquad (7\text{-}41)$$

进而推广可得

$$\frac{\partial y_s}{\partial \alpha_i}=\frac{\partial}{\partial t}\left(\frac{\partial y_s}{\partial \alpha_{i-1}}\right)=\frac{\partial^2}{\partial t^2}\left(\frac{\partial y_s}{\partial \alpha_{i-2}}\right)=\cdots=\frac{\partial^{i-1}}{\partial t^{i-1}}\left(\frac{\partial y_s}{\partial \alpha_1}\right) \quad i=1,2,\cdots,n \qquad (7\text{-}42)$$

同理可得

$$\frac{\partial y_s}{\partial \beta_i}=\frac{\partial}{\partial t}\left(\frac{\partial y_s}{\partial \beta_{i-1}}\right)=\frac{\partial^2}{\partial t^2}\left(\frac{\partial y_s}{\partial \beta_{i-2}}\right)=\cdots=\frac{\partial^i}{\partial t^i}\left(\frac{\partial y_s}{\partial \beta_0}\right) \quad i=0,1,\cdots,m \qquad (7\text{-}43)$$

根据式(7-36)、式(7-42)、式(7-43),可以得到如图 7-10 所示的敏感度模型的结构图。

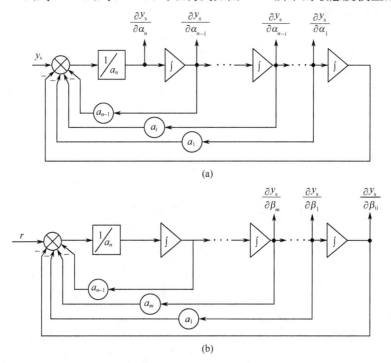

图 7-10 敏感度模型

从图 7-10 可以看出,敏感度函数是一种特殊的状态变量过滤器,只要用两个模型,即可提供全部的敏感度函数,相应的可调参数为

$$\begin{cases} \alpha_i=\displaystyle\int_0^t \lambda_a e\,\frac{\partial y_s}{\partial \alpha_i}\mathrm{d}\tau+\alpha_i(0) & i=1,2,\cdots,n \\[3mm] \beta_i=\displaystyle\int_0^t \lambda_b e\,\frac{\partial y_s}{\partial \beta_i}\mathrm{d}\tau+\beta_i(0) & i=0,1,\cdots,m \end{cases} \qquad (7\text{-}44)$$

自适应系统结构如图 7-11 所示。

如果假定自适应的速度是缓慢的,使得下列不等式满足

$$\begin{cases} \dfrac{\partial y_s}{\partial \alpha_i}\gg\dfrac{\partial^j}{\partial t^j}\left(\dfrac{\partial y_s}{\partial \alpha_i}\right) & \begin{array}{l} j=1,2,\cdots,n \\ i=1,2,\cdots,m \end{array} \\[5mm] \dfrac{\partial y_s}{\partial \beta_i}\gg\dfrac{\partial^j}{\partial t^j}\left(\dfrac{\partial y_s}{\partial \beta_i}\right) & \begin{array}{l} j=1,2,\cdots,n \\ i=0,1,\cdots,m \end{array} \end{cases} \qquad (7\text{-}45)$$

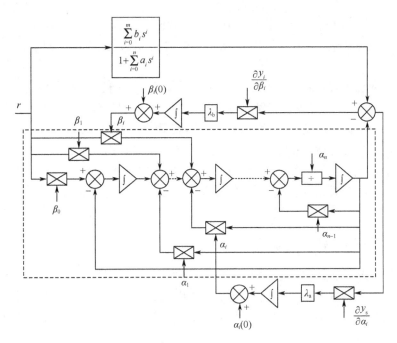

图 7-11　多可调参数的 MIT 律的实现

则可以进一步简化近似敏感度函数的表达式(7-45),得

$$\begin{cases} \dfrac{\partial y_s}{\partial \alpha_i} \approx -P^i y_s & i=1,2,\cdots,n \\ \dfrac{\partial y_s}{\partial \beta_i} = P^i r & i=0,1,\cdots,m \end{cases} \tag{7-46}$$

$$\begin{cases} \alpha_i \approx \lambda_a e \dfrac{\partial y_s}{\partial \alpha_i} \approx -\lambda_a e P^i y_s & i=1,2,\cdots,n \\ \beta_i \approx \lambda_b e \dfrac{\partial y_s}{\partial \beta_i} \approx \lambda_b e P^i r & i=0,1,\cdots,m \end{cases} \tag{7-47}$$

　　按照局部参数优化方法设计自适应系统,应注意以下几点。

　　① 适应律的表达方式不是唯一的。参数优化的方法很多,应用不同的方法,将得到不同的自适应规律。由于参数优化方法总要对参数进行不断的寻优,需要一定的搜索时间,即需要一定的自适应调整时间。

　　② 应用参数优化方法设计的自适应系统,应尽可能使初始参数误差较小,否则在自适应调整的起始阶段,过强的调整作用容易使系统产生较大的波动。

　　③ 参数优化方法不是以稳定性理论为依据的,因此自适应增益不能选得太大,否则会导致系统不稳定。

　　局部参数优化设计方法所导出的自适应规律,实现起来相对比较简单,但这种设计方法不是以稳定性理论为依据的,因此,在设计出自适应规律后,尚需对整个自适应系统进行稳定性检验,对于比较高阶的被控对象来说是难以用解析法检验其全局稳定性的。另外,这种设计方法只能用在受扰参数在小范围内缓慢变化的情形,因而在实际应用上受到很大的限制。

7.2　滑模变结构控制

　　变结构这一概念是20世纪50年代由苏联学者 Emelyanov 首次提出。到了20世纪70年代,Utkin 和 Itkis 等人进一步发展了变结构理论并初步形成了一个相对独立的理论体系。由于变结构系统具有独特的优点和特性,因此在它产生之初就引起了世界各国控制界学者的广泛重视。

"变结构"一词意味着系统在运行过程中,控制器的结构可能会发生变化。广义上讲,目前变结构系统主要有两类:一类是不具有滑动模态的变结构系统;另一类是具有滑动模态的变结构系统。一般所说的变结构控制均指后者,这是因为具有滑动模态的变结构系统不仅对系统的不确定性因素具有较强的鲁棒性和抗干扰性,而且可以通过滑动模态的设计获得满意的动态品质,同时控制算法简单,易于在线实现,所以基于滑动模态的变结构控制系统在国际上受到普遍重视。尤其在近 20 年来,随着微型计算机的普及,高速开关技术的应用使滑模变结构控制系统有了迅猛的发展,滑模控制技术已日趋成熟。下面仅就滑模控制技术在伺服系统中的应用做简单介绍。

7.2.1 滑模变结构控制原理

在研究伺服系统的变结构控制方法前,首先需要对滑模变结构控制的原理及设计方法进行简要的介绍。作为一种具有强鲁棒性的变结构控制方法,滑模控制对模型的要求低,当满足匹配条件时,在滑动超平面上对系统的外部干扰和系统的参数摄动具有不变性,尤其对非线性系统具有良好的控制效果。

滑模变结构控制的基本原理在于:通过控制作用首先使系统的状态轨线运动到适当选取的切换流形上(又称为滑模超平面),然后沿此流形渐近滑动到平衡点。系统状态一旦进入滑动超平面上,在一定条件下就对外界干扰及参数扰动具有不变性。系统的综合问题被分解成两个低维的子系统综合问题,即设计变结构控制规律使得系统在有限时间内到达指定的切换流形以及选取适当的切换函数确保系统进入滑动模态运动以后具有良好的动态特性。可以看出,滑模变结构控制对于高维多变量系统能够有效地降低其维数,从而降低整个控制器设计的复杂程度。

1. 变结构控制的定义

滑模变结构系统是指系统的控制有切换,而且在切换面上系统将会沿着固定的轨迹产生滑动运动。它属于一种特殊的变结构系统。其系统的定义表述如下。

对于一个非线性控制系统

$$\dot{x} = f(x, u, t) \tag{7-48}$$

式中,$x \in R^n, u \in R^m, t \in R$。确定切换函数向量:$s(x), s \in R^m$,并且寻求变结构控制

$$u_i(x) = \begin{cases} u_i^+(x) & s_i(x) > 0 \\ u_i^-(x) & s_i(x) < 0 \end{cases} \tag{7-49}$$

使得:切换面 $s_i(x) = 0$ 以外的相轨迹于有限时间内进入切换面;切换面是滑动模态区;滑动运动渐近稳定,动态品质良好。

这里需要区别以下两种没有滑动的变结构系统:

① 通过切换,将两种结构的相轨迹按某种指标拼成一个良好的相轨迹,这种方法称为切换模态变结构控制;

② 从某一结构中选出良好的相轨迹,然后通过切换让状态的代表点落在这一相轨迹上,并沿该相轨迹运动,这种方法称为沿退化轨迹运动模态的变结构控制。

无论切换模态变结构控制,还是沿退化轨迹运动模态的变结构控制,都没有产生新的轨迹,而是沿原来结构的轨迹运动,而且它们的应用被限制在二阶系统。只有滑动模态变结构控制,才能得到原系统未曾具有的轨迹。

对于滑模变结构控制器的设计,主要存在以下几个理论问题,即变结构控制的三要素:进入

条件、存在条件和稳定条件。

2. 滑模变结构控制系统的设计

变结构控制理论是一种综合方法,因此其重点就是系统的设计问题。设计问题有两个方面:

① 选择切换函数,或者说确定切换面 $s_i(x)=0$;

② 求取控制 $u_i^{\pm}(x)$。

要满足变结构控制的三要素,因此设计目标有 3 个:

① 所有轨迹于有限时间内到达切换面;

② 切换面存在滑动模态区;

③ 滑动运动渐近稳定并具有良好的动态品质。

第一步:切换函数的选择

无论是单输入还是多输入系统,确定切换函数实质上是选择系数 c 或系数矩阵 C 的问题。

在单输入情况下,切换函数为

$$s=\boldsymbol{c}^{\mathrm{T}}\boldsymbol{x}=[c_1,c_2,\cdots,c_n]\begin{bmatrix}x_1\\x_2\\\vdots\\x_n\end{bmatrix} \tag{7-50}$$

一般 $c_n=1$。系数 c 的选取需要满足 Hurwitz 多项式条件。

在多输入情况下,切换函数构成一向量

$$s=\boldsymbol{C}^{\mathrm{T}}\boldsymbol{x} \tag{7-51}$$

式中,s 为 $m \times 1$ 向量,$s=[s_1,s_2,\cdots,s_m]^{\mathrm{T}}$,$C$ 是 $m \times n$ 矩阵。

切换函数的系数或系数矩阵通常可用极点配置、二次型最优、特征结构配置等方法进行设计。确定了切换函数,也就确定了滑动模态方程,从而也就决定了滑模运动的稳定性与动态品质。

第二步:变结构控制量的求取

采用滑模控制时,系统状态的运动往往分为两个阶段:一个是在滑模平面外的趋近阶段,另一个是在滑模平面上的滑动阶段。因此滑模控制量的求取也就相应地分为两部分:在滑模平面外的趋近控制量 u_{sw} 和系统状态到达滑模平面并保证其在上滑动的滑动控制量 u_{eq}。

趋近控制量的求取,需要满足滑模变结构控制器的稳定性条件和滑动模态的存在条件,其数学形式为

$$\begin{cases}\lim\limits_{s\to+0}\dot{s}<0\\[2mm]\lim\limits_{s\to-0}\dot{s}>0\end{cases} \tag{7-52}$$

一般情况下,趋近控制量可以通过 Lyapunov 稳定性定理来确定。

对于系统状态在滑动平面上的控制量,目前存在多种方法:

① Filippov 法补充定义消除约束法;

② 化为相坐标法;

③ 积分方程法;

④ 等效控制法。

由于等效控制法较为简单和直观,因此是目前主要采用的一种方法。对于等效控制量,由于它描述的是系统状态在滑动平面上的运动,因此可以通过 $s=0$,从而有 $\dot{s}=0$ 来求取。对于上述非线性系统,其滑模控制量的表达形式可以描述为

$$u = u_{eq} + u_{sw} = u_{eq} - \eta \operatorname{sgn}(s) - ks \tag{7-53}$$

式中,$k > 0$,η 为趋近速度,$\eta > 0$,$\operatorname{sgn}(s)$ 为符号函数,其形式为

$$\operatorname{sgn}(s) = \begin{cases} 1 & s > 0 \\ 0 & s = 0 \\ -1 & s > 0 \end{cases} \tag{7-54}$$

滑模平面最主要和最有用的性质是对内部参数的变动和外部扰动作用具有不变性,或称自适应性,从而保证系统具有很强的鲁棒性,这是滑模变结构控制系统的独特之处。滑模变结构系统能够适用于任何非线性系统,在不知道系统的精确数学模型的情况下,可以解决复杂的控制问题。因此,采用滑模控制方法来实现对伺服系统的控制往往能够达到期望的效果。

7.2.2 二阶系统开关控制

在讨论滑动模态之前,先对二阶系统开关控制做简要分析。设有二阶线性伺服系统如图 7-12 所示,其闭环传递函数为

$$\Phi(s) = \frac{\alpha}{s^2 + \beta s + \alpha} \tag{7-55}$$

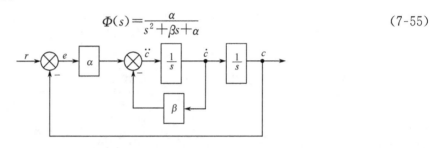

图 7-12 二阶伺服系统

系统的运动方程可表示为

$$\begin{cases} e = r - c \\ \dfrac{\mathrm{d}c}{\mathrm{d}t} = \dot{c} \\ \ddot{c} = \alpha(r - c) - \beta \dot{c} \end{cases} \tag{7-56}$$

当输入 r 为常值时,$\dot{e} = -\dot{c}$,$\ddot{e} = -\ddot{c}$,系统的特征方程为

$$\ddot{e} + \beta \dot{e} + \alpha e = 0 \tag{7-57}$$

特征方程的根 λ_1、λ_2 分别为

$$\lambda_1 = \frac{-\beta + \sqrt{\beta^2 - 4\alpha}}{2}$$

$$\lambda_2 = \frac{-\beta - \sqrt{\beta^2 - 4\alpha}}{2} \tag{7-58}$$

当 $\alpha > 0$,$\beta > 0$,$\beta^2 > 4\alpha$ 时,有两个负实根 $\lambda_2 < \lambda_1 < 0$,系统的相轨迹如图 7-13(a)所示,系统的平衡点为稳定的节点,系统的相轨迹主要趋近于斜率为 λ_1 的直线。

当 $\alpha > 0$,$\beta > 0$,$\beta^2 = 4\alpha$ 时,$\lambda_2 = \lambda_1 < 0$,是两个相等的负实根,系统的相轨迹如图 7-13(b)所示,平衡点也为稳定的节点。

当 $\alpha > 0$,$\beta > 0$,$\beta^2 < 4\alpha$ 时,λ_1、λ_2 是实部为负的共轭复极点,系统的相轨迹如图 7-13(c)所示,系统的平衡点为稳定的焦点。

当 $\alpha > 0$,$\beta = 0$,λ_1、λ_2 为共轭虚根,系统的相轨迹如图 7-13(d)所示,为一簇同心的椭圆。

当 $\alpha>0,\beta<0,\beta^2<4\alpha$ 时，λ_1、λ_2 是实部为正的共轭复极点，系统的相轨迹如图 7-13(e)所示，平衡点为不稳定的焦点。

当 $\alpha>0,\beta<0,\beta^2>4\alpha$ 时，$\lambda_2>\lambda_1>0$ 为两个正实根，系统的相轨迹如图 7-13(f)所示，平衡点为不稳定的节点。

当 $\alpha>0,\beta<0,\beta^2=4\alpha$ 时，$\lambda_2=\lambda_1>0$，系统的相轨迹如图 7-13(g)所示。

当 $\alpha<0$ 时，无论 β 为何值，总是一个正实根、一个负实根，系统相轨迹如图 7-13(h)所示，平衡点为鞍点，相轨迹中只有一条直线斜率为负的相轨迹趋向鞍点，其余相轨迹均发散。

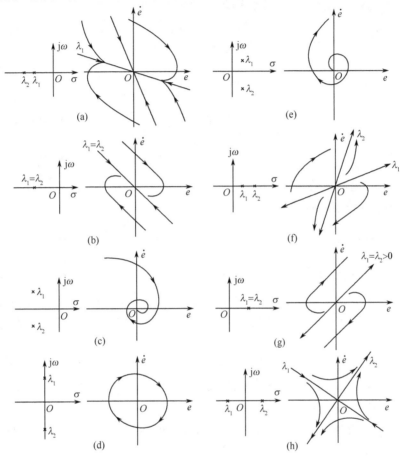

图 7-13　二阶线性系统的相轨迹

将二阶系统改为开关控制，去掉局部负反馈，即 $\beta=0$，形成如图 7-14 所示结构形式。

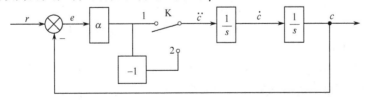

图 7-14　二阶系统的开关控制

当开关 K 处于位置 1 时，系统有一对共轭虚极点，系统的相轨迹如图 7-13(d)所示；当开关 K 处于位置 2 时，系统两个实极点，一个为正、另一个为负，系统相轨迹如图 7-13(h)所示。显然，这两种状态系统都不能渐近稳定。但是，只要合理地选择开关 K 的切换规律，仍可使系统的相轨迹渐近趋向原点。当开关 K 处于位置 2 时，系统的两个极点分别为 $\lambda_1=\sqrt{\alpha}$，$\lambda_2=-\sqrt{\alpha}$，相轨

迹中斜率为 $-\sqrt{\alpha}$ 的直线趋向原点。可用下式来表示

$$\dot{e}+\sqrt{\alpha}e=0 \tag{7-59}$$

如果选用式(7-59)和 $e=0$（即相平面的纵坐标轴）作为开关 K 的切换函数,则将相平面划分成 4 个相域,如图 7-15 所示。

相域 I : $e\geqslant0$, $\dot{e}+\sqrt{\alpha}e>0$, 开关 K 处于位置 1, 对应的相轨迹是椭圆的一部分。

相域 II : $e>0$, $\dot{e}+\sqrt{\alpha}e<0$, 开关 K 处于位置 2, 对应的相轨迹是一段双曲线。

相域 III : $e\leqslant0$, $\dot{e}+\sqrt{\alpha}e\leqslant0$, 开关 K 又换接到位置 1, 对应的相轨迹又是一段椭圆弧。

相域 IV : $e<0$, $\dot{e}+\sqrt{\alpha}e\geqslant0$, 开关 K 又换接到位置 2, 相轨迹又是一段双曲线。

由图 7-15 不难看出,该系统的相轨迹渐近趋向原点,即系统通过有限次振荡,终于稳定下来。这个例子说明:选择 $e=0$ 和 $\dot{e}+\sqrt{\alpha}e=0$ 作切换线,是使系统实现渐近稳定的关键。

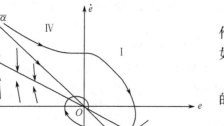

图 7-15　采用开关控制的二阶系统的相轨迹

7.2.3　滑动模态

将式(7-59)的开关切换线稍做改变: $e=0$ 和 $\dot{e}+\sqrt{\alpha}e=0$, 其中 $0<\theta<\sqrt{\alpha}$, 它处在横坐标轴与 $\dot{e}+\sqrt{\alpha}e=0$ 的夹角之间。对照图 7-13(h)的相轨迹可以发现:在 s 附近两边的相轨迹均趋向于 s。这就是说,一旦相轨迹到达 s 线,系统的相轨迹将沿着 s 线趋向原点,这就称之为滑动模态,简称为滑态,而 s 线称为该系统的滑模。

以上讨论的是开关 K 做理想的瞬时切换,在工程实践中切换总存在延迟,系统的运动有惯性,当系统相轨迹到达 s 线后,系统的相轨迹将沿 s 线做高频振颤滑向原点。如果切换延迟过大,系统仍出现振荡的过渡过程。

需要指出的是,切换线 $s=\dot{e}+\theta e$ 是设计者人为设定的,而它成为系统的滑模就决定了系统进入滑动模态后的过渡过程性质,它与系统自身的参数无关,因而具有很强的鲁棒性。

若有滑模存在,渐近稳定系统的过渡过程可以分为两段:趋近段与滑动模态段。前者与系统的自身特性有关,而滑动模态段与系统自身特性无关。从二阶系统来看,趋近段仍然是一个二阶动态特性,而滑动模态段是按一阶直线趋向稳定点的。

要使系统具有好的动态品质,不仅要进行滑模设计,还需要进行趋近律设计。这些就是变结构滑模控制系统设计的主要内容。

图 7-15 所示相轨迹表明,相轨迹稳定收敛的必要条件是: $e>0$, $\dot{e}<0$, 或 $e<0$, $\dot{e}>0$。对于变结构滑模控制而言,相轨迹能到达滑模 s 的条件是: $s>0$, $\dot{s}<0$, 或 $s<0$, $\dot{s}>0$。因此,系统相轨迹能到达滑模 s 的条件是

$$s\dot{s}<0 \tag{7-60}$$

如果系统是 n 阶的,其相轨迹分布于 n 维空间,其切换函数不能再是一条简单的直线,而应是 m 维空间——n 维空间中的一个子空间中的一个超曲面 $s(x_1,x_2,\cdots,x_m)$。同样,当满足式(7-60)时,相轨迹能到达 s,一旦到达 s,系统便进入滑动模态,只是它不像二阶系统可以简单

地用相平面直接描述。

下面继续讨论二阶系统,并非所有二阶系统设计的切换线 s 都是滑模。下面以两位式开关控制伺服系统为例,如图 7-16 所示,取系统输出 x 和 $\dot{x}=y$ 作为相变量,由图 7-16 不难写出系统的运动方程

$$\begin{cases} \dot{x}=y \\ \dot{y}=-y-\text{sgn}(x+\beta y) \end{cases} \tag{7-61}$$

其中开关函数

$$\text{sgn}(x+\beta y)=\begin{cases} 1 & \text{当 } x+\beta y>0 \text{ 时} \\ -1 & \text{当 } x+\beta y<0 \text{ 时} \end{cases}$$

系统的切换线

$$s=x+\beta y=0 \tag{7-62}$$

如图 7-17 所示。

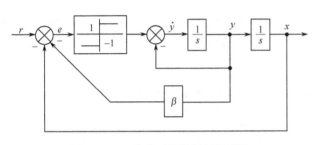

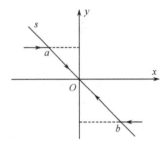

图 7-16　二位式开关控制伺服系统　　　　图 7-17　有限幅值情形的滑模

由于本例中的开关输出幅值限取为 ± 1,滑模并不是存在于 $x+\beta y=0$ 整条直线上,而只存在于其中有限的一段上。当 $s>0$ 时,式(7-61)可表示为

$$\begin{cases} \dot{x}=y \\ \dot{y}=-y-1 \end{cases} \tag{7-63}$$

切换线 $\dot{s}=\dot{x}+\beta\dot{y}=y-\beta y-\beta$。根据式(7-52)到达条件有 $\dot{s}<0$,则有 $y<\dfrac{\beta}{1-\beta}$。当 $s<0$ 时

$$\begin{cases} \dot{x}=y \\ \dot{y}=-y+1 \end{cases} \tag{7-64}$$

因为 $\dot{s}=\dot{x}+\beta\dot{y}=y-\beta y-\beta>0$,所以 $y>\dfrac{-\beta}{1-\beta}$,滑模仅在切换线 s 的中间段存在,即

$$\frac{-\beta}{1-\beta}<y<\frac{\beta}{1-\beta} \tag{7-65}$$

而 s 线其余部分则不是滑模,只有当系统的相轨迹到达 s 且符合上式,即图 7-17 中的 ab 段时,才进入滑动模态。

7.2.4　伺服系统滑模控制器设计

下面以图 7-18 所示系统结构为例介绍单变量二阶系统的滑模控制器设计。系统线性部分包含功率放大装置和执行元件,传递函数可以简化成 $\dfrac{K}{s(Ts+1)}$。误差信号 e 经过 α 或 $-\alpha$ 由开关 K_1 切换,速度反馈信号经 β 或 $-\beta$ 由开关 K_2 切换。开关 K_1、K_2 同步动作,由切换函数 $s=ce+\omega$ 和误差信号 e 经异或门输出进行控制。

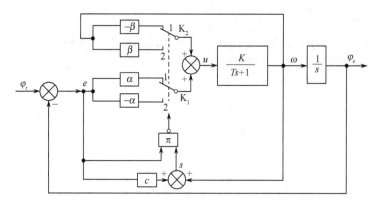

图 7-18 一种变结构二阶伺服系统

选取状态变量 $x_1 = e = \varphi_r - \varphi_c$，$x_2 = \omega$，于是 $x_2 = \dfrac{\mathrm{d}\varphi_c}{\mathrm{d}t} = \dot{\varphi}_r - \dot{x}_1$，由图 7-18 可知，控制量 $u = \dfrac{Ts+1}{K}\omega$，故有 $\dot{x}_2 = -\dfrac{1}{T}x_2 + \dfrac{K}{T}u$。开关 K_1、K_2 分别都有位置 1 与位置 2 两个状态，两者共有 4 种组合形式。

1. 当开关 K_1、K_2 均处于位置 1

如图 7-18 所示，控制量 u 为 $u = \alpha e - \beta \omega = \alpha x_1 - \beta x_2$，此时系统状态方程为

$$\begin{bmatrix} \dot{x}_1 \\ \dot{x}_2 \end{bmatrix} = \begin{bmatrix} 0 & -1 \\ \dfrac{K\alpha}{T} & -\dfrac{K\beta+1}{T} \end{bmatrix} \begin{bmatrix} x_1 \\ x_2 \end{bmatrix} + \begin{bmatrix} 1 \\ 0 \end{bmatrix} \dot{\varphi}_r \tag{7-66}$$

系统的特征方程为

$$|\lambda \boldsymbol{I} - \boldsymbol{A}| = \begin{vmatrix} \lambda & 1 \\ \dfrac{K\alpha}{T} & \lambda + \dfrac{K\beta+1}{T} \end{vmatrix} = \lambda^2 + \lambda\left(\dfrac{K\beta+1}{T}\right) + \dfrac{K\alpha}{T} = 0$$

式中，$\boldsymbol{A} = \begin{bmatrix} 0 & -1 \\ \dfrac{K\alpha}{T} & -\dfrac{K\beta+1}{T} \end{bmatrix}$。

鉴于 $\dfrac{K\beta+1}{T} > 0$、$\dfrac{K\alpha}{T} > 0$，特征根应是两个负实根或者一对负实部的共轭复根，系统的相轨迹如图 7-13(a)、(b)、(c)所示，系统是渐近稳定的。

2. 当开关 K_1、K_2 均处于位置 2 时

控制量 $u = \alpha e + \beta \omega = -\alpha x_1 + \beta x_2$，此时系统状态方程为

$$\begin{bmatrix} \dot{x}_1 \\ \dot{x}_2 \end{bmatrix} = \begin{bmatrix} 0 & -1 \\ -\dfrac{K\alpha}{T} & \dfrac{K\beta-1}{T} \end{bmatrix} \begin{bmatrix} x_1 \\ x_2 \end{bmatrix} + \begin{bmatrix} 1 \\ 0 \end{bmatrix} \dot{\varphi}_r \tag{7-67}$$

系统的特征方程为

$$\lambda^2 + \lambda\left(\dfrac{K\beta+1}{T}\right) + \dfrac{K\alpha}{T} = 0$$

鉴于 $\dfrac{-K\alpha}{T} < 0$，则特征根必有一个正实根 $\lambda_1 > 0$ 和一个负实根 $\lambda_2 < 0$。系统的相轨迹如图 7-13(h)所示，系统不稳定，但相轨迹中有一条斜率等于 λ_2 的直线趋向原点，另一条相轨迹为 λ_1 的直线由原点向外发散，其余相轨迹呈抛物线向外发散，负实根为

$$\lambda_2 = \frac{1}{2}\left[\frac{K\beta-1}{T} - \sqrt{\left(\frac{1-K\beta}{T}\right)^2 + \frac{4K\alpha}{T}}\right] \tag{7-68}$$

3. 当开关 K_1 处于位置 1，开关 K_2 处于位置 2 时

控制量 $u = -\alpha e + \beta\omega = -\alpha x_1 + \beta x_2$，系统状态方程为

$$\begin{bmatrix} \dot{x}_1 \\ \dot{x}_2 \end{bmatrix} = \begin{bmatrix} 0 & -1 \\ \dfrac{K\alpha}{T} & \dfrac{K\beta-1}{T} \end{bmatrix} \begin{bmatrix} x_1 \\ x_2 \end{bmatrix} + \begin{bmatrix} 1 \\ 0 \end{bmatrix} \dot{\varphi}_r \tag{7-69}$$

系统的特征方程为

$$\lambda^2 + \lambda\left(\frac{-K\beta+1}{T}\right) + \frac{K\alpha}{T} = 0$$

鉴于 $K\beta > 1$，则特征根有两个正实根或一对实部为正的共轭复根，系统不稳定。系统的相轨迹如图 7-13(e)、(f)、(g)所示，所有相轨迹均向外发散。只有当 $K\beta < 1$ 时与情况 1 相同。

4. 当开关 K_1 处于位置 2，开关 K_2 处于位置 1 时

控制量 $u = \alpha e - \beta\omega = \alpha x_1 - \beta x_2$，此时系统状态方程为

$$\begin{bmatrix} \dot{x}_1 \\ \dot{x}_2 \end{bmatrix} = \begin{bmatrix} 0 & -1 \\ -\dfrac{K\alpha}{T} & \dfrac{K\beta+1}{T} \end{bmatrix} \begin{bmatrix} x_1 \\ x_2 \end{bmatrix} + \begin{bmatrix} 1 \\ 0 \end{bmatrix} \dot{\varphi}_r \tag{7-70}$$

系统的特征方程为

$$\lambda^2 + \lambda\left(\frac{K\beta+1}{T}\right) - \frac{K\alpha}{T} = 0$$

它与情况 2 相同,有一个正实根和一个负实根。

从以上 4 种情况看，可选择情况 1 与 2，即开关 K_1 与开关 K_2 两者同处于位置 1、同步切换到位置 2。因为情况 2 对应的相轨迹如图 7-13(h)所示，只要将切换线 s 选在横坐标轴与该相轨迹中唯一趋向原点的相轨迹之间，便能使 s 形成滑模。当然，选用情况 1 与 4 也是可行的，此时开关 K_2 与通道 β 可以省去，将速度负反馈通道 $-\beta$ 直接接通，只用开关 K_1 进行切换。为便于进一步讨论，在此选取前一种，即情况 1、2 相配合的方案。

从式(7-68)可知：情况 2 系统相轨迹中唯一趋向原点的相轨迹是直线，它的斜率即 λ_2。在图 7-18 所示系统中，系统的切换线 $s = cx_1 + x_2 = 0$，为使 s 形成滑模，要求 $-c > \lambda_2$，即

$$c < |\lambda_2| \tag{7-71}$$

切换信号是由切换函数 $s = cx_1 + x_2$ 与误差信号 x_1 两信号经异或门后产生的。两根切换线将相平面划分成 4 个相域，如图 7-19 所示，当系统相点在 I(即 $s > 0, e < 0$)或 III(即 $s < 0, e < 0$)相域时，开关 K_1、K_2 均处于位置 1，系统相轨迹是收敛的，系统工作于趋近段；一旦相点到达 s 线，即将进入 II(即 $s < 0, e > 0$)或 IV(即 $s > 0, e < 0$)相域时，开关 K_1、K_2 同时切换到位置 2。由于 s 线处在横坐标轴与斜率为 λ_2 的相轨迹之间，s 附近两侧的相轨迹均趋向 s，故 s 线便是滑模，系统相轨迹将沿 s 线滑向原点。

考虑到工程实际系统中存在饱和限制，可将系统的实际特性用图 7-20 来表示，即控制信号 u 存在饱和限制

$$u = \begin{cases} u_m & \text{当 } \alpha e - \beta\omega > u_m \\ \alpha e - \beta\omega & \text{当 } -u_m \leqslant \alpha e - \beta\omega \leqslant u_m \\ -u_m & \text{当 } \alpha e - \beta\omega < -u_m \end{cases} \tag{7-72}$$

由于控制信号有限制，切换线 s 上只有有限段在滑模，由上式可知，$\alpha e - \beta\omega = \pm u_m$ 时，进入饱

和边界，即

$$\alpha x_1 - \beta x_2 = \pm u_m \tag{7-73}$$

上式表示相平面上的两条平行直线，并且都与切换线 s 相交，如图 7-19 所示，在这两平行线之间的 ab 线段上才存在滑模。

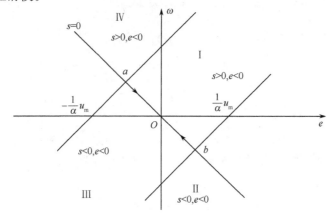

图 7-19　切换线在相平面的表示

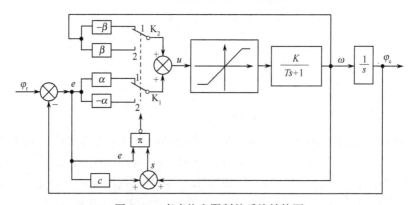

图 7-20　考虑饱和限制的系统结构图

对于图 7-20 所示系统，系统参数 K、T 和 $\pm u_m$ 通常已给定，可供选择的只有控制器的参数 α、β 和 c。从系统进入滑态来看，c 值大，则系统滑向稳定点的速度愈快，但 c 值受式(7-71)条件的约束。其中 λ_2 由式(7-68)决定，主要由 α、β 值决定。同时，当开关 K_1、K_2 处于位置 1 时，α、β 值又决定了系统趋近运动的品质，式(7-73)又决定了 s 线上滑模范围的大小。因此设计就应按照上述关系合理地选择 α、β 和 c 的数值。

实际系统控制器参数值 α、β 和 c 可能出现微小变化，开关 K_1、K_2 的切换有延时，这样按照式(7-71)的条件设计并留有余地，因切换延时造成系统相点到达 s 后不能立即进入滑态而出现过冲，系统的实际滑态将使相点围绕 s 做高频振颤趋向原点，如图 7-21 所示。

为使滑模控制伺服系统获得较好的动态品质，将控制器参数分别选为 α_1 和 $-\beta_1$，$-\alpha_2$ 和 β_2，即 $\alpha_1 \neq \alpha_2$，$\beta_1 \neq \beta_2$。这样特征方程式变成

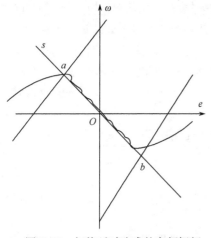

图 7-21　切换延时造成的高频振颤

$$\lambda^2 + \lambda\left(\frac{K\beta_1 + 1}{T}\right) + \frac{K\alpha_1}{T} = 0$$

而式(7-68)变成

$$\lambda_2 = \frac{1}{2}\left[\frac{K\beta_2-1}{T} - \sqrt{\left(\frac{K\beta_2-1}{T}\right)^2 + \frac{4K\alpha}{T}}\right]$$

使系统设计变得较为灵活,可选余地更大。

在计算机控制中用微机或微处理器来构造滑模控制器时,不仅控制器参数 α、β 可以改变,而且切换线 s 也可以改变,即构成可变切换线滑模控制,从而使系统的动态品质能在较大范围内变化,以满足不同的实际需要。

7.3 重复控制器的设计

对于计算机控制系统,特别是用于位置控制的伺服系统设计来说,一般要从稳定性、稳态特性、动态特性和鲁棒性等几个方面来考虑。稳定性是对控制系统最基本的要求,通常按两种方式来定义系统的稳定性:内部稳定性和外部稳定性(输入/输出稳定性)。内部稳定性是指从平衡点附近任意初始值出发,系统的运动轨迹经过无限长时间收敛到平衡点,即在没有输入和干扰的情况下,系统是渐近稳定的。外部稳定性是指系统在输入信号有界的情形下输出信号也有界。与内部稳定性相比,外部稳定性是较弱的概念。

系统的稳态特性,是对于持续输入和干扰信号,系统的输出应能跟踪输入而不受干扰的影响,即系统进入稳态时系统的误差尽量小,理想状态则是趋于零。对于一般的典型输入信号,例如阶跃输入或速度输入来讲,使系统稳态误差为零并不困难;而对于周期性输入信号,要使系统稳态误差为零则很困难。而重复控制正是针对周期性信号提出来的,目的是尽可能地提高系统的稳态精度。

系统的动态特性包括对输入和对干扰的动态响应。鲁棒性是控制对象参数变化时,控制系统特性不受影响,仍能保持系统的稳定性、稳态特性和动态特性的性能。鲁棒性又可以分为针对稳定性的鲁棒性、针对稳态特性的鲁棒性和针对动态特性的鲁棒性。鲁棒稳定性使参数变化时稳态偏差仍保持为零;对动态特性的鲁棒性通常称为灵敏度特性,即要求过渡过程不受参数变化的影响,这里的参数变化不仅包括参数本身的变化,还包括设计时控制对象的模型和实际系统的不一致,例如模型的降阶处理和化简以及非线性特性线性化所引起的不一致。

满足内部稳定性和鲁棒稳定的伺服系统称为鲁棒伺服系统。鲁棒伺服系统要满足内部稳定性、输出跟踪性能、零稳态偏差及对稳定性、稳态性能和动态性能的鲁棒性。使用重复控制可以在一定程度上解决这些问题。

7.3.1 重复控制原理

1. 伺服系统的重复控制

重复控制是日本学者 Inoue 等于 1981 年首先提出来的,并将其成功应用于质子同步加速器主环励磁电源的电流和伺服机构的高精度控制中,取得了很好的控制效果。重复控制之所以能够提高系统跟踪精度,其原理来源于内模原理。重复控制系统的基本构成如图 7-22 所示。加在控制对象上的输入信号除偏差信号外,还叠加了一个过去的控制偏差,这个过去的控制偏差是上一次运行时的控制偏差。把上一次运行时的偏差和现在的偏差一起加入控制对象进行控制,这种控制方式偏差好像再被重复使用,所以称为重复控制。经过几次重复控制以后,可以大大提高系统的稳态精度,改善系统品质。这种控制方式不仅适用于输入信号,对干扰信号的补偿也是有效的。

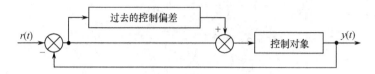

图 7-22　重复控制系统的基本构成

2. 控制系统的型和内模原理

在进行伺服系统设计时,除了满足内部稳定条件外,系统还应使控制对象的输出无偏差地跟踪参考输入。为了达到这一要求,这里就系统的型和内模原理进行补充说明。

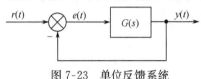

图 7-23　单位反馈系统

单变量控制系统如图 7-23 所示,设其输入为 $r(t)$,偏差为 $e(t)$,输出为 $y(t)$,开环传递函数为 $G(s)$,当组成稳定的单位反馈系统时,由终值定理

$$e(t)\big|_{t\to\infty}=[r(t)-y(t)]\big|_{t\to\infty}$$

$$=\lim_{s\to 0}\left[s\left(\frac{1}{1+G(s)}\frac{1}{s}\right)\right]=\frac{1}{1+G(0)} \tag{7-74}$$

式中,$G(0)$ 称为稳态增益,当其为有限值时,稳态误差 $e(\infty)\neq 0$,只有 $G(0)=\infty$ 时,才可以使稳态误差 $e(\infty)=0$。满足这个条件的 $G(s)$,例如 $G(s)=\dfrac{1}{s}\cdot\dfrac{a(s)}{b(s)}$,其中 $a(s)$、$b(s)$ 互质,且 $a(0)\neq 0$,$b(0)\neq 0$,即开环系统至少含有一个积分环节。把这一概念推广到一般情形。

设具有单位反馈的伺服系统的开环传递函数为

$$G(s)=\frac{1}{s^\nu}\cdot\frac{a(s)}{b(s)}\qquad \nu=1,2,\cdots \tag{7-75}$$

式中,$a(s)$、$b(s)$ 互质,且 $a(0)\neq 0$,$b(0)\neq 0$,即开环系统含有 ν 个积分环节,就称为 ν 型控制系统。这样,当参考输入的拉氏变换式包含有 $1/s^\nu$ 时,为使稳定的单位反馈系统不产生稳态误差,开环传递函数必须包含 $1/s^\nu$,也就是它必须是一个 ν 型系统,把伺服系统的这一性质可归结成如下内模原理:

闭环稳定的单位反馈系统,输入为

$$r(t)=\sum_{i=1}^{\nu}a_i t^{i-1}\neq 0 \tag{7-76}$$

时,稳态误差等于零,即

$$\lim_{t\to\infty}e(t)=0 \tag{7-77}$$

的充分必要条件是开环传递函数在原点处有 ν 重极点。

3. 重复控制原理

上面讨论了开环传递函数已知时,单位反馈闭环系统可以跟踪输入信号的类型。如果跟踪时间 t 有 $\nu-1$ 次多项式输入,只要在控制对象前面串联一个补偿器,构成单位反馈系统,并使其开环传递函数包含 $1/s^\nu$。当控制对象传递函数

$$G_{\mathrm{p}}(s)=\frac{b_{\mathrm{p}}(s)}{s^k a_{\mathrm{p}}(s)} \tag{7-78}$$

式中,$a_{\mathrm{p}}(s)$ 和 $b_{\mathrm{p}}(s)$ 是互质多项式,且满足 $a_{\mathrm{p}}(s)\neq 0$,$b_{\mathrm{p}}(s)\neq 0$,则可确定串联补偿器的传递函数

$$G_{\mathrm{c}}(s)=\frac{b_{\mathrm{c}}(s)}{s^{\nu-k}a_{\mathrm{c}}(s)} \tag{7-79}$$

式中,$a_{\mathrm{c}}(s)$ 和 $b_{\mathrm{c}}(s)$ 是互质多项式,且满足 $a_{\mathrm{c}}(s)\neq 0$,$b_{\mathrm{c}}(s)\neq 0$,若使系统稳定,便构成了 ν 型控制系统,如图 7-24 所示。

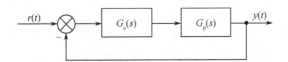

图 7-24　包含串联补偿器的单位反馈系统

当控制对象 $G_p(s)$ 在原点有零点时，例如有一个零点时，其传递函数

$$G_p(s) = \frac{s b_p(s)}{a_p(s)} \tag{7-80}$$

为使闭环系统无稳态偏差跟踪阶跃输入，在补偿器 $G_c(s)$ 中应包含 $1/s^2$，此时开环传递函数看来是 Ⅰ 型系统，但由于存在不稳定的零极点 s 的对消，所以系统是不稳定的。

由此可以得出结论：单变量控制系统，对任意整数 $\nu > 0$，可构成 ν 型系统的充要条件是控制对象在原点没有零点。

当控制对象的参数发生变动时，内模也会发生变化，此时内模必须带有补偿器，并对参数的变化进行补偿。只有参数固定时，才可以产生控制对象带有的内模。

以上的讨论不仅适用于用时间 t 表示的多项式输入和干扰输入，也适用于正弦波输入和干扰，这时 $\dfrac{\omega^2}{s^2 + \omega^2}$ 为内模，对于周期性输入和干扰上述结论也适用。

周期为 L 的输入信号

$$r(t) = r(t - L) \qquad \text{当} -L < t \leqslant 0 \text{ 时}, r(0) = r_0(t) \tag{7-81}$$

可用如图 7-25 所示的模型产生。

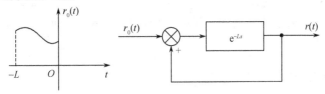

图 7-25　周期输入函数

将此模型作为串联补偿器插入控制对象传递函数 $G_p(s)$ 的主通道中，如图 7-26 所示，则可构成对周期性输入或干扰没有稳态误差的系统，该系统称为重复控制系统，串联补偿器称为重复控制器。

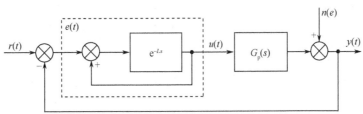

图 7-26　重复控制系统

将周期性输入或干扰展开成傅里叶级数，其基波频率为 $2\pi/L$，各高次谐波是基波频率的整数倍，即

$$\omega_k = 2\pi k/L \qquad k = 0, 1, 2, \cdots \tag{7-82}$$

重复控制器开环传递函数 e^{-Ls} 的延迟时间等于基波周期 L，因此重复控制器的传递函数为

$$F(s) = \frac{e^{-Ls}}{1 - e^{-Ls}} \tag{7-83}$$

将 s 用 $j\omega$ 代入,便得到重复控制器的频率特性。将频率特性的 ω 值用式(7-82)给出的 ω_k 代入时,在输入或干扰的所有频率上,因为增益都是 ∞,所以如果系统是稳定的,对所加的周期性输入或干扰就没有稳态误差。由此看出,重复控制实际也是内模原理的一种应用。

为改善快速性和稳定性,可以在重复控制器加入前馈项 $a(s)$,如图 7-26(a)所示,这时补偿器的传递函数为

$$a(s)+\frac{1}{\mathrm{e}^{Ls}-1} \tag{7-84}$$

特别是当 $a(s)=1$ 时,有

$$\frac{\mathrm{e}^{Ls}}{\mathrm{e}^{Ls}-1}=\frac{1}{1-\mathrm{e}^{-Ls}}$$

即给出了图 7-27(c)所示的内部模型。

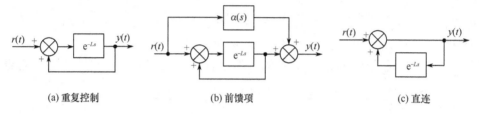

| (a) 重复控制 | (b) 前馈项 | (c) 直连 |

图 7-27 重复控制器

在应用中,为了改善系统快速性,扩大稳定域,实际上常采用图 7-27(c)所给出的重复控制器。这种控制方式与图 7-27(a)所示的重复控制方式相比,仅有一个周期 L 的不同,二者传递函数的分母是相同的,作为内部模型起着同样的作用,不过这种方式的输入和输出有直接的通路,因此响应要快一个周期。

7.3.2 重复控制系统的稳定性

从图 7-26 所示的重复控制系统,可以得到偏差的表达式,过程如下

$$\begin{cases} E(s)=R(s)-Y(s) \\ Y(s)=G_\mathrm{p}(s)U(s)+N(s) \\ U(s)=\mathrm{e}^{-Ls}\left[E(s)+U(s)\right] \end{cases} \tag{7-85}$$

由式(7-85)可以得出

$$E(s)=\mathrm{e}^{-Ls}\left[1-G_\mathrm{p}(s)\right]E(s)+(1-\mathrm{e}^{-Ls})\left[R(s)-N(s)\right] \tag{7-86}$$

由此可以画出如图 7-28 所示的等效框图。

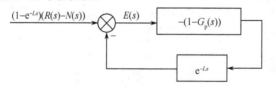

图 7-28 等效框图

对这个等效系统用小增益定理可以求出稳定性的充要条件。

小增益定理:图 7-29 所示的系统,其中 $G(s)$、$H(s)$ 都是稳定的,但所组成的闭环系统不一定稳定。如果

$$\sup_{-\infty<\omega<\infty}|G(\mathrm{j}\omega)||H(\mathrm{j}\omega)|<1 \tag{7-87}$$

则闭环系统一定稳定。

这个定理表明,当闭环系统的开环增益小于 1 时,有界输入情况下输出是有界的。若输入和干扰都是周期 L 的有界周期信号,由图 7-28 可以看出等效输入

$$\mathcal{L}^{-1}[(1-\mathrm{e}^{-Ls})(R(s)-N(s))] \qquad (7\text{-}88)$$

图 7-29 小增益定理

注意到 $|\mathrm{e}^{-Lj\omega}|=1$,$\forall \omega$,可以导出如下的稳定性条件:

对于图 7-26 所示的重复控制系统,若满足:

① $G_p(s)$ 渐近稳定;

② $\sup_{\omega}|1-G_p(j\omega)|<1$

则 $e(t)=\mathcal{L}^{-1}[E(s)]$,对任意的输入函数 $r(t)\in L^2$(L^2 表示信号平方可积空间)。

这和积分补偿系统的稳定性很相似,这个条件是非常严格的。为了放宽稳定条件,可以在系统加入比例补偿 α 和相位超前滞后补偿 $G_c(s)$,组成图 7-30 所示的系统,这时可得如下的定理。

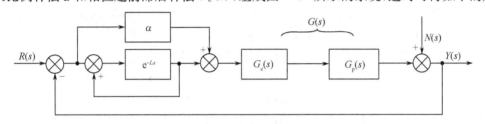

图 7-30 重复控制系统

【定理 7-1】图 7-30 所示重复控制系统,若满足:

① $[1+\alpha G(s)]^{-1}$ 渐近稳定;

② $\sup_{\omega}[1+\alpha G(j\omega)]^{-1}[1+(\alpha-1)G(j\omega)]<1$

则 $e(t)\in L^2$,其中 $G(s)=G_p(s)G_c(s)$。

7.3.3　重复控制器设计

为简单起见,考虑如图 7-31 所示的重复控制系统,图中控制对象 $P(s)$ 为 m 维输入、p 维输出,补偿器 $C(s)$ 是 p 维输入、m 维输出,由 $P(s)$ 和 $C(s)$ 构成的 $G(s)$ 为广义被控对象,即 $G(s)=P(s)C(s)$,$F(s)$ 是标量滤波器,重复控制器 $H(s)=\dfrac{1}{1-F(s)\mathrm{e}^{-Ls}}$。这种结构的特点是:补偿器 $C(s)$ 的设计和重复控制器 $H(s)$ 的设计相互独立,对于一些没有采用重复控制方法的系统,不必对控制器进行任何修改而仅需增加一个相对环节,就可以将重复控制器"插入"原系统中,从而大幅度地提高系统的稳态精度,因此这种结构得到了广泛应用。关于这个系统的稳定性,由前面定理可得如下结论。

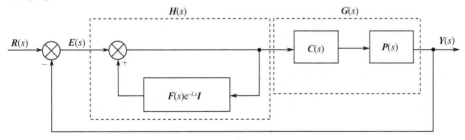

图 7-31 重复控制系统

【定理 7-2】 图 7-31 所示重复控制系统是指数渐近稳定的,若满足如下两个条件:

① $[I+G(s)]^{-1}G(s)$ 是稳定的有理函数矩阵,$P(s)$ 和 $C(s)$ 没有相消的不稳定零极点;

② $Q_F(s)=F(s)[I+G(s)]^{-1}$,对 $\|Q_F\|_\infty<1$。

下面讨论这个定理的两个条件,条件①和一般控制系统的内部稳定性等价的。条件②的

$$\|[I+G(j\omega)]^{-1}\|=\sigma_{\max}[I+G(j\omega)]^{-1}=\frac{1}{\sigma_{\min}[I+G(j\omega)]}$$

越小,即 $\sigma[I+G(j\omega)]$ 越大,$F(j\omega)$ 选择得越大,构成的重复控制系统跟随性能越好。即在满足 $\|[I+G(j\omega)]^{-1}\|<1$ 的频带,即使 $|F(j\omega)|=1$,也不失稳定性,可按低频带设计方法设计。

这里 $\sigma_{\max}$ 和 $\sigma_{\min}$ 分别是矩阵的最大特征值和最小特征值,对于单输入单输出系统

$$\sigma_{\max}[I+G(j\omega)]^{-1}=\frac{1}{\sigma_{\min}[I+G(j\omega)]}=\frac{1}{|I+G(j\omega)|}$$

式中,$[I+G(s)]^{-1}$ 称为灵敏度函数矩阵,通常的控制系统对参数变化的灵敏度和消除干扰有密切的关系,要求在低频段 $\|[I+G(j\omega)]^{-1}\|<1$,这是通常对控制系统设计的一种重要方法。$F(s)$ 越接近 1,即 $|F(j\omega)|$ 在 1 附近频带越宽,稳态误差越小,所以希望以此来选择 $F(s)$。

通过以上的讨论,可以归纳出如下的重复控制系统的设计步骤。

第一步:根据 $\|[I+G(j\omega)]^{-1}\|<1$ 在跟随频带 $\Omega_t=\{\omega\leqslant\omega_t\}$ 小于 1,即满足

$$\sigma_{\min}[I+G(j\omega)]>1 \quad \forall\omega\in\Omega_t$$

以此来确定补偿器 $C(s)$。对于单输入单输出系统,通过

$$|I+G(j\omega)|>1 \quad \forall\omega\in\Omega_t$$

确定补偿器 $C(s)$。

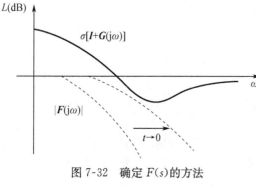

图 7-32 确定 $F(s)$ 的方法

第二步:画出 $\sigma_{\min}[I+G(j\omega)]$ 的 Bode 图,$F(j\omega)$ 根据

$$\sigma_{\min}[I+G(j\omega)]>F(j\omega) \quad \forall\omega$$

来决定,其中

$$F(j\omega)\approx1 \quad \forall\omega\in\Omega_t$$

例如,$F(s)=1/(1+\tau s)$ 时,如图 7-32 所示,在 $\sigma_{\min}[I+G(j\omega)]$ 和 $|F(j\omega)|=1/\sqrt{1+\tau^2\omega^2}$ 不相交的范围内,将 τ 选择得尽可能小。

习题与思考题 7

7-1 自适应控制系统的基本特征是什么?

7-2 常用的自校正控制系统和模型参考自适应控制系统与理想自适应控制系统有何区别?

7-3 模型参考自适应控制系统的主要设计目标是什么? 它与自适应过程的动态特性有何关系?

7-4 设对象模型为 $G_p(s)=\dfrac{K_p(s+d)}{s^2+as+b}$,参考模型为 $G_m(s)=\dfrac{K_m(s+d)}{s^2+as+b}$,并联可调增益为 K_c,系统模型为 $G_s(s)=\dfrac{K_cK_p(s+d)}{s^2+as+b}$,试用局部参数最优化理论设计可调增益的自适应规律。

7-5 针对单输入单输出系统,设计一个滑模控制系统,并分析该滑模控制系统对参数变化的鲁棒性。

第8章 计算机控制系统的电磁兼容性设计

计算机控制系统不同于一般的办公自动化系统,计算机控制系统的工作环境比较恶劣,往往要和各种大功率设备协同工作,经常存在严重的干扰。计算机控制系统要求在如此复杂的干扰环境中稳定可靠地工作,这就需要解决一个难度很大的课题——抗干扰。人们常常遇到这样的情况:一个在实验室运行正常的系统,当安装在实际的环境中无论怎样也不能稳定工作,甚至变成一堆废物。一个系统设计好后,可能会出现干扰严重而无法挽回的后果,究其设计上的原因就是电磁兼容性的设计不完善。因此,本章专门研究在设计中如何使干扰不引起工作错误,而不能等系统受到干扰才去寻找抗干扰的办法。

8.1 电磁兼容性的概述

电磁兼容性(Electromagnetic Compatibility)简称 EMC,是指一个设备或系统在其设置的预定场所投入实际运行时,应具有既不受周围电磁环境影响,又不影响周围环境,也不发生性能恶化和误动作,而按设计要求正常工作的能力。即设备或系统在电磁环境中的适应能力。

人们希望电子或电气设备或系统有良好的电磁兼容性。当有不希望的电噪声危害和影响设备或系统正常工作时,称之为存在电磁干扰。电磁干扰可以来自设备或系统内部,也可以来自设备和系统外部,前一种情况为内部干扰,后一种情况为外部干扰。

实践证明,电磁干扰产生和形成的条件是:

① 有产生电磁干扰的发射体,即干扰源;

② 存在传递电磁干扰的途径,即耦合通道;

③ 有承受电磁干扰的接收体,即受扰体。

上述 3 个条件即是电磁干扰三要素。因此为了保证装置或系统在工业电磁环境中免受或减少内外电磁干扰,从设计阶段开始便应从 3 个方面采取抑制措施。即:

① 抑制干扰源;

② 切断或衰减电磁干扰的传播途径;

③ 提高装置和系统的抗干扰能力。

上述三点就是抑制电磁干扰的基本原则,可以将电磁干扰的形成和抑制的原则用图 8-1 直观地表示出来。

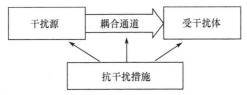

图 8-1 电磁干扰的形成和抑制

可以用"电磁兼容不等式"作为对电子或电气设备电磁兼容性评价原则进行评价。即

$$噪声发送量×耦合因素<噪声敏感度$$

电磁干扰经干扰源产生后,一般是经导线、大地或空间传入设备或系统的。通常把经导线传

播的干扰称为传导干扰,把经空间传播的干扰称为辐射干扰。各种电子或电气设备的噪声敏感度指的是其允许承担噪声的最高极限值。设备和系统的不同部位具有不同的噪声敏感度,当传导和辐射噪声到达设备或系统的相应部位(即进入电源电路、输入/输出口等)后,形成侵入噪声。当此噪声量小于侵入部位的噪声敏感度时,设备或系统不受其干扰。如果设备或系统所有噪声入口部位都达到这一条件,并且有足够裕量时,这就意味着设备或系统达到了电磁兼容性要求。

8.2 噪 声 源

噪声源分自然噪声源和人为噪声源两类。自然噪声源如电子部件的热噪声和空中雷电。虽然电子设备和系统发展迅速,应用广泛,但自然噪声源的种类基本未变,它们仍然是影响电子设备提高灵敏度和性能的主要原因。而人为噪声(如电路内的无用耦合、汽车点火塞火花等),随电子设备和系统的增加与普及而相应增加。因为人为噪声源种类繁多,因此对它们做系统的描述比较困难,多数情况下不易明确提供模型。但由于它们本来是人为造成的,所以能够加以抑制。自然噪声源因为是自然现象,很难在发生源上进行控制和抑制。

下面介绍电磁环境中几种典型的人为噪声源。

汽车:汽车发动机点火系统发出的电脉冲噪声。它来自发动机的旋转,所以即使停车,仍然发生电噪声。早期的电视机常有雪花故障,就是接收到了汽车点火的火花。

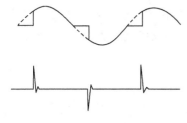

图 8-2　晶闸管相位
控制波形和感应的噪声

晶闸管:用晶闸管对工频交流电进行控制,如对灯光亮度的连续调节、对直流电动机的速度控制。晶闸管在上述应用中进行导通延时相位控制时,将产生如图 8-2 所示电压波形,其前沿部分周期性地感应出脉冲噪声,严重污染工频电源。为了除去此噪声,要停止相位控制,而采用电压过零时触发,改成以工频半个周期为单位的通—断控制,通过改变通—断时间来进行连续控制。

无线电收发装置:在生产过程控制系统中,有时从成套设备的启、停到生产运行,控制室与生产现场之间使用无线电收发装置交流信息,控制室的人员一边巡视仪表上的指示值,一边用无线电收发装置对现场生产人员发指示。而无线电收发装置的通、断往往会影响调节仪表等低电平输入电路的正常工作。因为直接关系到大型生产过程的正常运行,故应受到重视。在民航飞机上禁止使用手机也是这个原因。

电机:直流电机或带有换向器的交流电机(如手电钻),由于有整流子和碳刷的摩擦,以及换流时产生的火花,通过导线传导出来,再从导线辐射到低电平电路,造成对低电平电路的干扰。如图 8-3 所示。

日光灯:有镇流器、启辉器及灯管中的辉光放电。

电弧焊机:特别是在高频引弧时会产生强度很大的干扰信号。

交、直流继电器、电磁阀等:由于是电感性元件,在绕组导通和断开时会产生很高的反向电压,使得控制开关产生强烈火花放电,既会烧坏开关触点,而且会干扰低电平电路。为了抑制火花产生,要按图 8-4 所示,对于直流继电器在继电器绕组上并上续流二极管,对于交流继电器在继电器绕组上并上阻容吸收电路。

高频加热炉、大功率变压器和电抗器产生的交变磁场,对邻近低电平电路和变压器产生磁耦合,从而使得这些电路和变压器受到干扰。

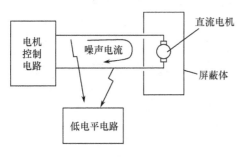

图 8-3　电机产生的干扰

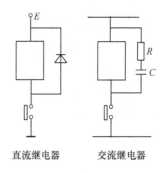

图 8-4　继电器防火花放电

电化作用：低电平电路的信号通路之间使用不同金属时，由于两种金属之间的电化作用，也会产生噪声。当两种金属连接处有湿气时，就形成了化学的湿性电池，产生电压的大小取决于这两种金属在电化次序表中的相关位置。另外，两种不同的金属接触时会发生腐蚀作用，这也会形成噪声。铜和铝接触，腐蚀最快，如果铜镀锡后，则电化作用将变慢。

摩擦电效应：当电缆中的介质不与导体保持接触时，介质由于摩擦可以带电，称之为摩擦电效应。它往往是由于电缆机械弯曲而引起的，这种电缆的带电即成为噪声源，为此要防止电缆急剧弯曲并防止电缆活动。

导线的运动：当一段导线在磁场中运动时，导线的两端就会产生电压。由于到处都有电源线或大电流配线，因此在大多数地方都有杂散磁场，若一个工作于低电平的导线在磁场中运动，导线上就会产生噪声。这个问题在振动环境中特别严重，应将电缆固定起来。

8.3　噪声抑制技术

8.3.1　屏蔽

处于噪声和受噪声影响的电路及设备之间，能阻断噪声影响的金属导体称为屏蔽体。通常屏蔽体把对象分成两个空间，一个是有噪声源及其所形成的电场和磁场的空间，另一个是被屏蔽的没有电磁场的空间。有如下两种情况：噪声源在屏蔽体外、噪声源在屏蔽体内，如图 8-5 所示。

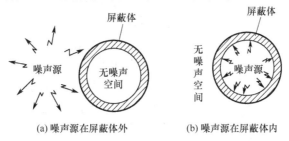

(a) 噪声源在屏蔽体外　　(b) 噪声源在屏蔽体内

图 8-5　噪声源的位置

由于噪声源与受扰对象之间的耦合现象有电场引起的静电耦合和磁场引起的电磁耦合，所以屏蔽体也要有不同特性。

1. 静电屏蔽

如图 8-6 所示，有两条导线，向导线 1 加交流电压 V_1，因静电耦合作用，导线 2 产生电压 V_2，V_2 称为静电感应电压。其等效电路如图 8-7 所示。C_{12} 是两导线之间的电容；C_{20} 是导线 2 对地电容；C_{10} 是导线 1 对地电容；V_2 的大小近似由 C_{12} 和 C_{20} 的比值决定，如式（8-1）所示。从式中可见,减少 C_{12} 便能有效地减少静电感应电压 V_2,使 C_{12} 减少的措施是静电屏蔽。

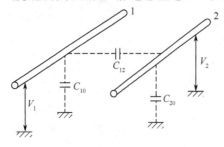

图 8-6 导线 1、2 间的静电耦合

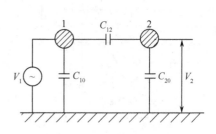

图 8-7 静电耦合等效电路

$$V_2 = \frac{C_{12}}{C_{12} + C_{20}} V_1 \tag{8-1}$$

静电屏蔽是把一接地屏蔽体插在导体 1 和导体 2 之间。一插入屏蔽体,则导线和屏蔽体之间产生电容 C_{1S} 和 C_{2S},取代了原来的 C_{12},由于该屏蔽体接地,故等效电路成为在 C_{10} 和 C_{20} 上并上 C_{1S}、C_{2S},使 C_{12} 不存在了,如图 8-8 所示,从而消除了 V_2。

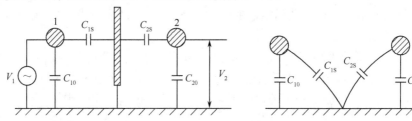

图 8-8 静电屏蔽原理

也可以认为是屏蔽体阻断了从导体 1 到导体 2 的电力线,因此如果屏蔽体的高度不够,便不能把电力线完全阻断,C_{12} 便不能变为零。如果屏蔽体圈围了导线 1 或导线 2,便形成完全屏蔽,屏蔽线就是利用这一原理,如图 8-9 所示。

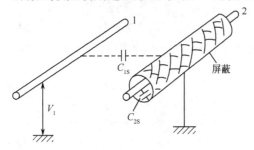

图 8-9 屏蔽线

静电屏蔽不仅仅用于导线,将整个电路装进金属箱中,将该箱接地,以防噪声,这时称为屏蔽壳。电子设备大多把整机装入金属壳,该壳接地便对外部噪声起屏蔽作用。

2. 电磁屏蔽

当有电流流过导体时,在导体周围会产生与该电流相对应的磁通,设电流为 I,磁通为 Φ,$\Phi = LI$,比例常数 L 称为电感。当流经线路 1 的电流所产生的部分磁通与形成环路的回路 2 交链时,回路 2 便有感应电压产生,这种现象称为电磁耦合或电磁感应。

如图 8-10 所示,设回路 2 的面积为 A,与其交链的磁通密度为 $\boldsymbol{B}$(矢量),$\boldsymbol{B}$ 与构成平面 A 的法线之间的夹角为 α,感应电压为

$$V_2 = j\omega AB\cos\alpha \tag{8-2}$$

式中,B 是正弦波随角频率 ω 而变化的磁通密度。

如果用 1、2 两个回路间的互感 M 描述感应电压时,则构成式(8-3),式中电流 I_1 为流经线路 1 的交流电流,角频率为 ω,式(8-3)的等效电路如图 8-11 所示。

$$V_2 = j\omega MI_1 \tag{8-3}$$

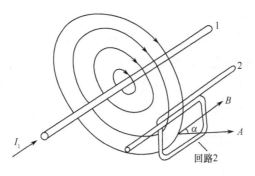

图 8-10 电磁感应

电磁感应的意思是，电流 I_1 流经回路 1 时，相当于在回路 2 中接入电压源 V_2。从 V_2 的两个表达式中可得出抑制电磁感应的指导思想是：

① 拉开回路 1 与回路 2 之间的空间距离，减少交链磁通，这样处理相当于减小 B 值；

② 缩小回路 2 的面积 A；

③ 改变角 α 的大小，使 $\cos\alpha$ 的值接近零。

②、③两种处理相当于减小 M 值。

电磁屏蔽是设法使回路 1 的磁通发生扭曲，或将其引向其他方向，避免与回路 2 交链。可以在两个电路之间置一磁导率很高的金属板，由于磁通进入比空气磁导率大得多的磁性材料，所以消除了电磁耦合。如图 8-12 所示。

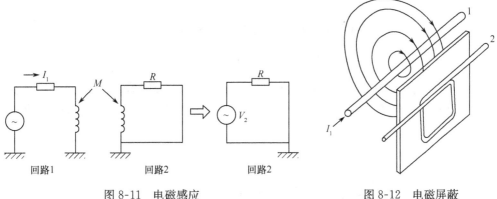

图 8-11　电磁感应　　　　　图 8-12　电磁屏蔽

易受外来磁通影响的变压器和磁头等器件，可置入坡莫合金等高磁导率的金属外壳内，以防止磁通进入它们内部。

对静电屏蔽加一块金属薄板就起作用，而对电磁屏蔽，板壁过薄时无效，同时也与屏蔽体的形状有关。另外，若板壁过厚，往往会产生涡流，而涡流会形成反磁场，阻碍磁通进入屏蔽板。

有一种积极利用涡流反磁场作用的电磁屏蔽，这种屏蔽不用高磁导率，而用高电导率（低电阻率）的铜板或铝板将被屏蔽物体包在里面，这时外面磁通进不去、里面磁通不外溢，这种屏蔽结构接地时，能阻断电力线的进出，所以兼有静电屏蔽作用。

为区分上述两种屏蔽，有时把采用高磁导率的屏蔽称为磁屏蔽，把采用高导电率材料的屏蔽称为狭义的电磁屏蔽。尤其后一种电磁屏蔽是把对象物体密封在屏蔽壳内，故其外形颇为重要，当频率较高时，即使微小孔缝也会降低屏蔽效果。

3. 双绞线

前面已提到，在抑制电磁感应的方法中，除避免磁通和回路交链外，缩小回路所圈围的面积，也是一种有效方法。传输信号的往复两根导线间有若干距离，所以出现圈围面积。如图 8-13 所示，用双绞线连接两个回路，导线中电流产生的磁通相互抵消而对外部无影响。用两根导线互相扭绞与两根导线平行方式相比感应最小，通过扭绞，不仅缩小了圈围的面积，而且就局部来说，感应电压的极性相反，从整体来看，感应变小，这种现象在前面式(8-2)中

$$A\cos\alpha = \int d(A\cos\alpha) = A\int \cos\alpha d\alpha \tag{8-4}$$

也可以认为是利用 $\cos\alpha$ 的周期整数倍积分值为零的性质。

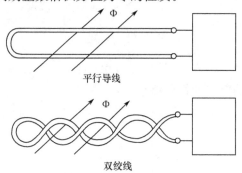

平行导线

双绞线
(相邻两箭头所示磁道产生的感应电压极性相反而互相抵消)

用双绞线连接两个回路
(导线中电流产生的磁通相互抵消而对外部无影响)

图 8-13　平行导线和双绞线

　　反过来讲，电流流过往复两路导线时产生的磁场以互相扭绞时对外部影响最小，这是因为一根导线的电流产生的磁通和另一根导线的电流产生的磁通符号相反而互相抵消的缘故。

8.3.2　接地

1. 接地的目的

　　接地技术对计算机控制系统是极为重要的，不恰当的接地会对系统产生严重的干扰，而正确的接地却是抑制干扰的有效措施之一。

　　接地又叫接大地，即使电路和电子设备与地球的电位相同。概括划分，接地有两个目的，第一确定基准电位；第二保护操作人员免于触电。

　　第一种目的是基于地球是个导体，因为体积很大，静电容也非常大，所以电位稳定。虽说是接地，然而有时不能连接地球，如飞机和人造卫星便是这种情况，这时以飞机机身或卫星的电位为基准电位。

　　第二种目的是 50Hz 交流电经高压输电线路送到用户附近时先由变压器降为 220V 或 380V。220V 的变压器副边是接地的，其目的是当遇到变压器的绝缘损坏或电线互碰而漏进高压电时，副边受到的触电电压不至于超过 $220\times\sqrt{2}=311\text{V}$。而 380V 的副边经常采用中点接地，这种接地是安全措施。使用 220V 电源的设备，在其金属外壳上设置接地端子也出自同样道理。当机壳里面的电路与机壳间的绝缘老化时，机壳上会出现电压，为防止电压引起触电而将机壳接地。

2. 接地方式

在计算机控制系统中,一般有以下几种地线:模拟地、数字地、安全地、系统地和交流地。

模拟地是系统中的传感器、变送器、放大器、A/D 和 D/A 转换中模拟电路的零电位。由于模拟信号往往有精度要求,有时信号较小,且直接与生产现场相连,因此必须认真对待。有时为区别远距离传感器的弱信号地与主机的模拟地关系,把传感器的地又叫信号地。

数字地是控制系统中各种数字电路的零电位,应该与模拟地分开,避免模拟信号受数字脉冲的干扰。

安全地又称为保护地或机壳地,其目的是使设备机壳与大地等电位,以避免机壳带电影响人身和设备安全。通常安全地机壳包括机架、外壳、屏蔽罩等。

系统地是以上几种地的最终回流点,直接与大地相连。由于地球是体积非常大的导体,其静电电容也非常大,电位比较恒定,因此将它的电位作为基准电位,即零电位。

交流地是计算机交流供电电源地,即为动力线地,其地电位很不稳定。在交流地上任意两点之间,往往很容易就有几伏甚至几十伏的电位差存在。另外,交流地也很容易带来各种干扰。因此,交流地绝对不允许与上述几种地相连,而且,交流电源变压器的绝缘性要好,要避免漏电现象。

显然,正确接地是一个十分重要的问题。尽管作为基准电位的地球电位是稳定不变的,当电子电路的接地点选取不当及接地回路设计不好时,也会引起由基准电位的变化而引入噪声。导致基准电位变化的原因有下面两项。

① 接地回路中有信号电流,由于接地线路的阻抗而产生电压降,使电路基准电位发生变化。

② 有两个以上接地点使接地回路成为环路(闭合回路)时,接地点间的电位差和对环路的电磁感应使环路中出现电流,从而发生电压降,使电路基准电位发生变化,如图 8-14 所示。接地回路中的环路称为接地环路。

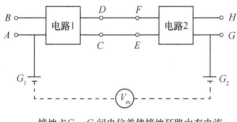 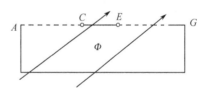

接地点 G_1、G_2 间电位差使接地环路中有电流　　　　接地环路内的交链磁通使环路内有感应电压

图 8-14　接地环路

以抑制噪声为目的的电路接地技术多种多样,归纳起来都是防止上述两项,所以采取以下措施:

① 尽量减小接地回路的阻抗;

② 接地回路中尽量不出现电流;

③ 勿形成接地环路。

考虑 A、B、C、D 多个电路的接地方式时,可分成一点接地方式和多点接地方式。

① 一点接地方式:如图 8-15 所示,有串联方式和并联方式两种,其功能是防止形成接地环路。

电流流过接地导线时,导线中或多或少均有阻抗,所以要从阻抗的影响来比较两种接地方式。下面分析只有 A、B 两个电路的简单情况。

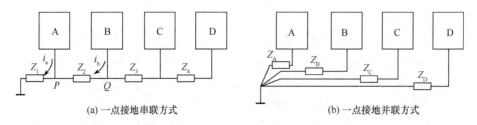

(a) 一点接地串联方式　　　　　　　(b) 一点接地并联方式

图 8-15　一点接地方式

从串联方式中可以看出,电路电流 i_a、i_b 都流经阻抗 Z_1,所以 Z_1 是 A、B 的公共阻抗,因此电路 A 的电位基准点 P 的电位是 $V_P=(i_a+i_b)z_1$,电路 B 的电位基准点 Q 的电位是 $V_Q=(i_a+i_b)\cdot Z_1+i_bZ_2$,就是说电路 B 的电流 i_b 对电路 A 的电位有影响,电路 A 的电流 i_a 对电路 B 的电位有影响。假设电路 A 是一个高增益的电路,输入信号电平较低,电路 B 是一输出放大电路或开关电路,信号功率电平较大,一般情况下,因为 $i_a<i_b$,所以 i_bZ_1 便形成噪声,对电路 A 的输入信号发生干扰,即使 A、B 两个电路的作用对调,电路 B 也会产生很恶劣的影响。

并联方式则不同,由于没有公共阻抗,A、B 两个电路互不干扰,不会出现上面讲的干扰故障,不过若 A、B…等电路数量增加,并联方式便复杂了。

实际使用的接地方法如图 8-16 所示。把输出电流所经过的接地线(噪声地线:继电器、电动机、高功率电路)与确定基准电位的接地线(信号地线:低电平电路)分开,尽量不让电流流经确定基准电位的接地线。为操作安全而使机壳接地的接地线也要分开。3 种不同功能的接地线并联于一点并接地。而各电路间的相同功能的接地线则采用串联方式。这种接地方式对低频线路有很好效果,但频率升高时,地线阻抗明显增加,此时可采用多点接地方式。

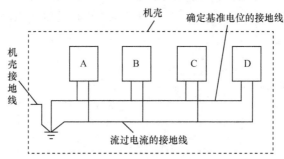

图 8-16　用于低频电路的一点接地方式

② 多点接地方式:高频信号电路在接地阻抗上起主导作用的是电感,所以必须采用能使接地阻抗保持最低值的接地方式。因此,设置一个低阻抗接地面。如图 8-17 所示,以最短距离把各元件接地端子接到此接地面上,这便是多点接地方式。

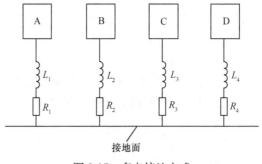

图 8-17　多点接地方式

这里所讲的高频信号是指 10MHz 以上，波长在 30m 以下的信号。对这个频段，由于有趋肤效应，增加接地面导体的厚度也无济于降低阻抗，所以倒是用镀银的接地面为好。

一般来说，当信号频率小于 1MHz 时，可以采用一点接地方式；当信号频率高于 10MHz 时，采用多点接地方式。在 1～10MHz 之间，若采用一点接地，其地线长度不得超过波长的 1/20，否则应使用多点接地。

8.3.3　去耦

前面说的接地回路的公共阻抗会引起几个电路之间的相互干扰，实际上不只是接地回路阻抗，很多时候电源电路的内阻抗也对多个电路起公共阻抗作用，成为无用耦合和噪声的根源。消除这种公共阻抗有害耦合的措施是去耦。

1. 去耦滤波器

公共阻抗不可能完全消除为零，所以应设计一种能针对信号频带，避免公共阻抗耦合影响的滤波器，即去耦滤波器，以图 8-18 为例。

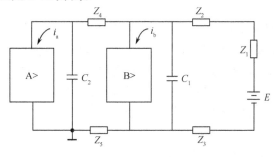

图 8-18　去耦滤波器

Z_1 为直流电源 E 的内阻抗，该电源对 A、B 两电路供电，A、B 可以是放大电路，也可以是逻辑电路、开关电路。Z_2、Z_3、Z_4、Z_5 表示电源和电路之间的阻抗，现在讨论没有 C_1、C_2 时的电路情况。

Z_1、Z_2、Z_3 是 A、B 两电路的公共阻抗，流经 Z_1、Z_2、Z_3 的电流是 $i_a + i_b$，所以电路 A 和 B 之间通过电压降 $(i_a + i_b) \cdot (Z_1 + Z_2 + Z_3)$ 发生干扰。由于不会有内阻抗等于零和导线电阻等于零的配线，所以不能排除其耦合。若 A、B 两电路的信号仅在一较高频率范围内而不含直流分量时，则接入 C_1、C_2 是有效的。从 A、B 两电路看的阻抗，因接入 C_1 和 C_2 而大幅度降低，所以减轻了公共阻抗的影响。为了减少电路间的相互干扰，也可以加大 Z_4，用 Z_4 和 C_2 构成低通滤波器。C_1、C_2 称为旁路电容，与 Z_2 和 Z_5 等合在一起称为去耦滤波器。

对于高速逻辑电路，电源线和接地线的电感及电阻形成阻抗 Z_2、Z_3、Z_4 和 Z_5，往往使逻辑元件误动作，这时在该逻辑元件附近接入高频特性好的 C_1 和 C_2 可以解决问题。

2. 数字滤波

前面提到的屏蔽、接地都是从抑制噪声源角度出发的，而一旦噪声进入有用信号成为差模噪声就很难排除。一般来说，噪声的变化速度比起被检测信号来说还是比较快的，因此可以采用滤波的方法进行抑制。常用 RC 滤波网络。当噪声的变化速度较慢时，RC 滤波网络的参数的选择会遇到困难，这时可以利用计算机的信息处理能力，通过数字滤波来实现。

常用的数字滤波方法有以下几种。

（1）平均值滤波法

平均值滤波法有算术平均值滤波法和加权平均值滤波法。

算术平均值滤波法就是对某一被测参数连续采样多次，计算其算术平均值作为该点采样结果，即

$$\overline{X} = \frac{1}{n}\sum_{i=1}^{n}X_i \tag{8-5}$$

式中，$\overline{X}$ 为测量数据的平均值；X_i 为第 i 次测量值；n 为采样次数。

这种滤波方法特别适用于对称性噪声，信号的变化有一个平均值。算术平均值法对信号的平滑程度完全取决于采样次数 n，当 n 较大时，平滑程度高，但灵敏度低；当 n 较小时，平滑程度低，但灵敏度高。n 的选择应视具体情况而定，尽可能少占用计算机时间，又能达到好的滤波效果。为方便求取平均值，n 一般取 2、4、8、16 之类的 2 的整数幂，以使用移位来代替除法。

由式 (8-5) 可以看出，算术平均值滤波法对每次采样值给出相同的加权系数，即 $1/n$，实际上有些场合需要增加新采样值在平均值中的比例，这时可采用加权平均值滤波法，即

$$\overline{X} = \sum_{i=1}^{n}\alpha_i X_i \tag{8-6}$$

式中，α_i 为加权系数，且满足 $0 \leqslant \alpha_i \leqslant 1$，$\sum_{i=1}^{n}\alpha_i = 1$。

加权系数体现了各次采样值在平均值中所占的比例，可以根据具体情况决定，一般采样次数越靠后，取得的数越大，通过合理地选择 α_i，可以获得更好的滤波效果。这种滤波方法可以根据需要突出信号的某一部分，抑制另一部分，适用于纯滞后较大、采样周期短的控制过程。为了提高运算速度，也可以改进为加权递推平均值滤波的方法。

（2）中位值法

将某个被测参数连续采样 3 次以上，从中挑选大小居中的那个值作为有效的测量值，即中位值法。

中位值法对于消除脉冲干扰和机器不稳定造成的跳码现象相当有效。被测参数变化较慢，采用中位值法滤波效果比较好，但对快速变换的参数，则不宜使用。中位值法的滤波效果可以用图 8-19 加以说明。如果 3 次采样中有一次混入脉冲干扰，则这次混入干扰只有两种可能，即比真值大或小，不可能居中，因此滤波后混入脉冲干扰被滤掉。如果 3 次采样有两次混入脉冲干扰，且两次脉冲干扰的极性相反，根据中位值法，干扰仍然被滤掉。只有在 3 次采样中有两次发生同极性的脉冲干扰时，脉冲干扰才得以进入计算机。但出现这种情况的概率是很小的。

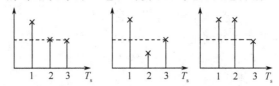

图 8-19　中位值滤波

（3）惯性滤波

如图 8-20 所示为 RC 滤波电路。其传递函数为

$$\frac{Y(s)}{X(s)} = \frac{1}{1 + T_0 s} \tag{8-7}$$

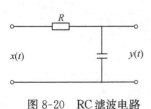

图 8-20　RC 滤波电路

式中，$T_0 = RC$。

这个电路实现对低频干扰的滤波的最大困难在于大时间常数及高精度的 RC 网络不易制作，因 T_0 大则要求电容 C 大，漏电流就增大，使 RC 网络误差增大。而此时用数字滤波则比较容易实现。

数字惯性滤波的算式为

$$y(nT_s)=(1-Q)y[(n-1)T_s]+Qx(nT_s) \tag{8-8}$$

式中，$Q=\dfrac{1}{1+T_0/T_s}$，且 $0<Q<1$，称为滤波系数；T_s 为采样周期。

由式(8-8)可知，只要测得现时刻 $x(nT_s)$ 的值，通过此式计算就可得到现时刻滤波后的值 $y(nT_s)$。这种滤波方法模拟了具有较大惯性的低通滤波功能。

数字滤波方法不需要增加硬件设备，只需要在程序上给予考虑，而且由于稳定性高，不存在阻抗匹配问题，易于多路复用，所以用途较广。各种数字滤波算法各有优缺点，在实际应用中可以根据实际情况综合运用，以保证数据准确、快速地反映被控对象的实际情况，为控制提供有效的数据。

对于工频干扰严重的场合，也可以采用积分比较型的 A/D 转换器对传感器来的微弱信号进行转换。因为这种转换器在转换时间内是对被测信号的积分值进行转换的，只要采样周期选为工频 50Hz 的整倍数，那么工频干扰就会被滤掉。

在计算机应用高度普及的今天，不断地有新的滤波方法出现，限于篇幅，本书不做详细介绍。

8.3.4 隔离

在 8.3.2 节中提到，由于地球的电容非常大，而且是良导体，所以认为它的电位稳定并且处处均等。但实际上并非如此。地球的电位与信号电平相比是相对稳定的，可是若取地球上的两点，则它们的电位互有差异，几乎没有完全相同的。出现电位差的原因大多是由于存在地电流，可是有时也因地电极材料、接地点的地质成分和水分等的差异而使电位分为几级，且随时间发生某种变化。

接地电位叫地电位，场所不同，地电位便不一样，并随时间而变。接地点有接地电阻，所以电位也随接地电流的状况而改变。

1. 接地环路和共模噪声

当电子电路(指输入端有传感器和转换器等的电子电路)的接地点有两个以上时，便构成接地环路。

如图 8-21 所示。图 8-21(a)为两点接地例子，一个接地点在传感器热电偶侧，另一个在放大器输出侧，接地点 G_1 和 G_2 的地电位有差别时，接地环路便有电流。设放大器输入侧的导线电阻为 R，环路电流为 i，则电压 iR 作为共模噪声加到放大器输入端。如果 i 为直流，便不能用滤波器除掉，这时切断接地环路才是根本的解决方法。此时应如图 8-21(b)所示，实行一点接地。但是，热电偶用在温度很高的电炉内时，由于对地绝缘电阻因高温而降低，同时又有寄生电容，所以很难使接地环路完全消失。

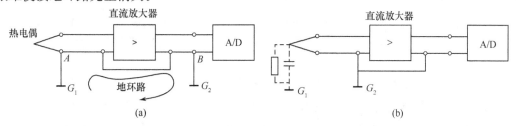

图 8-21　接地环路

图 8-22 所示为各自接地的两台电子设备相连时出现的接地环路。时常看到检测仪表内接有计算机，或检修时把其他测量仪表接入电路，这时很难像图 8-21(b)那样取消某一方的接地，

对于这种情况,可用隔离技术把信号部分提取出来,具有隔离功能的器件称为隔离器。

2. 隔离器法

（1）变压器隔离

用变压器进行隔离的方法如图 8-23 所示。

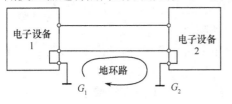

图 8-22　接地环路

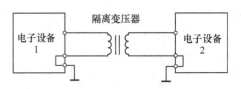

图 8-23　用变压器隔离

信号内没有直流分量时用这种方法最简便,但信号的频域宽广时不能用。把含直流分量的信号调制成交流,经变压器耦合到接收端再进行解调,即隔离放大器,如图 8-24 所示。这种隔离方法常用于工业检测领域。

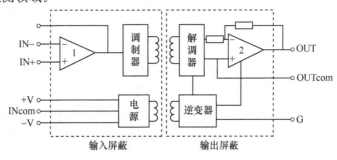

图 8-24　隔离放大器

（2）光电隔离

常用的光电隔离器件是光电耦合器。光电耦合器由发光二极管和光敏三极管（或达林顿管、晶闸管等）封装在一个管壳内组成。发光二极管两端作为信号的输入,光敏晶体管的发射端或集电极端作为信号的输出,内部通过光实现耦合。当输入端加电流信号时,发光二极管发光,光敏晶体管受光照后因光敏效应产生电流,使输出端产生相应的电信号,实现了以光为介质的电信号传输。由于光电耦合器是用光传送信号,两端电路无直接电气联系,因此,切断了两端电路之间地线的联系,抑制了共模干扰。其次,发光二极管动态电阻非常小,而干扰源的内阻一般很大,能够传送到光电耦合器输入端的干扰信号很小。再者,光电耦合器的发光二极管只有在通过一定电流时才能发光,由于许多干扰信号幅值虽然高,但能量较小,不足以使发光二极管发光,从而可以有效地抑制干扰信号。

光电耦合器的发光二极管正常发光的电流一般需要几毫安,用常规的 TTL 门电路难以驱动,因此常采用如图 8-25 所示方法来驱动。图中限流电阻的作用是保证流过输入端的电流为所需的驱动电流。

开关驱动的特点是结构简单、可靠,常用于手动开关输入的场合;OC 门驱动,由于集电极开路门驱动具有较大的驱动能力,并可在较高的电压下工作,同时采用门电路,故可与计算机系统接口兼容,因而这种方式是目前应用最广的一种;当光电耦合器所需驱动电流较大或需多个光电耦合器并联时,常采用晶体管驱动方式,因此其特点是具有较强的驱动能力,并能方便地与计算机系统接口。

用光电耦合器进行隔离的方法如图 8-26 所示。图 8-26(a)所示为选用线性光电耦合器实现

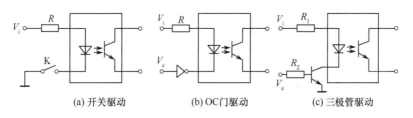

(a) 开关驱动　　　(b) OC门驱动　　　(c) 三极管驱动

图 8-25　光电耦合器的驱动

模拟信号隔离。由于光电耦合器的线性范围有限,且难以满足对微弱信号低漂移的要求,因此限制了其使用。图 8-26(b)所示为采用脉冲光电隔离。它把光电耦合器与压频(V/F)变换器、频压(F/V)变换器组合起来,形成组合式模拟隔离器,不仅隔离方便,信号抗干扰性强,而且对模拟信号的远距离传送尤为有效。因此这种方法受到广泛重视。

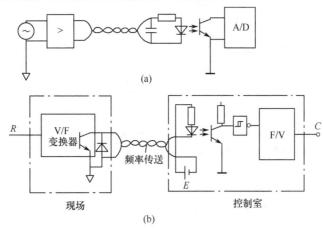

(a)

现场　　　　　　　　控制室

(b)

图 8-26　光电耦合器进行隔离

对于脉冲信号、数字信号和开关量信号的光电隔离,采用开关型的光电耦合器,其耦合电路与输入、输出信号的性质和要求有关,需根据实际情况进行设计。

3. 提高抗共模噪声能力的方法

(1) 采用差分放大器做信号前置放大

图 8-27 所示为基本结构图,差分放大器有 1、2 两个输入端,其输入电阻分别为 R_{a1} 和 R_{a2}。接地点 G_1、G_2 的地电位差(即共模噪声)为 V_g,电阻为 R_g,电子设备 1 的输出用 V_s、R_s 表示,连接到差分放大器的两根导线电阻分别为 R_{c1} 和 R_{c2}。

考察共模噪声的影响。令 $V_s=0$,差分放大器两输入端的电压 V_1、V_2,其共模噪声只有转变成差模噪声才对输出有影响,因此,有

$$V_1-V_2=\left(\frac{R_{a1}}{R_{a1}+R_{c1}+R_s}-\frac{R_{a2}}{R_{a2}+R_{c2}}\right)V_g \tag{8-9}$$

式中,由于 R_g 与 R_{a1}、R_{a2} 相比,其值十分小而可忽略不计。

差分放大器一般都是 $R_{a1}\approx R_{a2}$,如果 R_{a1} 和 R_{a2} 的值比 R_s、R_{c1}、R_{c2} 大很多,则从式(8-9)可知 V_1-V_2 的值接近于零,证明共模噪声的影响受到了抑制。

(2) 用浮地输入双层屏蔽来抑制共模噪声

这是利用屏蔽方法使输入通道的模拟地浮空,从而达到抑制共模噪声的目的。这种方法常用于对精度要求较高的场合,其原理如图 8-28 所示。将模拟量输入通道的电路用两个金属屏蔽盒包起来,外屏蔽层就是机壳,机壳接安全地,称为机器地。电路板、内屏蔽层、外屏蔽层三者绝

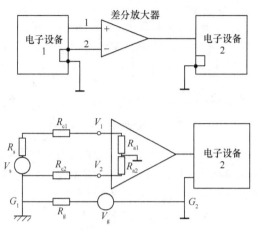

图 8-27 差分放大

缘。由于存在分布电容、漏电阻等,因此实际上存在两个阻抗,如图 8-28 中的 Z_1、Z_2。传输线使用屏蔽线,屏蔽层在输入端接地,屏蔽层的另一端接内屏蔽层。在这样的结构中,屏蔽线的屏蔽层给共模噪声电流提供了一条通道,显然流过的共模噪声电流不会直接产生常模噪声干扰,它只在屏蔽层的电阻 R 上产生一个电压降,成为被测信号输入回路的实际共模噪声电压,由于 R 和 Z_2 比较起来是很小的,所以这个共模噪声电压也是很小的。这个共模噪声电压又经 Z_s 和 Z_1 的第二次分压才成为对模拟量输入通道的常模噪声。同样地,由于 $Z_s \ll Z_1$,所以转变成差模噪声是极其微小的。

尽量加大内屏蔽层和机壳之间的分布阻抗 Z_2 是抑制共模噪声的有力措施。由于内屏蔽盒里边的电路并不多,所以它的体积一般是比较小的,只要仔细考虑它与机壳之间的绝缘和相对距离,是可以增大 Z_2 分布阻抗的。但是由于电源变压器原、副边分布电容的影响,使得 Z_2 提高是有限的,所以要在电源变压器上采取措施。变压器的原、副边都要加屏蔽层,如图 8-29 所示。将原边屏蔽层接机器地,副边屏蔽层接浮地的内屏蔽盒。采用这一措施后,可使变压器分布电容降到几个 pF,可以大大提高共模抑制效果。

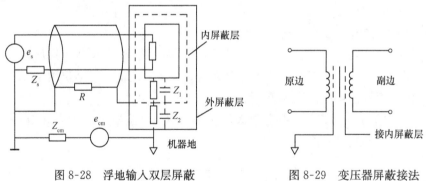

图 8-28 浮地输入双层屏蔽   图 8-29 变压器屏蔽接法

8.4 数字信号的传输

对使用低电平信号,信号频谱很宽,从直流到几百兆赫范围内工作的数字系统来说,带有急剧电磁变化的外来干扰大多成为噪声源。掌握所生噪声向系统传播的物理机理,查明噪声侵入实际线路的路径是制定有效措施的必要条件。另一方面,数字系统内部的逻辑通一断,虽然电平低,可使电压、电流变化极其急剧,这也成为数字系统固有的内部噪声源。

1. 串扰噪声

在元器件集成度大幅度提高的条件下,安装大规模集成电路器件的印制线路板和插装印制线路板机箱及数字系统都踏上高密度装配的发展道路。因此,印制线路板的印制导线越发细密,相距很近的印制线条中有高速开关电流流过,所以从前发生在多股往复导线等电缆中的串扰噪声,在印制线路板上也成为不能忽视的问题。尤其在毗邻的平行敷设多根信号线的数据总线中,在地址信息和输入/输出数据被送到总线,或从总线取出的时间里,由于多支电流在相应的位线中,同时发生急剧变化而产生串扰噪声不能忽略不计,总线接口电路中的故障大多起因于此。

串扰的发生机理:如图 8-30 所示为发生串扰的原理。图中 GR 为脉冲驱动线,BF 为被感应线,都是无耗损线路,特性阻抗为 Z_0。两端都以 Z_0 为终端,没有反射,加于驱动线发送端 G 的脉冲沿线路传输,速度为 v_p,于 t 时间到达距 G 端 x 远的点。设这两条线间单位线长的互容为 C_m,互感为 L_m,到达 x 点的脉冲经 C_m、L_m 而在被感应线上出现图中箭头所示的电流 i_C 和 i_L。

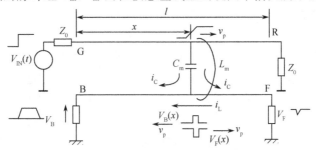

图 8-30　发生串扰的原理

从图 8-30 得知,在被感应线上,电流 i_C 和 i_L 从 x 点向近端 B 去的极性相同,而向远端 F 去的极性相反。此电流于 x 点附近在被感应线上产生向近端 B 去的脉冲 $V_B(x)$ 和向远端 F 去的脉冲 $V_F(x)$ 的传输速度都是 v_p。

$$V_B(x) = f(i_C + i_L)$$
$$V_F(x) = f(i_C - i_L)$$

加到驱动线发送端 G 的脉冲对于任意的 x 点,都在被感应线上产生上述的 $V_B(x)$ 和 $V_F(x)$,并以速度 v_p 在线路中传输,经过 T_d 时间到达接收端 R,被终端 Z_0 吸收。因此在被感应线的 B 端和 F 端看到串扰 V_B 和 V_F,等于从 $0 \leqslant x \leqslant 1$ 的各 x 点传输来的 $V_B(x)$ 和 $V_F(x)$ 的总和。

$V_B(x)$ 的方向与在传输线上的脉冲前进方向相反,而 $V_F(x)$ 的方向与脉冲前进方向相同,各自的速度都是 v_p。从而作为 $V_B(x)$ 总值的 V_B 只随 x 在时间坐标(脉冲宽度)轴上增加,假定驱动脉冲经过线路 1 的传输时间为 T_d,则 B 端看到的串扰 V_B 的脉宽为 $2T_d$,V_B 称为反向串扰(近端串扰)。

另一方面,驱动脉冲经过 x 点时所感应的 $V_F(x)$ 以与驱动脉冲相同速度传向 F 端,所以作为 $V_F(x)$ 总值的 V_F 只随 x 在电压坐标轴上增加。在驱动脉冲到达 R 端(终端)时,同时出现在 F 端,V_F 称为正向串扰(远端串扰)。如图 8-31 所示,$V_{IN}(t)$ 是加了上升时间为 T_1、峰值为 V 的脉冲,其中 $T_1 < 2T_d$,从图中可归纳下面 3 点:

① 反向串扰的峰值和驱动脉冲的峰值成正比,与线长和驱动脉冲的前沿 dV/dt 无关;

② 反向串扰的脉宽和线长成正比,等于传输时间 T_d 的 2 倍;

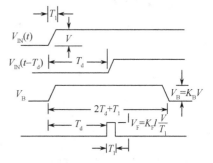

图 8-31　近端串扰与远端串扰

③ 正向串扰的峰值与线长和驱动脉冲的前沿 dV/dt 成正比。

为了减少线间的串扰,在使用扁平电缆传送数据信号时,要使用地线将数据线间隔开进行传送。

2. 反射

(1) 传输线路与特性阻抗

如果通路的长度和在它上面传输的信号波长很接近,传输线的影响会使通路上的信号发生畸变。在 100MHz 的情况下,只要几厘米长的导线就会显示出不可忽略的传输效应。对于 50Hz 的信号,在平常的接线中传输线效应是不显著的,但对几百 km 长的电力传输线就会变得很显著,对时钟频率在 1～10MHz 范围内而通路又被限定在一块印制板中的逻辑电路的设计,传输线的影响一般可以忽略,但在信号用总线从一块板传送到另一块板时,就有显著的传输线效应,而信号从一个机箱传送到另一个机箱时就会有影响。对于运行在时钟频率为 50～100MHz 的很高速的设备,甚至对于被限定在一块电路板上的信号线,除了那些非常短的线之外也必须作为传输线来处理。

图 8-32 所示为传输线及负载。一个电压 V 加到这个线路上,并沿着这条线路传送到一个负载阻抗 Z_L。由电磁理论可知,信号以光速沿着这条传输线传播,电压和电流一起传送,在传送信号时,这条传输线作为一个分布电感和电容网络在工作,如图 8-33 所示。

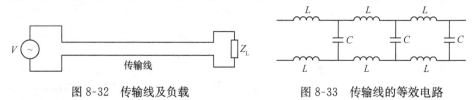

图 8-32 传输线及负载　　　　图 8-33 传输线的等效电路

在求解波的传播方程时,我们得到这条线上的每一点电压为

$$V_0 = I_0 Z_0 \tag{8-10}$$

式中,V_0 是传送的电压;I_0 是传送的电流;Z_0 是这条线的波阻抗,又称为特性阻抗,它是这条线的电感 L 和导线之间电容 C 的函数,而 L 和 C 分别是每单位长度上的电感和电容的值。具体来说,有

$$Z_0 = \sqrt{\frac{L}{C}}$$

在这条线的末端,传输的电压和电流与负载电阻 Z_L 相遇,在这一点和在这条线的每个其他点上一样,必须满足欧姆定律,但是单独用 V_0 和 I_0 是不能满足欧姆定律的,这是因为一般来说,V_0/I_0 不等于 Z_L,而必定等于 Z_0。欧姆定律要求在这条线的末端出现一个反射波,并且向着源端传输。反射波的起始电压和电流的值使直接波和反射波合在一起在负载电阻上满足欧姆定律。在这个定义上,反射波是直接波到达不匹配的负载阻抗引起的,这个阻抗确定了反射波的初始值。反射波和直接波一样,满足传输线的波动方程,因此,对反射波有

$$V_R = I_R Z_0 \tag{8-11}$$

为了得到一个描述负载端上状态的方程式,使用如图 8-34 所示的符号规定。

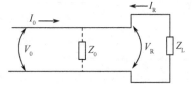

图 8-34 传输线负载端等效电路

从图 8-34 可以看到,反射电压值和直接电压都加在负载上,但反射电流和直接电流方向相反,因此在负载上有

$$V_0 + V_R = Z_L (I_0 - I_R) \tag{8-12}$$

上面给出了包括 4 个变量 V_0、V_R、I_0 及 I_R 的 3 个方程式。给定任一变量,就能求得其他 3 个变量,通过消去 I_0 及 I_R,可以求得 V_R/V_0 的值,该值称为反射系数。用某种简单的代数处理得

$$\frac{V_R}{V_0}=\frac{Z_L-Z_0}{Z_L+Z_0} \tag{8-13}$$

这个反射系数告诉我们,反射波的大小是这条线上传送电压的函数。应该注意,反射波不会比直接波大,而且反射波可以具有和直接波相同或相反的极性。对于短路负载,反射系数为 -1;而对于开路负载,这个系数是 $+1$。这两种情况都产生反射系数的最大值。

在负载阻抗 Z_L 选择得等于传输线的波阻抗 Z_0 时,反射系数为 0 即完全没有反射波。在这种情况下,负载电阻与这条线是匹配的。注意:若 Z_0 大于 Z_L,则反射系数是负的,这时,反射波部分地抵消了传送波;若 Z_0 小于 Z_L,则反射系数是正的,反射波增强了传送波。

下面举几个实例来说明各种信号源及负载阻抗如何在这条线上引起不同的反射。如图 8-35 所示为末端开路,因此反射系数是 $+1$。物理直觉告诉我们,如果等待足够长的时间,这条线就会充电到加在这条线上的全电压 V_0。

如果有一小的源阻抗 Z_s,使得源端反射系数接近于但不完全等于 -1,那么这条线路一开始电压 V_0 加到串联负载 Z_s 和 Z_0 上,使得沿这条线路第一次直接波的大小等于 $V_0 Z_0/(Z_s+Z_0)$。反射回来的波形具有相同的幅度。当反射波到达源端时(反射回来是负的),几乎具有相同的幅度。在这里,电压是 3 个不同波形的和:开始的直接波、末端的反射波以及第二次直接波。由于从末端来的反射波和第二次直接波的幅度非常接近,而极性是相反的,所以它们几乎相互抵消了。因此近端电压稍微高于第一次的直接波电压。到达源端的下一个反射波是负极性的,而这个波又以几乎相同的大小以正极性被反射出去。此时,源端上的电压跌落到差不多和第三次沿着这条线发射的直接波一样。以后的反射重复这种情况,使得线上的源端电压在 V_0 上下振荡,之后随着时间的推移而逐渐消失。当第一个直接波到达末端时,末端对渐近线电压产生了最大的偏移,此时这个电压大约是 V_0 的两倍。在第二个直接波到达这个负载后,这个电压几乎摆动到 0。以后的反射使电压在 V_0 的上下来回摆动,摆动的幅度逐渐减小到 0。

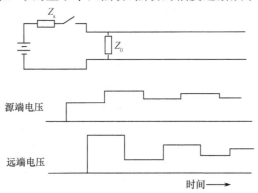

图 8-35　末端开路

图 8-36 所示为前一例子的略加变化的情况,即近端接了一个与传输线匹配的 Z_0,起始的直接波是加在串联 Z_0 和线阻抗 Z_0 上的电压,这样,使得 $V_0 Z_0/(Z_s+Z_0)=V_0/2$ 沿着这条线传播。在末端这个电压跳到 V_0,这是因为反射波等于入射波。这个波往回传播到源端,在那里它被匹配的阻抗所吸收。当反射波到达源端时,整个线被充电到 V_0。在这种情况下,一个来回的传播,使整条线充上了电。

图 8-37 所示为一条在末端匹配的传输线,这条线的负载阻抗为 Z_0。当一个波在这条线上传送到末端时,在那里被吸收而没有反射。当用这种终端负载时,源端的阻抗通常被做得尽可能小,以使所有的电压几乎都到达末端。

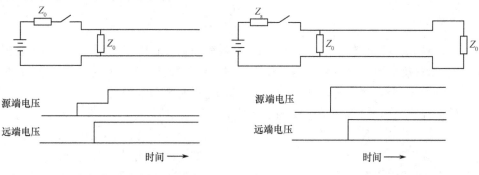

图 8-36 末端开路、源端有匹配阻抗　　　　　图 8-37 末端匹配的情况

一种复杂些的情况是源端和负载都不与传输线匹配。在这条线上有来回多次的反射,直到电压到达它的渐近值为止。

(2) 点对点传输时传输线的使用方法

点对点传输时传输线的使用方法如下:

① 在每个信号变换后,等待足够长时间使线上的反射消失,而不是用通过传输线上的终端负载来减少反射;

② 在末端用一个匹配的终端负载,使之在线上不会产生反射;

③ 在源端用一个匹配的终端负载吸收从末端来的反射波。

第②③种方法如图 8-38 所示。方法①用于低速系统,允许几个来回的行程传播时间;方法②速度快,只一个单程传输时间,但负载上的功率损耗大;方法③产生一个反射波,可避免损耗,如果远端阻抗无限大,那么当直接波到达时,在末端的电压会很快上升到最终值,因此这种应用大多要求具有非常高的输入阻抗的特殊传输线的接收器。尽管源端接负载的方法要产生反射波,但在点对点的结构中,它可以与远端接负载的方法以同样的速度运行。

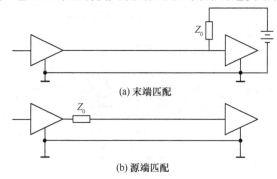

图 8-38 传输线的使用方法

表 8-1 为具有代表性的传输线的波阻抗 Z_0 参数。

当线的远端有多个支路而不是单个负载时,波反射就出现复杂的情况。一种更有用的在传输上的分支方法,就是要求支路相对传输线来说波阻抗非常高,分支线非常短,而且它的接收器有无限大的阻抗。高阻抗的分支,阻止直接波吸收大量的能量,接收器的无限大的阻抗,反射所有传入短线的波,使它沿着这条短线往回传送,重新进入传输线。短线保证传入短线的波以尽可能小的延迟重新进入传输线。

表 8-1 传输线参数

	$Z_0(\Omega)$	$\delta(\text{ns/m})$	$L_0(\mu\text{H/m})$	$C_0(\text{pF/m})$
双绞线 $\phi 0.18$,7 根扭绞,聚苯乙烯	100	5.3	0.53	53
同轴电缆 5D2V	50	5.08	0.254	100
印制线路板,玻璃环氧板 $t=1.6\text{mm}$ 印制导线宽 0.4mm	100	5.25	0.525	52.5

注:Z_0 为特性阻抗;δ 为阶跃输入电压传过单位线长所需的时间;L_0 为单位线长的电感;C_0 为单位线长的电容。

3. 连接技术的应用

(1) 板内连接

长线传送常出现在存储器系统中,在这种应用中,系统的定时要求是很高的。如果由于总线上的衰减振荡使存储周期必须延长的话,那么整个系统就会性能降低,因此通常实践中把高速存储器作为一个源终端传输线来处理。如图 8-39 所示。

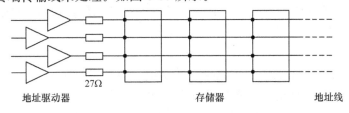

地址驱动器　　　　　　　存储器　　　　　　　地址线

图 8-39　存储器的地址线

图 8-39 表明了存储器的地址线是顺序连接的,通过各个芯片相应的存储单元。它本质上是一个具有很高阻抗的短分支的传输线。导线的布局应是均匀分开的平行直线,以得到一条具有均匀波阻抗的传输通路,焊在引线上的芯片引脚的电容分布均匀,具有几个 pF 电容和一个很大的电阻性阻抗。比如说访问 20 个芯片,那么这条线上可能有 100pF 的电容,这对驱动器来说是一个相当大的容性负载。但是由于电容是均匀地分布在导线上而不是集中在一个引脚上,所以这个分布电容和导线的分布电感合在一起,使传输线的导线表现为具有纯电阻性阻抗。其典型值为 20~30Ω。

如果这条线没有接终端,那么当地址线有效时,会产生显著的阻尼振荡。在存储器能被存取之前,这些地址线必须达到稳定状态。这样一来,阻尼振荡的效果增加了从地址启动到存储器可被存取之间的时间延迟。在高速存储器设计中的标准做法是在地址线的源终端接一个小的串联电阻到每条线的驱动端,这个源终端负载吸收由分支引起的反射,使得在一个来回行程的传输延迟之后这条线就充上了电。

(2) 底板连接

底板一般采用"总线"的方法,即所有的主要信号线全部顺序地跨接到底板总线上,各个电路板插在底板上,以接触方式和这些线相通,作为传输线上的分支。

为了使总线上固有噪声不至于影响到系统正常工作,总线必须足够短,以便在总线信号建立期间使反射得到衰减。印制电路的布局在加快衰减时间方面是很关键的。印制线路板上的驱动器和接收器必须布置得尽可能接近总线上的印制插座,以使每个抽头处的接线尽可能短。为了使进入每个接线上的大部分功率能反射回到总线上,接收器的高输入阻抗是必不可少的。一个可靠的保守的方法是限制每个板上每条总线信号为一个驱动器和一个接收器,这样就消除了由多个源及负载来的反射,同时也要限制这些板上接线柱的长度。

专用的驱动器和接收器对底板的连接特别有用,比较常用的总线驱动器和接收器如7424×(240、241、242、244、245),这些器件是具有很大输出能力的三态驱动器。

集电极开路的驱动器被用在总线型的系统中,两个或两上以上的门同时驱动一条信号线,最普遍的选择是7406、7407,这种器件以匹配终端负载的方式比三态驱动器能更好地工作,能达到这一点的关键是,这些芯片的驱动能力和匹配传输线所需的终端负载电阻相适应。

8.5 电源系统的抗干扰措施

计算机控制系统一般由交流电网供电。负荷变化、系统设备开断操作、大负荷冲击、短路和雷击等原因都会在电网中引起电压较大波动、浪涌。另外,大量电力电子设备、电弧炉、感应炉、电气化铁道机车等的使用,使电网中存在大量的谐波,从而造成波形畸变。以上这些因素都是电源系统的干扰源。如果这些干扰进入计算机控制系统,就会影响系统的正常工作,造成控制错误、设备损坏,甚至整个系统瘫痪。

电源引入的干扰是计算机控制系统的主要干扰之一,也是危害最严重的干扰,根据工程统计,对计算机控制系统的干扰大部分是由电源耦合产生的。

1. 供电方式

为了防止产生电源干扰,计算机控制系统的供电一般采用图8-40所示结构。图中,交流稳压器保证交流220V供电,即交流电网电压在规定的波动范围,输出的交流电压稳定在220V;交流电源滤波器,即低通滤波器,有效地抑制高频干扰的入侵,使50Hz的基频交流通过。最后由直流稳压器向计算机控制系统供电。

图8-40 计算机控制系统的供电方式

交流滤波器可采用电容滤波器、电感电容滤波器或有源滤波器。滤波器要有良好的接地,布线接近地面,输入/输出引线应相互隔离,不可平行或缠绕在一起。

在电源变压器中设置合理的屏蔽(静电屏蔽和电磁屏蔽)是一种有效的抗干扰措施,它是在电源变压器的原边和副边之间加屏蔽层,如图8-41所示。电网进入电源变压器原边的高频干扰信号,经过静电屏蔽直接旁路到地,不会耦合到副边,从而减少交流电网引入的高频干扰。为了将控制系统和供电电网电源隔离开来,消除公共阻抗引起的干扰,同时为了安全起见,可在电源变压器和低通滤波器之前增加一个隔离变压器。隔离变压器的原边和副边之间加静电屏蔽层,也可采用双屏蔽层,如图8-42所示。

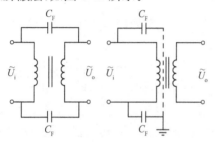

图8-41 电源变压器的静电屏蔽

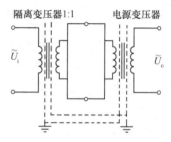

图8-42 隔离变压器及其屏蔽

上面所讲是一般供电方式,结合具体实际情况和要求,还可进一步采取一些措施,例如,采用开关电源、DC-DC变换器以及UPS供电等提高电源的稳定性。其中,UPS中设有断电监测,一旦监测到断电,将供电通道在极短的时间(3ms)内切换到电池组,电池组经逆变器输出交流代替电网交流供电,从而保证供电不中断。

2. 尖峰脉冲干扰的抑制

计算机控制系统在工业现场运行时,所受干扰的来源是多方面的,除电网电压的过压、欠压及浪涌以外,对系统危害最严重的首推电网的尖峰脉冲干扰,这种干扰常使计算机程序"跑飞"或"死机"。尖峰干扰是一种频繁出现的叠加于电网正弦波上的高能脉冲,其幅度可达几千伏,宽度只有几毫秒或几微秒,因此采用常规的抑制办法是无效的,必须采取综合治理办法。

抑制尖峰干扰最常用的方法有3种:在交流电源的输入端并联压敏电阻;采用铁磁共振原理(如采用超级隔离变压器);在交流电源输入端串入均衡器,即干扰抑制器。另外,使系统远离干扰源,对大功率用电设备采取专门措施抑制尖峰干扰的产生等都是较为可行的方法。

3. 掉电保护

计算机控制系统在控制过程中计算机供电不允许中断,一旦电源中断,将影响系统的正常工作。为此,计算机系统应加装UPS(不间断电源),或增加电源电压监视电路,及早监测到掉电状态,从而进行应急处理。对于没有使用UPS的计算机控制系统,为了防止掉电后RAM中的信息丢失,经常采用镍电池对RAM进行数据保护。图8-43所示为一种掉电保护电路。系统电源正常时,VD_1导通,VD_2截止,RAM由主电源(+5V)供电。系统掉电后,A点电位低于电池电压,VD_2导通,VD_1截止,RAM由备用电池供电。

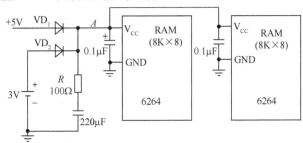

图8-43 掉电保护电路

对直流电源电压监视可采用集成μP监控电路实现掉电保护。现在已经有许多集成μP监控电路可供选择,它们具有很多种类和规格,同时也具有多种功能,如有的μP监控电路除电源监视外,还具有看门狗、上电复位、备用电源切换开关等功能。图8-44所示为利用MAX815组成的电源监控电路。图中,+12V电压经分压后,接到MAX815的PFI端,PFI是电源电压监视输入端,用于电源电压监视。当PFI的输入电压下降到低于规定的复位阈值时,MAX815将产生一个复位信号,即$\overline{RESET}$有效,若连接到CPU的复位端,可引起计算机的复位。同时,$\overline{PFO}$有效,若连接到CPU的输入端,可引起CPU中断,在中断处理服务程序中进行一些必要的处理。MAX815的最低复位阈值在出厂时设定为4.75V,有些产品可用户通过改变外接电阻加以调整。

4. 直流侧的抗干扰措施

电网的高频干扰,由于频带较宽,如果仅在交流侧采取抗干扰措施,很难保证干扰绝对不进入直流系统,因此需在直流侧采取必要的抗干扰措施。

(1) 去耦法

在每块逻辑电路板的电源和地线的引入处并接一个10～100μF的大电容和一个0.01～

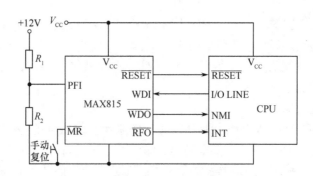

图 8-44 利用 MAX815 组成的电源监控电路

0.1μF 的小电容；在各主要的集成电路芯片的电源输入端与地之间，或电路板电源布线的一些关键点与地之间，接入一个 1～10μF 的电解电容，同时为滤除高频干扰，可再并联一个 0.01μF 的小电容。

（2）增设稳压块法

在每块电路板上装上一个或几块稳压块，以稳定电路板上的电源电压，提高抗干扰能力。经常采用的稳压块有 7805、7905、7812、7912 等三端稳压块，它们的输出电压是固定的。也可采用线性调整器，如 MAX1705/1706，MAX8863T/S/R 等，它们的输出电压是可调的。

8.6 CPU 抗干扰措施

CPU 是计算机的核心，是整个计算机系统的指挥中心。当 CPU 受到干扰不能按正常状态执行程序时，就会引起计算机控制的混乱，所以应尽可能无扰动地恢复系统正常工作。特别是在单片机系统中，应当充分考虑系统的抗干扰性能。下面是几种常见的针对 CPU 的抗干扰措施。

1. 复位

对于失控的 CPU，最简单的方法是使其复位，程序自动从头开始执行。复位方式有上电复位、人工复位和自动复位 3 种。上电复位是指计算机在开机上电时自动复位，此时所有硬件都从初始状态开始，程序从第一条指令开始执行；人工复位是指操作员按下复位按钮时的复位；自动复位是指系统在需要复位的状态时，由特定的电路自动将 CPU 复位的一种方式。为完成复位功能，在硬件电路上应设置复位电路。

人工复位电路简单，但不能及时使系统恢复正常，往往是在系统已经瘫痪的情况下使用。如果软件上没有特别的措施，人工复位与上电复位具有同等作用，系统一切从头开始，这在控制系统中是不允许的。因此，人工复位主要用于非控制系统。CPU 在受到干扰后能自动采取补救措施再自动复位，才能用于直接控制系统。

2. 掉电保护

在软件中，应设置掉电保护中断服务程序，该中断为最高优先级的非屏蔽中断，使系统能对掉电作出及时的反应。在掉电中断服务程序中，首先进行现场保护，把当时的重要状态参数、中间结果，甚至某些片内寄存器的内容一一存入具有后备电池的 RAM 中。其次是对有关外设作出妥善处理，如关闭各输入/输出口、使外设处于某一非工作状态等。最后必须在片内 RAM 的某一个或两个单元存入特定标记的数字，作为掉电标记，然后，进入掉电保护工作状态。当电源恢复正常时，CPU 重新复位，复位后应首先检查是否有掉电标记，如果有，则说明本次复位为掉电保护之后的复位，应按掉电中断服务程序相反的方式恢复现场，以一种合理的安全方式使系统继续未完成的工作。

3. 指令冗余

当受到干扰,程序"跑飞"后,往往将一些操作数当作指令代码来执行,从而引起整个程序的混乱。采用指令冗余技术是使程序从"跑飞"状态恢复正常的一种有效措施。指令冗余技术,就是人为地在程序的关键地方加入一些单字节指令 NOP、或将有效单字节指令重写、采用指令重复技术。指令冗余会降低系统的效率,但可以确保系统程序很快纳入程序轨道,避免程序混乱,适当的指令冗余并不会对系统的实时性和功能产生明显的影响,故在程序设计中被广泛采用。

指令冗余虽然将"跑飞"的程序很快地纳入程序轨道,但不能保证系统工作正常。为解决这个问题,必须采用软件容错技术,使系统的误动作减少,并消灭重大误动作。

4. 软件陷阱

当程序"跑飞"到非程序区时,指令冗余不起作用,这时可采用软件陷阱技术。软件陷阱是在非程序区的特定地方设置一条引导指令(看作一个陷阱),程序正常运行时不会落入该引导指令的陷阱。当 CPU 受到干扰,程序"跑飞"时,如果落入指令陷阱,将由引导指令将"跑飞"的程序强制跳转到出错处理程序,由该程序进行出错处理和程序恢复。软件陷阱一般设置在未使用的程序区或未使用的中断向量区。

5. 监控定时器(Watchdog)

在计算机控制系统内部使用监控定时器 Watchdog 技术是一种防止尖峰脉冲干扰的有效方法。当侵入的尖峰脉冲干扰使程序编码的某一位(或数位)发生改变时,程序所呈现的外在表现可能为"跑飞"。此时,利用监控定时器 Watchdog 技术可以帮助系统自动地恢复正常运行。

监控定时器 Watchdog 实质上由一个可以由 CPU 进行复位的监控定时器 2 和受 CPU 程序控制的定时器 1 组成,CPU 可重新设置定时值 T_2,或重新启动,也可以清零重新开始计时。其电路如图 8-45 所示。只要在定时器 2"定时到"以前,受 CPU 程序控制的定时器 1 每隔 T_1 周期访问定时器 2 次,定时器 2 重新开始计时,定时器 2 就不会产生溢出脉冲,看门狗也就不会起作用。若程序"跑飞",则受 CPU 程序控制的定时器 1 工作不正常,在复位的监控定时器的"定时到"以前,CPU 未访问定时器 2,那么,定时器 2 的"定时到"脉冲就会使 CPU 复位或中断。

图 8-45　监控定时器原理框图

在计算机控制系统工作过程中,计算机每步工作程序完毕后,应将本周期的重要数据连同各主要寄存器的状态都保护在存储器中,一旦因干扰使程序"跑飞",则由看门狗产生 NMI 中断。中断服务程序可将上次保护的重要数据和各主要寄存器状态取出,用这一组数据和状态恢复现场,并重新运行工作程序,所以看门狗可用来检测系统出错并自动恢复运行。

监控定时器 Watchdog 有如下应用场合。

(1) 用于用户程序的自动恢复

计算机控制系统的用户应用程序基本都设计成定时循环结构,将采集、运算和控制的一个全过程作为循环周期,循环周期一般就是采样周期。工作流程示意图如图 8-46 所示。如果循环周期为 T_a,设置监控定时器 Watchdog 的定时值为 T_b,并使 $T_b > T_a$。这样,如果参照图 8-46 所示的程序框图编程,则可以用监控定时器 Watchdog 使因受干扰而"跑飞"的用户程序得到自动恢

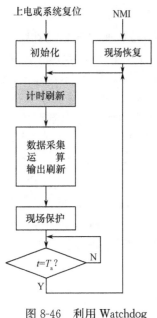

图 8-46　利用 Watchdog
恢复现场流程图

复。在"跑飞"与恢复的过程中，系统会出现瞬时的不正常，但是由于持续时间非常短暂，所以往往不被操作人员察觉。

（2）用于硬件故障的检测

监控定时器 Watchdog 还常常用来检测硬件故障。硬件故障常常是不可自动修复的，一经出现，虽然在监控定时器 Watchdog 的帮助下力求恢复正常运行，但终究是得不到恢复的。出现硬件故障的外在表现是：监控定时器 Watchdog 连续产生溢出脉冲，频繁地进入中断处理程序。利用硬件故障的外在表现可以在程序设计时作出类似这样的判断程序：凡在某个规定的时间间隔内连续数次出错即可判断为硬件故障，并产生故障报警信号，从而促使采用人工方法进行故障诊断并予以修复。

具体的处理逻辑通常是这样的：已经连续数次由 NMI 入口的监控定时器 Watchdog 动作后系统仍然不能恢复，则产生系统复位；如果仍然得不到恢复，则可以判断为硬件故障，产生故障报警。

当遇到以下情况时，Watchdog 会失效：Watchdog 或 CPU 电路损坏；某些关键数据虽已进行数据保护，但碰巧有的干扰而被改写；干扰使 CPU 执行一个重构的错误循环程序，而该循环中正好包含对 Watchdog 的访问，而且访问时间间隔小于 Watchdog 的溢出时间。

无论在什么场合采用监视定时器 Watchdog，均可以非常有效地提高控制系统实时运行的可靠性。

习题与思考题 8

8-1　什么叫电磁兼容性？如何评价一个设备或系统达到了电磁兼容性要求？

8-2　简述屏蔽线起静电屏蔽作用的原理。

8-3　电磁感应噪声是怎样产生的？如何抑制电磁感应？

8-4　试推导数字惯性滤波算式，并说明算式的物理意义。

8-5　共模噪声是如何发生的？应该怎样抑制？

8-6　低频电路为什么要采取一点接地的方法？它防止的是什么噪声？

8-7　什么是串扰？应该如何防止它对数字信号传输的影响？

8-8　使用传输线时"反射"是怎样发生的？如何避免波反射对信号传输的影响？

第9章 计算机控制系统的设计与实现

计算机控制系统的设计与实现是综合运用计算机原理、计算机控制理论、电子电路等多个专业的知识,针对某一类被控对象或某一个特定对象,用计算机实现其控制要求的复杂过程。这既是一个理论问题,又是一个工程问题。计算机控制系统的理论设计包括:建立被控对象的数学模型;确定满足一定技术经济指标的系统目标函数,选择适宜的计算方法和程序设计语言;进行系统功能的软、硬件界面划分,并对硬件提出具体要求。

本章将在前面章节的基础上,简要介绍计算机控制系统设计的原则、步骤和设计举例。一个复杂的信息处理系统,控制系统的设计与开发是一项复杂的系统工程。

9.1 计算机控制系统的设计原则与步骤

尽管计算机控制系统的对象各不相同,其设计方案和具体的技术指标也千变万化,但在系统的设计与实施过程中,还是有许多共同的设计原则与步骤。

9.1.1 设计原则

1. 满足指标要求

在设计计算机控制系统时,首先应满足被控系统或被控对象所提出的各种要求和性能指标。因此,设计之前设计者必须对被控系统或被控对象有一定的熟悉和了解。

2. 可靠性高

计算机控制系统不同于一般的用于科学计算或管理的计算机系统,它们的工作环境一般比较恶劣,周围的各种干扰随时随地威胁着它们的正常运行,而且所承担的控制任务往往又不允许出现异常现象。因此,在计算机控制系统的设计过程中,务必要将可靠性作为一个重要的指标放在首位。

首先在计算机控制系统中,要选用高性能的控制用计算机,保证在恶劣的工作环境下仍能正常运行。其次是设计可靠的控制方案,并具有各种安全保护措施,比如报警、故障预测、事故处理、不间断电源等。对于较重要的控制场合,常采用双机系统作为控制系统的核心控制器。

系统可靠性的度量参数一般有以下几种:

MTBF(Mean Time Between Failure):平均故障间隔时间(平均无故障时间、平均寿命)

MTTR(Mean Time To Restore):平均修复时间(平均维修时间)

$R=e-\lambda$:可靠性(可靠度)

$\lambda=1/\text{MTBF}$:故障率(失效率)

$A=\text{MTBF}/(\text{MTBF}+\text{MTTR})$:利用率(可用度)

$U=\text{MTTR}/(\text{MTBF}+\text{MTTR})$:不可利用率(不可用度)

3. 操作性能好

操作性包括使用方便和维修容易两个含义。操作方便表现在操作简单、形象直观、便于掌握,并不强求操作人员要掌握计算机知识才能操作。既要体现操作的先进性,又要兼顾原有的操作习惯。

维修方便要从软件与硬件两个方面考虑,目的是易于查找故障、排除故障。硬件上宜采用标准的功能模板式结构,便于及时查找并更换故障模板,并在功能模板上安装工作状态指示灯和监测点,便于维修人员检查。软件上则应配置诊断程序,用来查找故障。必要时还应考虑设计容错程序,在出现故障时能保证系统的安全。

4. 实时性强

计算机控制系统,特别是应用在伺服控制中的计算机控制系统,对于实时性有着很高的要求,具体表现在对内部和外部事件能及时地响应,并作出相应的处理,不丢失信息,不延误操作。系统处理的事件一般有两类:一类是定时事件,如定时采样、运算处理、输出控制量到被控对象等;另一类是随机事件,如出现事故后的报警、安全联锁等。对于定时事件,有系统内部设置的时钟保证定时处理。对于随机事件,系统应设置中断,根据故障的轻重缓急,预先分配中断级别,一旦事件发生,根据中断优先级别进行处理,保证最先处理紧急故障。

5. 通用性好

计算机控制系统的研制与开发需要一定的投资和周期。尽管被控对象千变万化,但若从控制功能上进行分析与归类,仍然可以找到许多共性。因此,在设计开发过程中就应尽量考虑能适应这些共性,采用积木式的模块化结构。在此基础上,再根据各种不同设备和不同控制对象的控制要求,灵活地构成系统。这样设计出的系统便于随时进行系统的扩充或改造,通用性好。特别是在针对某一行业或某一类装置开发具有某些特殊功能的计算机控制系统时,设计时就应考虑在该行业或该类装置上的通用性,以便系统建成后能迅速地推广。

计算机控制系统的通用性和灵活性设计也包括硬件和软件两个方面。硬件方面宜采用标准总线结构,配置各种通用的接口通道板,并留有一定的冗余,在需要扩充时只需增加相应功能的通道或模板就能实现。软件模块或控制算法也应尽可能采用标准模块结构,使得用户在使用时不必进行二次开发。

9.1.2 设计步骤

计算机控制系统的设计虽然随被控对象、控制方式、系统规模的变化而有所差异,但系统设计的基本内容和主要步骤大致相同,系统工程项目的研制可以分为 4 个阶段:项目的可行性论证阶段(工程项目与控制任务的确定阶段);项目的工程设计阶段;离线仿真和调试阶段;在线调试和运行验收阶段。

1. 项目可行性论证阶段

项目可行性论证流程如图 9-1 所示。可行性论证主要包括:技术可行性、经费可行性、进度可行性等内容,要形成可行性论证报告。特别要指出,对项目控制尤其是对可测性和可控性应给予充分重视。

在对项目进行可行性论证时,需要初步进行系统总体方案设计。在条件允许的情况下,总体方案设计时应多做几个方案以便比较。这些方案应能清楚地反映出三大关键问题:技术难点、经费概算、工期。

形成可行性论证报告后,需要对项目总体设计方案的合理性、经济性、可靠性及可行性进行论证与评审。如果论证评审的结果为可行,便可形成作为系统设计依据的系统总体方案图和设计任务书,以指导具体的系统设计过程,并下达设计任务。如果论证的结果为不可行,则应重新设计系统总体方案进行论证或终止项目。

2. 项目的工程设计阶段

项目的工程设计阶段流程如图 9-2 所示。主要包括组建项目实施小组、系统总体设计、总体设计的论证与评审、硬件和软件的细化设计、硬件和软件的调试、系统的组装。

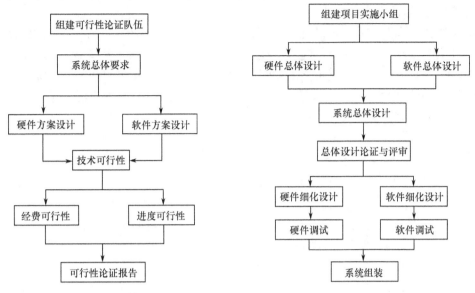

图 9-1　项目可行性论证流程　　　　图 9-2　项目工程设计阶段流程

（1）组建项目实施小组

在通过设计任务书明确系统的技术性能指标要求和经费、计划进度等内容，获得设计任务后，项目进入工程设计阶段。为了完成项目目标，应首先把项目组成员确定下来。该项目组应由懂得计算机硬件、软件和有控制经验的技术人员组成。还要明确分工和相互协调合作关系。

（2）系统总体设计

系统总体设计包括硬件总体设计和软件总体设计。硬件和软件的设计是互相有机联系的，因此，在设计时要经过多次的协调和反复，最后才能形成合理的总体设计方案。总体方案要形成硬件和软件的方块图，并建立说明文档，包括控制策略和控制算法的确定等。

（3）总体设计的论证与评审

总体设计的论证与评审是对系统设计方案的把关和最终裁定。评审后，确定的设计方案是进行具体设计和工程实施的依据，因此应邀请有关专家、主管领导及用户代表参加。评审后应根据评审意见重新修改总体设计，评审过的方案设计应作为正式文件存档，原则上不应再做大的改动。

（4）分别对硬件和软件进行细化设计

此步骤只能在总体设计评审后进行，如果进行太早会造成资源的浪费和返工。所谓细化设计就是将方块图中的方块划到最底层，然后进行底层块内的结构细化设计。硬件设计就是选定计算机及各种硬件模块，以及设计制作专用模块；软件设计则是将模块编成相应的程序。

（5）软、硬件的调试

实际上，硬件、软件的设计中都需边设计边调试边修改，往往要经过几个反复过程才能完成。

（6）系统的组装

软、硬件的细化设计分别完成后，就要分别对硬件系统、软件程序进行调试。然后对软、硬件系统进行组装，组装是离线仿真和调试阶段的前提和必要条件。

3. 离线仿真和调试阶段

离线仿真和调试阶段的流程如图 9-3 所示。所谓离线仿真和调试是指在实验室而不是在系统工作现场进行的仿真和调试。离线仿真和调试试验后，还要进行考机运行。考机的目的是要在连续不停机的运行中暴露问题和解决问题。

4. 在线调试和运行验收阶段

系统离线仿真和调试后便可进行在线调试和运行,如图 9-4 所示。所谓在线调试和运行就是将系统和实际被控对象连接在一起,进行现场调试和运行。尽管上述离线仿真和调试工作非常认真、仔细,现场调试和运行仍可能出现问题,因此必须认真分析加以解决。系统运行正常后,再进行一段时间的试运行,即可组织验收。验收是系统项目最终完成的标志,应由用户主持,双方协同进行。验收完毕应形成验收文件存档。

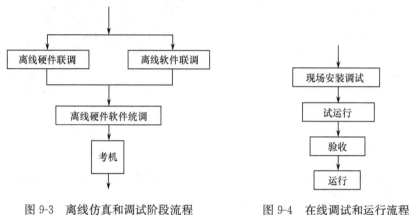

图 9-3　离线仿真和调试阶段流程　　　　图 9-4　在线调试和运行流程

9.2　计算机控制系统的实现过程

9.2.1　计算机控制系统的可行性论证

在进行计算机控制项目的可行性论证前,要注重对实际问题的调查。通过对被控系统或被控对象的深入了解、分析以及对其工作过程和环境的熟悉,确定系统的控制任务,提出切实可行的系统总体设计方案,设计性能优良的计算机控制系统。

1. 硬件总体方案设计

依据系统的控制任务和性能要求开展系统的硬件总体设计。总体设计的方法其实就是画方块图的方法。通过画出的方块图来设计系统的结构,只需明确各方块图之间的信号输入/输出关系和功能要求,而不需确定每个方块图内的具体结构。

硬件总体方案设计主要包含以下几个方面的内容。

（1）确定系统的结构和类型

根据系统要求,确定采用开环还是闭环控制。闭环控制还需进一步确定是单闭环还是多闭环控制。

（2）确定系统的构成方式

系统的构成方式应优先选择采用工控机,或者能够满足系统可靠性要求的一些著名品牌计算机以及嵌入式微处理器。工控机具有系列化、模块化、标准化和开放结构,有利于系统设计者在系统设计时根据要求任意选择,像搭积木般地组建系统。这种方式可提高研制和开发速度,提高系统的技术水平和性能,增加可靠性。当然,也可以采用通用的可编程序控制器(PLC)或智能调节器来构成计算机控制系统(如集散控制系统、网络化控制系统)的前端机或下位机。

（3）现场设备选择

现场设备主要包含传感器、变送器和执行机构，需要从信号量程范围、精度、对环境及安装要求等方面考虑，进行正确选择，它们是影响系统控制性能的重要因素之一。

（4）其他方面的考虑

总体方案中还应考虑人机联系方式、系统的机柜或机箱的结构设计、抗干扰等方面的问题。

2. 软件总体方案设计

依据系统的控制任务和性能要求进行软件的总体设计。软件总体方案设计的内容主要是确定软件平台、软件结构、任务分解、建立系统的数学模型、控制策略和算法的实现等。和硬件总体设计一样，软件总体设计也是采用结构化的设计法。先画出较高一级的方框图，然后再将大的方框图分解成小的方框图，直到能清楚地表达出控制系统所要解决的问题为止。

3. 系统总体方案

软件设计和硬件设计是密不可分的，将上面的硬件总体方案和软件总体方案合在一起就构成了系统的总体方案。一般来说，应制定多套总体方案，从技术可行性、经费可行性、进度可行性等方面进行比较和选择，并形成可行性论证报告。可行性论证报告中特别要对项目的可测性和可控性进行说明。可行性论证报告的主要内容包括：

① 系统的主要功能、技术指标、原理性方框图及文字说明；

② 控制策略和控制算法；

③ 系统的硬件结构及配置，主要的软件功能、结构、平台及实现框图；

④ 方案比较和选择；

⑤ 保证性能指标要求的技术措施；

⑥ 抗干扰措施和可靠性设计；

⑦ 机柜或机箱的结构与外形设计；

⑧ 经费和进度计划的安排；

⑨ 对现场条件的要求等。

4. 方案可行性论证

可行性论证报告形成后应邀请有关专家、主管领导及用户代表，对项目的总体设计方案进行合理性、经济性、可靠性及可行性论证评审。方案可行性论证是对系统总体方案的把关，如果论证评审的结果为可行，则论证评审后确定的总体方案是进行工程设计的依据，因此评审后应根据评审意见重新修改总体方案，最终确定的方案应该作为正式文件存档，原则上不应再做大的改动。同时还要形成作为系统设计依据的系统总体方案图和设计任务书，以指导具体的系统设计过程。设计任务书一定要有明确的系统技术性能指标要求，还要包含经费、计划进度等内容，然后下达设计任务。如果论证的结果为不可行，则应重新设计系统总体方案进行可行性论证或终止项目。

9.2.2 计算机控制系统的工程设计

在计算机控制系统中，一些控制功能既能由硬件实现，也能用软件实现，故系统设计时，硬件、软件功能的划分要综合考虑。总的来说，各种形式的计算机控制系统的设计过程也大同小异。

1. 硬件系统设计

硬件系统设计的任务是：

① 根据系统总体框图，设计系统电气原理图；

② 按照电气原理图选择控制主机、板卡、传感器、变送器、执行机构和配套的元器件等,并对硬件系统进行详细设计。

硬件系统设计过程中需要注意硬件设备之间的匹配问题,应进行严格的匹配筛选。在布线和结构设计时,应注意生产工艺和装配工艺,以减少电磁干扰和避免结构干涉。

控制系统的计算机可根据控制功能的要求选用工控机、PC、PLX 或单片机等。但由于工控机具有高度模块化和插板结构的特点,可以采用组合方式来大大简化计算机控制系统的设计,因此,工控机控制系统只需要简单地更换几块模板,就可以很方便地变成另外一种功能的控制系统。

硬件设备的选择一般应注意以下几点。

① 字长。计算机的字长越长,精度越高,但价格相应越贵。

② 速度。运算速度直接影响系统响应的快速性,若系统要求响应快,就必须选择速度快的计算机。

③ 内存容量。内存容量取决于控制算法的复杂程度。若控制算法复杂,计算量大,所处理的数据多,就要选择内存容量大的计算机。

④ 中断能力。计算机控制系统的中断功能,不仅解决主机与外设间的信息交换问题,而且解决故障处理、多机连接等问题,因而要选择中断能力强的计算机。中断方式和优先级应根据被控对象的要求和计算机为其服务的频繁程度来确定。一般用硬件处理中断的速度较快,但要配备中断控制部件;用软件处理中断的速度要慢一些,但比较灵活、修改方便。

⑤ 外围接口。一个典型的计算机控制系统,除了控制用的主机以外,还必须有各种输入/输出通道模板,其中包括数字量 I/O(DI/DO)、模拟量 I/O(A/D、D/A)等模板。

数字量(开关量)输入/输出(DI/DO)模板一般都采用隔离,比如带光电隔离的 DI/DO。数字量输出(DO)模板主要要解决功率驱动问题。A/D、D/A 模板包括 A/D、D/A 板及信号调理电路等。选择模拟量输入/输出(A/D、D/A)模板时,必须注意分辨率、转换速度、量程范围等技术指标,A/D 和 D/A 转换器的位数越多,精度越高,但价格相应越高。

⑥ 传感器及变送器。传感器及变送器能将被测量的非电量信号转换为可远传的统一的电压或电流信号,且输出信号与被测变量有一定的连续关系,以便于在控制系统中实现数据采集。系统设计人员可根据被测参数的种类、量程、被测对象的介质类型和环境来选择传感器及变送器的具体型号。

⑦ 执行机构。执行机构是控制系统中必不可少的组成部分,其作用是接收计算机发出的控制信号,并把它转换成调整机构的动作,使被控系统或被控对象按预先规定的要求正常运行。

执行机构分为气动、电动、液压 3 种类型。气动执行机构的特点是结构简单、价格低、防火防爆;电动执行机构的特点是体积小、种类多、使用方便;液压执行机构的特点是推力大、精度高。另外,还有各种有触点和无触点开关,也是执行机构,实现开关动作。

2. 软件系统设计

一般在进行计算机控制系统设计时都运用实时操作系统或实时监控程序,各种控制、运算软件,组态软件等工具软件,以使系统设计者在最短的周期内,开发出目标系统软件。一般来说,控制系统的软件设计应在总体设计基础上,根据设计任务书明确的系统功能和技术指标要求画出程序总体流程图和各功能模块流程图,再进行系统组态或选择程序设计语言编制控制程序。具体程序设计一般要处理以下内容。

(1) 数据类型和数据结构规划

在系统总体方案设计中,系统的各个模块之间有着各种因果关系,相互之间要进行各种信息传递。各模块之间的关系体现在它们的接口条件上，即输入条件和输出结果上。为了使信息传递顺畅可靠，就必须严格规定好各个接口条件，即各接口参数的数据结构和数据类型。

（2）资源分配

系统资源包括 ROM、RAM、定时器/计数器、中断源、I/O 地址等。ROM 资源一般用来存放程序和表格。因此，资源分配的主要工作是 RAM 资源的分配。RAM 资源分配好后，应列出一张 RAM 资源的详细分配清单，作为编程依据。I/O 地址、定时器/计数器、中断源在硬件系统设计选定输入/输出模板时就已经确定，不需重要分配。

（3）实时控制软件设计

① 数据采集及数据处理程序：数据采集程序主要包括多路信号的采样、输入变换、存储等。数据处理程序主要包括数字滤波程序、线性化处理和非线性补偿程序、标度变换程序、超限报警程序等。

② 控制算法程序：主要实现控制规律的计算，产生控制量。实际实现时，可选择合适的一种或几种控制算法来实现控制。

③ 控制量输出程序：实现对控制量的处理，控制量的变换及输出，驱动执行机构或各种电气开关。

④ 实时时钟和中断处理程序：实时时钟是计算机控制系统一切与时间有关过程的运行基础。控制系统中处理的事件一般分为两类。一类是定时事件，如数据的定时采集、运算控制等；另一类是随机事件，如事故、报警等。对于定时事件，系统设置时钟，保证定时处理。对于随机事件，系统设置中断，并根据故障的轻重缓急预先分配中断级别，一旦事故发生，保证优先处理紧急故障。

⑤ 数据管理程序。用于过程管理和监控，包括画面动态显示、变化趋势分析、报警记录、统计报表打印输出等。

⑥ 数据通信程序。主要完成计算机与计算机之间、计算机与智能设备之间的信息传递和交换。

3. 离线仿真和调试

离线仿真和调试一般在实验室或非工作现场进行，在线调试与运行验收是在被控对象或被控系统的工作现场进行的。其中，离线仿真与调试是基础，是检查硬件和软件的整体性能，为现场投运做准备，而现场投运是对全系统的实际考验与检查。系统调试的内容很丰富，碰到的问题千变万化，解决的方法也是多种多样，并没有统一的模式。

（1）硬件调试

对于各种标准功能模板，按照说明书检查主要功能；各种现场仪表和执行机构，则必须在安装之前按说明书要求校验完毕；此外还要调试通信功能，验证数据传输的正确性。

（2）软件调试

软件调试的顺序是子程序、功能模块和主程序。

程序设计一般采用汇编语言和高级语言混合编程。对处理速度和实时性要求高的部分用汇编语言编程（如数据采集、时钟、中断、控制输出等），对速度和实时性要求不高的部分用高级语言来编程（如数据处理、变换、图形、显示、打印、统计报表等）。

一旦所有的子程序和功能模块调试完毕，就可以用主程序将它们连接在一起，进行整体调试。整体调试的方法是自底向上逐步扩大。首先按分支将模块组合起来，以形成模块子集，调试完各模块子集，再将部分模块子集连接起来进行局部调试，最后进行全局调试。这样经过子集、局部和全局三步调试，完成了整体调试工作。

（3）仿真调试

在硬件和软件分别联调后，必须再进行全系统的硬件、软件联合调试。这种软硬件联合调试，就是通常所说的"系统仿真"（也称仿真调试或模拟调试）。所谓系统仿真，就是应用相似原理和类比关系来研究事物，也就是用模型来代替实际被控对象进行实验和研究。按照建立模型的性质，可把控制系统的仿真分为数学仿真、半物理仿真和全物理仿真3类。

数学仿真也称计算机仿真，就是在计算机上实现描写系统物理过程的数学模型，并在这个模型上对系统进行定量的研究和实验。控制系统最常用的仿真软件是 MATLAB，一般在设计阶段用来验证控制算法的正确性。

半物理仿真采用部分物理模型和部分数学模型仿真，是一种将控制器与在计算机上实现的控制对象仿真模型连接在一起进行实验的技术。半物理仿真的逼真度较高，所以常用来验证控制系统方案的正确性和可行性。

全物理仿真又称实物模拟，是全部采用物理模型的仿真方法。例如，航天器的风洞试验就是最典型的全物理仿真。全物理仿真最为逼真。

在控制系统的研制过程中，3种仿真的作用是互相补充的。控制系统的仿真调试尽量采用全物理或半物理仿真。试验条件或工作状态越接近真实，其效果也就越好。

控制系统在仿真调试成功的基础上，进行长时间的运行试验（称为考机），并根据实际运行环境的要求，进行特殊运行条件的考验。

4. 在线调试和运行验收

在离线调试过程中，尽管工作很仔细，检查很严格，但仍然没有经受实践的考验。因此，在现场进行在线调试和运行过程中，设计人员与用户要密切配合，在实际运行前制定一系列调试计划、实施方案、安全措施、分工合作细则等。现场调试与运行过程是从小到大、从易到难、从手动到自动、从简单回路到复杂回路逐步过渡。为了做到有把握，现场安装及在线调试前要先进行下列检查。

① 检测组件、变送器、显示仪表、调节阀等必须通过校验，保证动作正确、精度符合要求。

② 各种接线和导管必须经过检查，保证连接正确。除了极性不得接反以外，对号位置都不应接错。引压导管和气动导管必须畅通，不能中间堵塞。

③ 检查系统的干扰情况和接地情况，如果不符合要求，应采取措施。

④ 对安全防护措施也要进行检查。

经过检查并已安装正确后，即可进行系统的投运和参数整定。投运时应先切入手动，等系统运行接近于给定位置时再切入自动，并进行参数的整定。

系统投运正常后，再进行一段时间的试运行，即可组织验收。验收是系统项目最终完成的标志，应由用户主持、双方协同进行。验收时项目团队要向用户提供技术要求说明书、技术文件、图纸、维修维护手册等，以供验收审查。验收的依据是项目可行性报告和设计任务书，验收完毕应形成验收文件存档。

*9.3　计算机控制系统的设计实例

本节中介绍的几个计算机控制伺服系统的实例都是几年来校企结合的成果。

9.3.1　飞行仿真头位跟踪视景显示系统

本系统是北京理工大学自动化学院、光电学院与空军第八研究所联合研制的。

飞行仿真头位跟踪视景显示系统是飞行模拟系统的一个组成部分,其主要作用是根据飞行模拟系统的总体要求,在仿真过程中为飞行员提供驾驶舱外的视觉图形信息,包括背景和目标。飞行模拟系统由驾驶舱、图像生成计算机、视景投影系统组成,驾驶舱安放在一个球形建筑的球心位置,球的内壁形成光滑的天幕,利用计算机成像技术,将计算机生成的图像投影到球幕上。视景投影系统包括天地景投影系统和目标投影系统,由天地景投影器投射出低清晰度的天、地景象,给飞行员提供飞行高度和姿态。目标投影器投射出高清晰度的目标图像。视景投影系统由计算机控制伺服系统带动光学器件运动,使投影到球幕的天、地景物能够连续随着飞行员头部转动平滑地运动;飞行目标的姿态和大小也能够随不同的航线连续地变化,从而为飞行员提供逼真的模拟飞行环境。

1. 系统组成及工作原理

飞行模拟系统结构如图 9-5 所示,包括:目标成像计算机、目标显示子系统、背景成像计算机、背景显示子系统、头位探测子系统、控制计算机及接口等。

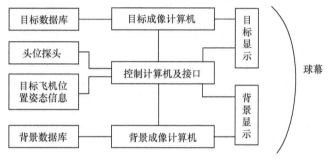

图 9-5　飞行模拟系统示意图

视景系统如图 9-6 所示,它用来控制目标和背景显示。天地景投影系统由一台背景图像投影仪和一套数字伺服系统组成,伺服系统的执行机构为一台交流伺服电机,这台伺服电机可以通过机械装置来控制投影机上的光学镜头左右摆动,使背景图像左移或右移。目标投影系统由 1 台目标投影仪和 3 套数字伺服系统组成。这 3 套数字伺服系统分别为目标方位、目标俯仰和目标变焦伺服系统。目标方位系统控制着目标图像投影机的光学镜头左右移动,使目标图像左移或者右移;目标俯仰系统控制着目标图像投影仪的光学镜头的上下摆动,使目标图像上移或者下移;目标变焦系统控制着目标图像投影仪的光学镜头的焦距,使目标图像放大或者缩小,给飞行员以目标距离的远近的感觉。控制计算机通过网络通信从图像生成计算机获得控制输入,并对目标方位伺服系统、目标俯仰伺服系统、目标变焦伺服系统、天地景伺服系统 4 套伺服系统进行分别控制。4 套伺服系统完全独立。

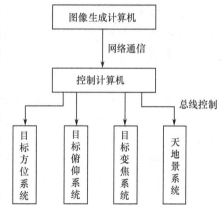

图 9-6　视景系统结构图

目标方位伺服系统、目标俯仰伺服系统、目标变焦伺服系统和天地景伺服系统具有相同的结构,系统的原理图如图 9-7 所示。

在伺服系统中,电机码盘记录着电机位置,并通过信号线传送到电机驱动器中,驱动器将这些数值变换成增量脉冲,然后由计数器记录脉冲个数并送入控制计算机中。这些数值代表着伺服系统的实际位置。

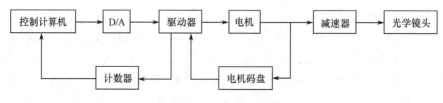

图 9-7　伺服系统原理图

控制计算机在每个采样周期从图像生成计算机获得一个伺服系统的给定值,并与实际位置比较,根据误差计算出伺服系统的控制量,然后把该控制量送到 D/A 转换器。

D/A 转换器把数字量转变成模拟电压信号,这个电压信号和电机驱动器上的速度指令输入端相连接。

电机的转速和其驱动器上的速度指令电压的大小成正比,而电机通过减速器连接到投影仪的光学镜头。

至此,以上这些装置就构成了一个完整的闭环系统。由于这个闭环控制系统中,位置检测信号来自电机轴上的码盘而不是投影仪镜头,因此称这种系统为半闭环系统。

系统的性能指标见表 9-1。

表 9-1　系统性能指标

	背景系统	目标方位系统	目标俯仰系统	目标变焦系统
最大角速度(rad/s)	20	20	20	1s走完全程
最大角加速度(rad/s²)	80	80	80	
位置误差	<3.5′	<3.5′	<3.5′	
位置分辨率	30″	30″	30″	
运动范围	−90°～90°	−150°～150°	−20°～40°	

2. 系统硬件组成

伺服系统中的控制计算机选用 PⅢ733 的工业 PC(IPC),由它分时控制 4 套伺服系统,同时通过网络通信卡与图像生成计算机进行通信获取 4 套伺服系统的给定值。4 套系统共用 5 块基于 ISA 总线的接口卡,分别是:八通道开关量输入卡、八通道继电器输出卡、四通道 D/A 转换卡和定时器/计数器卡 1、定时器/计数器卡 2。

D/A 转换卡采用 16 位的 D/A 转换器,以便对速度环进行精细控制。

交流伺服电机选用带绝对位置检测的松下 MINAS 系列小惯量电机和驱动器,此驱动器和电机可按增量式工作,并可以记录当前的绝对位置,每次开机以后,控制计算机通过串行通信口 RS−232 和各个伺服系统的交流伺服驱动器通信来获得上一次运行结束时系统所处的位置,从而免去了系统的归零动作。图 9-8 所示为伺服系统的数字控制器的构成简图。

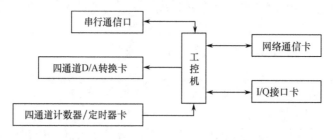

图 9-8　伺服系统的数字控制器的构成

（1）四通道 D/A 转换卡

四通道 D/A 转换卡选用北京中泰计算技术研究所生产的 PC－6324 高精度模拟输出接口卡，其作用是将各个伺服系统的数字控制器输出的数字信号控制量转换成模拟电压信号，以给出各个系统驱动器的速度指令。该接口卡主要由控制逻辑电路、数模转换电路、输出驱动电路及 DC/DC 电源电路等部分组成。

数模转换电路包括型号为 AD669 的 D/A 转换器、高精度基准电源、跳线及上电归零电路。此卡上的 4 通道 D/A 转换电路可以同时或分别输出相同或不同的模拟量值，且一直保持到下次转换之前。

D/A 转换卡的电源电路由一块 DC/DC 变换模块及相关的滤波器件组成，电源模块的输入电压为控制计算机 ISA 总线提供的＋5V 电压，输出为±15V 电压，以提供 D/A 转换电路需要的工作电压。

通过改变跳线的连接方式，选择为双极性输出方式（±10V）。此时数码和模拟电压的对应关系为

$$模拟电压(V) = (16 位数码 \times 20/65536) - 10$$

1LSB 约等于 $306\mu V$。

（2）定时器/计数器卡

本系统共使用了两块自行设计的结构完全相同的基于 ISA 总线的定时器/计数器卡，每块卡上都有两个 24 位计数器通道，可用于两套伺服系统。

按功能划分，可将电路划分为以下部分：地址译码电路、计数器通道、方向判别电路、归零电路和定时电路。

译码电路主要由数据比较器、译码器和拨码开关等组成，为控制计算机提供模板地址。

方向判别电路将码盘输出的相位相差 90° 的两路脉冲 A、B 分出正转脉冲和反转脉冲两路计数脉冲，送到 24 位可逆计数器计数。

24 位计数器电路主要由 6 片 4 位可逆计数器 74HC193 和 3 片数据锁存器组成，低位计数器的进位端和借位端分别接至高一级计数器的加脉冲输入端和减脉冲输入端，从而形成 24 位可逆计数器。该计数器具有预置数功能，可由 CPU 对其置入初值。

（3）开关量输入卡

开关量输入卡的作用是把系统的各种开关量信号送入计算机，主要由地址译码、数据缓冲、光电隔离等部分组成。

光电隔离部分中，现场的开关量信号经过限流电阻进入光电隔离器件，由开关量高电位驱动光电隔离器件工作，无须外接电源。

卡上的每个通道均采用限流电阻，保证光电隔离器件的驱动电流在 4mA 左右。

（4）继电器输出卡

继电器输出卡上有八通道继电器输出电路和八通道开关量输入电路，用来为电机驱动器提供伺服 ON 信号和检测系统的左、右限位信号。

3. 系统控制算法

控制算法是在 4.3.3 节中的开方控制算法的基础上进行改进的。开方控制算法即：大误差时，采用饱和控制；中等误差时，采用开方控制；小误差时，采用 PID 控制。完整的控制算法可以用式（9-1）表示为

$$
\left.
\begin{array}{ll}
u_k = u_{\max} & |e_k| > e_{\mathrm{sqr}} \\
u_k = \sqrt{2\alpha e_k} & e_{\mathrm{pid}} < |e_k| < e_{\mathrm{sqr}} \\
u_k = K_{\mathrm{p}} e_k + K_{\mathrm{I}} \sum_{j=0}^{k} e(j) + K_{\mathrm{D}}(e(k) - e(k-1)) & |e_k| < e_{\mathrm{pid}}
\end{array}
\right\}
\tag{9-1}
$$

式中，u_k 为 k 时刻的控制量；e_k 为 k 时刻的位置误差；e_{sqr} 为开方控制限；e_{pid} 为 PID 控制限；$|e_k| \leqslant e_{\mathrm{pid}}$ 的一段为 PID 控制段；$|e_k| > e_{\mathrm{sqr}}$ 的一段称为饱和控制段；中间一段为开方控制；α 为速度环最大角加速度；K_{p} 为比例系数；K_{I} 为积分系数；K_{D} 为微分系数。

算法中的 PID 控制段有积分控制，积分控制可以减小系统的静态误差，但是有了积分项后系统会超调，而系统不允许超调，因此在 PID 控制段，只采用比例控制。为了减小系统的等速跟踪误差，还在该段中加入速度前馈控制。该算法在系统做大调转时快速无超调，而做小调转时却有超调存在。分析超调产生的原因，一个是比例系数 K_{p}，另一个是系统从开方控制段进入 PID 控制段时的实际速度 v_{p} 过大。因此，改进算法的思想是：选取合适的 K_{p}，想办法引导系统以合适速度 v_{po} 从开方控制段进入 PID 控制段，同时对于大调转和小调转进行分别控制。

大调转时即初始位置误差 $|e_0| > 2e_{\mathrm{sqr}} + e_{\mathrm{pid}}$ 时控制量按式（9-2）来计算

$$
\left.
\begin{array}{ll}
u_k = u_{\max} & |e_k| > e_{\mathrm{sqr}} + e_{\mathrm{pid}} \\
u_k = \sqrt{2\alpha(e_k - e_{\mathrm{pid}})} & e_{\mathrm{ofs}} + e_{\mathrm{pid}} < |e_k| < e_{\mathrm{sqr}} + e_{\mathrm{pid}} \\
u_k = u_0 & e_{\mathrm{pid}} < |e_k| < e_{\mathrm{ofs}} + e_{\mathrm{pid}} \\
u_k = K_{\mathrm{po}} e_k + K_{\mathrm{q}} \Delta R_k & |e_k| < e_{\mathrm{pid}}
\end{array}
\right\}
\tag{9-2}
$$

式中，K_{q} 为前馈系数；ΔR_k 为给定值的增量；e_{ofs} 为位置补偿；$e_{\mathrm{pid}} < |e_k| < e_{\mathrm{ofs}} + e_{\mathrm{pid}}$，为补偿控制段；$e_{\mathrm{ofs}} + e_{\mathrm{pid}} < |e_k| < e_{\mathrm{sqr}} + e_{\mathrm{pid}}$，为开方控制段；$|e_k| > e_{\mathrm{sqr}} + e_{\mathrm{pid}}$，为饱和控制段；$u_0$ 为 v_{p} 的最优值 v_{po} 对应的控制量。

e_{sqr} 和 e_{pid} 的取法为 $e_{\mathrm{sqr}} = v_{\max}^2 / 2\alpha$，$e_{\mathrm{pid}}$ 取系统的线性区间，e_{ofs} 取和 e_{pid} 相同的值。

小调转即初始位置误差 $|e_0| < 2e_{\mathrm{sqr}} + e_{\mathrm{pid}}$ 时，控制量按式（9-3）计算。先用反向开方使系统加速，再用正向开方减速，然后引导系统以合适的速度进入 PID 控制，使系统走出最佳过渡过程。

$$
\left.
\begin{array}{ll}
u_k = \sqrt{2\alpha(e_0 - e_k)} & |e_k| > (e_0 - e_{\mathrm{pid}})/2 + e_{\mathrm{pid}} \\
u_k = \sqrt{2\alpha(e_k - e_{\mathrm{pid}})} & e_{\mathrm{ofs}} + e_{\mathrm{pid}} < |e_k| < (e_0 - e_{\mathrm{pid}})/2 + e_{\mathrm{pid}} \\
u_k = u_0 & e_{\mathrm{pid}} < |e_k| < e_{\mathrm{ofs}} + e_{\mathrm{pid}} \\
u_k = K_{\mathrm{po}} e_k + K_{\mathrm{q}} \Delta R_k & |e_k| < e_{\mathrm{pid}}
\end{array}
\right\}
\tag{9-3}
$$

4. 系统网络数据传输

由于图形计算机应用 Windows NT 操作系统，网络通信方式对图形计算机最为方便，并且应用网络通信不受数据传输距离的限制。因此，图形计算机与工控机之间选择网络通信方式。

图像生成计算机不但和控制计算机进行网络通信，同时还与头盔探测器通信，与目标数据库、图形库和天地景数据库、图形库进行数据交换和图形解算，因此网络通信难以保证准确定时，对确保伺服系统的实时性不利。如果控制计算机不能及时得到新的控制信号，伺服系统的给定信号不能及时同步、更新，使给定信号出现台阶就会造成伺服运动系统的不平稳，从而产生机械振动和投影图像的抖动。由于伺服系统以 1ms 采样周期工作，用控制计算机的定时器作为时间基准，用中断方式接收控制计算机的数据。因此，控制计算机采用查询方式从网络获取数据，将接收到的数据与伺服系统实际位置数据进行 20 步的插补处理，如果网络传输时间超过 20ms，则向伺服系统继续传输原来的数据，时间小于 20ms，则使用新的数据。

为了保证信号传输的实时性和传输效率，本系统采用 IPX 协议（Internet Packet Exchange）

进行通信,这是一种快捷简便的通信协议。应用 IPX 协议,两台或数台工作站之间可以直接进行数据交换,而不需经过文件服务器作为中介,从而提高了网络数据交换的效率。

图像生成计算机和控制计算机的网络通信过程主要包括:建立连接,控制计算机发送准备好信号,循环接收图像生成计算机发送的数据,结束通信。

本系统的软件采用 Borland C++3.1 编写。

5. 系统运行结果

以背景系统为例,系统带负载后的运行结果(负载转动惯量为 $1.98 \times 10^{-4} \mathrm{kg \cdot m^2}$)如下:控制算式中 e_{sqr} 为 260mrad, e_{ofs} 为 20mrad, e_{pid} 为 20mrad, K_{po} 为 12, K_q 为 180。

图 9-9 所示为系统进行 $-90°\sim90°$ 调转时的位置响应特性图和速度特性图。

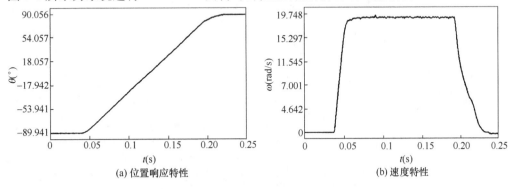

(a) 位置响应特性　　　　　(b) 速度特性

图 9-9　系统进行 $-90°\sim90°$ 调转时的响应特性

图 9-10 所示为系统进行 $0°\sim11°$ 调转时的响应特性。从图 9-9 和图 9-10 中可以看出,不论大调转还是小调转,系统都达到了快速无超调,为最佳过渡过程。

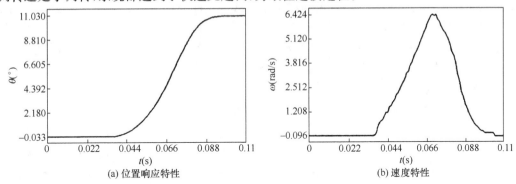

(a) 位置响应特性　　　　　(b) 速度特性

图 9-10　系统进行 $0°\sim11°$ 调转时的响应特性

图 9-11 所示为系统在负载情况下作周期 2s,振幅 80° 的等效正弦跟踪时的位置曲线和误差曲线。

图 9-12 所示为系统在负载情况下作周期 0.6s,振幅 80° 的等效正弦跟踪时的位置曲线和误差曲线,从图中可见系统可以满足对快速目标跟踪的要求。

9.3.2　机械臂控制系统

本系统是北京理工大学自动化学院研制的。

随着科学技术的发展,从一般的工业生产,如装配、焊接,到特殊的应用领域,如医疗外科、太空作业,机器人技术在现代化工业领域的各个方面得到了广泛的应用。机械臂作为机器人最主要的执行机构,对它的研究越来越受到工程技术人员的关注。

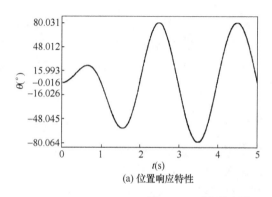

(a) 位置响应特性

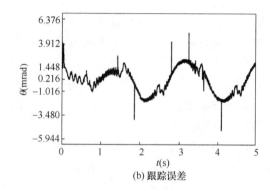

(b) 跟踪误差

图 9-11　系统作周期 2s，振幅 80°的等效正弦跟踪

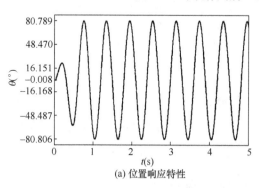

(a) 位置响应特性

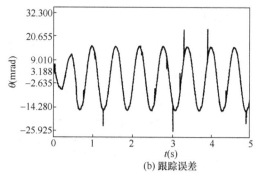

(b) 跟踪误差

图 9-12　系统作周期 0.6s，振幅 80°的等效正弦跟踪

机械臂，又叫操作臂，是具有传动执行装置的机械，由臂、关节和末端执行装置（工具等）构成，组合为一个互相连接和互相依赖的运动机构。这是一种多自由度的机电一体化设备，对于一套机械臂的研发，需要把各个部分紧密联系，互相协调设计。一个机械臂系统主要包括机械、硬件和软件、算法 4 个部分。在具体设计时，需要考虑结构设计、控制系统设计、运动学分析、动力学分析、轨迹规划研究、路径规划研究、运动学动力学仿真等部分。

1. 系统组成及工作原理

本节介绍的六自由度机械臂，主要用于教学实验和科学研究领域。完整的机械臂系统包括机械臂本体、控制箱、上位机等。上位机是一个人机接口，操作人员可输入指令，并通过通信接口向控制箱发送指令，控制并驱动机械臂按照指令运动，从而完成要求的动作。控制箱集成了控制、驱动和接口电路等，用于驱动机械臂运动并与上位机进行通信，这样上位机可以向控制箱发送指令或者以编程方式将指令序列写入控制箱内部的存储器中，由控制箱内部的控制器顺序执行，驱动机械臂运动。

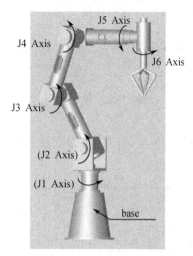

图 9-13　六自由度机械臂本体结构图

六自由度机械臂本体有 6 个关节，每个关节由一个无刷直流电机驱动，末端装有机械手，可以完成简单的夹持和放置任务。按照机器人学的习惯，将 6 个关节分别称作腰关节、肩关节、肘关节、腕关节、末端关节，其中腕关节是一个复合关节，分别包括俯仰和横倾两个关节。连接各关节的连杆分别称为基座、上臂、前臂。各关节均通过联轴器或行星齿轮、谐波减速器传动。六自由度机械臂本体结构如图 9-13 所示。

六自由度机械臂控制系统由机械臂实体、24V直流电源、主控计算机、CAN接口卡、6个关节控制器和驱动器、6个关节电机、减速器和制动器、6个测角旋转变压器/数字转换器(RDC)组成,分别在主计算机和关节控制器中进行相应的软件编程,并对驱动器进行参数配置即可实现系统功能。其中,人机界面作为命令输入、信息反馈输出的接口,功能上要求具有目标输入、工作模式选择、关节信息反馈等功能;中央控制器用于实现控制算法、轨迹生成、运动学求解、接口配置等任务;电机驱动器向关节电机提供电能,驱动电机及机械臂运动;接口电路用于控制器与外部设备之间的连接,包括传感器接口、信号调理接口、通信接口等。机械臂控制指标包括重复定位精度、最大工作速度、最大载荷。

2. 机械臂系统总体设计

机械臂控制系统采用基于CAN总线的分布式控制的体系结构,上位机采用PC,下位关节控制器选用集成DSP的高速运算处理能力和MCU的控制特性于一体的Copley ACK/ACJ作为驱动控制器,上位机和下位机各关节控制器之间采用了有效地支持分布式控制和实时控制的CAN总线通信方式,既能快速地实现机器臂控制的复杂算法,又具有较高的控制实时性。当增加旋转关节模块的时候,只需要直接连接到CAN总线上就可以,不需要对系统做很大的变动和重新的配置,扩展性能良好。

控制系统整体结构分为两个层次,一台计算机作为人机交互接口,用户输入期望目标位置,进行逆运动学求解,然后进行路径规划,将关节角轨迹输出给6个关节控制器,每个关节控制器分别控制一个关节电机。控制系统总体框图如图9-14所示。

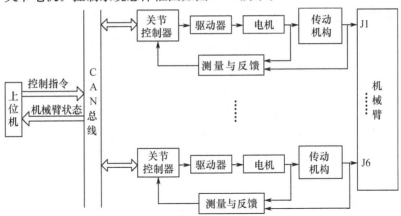

图9-14　控制系统总体框图

控制系统的上位机根据机械臂期望的终端位置坐标,通过主控制器轨迹规划和逆解算,得出各关节角度,然后作为期望角度发送到下位机,下位机再将电机速度与转子位置作为反馈信息,构成位置闭环系统,通过关节控制器的控制,驱动电机使关节达到预期的位置。

运动规划算法由主计算机来实现,同时主计算机还将通过CAN总线与各关节控制器通信,负责各关节控制器的协调工作。每个关节控制器和一台电机、驱动器、检测反馈装置等构成一个位置伺服系统,负责机械臂某一个关节变量的具体控制任务。

采用DSP作为关节控制器的核心控制单元,关节驱动器选用Copley的ACK/ACJ系列伺服驱动器,无刷直流电机作为执行机构。机械臂的转速要求并不高,但需要获得较大的控制力矩,所以还必须采用减速机构。为了反馈电机的位置以及转速,提高控制精度,使系统运行更加平稳,在电机轴上需要安装一个测角传感器。

3. 控制系统硬件设计

整个硬件控制系统包括 PC、6 块下级 DSP 控制驱动器。PC 作为上位机,可用于完成运动学和轨迹规划等计算,然后把各关节的控制指令下发到关节 DSP 控制器,关节控制器用于完成位置闭环控制并输出控制信号给驱动器,驱动器给机械臂的 6 个关节电机提供动力输出,采用 Maxon 电机和减速器作为执行机构,Maxon 电机制动器可对电机进行掉电保护,采用旋转变压器作为测角传感器并采用 RDC 转换为数字信号反馈到关节控制器完成闭环。上、下位机间通过 CAN 总线进行数据交换。控制系统的原理框图如图 9-15 所示。

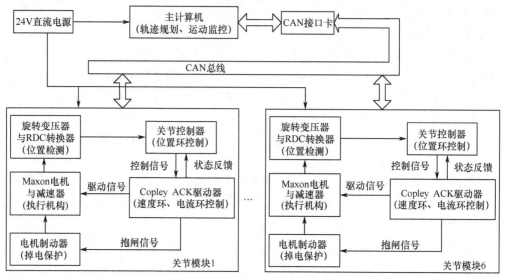

图 9-15　控制系统硬件结构总体框图

（1）关节控制结构设计

关节控制硬件系统主要包括 TMS320F2812 控制电路、电机驱动器、无刷直流电机（BLDCM）、角度测量等 4 个部分。关节控制系统的结构如图 9-16 所示。

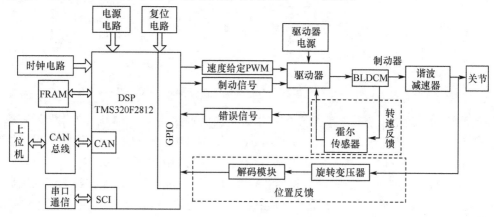

图 9-16　关节控制结构框图

（2）DSP 最小系统设计

设计一个 DSP 控制系统,首先必须搭建电路构成 DSP 的最小系统,在 DSP 能够工作的前提下再增加其他需要用到的电路,从而实现系统的功能。因此,根据系统设计的需要,最小系统电路主要包括电源设计、复位设计、时钟电路设计、仿真接口设计、外接存储接口设计以及一些控制信号电平转换电路的设计。DSP 最小系统框图如图 9-17 所示。

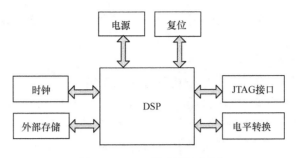

图 9-17　DSP 最小系统框图

（3）测角电路设计

关节控制器完成闭环控制需要检测电机转子位置从而形成反馈,因此选择旋转变压器作为测角元件,但旋转变压器只能输出模拟信号,所以还需要旋转变压器/数字转换器(RDC),实现将旋转变压器输出的模拟信号与控制系统数字信号之间的转换,RDC 采用 AD 公司的 AD2S1210。旋变测角电路总体框图如图 9-18 所示。

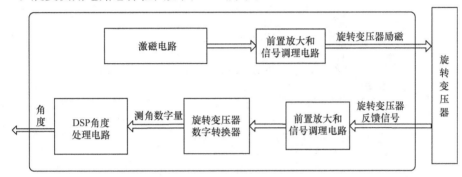

图 9-18　旋变测角总体框图

RDC 与旋转传感器配合使用,以便检测电机轴的位置和转速,然后将转换得到的数字信号输出给 DSP 的 I/O 口。AD2S1210 与 DSP 及旋转变压器的接线示意图如图 9-19 所示。

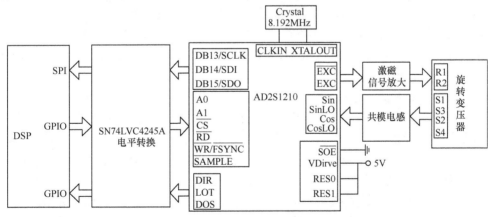

图 9-19　RDC 与 DSP 及旋转变压器的连接示意图

由于 AD2S1200 芯片直接输出的激磁信号功率太小,所以必须经过功率放大器才能有效驱动感应同步器。系统中,功率放大芯片采用 AD 公司生产的 AD8662,该芯片是一种高功率运算放大器,具有共模输入、输出电流高、单供电模式等特点,并且外围电路简单,使用方便。为减小外界对 RDC 电路的干扰,与旋转变压器连接的激励信号、正弦信号、余弦信号必须分别使用屏蔽双绞线，激励信号的屏蔽层与模拟地连接，正弦信号、余弦信号的屏蔽层与参考电压输出 RE-FOUT 连接。

（4）通信网络与接口电路设计

控制系统设计了 CAN 总线接口用于构建分布式控制系统。PC 通过 USB 转 CAN 总线适配器挂接到 CAN 总线上，6 个关节控制器通过 CAN 收发器挂接到 CAN 总线上，CAN 总线通信网络结构如图 9-20 所示。为了使各个 CAN 总线的电平符合高速 CAN 总线的电平特性，在各个节点和 CAN 总线之间需要配置电平转换器件，CAN 总线收发器采用 SN65HVD235（符合 ISO11898 标准），它将 DSP 的 CAN 控制器的发送信号 CANTX、接收信号 CANRX 转换为 CAN 总线差分信号 CANH、CANL，可提供 1MHz 的传输速度，支持后备模式以降低功耗，允许总线上挂接多达 120 个节点，采用 3.3V 电压供电。此外，ISO11898 标准要求 CAN 总线上的终端节点两端并联 120Ω 的匹配电阻，以避免总线上传输信号产生反射。

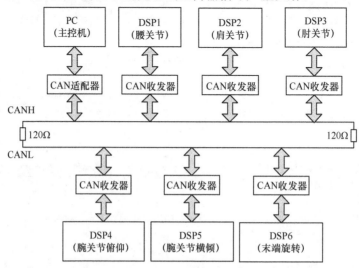

图 9-20　CAN 通信网络

另外，由于很多 PC 带有 RS-232 接口，而 DSP 自带串行通信接口 SCI（Serial Communication Interface），因此同时设计了基于串行通信接口 SCI 的 RS-232 接口作为备用。利用上位机的串行口与 DSP 进行 RS-232 通信，作为上、下位机通信的备用接口。系统采用了符合 RS-232 标准的驱动芯片 MAX232 进行串行通信。

（5）关节驱动器及关节电机选型

要驱动机械臂电机旋转，就需要考虑驱动机构，为了电机运动的稳定和可靠性，采用带有自我保护功能的驱动模块作为驱动器，因为每个关节的控制驱动器集成在关节内部，而且需要进行多次调试才能达到性能指标，因此为了尽量减小机械臂的重量，同时考虑到控制精度的要求，所选择的驱动器需要具备可编程、体积小、重量轻、支持数据交互等特点。

根据各关节的理论转矩、各关节的运动速度范围、安装尺寸等要求，可以计算出总减速比，选取电机及其驱动器的型号，电机、减速器与制动器选取的是瑞士 Maxon 公司的 EC 系列无刷直流电机。无刷直流电机具有与普通有刷直流电机相似的机械特性，以电子换相电路代替机械式换向器。除了具有调速范围宽、启动力矩大、调速方便等突出优点外，在快速性、可控性、可靠性、体积、重量、节能、效率、耐受环境和经济性等方面均具有明显优势。

4. 控制系统软件设计

整个系统控制软件由两大部分组成：上位机 PC 控制程序和 DSP 控制程序。上位机程序在

VS2010 环境下基于 MFC 类框架编写，它提供人机操作界而，实时控制下位机程序的运行；下位机 DSP 程序在 CCS3.3 环境下采用 C 语言方式编写，主要以中断的形式实现控制。PC 和 DSP 控制器通过 CAN 总线通信，可在上位机界面实现轨迹规划并计算出各关节的角度和速度并发送到下位机，进而实现对机械臂的控制。

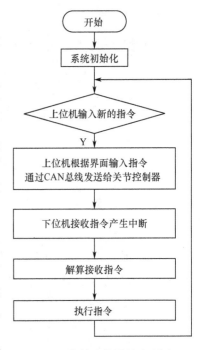

图 9-21　软件总体设计流程图

设计的软件主要包括下位机的系统主程序、初始化子程序、定时器中断子程序、关节位置闭环控制子程序、FRAM 读/写子程序、CAN 通信子程序、上位机控制模块等。软件总体设计流程图如图 9-21 所示。

（1）上位机软件设计

利用上位机软件可实时发送位置和速度指令给关节控制器，从而实现对关节电机的运动控制，并能实时采集并显示下位机反馈的实际运动位置和速度，便于实时分析和处理。此外，为了与下位机正常通信，数据帧格式、波特率等应与下位机保持一致。上位机软件设计框图如图 9-22 所示。

上位机的功能模块框图如图 9-23 所示。界面包括 CAN 通信控制、多关节控制、单关节控制、笛卡儿位姿规划和信息显示等 5 个模块。CAN 通信控制模块可完成 CAN 总线的连接、启动、复位、导出数据等功能。多关节控制模块可实现多关节联动运行、使能、制动、回零等功能。笛卡儿位姿规划模块可实现机械臂末端在笛卡儿空间中的点到点、直线、圆弧规划。信息显示可用于显示收发的数据和收发的次数，便于查看通信是否正常。

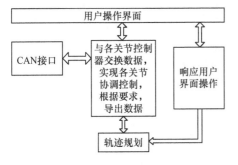

图 9-22　上位机软件设计框图

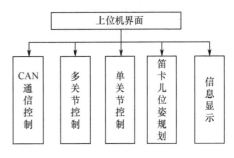

图 9-23　上位机功能模块框图

（2）关节闭环控制子程序

关节控制采用三环控制，即位置环、速度环和电流环，关节控制器用来完成位置闭环，驱动器用来完成速度和电流闭环。关节位置伺服系统的根本任务就是实现关节电机对给定位置的精确跟踪，三闭环位置伺服控制系统结构如图 9-24 所示，位置环为外环，速度环和电流环为内环。

关节位置环采用积分分离 PID 控制算法，既保持了积分作用，又减少了超调量，使得控制性能有了较大的改善。具体算法：根据实际情况，人为设定阈值，$\varepsilon > 0$；当 $|e(k)| > \varepsilon$ 时，取 $\alpha = 0$，进行 PD 控制，PD 控制算法为

$$u(k) = K_p \left(1 + \frac{T_d}{T_s}\right) e(k) - K_p \frac{T_d}{T_s} e(k-1) \tag{9-4}$$

当 $|e(k)| \leqslant \varepsilon$ 时，取 $\alpha = 1$，进行 PID 控制，采用递推 PID 计算公式

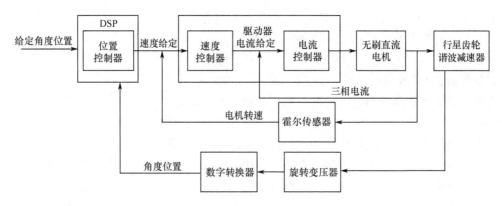

图 9-24　三闭环控制结构图

$$u(k)=u(k-1)+K_{\mathrm{p}}\Big(1+\frac{T_{\mathrm{s}}}{T_i}+\frac{T_{\mathrm{p}}}{T_{\mathrm{s}}}\Big)e(k)-K_{\mathrm{p}}\Big(1+2\,\frac{T_{\mathrm{d}}}{T_{\mathrm{s}}}\Big)e(k-1)+\frac{K_{\mathrm{p}}K_{\mathrm{d}}}{T_i}e(k-2) \quad (9\text{-}5)$$

由式(9-4)和式(9-5)，即可编制出 DSP 控制程序。

　　上位机每隔 50ms 将轨迹规划好的目标位置发送给各关节控制器，各关节控制器将接收到的目标位置进一步细分，作为实际的给定值进行控制。

　　每个关节分别有速度最大限定值，实际运动速度不能超过这个范围。当位置环计算输出的值小于限定值时，直接输出到驱动器；当计算值大于限定值时，以限定值为输出值。关节闭环控制子程序流程图如图 9-25 所示。

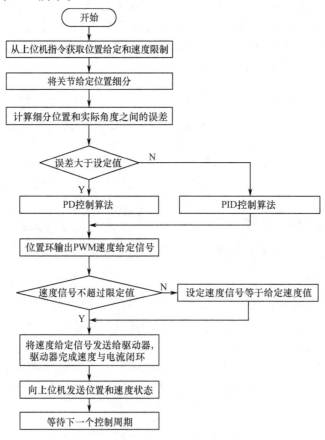

图 9-25　关节闭环控制子程序流程图

5. 系统调试

整个系统硬件调试包括关节伺服控制板、关节伺服驱动器的调试,软件调试包括 DSP 软件调试、上位机界面调试、上/下位机通信调试等。除了单关节的调试外,还要进行多关节联动调试。

6. 机械臂建模

(1) 运动学模型

对于已知构型的机械臂和各关节的关节角,对机械臂末端位姿的求解称为机械臂正运动学。机械臂运动学研究的是机械臂的运动情况,即空间位置和时间的关系,包含位置、速度、加速度以及所有位置的高阶微分变量,而不考虑运动变化的原因。运动学的研究是机械臂动力学、轨迹规划和控制研究的基础。

机械臂是由一系列的连杆和关节组成的,为了方便研究,我们将连杆和关节分别进行了编号,方法如下:基座为连杆 0,从基座起按连接顺序依次为连杆 1、连杆 2……;关节 i 连接连杆 $i-1$ 和连杆 i,如图 9-26 所示。

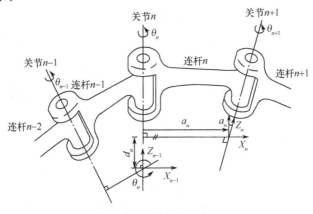

图 9-26　标准 D-H 模型

在机械臂研究中最常用的方法是 Denavit-Hartenberg 法,简称 D-H 描述法。在 D-H 描述法中,每个连杆仅需要 4 个运动学参数来描述即可,其中,两个参数用于描述连杆本身,另外两个用于描述连杆之间的连接关系。

为了方便描述每个连杆和相邻连杆之间的相对位置关系,可以在每个连杆上定义一个固连坐标系,称连杆 i 上的固连坐标系为坐标系 $\{i\}$。固连坐标系的通常定义方法如下:坐标系 $\{i\}$ 的 z 轴称为 z_i,与关节 i 的轴线重合。坐标系 $\{i\}$ 的原点位于 z_i 和 z_{i+1} 公垂线与关节轴 i 的交点处,x_i 沿公垂线的方向由关节 i 指向关节 $i+1$,y_i 的方向根据右手定则确定,如图 9-27 所示。

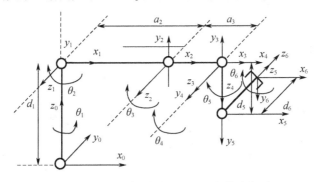

图 9-27　机械臂坐标系和 D-H 参数示意图

描述连杆 $i-1$ 本身的两个参数为 a_{i-1} 和 α_{i-1}。a_{i-1} 称为连杆长度,表示连杆 $i-1$ 的长度,是轴 z_{i-1} 和轴 z_i 的公垂线的长度;α_{i-1} 表示连杆 $i-1$ 的转角,定义为轴 z_{i-2} 到轴 z_{i-1} 的转角,绕 x_{i-1} 轴正向转动为正。与相邻连杆间的关系用 d_i 和 θ_i 来描述,d_i 称为连杆偏距,表示从轴 x_{i-1} 到轴 x_i 的距离,θ_i 表示从 x_{i-1} 轴到 x_i 轴的转角,绕 z_{i-1} 轴正向转动为正。对于旋转关节,θ_i 为关节变量,其他 3 个连杆参数是固定不变的。

根据 D-H 描述符,对全部连杆规定坐标系后,就能按照下列顺序由两个旋转和两个平移来建立相邻连杆 $i-1$ 和 i 之间的相对关系

$$
{}_i^{i-1}\boldsymbol{T} = \begin{bmatrix} c\theta_i & -s\theta_i c\alpha_i & s\theta_i s\alpha_i & a_i c\theta_i \\ s\theta_i & c\theta_i c\alpha_i & -c\theta_i s\alpha_i & a_i s\theta_i \\ 0 & s\alpha_i & c\alpha_i & d_i \\ 0 & 0 & 0 & 1 \end{bmatrix} \tag{9-6}
$$

分别计算出各连杆的变换矩阵后,就可以得到连杆 n 的固连坐标系 $\{N\}$ 相对于基坐标系 $\{0\}$ 的变换矩阵

$$
{}_N^0\boldsymbol{T} = {}_1^0\boldsymbol{T}_2^1\boldsymbol{T}_3^2\boldsymbol{T}\cdots{}_N^{N-1}\boldsymbol{T} \tag{9-7}
$$

这样,在已知所有关节的关节角后,就能得到末端执行器相对于极坐标系的位姿,即

$$
\begin{bmatrix} & & & X \\ & R & & Y \\ & & & Z \\ 0 & 0 & 0 & 1 \end{bmatrix} = {}_1^0\boldsymbol{T}(\theta_1){}_2^1\boldsymbol{T}(\theta_2){}_3^2\boldsymbol{T}(\theta_3){}_4^3\boldsymbol{T}(\theta_4){}_5^4\boldsymbol{T}(\theta_5){}_6^5\boldsymbol{T}(\theta_6) \tag{9-8}
$$

式中,R 表示机械臂末端的位姿,X、Y、Z 表示机械臂末端在基坐标系中的坐标值。

对于已知构型的机械臂和机械臂末端位姿,对各关节关节角的求解称为机械臂逆运动学。相对于正运动学来说,机械臂的逆运动学求解比较困难,因为逆解可能有存在性、多重解等问题。解的存在性取决于机械臂的工作空间,即机械臂末端执行器所能到达的范围。若要解存在,则被指定的目标点必须在工作空间内。

(2) 动力学模型

使用拉格朗日公式推导机械臂动力学方程。

连杆 i 的总动能为

$$
K_i = \int \mathrm{d}K_i = \frac{1}{2}\mathrm{Trace}\left[\sum_{j=1}^i \sum_{p=1}^i U_{ij}\left(\int r_i r_i^{\mathrm{T}}\mathrm{d}m_i\right)U_{ip}^{\mathrm{T}}\dot{q}_j\dot{q}_p\right] \tag{9-9}
$$

定义

$$
U_{ij} = \frac{\partial({}^0\boldsymbol{T}_i)}{\partial q_j} = \frac{\partial(A_1 A_2\cdots A_j\cdots A_i)}{\partial q_j} = A_1 A_2\cdots\boldsymbol{Q}_j A_j\cdots A_i \tag{9-10}
$$

对于转动关节,$\boldsymbol{Q}_j = \begin{bmatrix} 0 & -1 & 0 & 0 \\ 1 & 0 & 0 & 0 \\ 0 & 0 & 0 & 0 \\ 0 & 0 & 0 & 0 \end{bmatrix}$;对于滑动关节,$\boldsymbol{Q}_j = \begin{bmatrix} 0 & 0 & 0 & 0 \\ 0 & 0 & 0 & 0 \\ 0 & 0 & 0 & 1 \\ 0 & 0 & 0 & 0 \end{bmatrix}$。

其中,m 为连杆质量,r_i 表示机械臂第 i 连杆坐标系上的一点,p_i 为该点在基坐标系中的位置。

由重力公式可得,连杆 i 的重力势能为

$$
P_i = \int_{\text{连杆}i} \mathrm{d}P_i = -\int_{\text{连杆}i} g^{\mathrm{T}0}\boldsymbol{T}_i r_i\mathrm{d}m_i = -g^{\mathrm{T}}T_i\int_{\text{连杆}i} {}^c r_i\mathrm{d}m_i = -m_i g^{\mathrm{T}0}\boldsymbol{T}_i^c r_i \tag{9-11}
$$

式中，m_i 为连杆 i 的质量，$^c r_i$ 为连杆 i 相对于其前端关节坐标系的重心位置。

由式(9-9)和式(9-11)化简可得连杆 i 的动力学方程为

$$\tau_i = \sum_{j=1}^{n} D_{ij} \dot{q}_j + \sum_{j=1}^{n} \sum_{k=1}^{n} D_{ijk} \dot{q}_j \dot{q}_k + D_i \tag{9-12}$$

式中，n 为连杆总数，τ_i 为连杆 i 的转矩。

$$D_{ij} = \sum_{p=\max(i,j)}^{n} \mathrm{Trace}(U_{pj} J_p U_{pi}^{\mathrm{T}})$$

$$D_{ijk} = \sum_{p=\max(i,j,k)}^{n} \mathrm{Trace}(U_{pjk} J_p U_{pi}^{\mathrm{T}})$$

$$D_{ij} = \sum_{p=i}^{n} -m_p g^{\mathrm{T}} U_{pi} r J_p U_{pi}^{\mathrm{T}} {}^c r_p)$$

7. 轨迹规划

轨迹用来描述机械臂的期望运动，是机械臂控制的参考输入。由于对机械臂末端的轨迹控制最终需通过对 6 个关节的控制实现，所以还必须换算成 6 个关节角的预期轨迹，将其作为位置给定，实时发送给相应的关节控制器。机械臂轨迹规划过程如图 9-28 所示。

图 9-28　机械臂轨迹规划过程框图

因为需要机械臂按一定规律的可变速度进行运动，因此采用变步长插补法进行轨迹规划，即使用一系列中间点来定义三维空间路径，然后根据机械臂逆运动学方程，解出这些中间点对应的关节角，最后通过控制机械臂运动，保证末端执行器经过这些中间点。

9.3.3　三轴转台系统

本系统是北京理工大学自动化学院研制的。

在航空航天领域，转台是检测和评价惯性导航元件的主要设备，其主要功能是标定惯性导航元件的技术指标，验证惯性导航器件的可行性和可靠性。转台按照模拟自由度的个数可以分为单轴转台、双轴转台、三轴转台和多轴转台；按照功能可以分为仿真转台和测试转台。控制精度是转台最重要的控制指标，其控制精度一般都要求比被测对象高一个数量级，至少是三倍以上；低速性能、系统带宽、连续工作时间也是转台的重要指标要求。此外，对于多轴转台在高速运行时的耦合问题、转台带负载时的重心偏心问题等，都是转台研制时不可忽视的问题。

1. 三轴转台总体设计方案

三轴转台有位置模式、速度模式和角振动模式 3 种运行模式，转台各框架能够按指令要求分别做到：在位置模式时，快速定位在给定位置；在速度模式时，按照设定速度连续稳定运行；在角振动模式时，按照设定幅值和频率做正弦位置运动。控制系统要求能够实时显示转台各框架的转角，定时显示转台实时状况。当转台出现紧急情况时或当操作人员认为必要时，可按下急停键，使控制系统进入紧急停车状态，对转台系统进行保护操作。

三轴转台系统由转台本体、动力柜、控制柜构成，如图 9-29 所示。

动力柜中最主要的功能设备是伺服驱动器和动力变压器。伺服驱动器为转台内、中、外三轴提供拖动动力，动力变压器完成 380V(AC)转 110V(AC)和 380V(AC)转 220V(AC)，为控制柜提供 220V 电源。

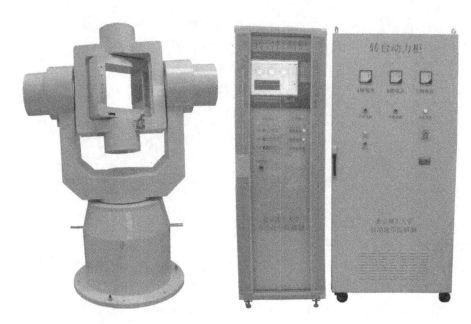

图 9-29 三轴转台系统

控制柜中的主要设备是作为控制系统上位机的工控机,具有 7 个 PCI 插槽,作为系统下位机的伺服控制卡可以通过 PCI 插槽安装在工控机中。控制柜表面上的数码管和指示灯可以实时显示三轴的角位置和运行状态,角位置刷新频率为 2Hz。控制电源是 3 个线性稳压电源、输出控制电路所需的 +5V 和 ±15V 电源,设计电流 5A。工控机和稳压电源输入所需的 220V 交流电都由动力柜提供。

三轴转台控制系统结构主要分为软件功能模块、硬件功能模块,如图 9-30 所示。

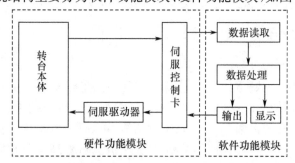

图 9-30 三轴转台控制系统功能图

为了满足转台功能要求和方便调试,三轴转台控制系统采用模块化设计。设计时除了要确保各模块功能完整,最重要的是设计好各模块间的对外接口,从总体层面把握转台的各个功能模块。

根据转台的应用场合和功能要求,转台控制系统工作流程如下:

① 系统硬件部分提供一系列开关控制和电路保护,操作人员首先应按照操作流程启动控制开关;

② 系统运行的程序和预设的系统参数被保存在控制计算机中,操作人员输入控制命令,系统软件计算并得出控制量输出结果;

③ 系统通过感应同步器实时采集转台位置数据,传送给伺服控制卡;

④ 控制软件一方面通过数字接口读取位置数据并显示,另一方面根据控制要求和预设的控

制参数计算出位置环输出量,通过速度环和电流环调整电机转速,间接控制了各框的运行状况,实现了对转台的实时控制。

2. 三轴转台系统控制原理

三轴转台 3 个框按结构位置分成内框、中框、外框,每个框都是独立的伺服控制系统。每个框的转动惯量、速度要求、加速度要求都不相同,但是 3 个框的组成结构一致,都是感应同步器、测速机和电机通过精密轴系的同轴连接体,这就决定了 3 个轴在控制原理上是完全一致的。基于此,这里以一个轴为例加以说明。伺服控制系统原理框图如图 9-31 所示。

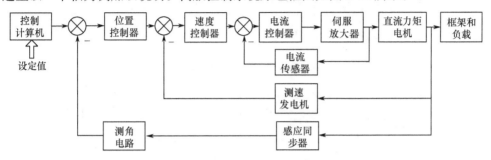

图 9-31　伺服控制原理图

如图 9-31 所示,转台各轴都可以看作一个三闭环控制系统。从内到外分别是电流环、速度环、位置环。其中,电流环和速度环是在伺服驱动器内部实现的,而位置环是在转台伺服控制卡上实现的。

测角元件是转台系统最重要的设备,是保证转台控制精度的基础。本设计选用感应同步器作为测角元件,使用单相激磁双向鉴幅方法。这种方法结构简单、成本低、精度高,可靠性好,是国内转台系统使用较多的方法。缺点是电路较复杂,需要人工精密调整。由于感应同步器输出信号比较微弱(幅值不到 1mV),因而电路的隔离干扰措施要求较为严格。

针对转台的低速性和宽频带要求,本设计选用直流力矩电机作为执行机构。直流力矩电机模型简单、控制方便、低速性好、堵转力矩大、空载速度低、过载能力强,而且具有较高的共振频率和较好的线性特性。

3. 三轴转台控制系统硬件设计

三轴转台控制系统硬件主要包括两个部分:伺服驱动器和伺服控制卡。伺服驱动器完成电流环和速度环闭环,伺服控制卡完成位置闭环。转台的 3 种运动模式(位置、速度、角振动)实质上是控制系统分别在阶跃输入、斜坡输入、正弦输入下的位置跟踪响应,属于位置环的功能。因此,系统硬件设计的重点是伺服控制卡的设计,要求设计的伺服控制卡运算速度快、可靠性高、接口兼容性好、抗干扰能力强,同时,伺服驱动器电流环和速度环也需要达到响应迅速、超调较小的控制效果。

(1) 伺服控制卡

伺服控制卡是三轴转台控制系统的核心部分,主要实现的功能包括:接收并处理角度信号;接收并处理上位机发送的命令指令;通过适当的控制算法向三轴的伺服驱动器发送控制信号,实现闭环控制;在系统运行过程中对系统进行监控;系统保护。

为了实现上述功能,且考虑到感应同步器的信号特点,设计了基于双 DSP＋单 CPLD 的伺服控制板卡,其特点是运算速度快、可靠性高、符合工控机电气标准,可直接插在工控机的 PCI 插槽上,使用非常方便。伺服控制卡分为两个组成部分,即测角部分和控制部分,每个部分均预留了丰富的外设接口,原理框图如图 9-32 所示。

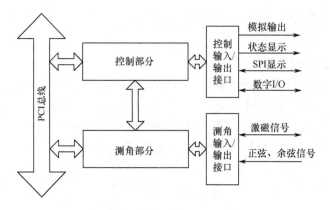

图 9-32 伺服控制卡组成框图

（2）感应同步器

本设计中感应同步器采用单相激磁双相鉴幅的方式，其原理如图 9-33 所示。

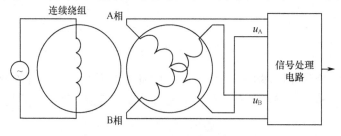

图 9-33 单相励磁双相输出鉴幅工作方式

如图 9-33 所示，令连续绕组所施加的励磁信号为 $U_e(t)$，即

$$u_e(t) = U_e \sin\omega_0 t \tag{9-13}$$

式中，U_e 为励磁信号的幅值；ω_0 为励磁信号的频率。

设 B 相绕组和励磁绕组的导体中心线的夹角的机械角度为 α，A、B 相绕组的耦合磁链为 Ψ_A 和 Ψ_B，则

$$\begin{cases} \Psi_A = \Psi_m \cos\alpha \\ \Psi_B = \Psi_m \sin\alpha \end{cases} \tag{9-14}$$

式中，Ψ_m 为连续绕组相对分段绕组的最大耦合磁链，且有

$$\Psi_m = \frac{u_e}{\omega_0 K_u} \tag{9-15}$$

式中，K_u 为基波（时间）电压传递系数，又有

$$\begin{cases} u_A(t) = \dfrac{\mathrm{d}\Psi_A}{\mathrm{d}t} \\ u_B(t) = \dfrac{\mathrm{d}\Psi_B}{\mathrm{d}t} \end{cases} \tag{9-16}$$

由式（9-13）～式（9-16）可得 A、B 两相的输出电压为

$$\begin{cases} u_A(t) = \dfrac{\mathrm{d}}{\mathrm{d}t}\left(\dfrac{u_e}{\omega K}\cos\alpha\right) = \dfrac{U_e}{\omega K}\dfrac{\mathrm{d}}{\mathrm{d}t}(\sin\omega t\cos\alpha) \\ \qquad = \dfrac{U_e}{\omega K}\left(\omega\cos\omega t\cos\alpha - \dfrac{\mathrm{d}\alpha}{\mathrm{d}t}\sin\omega t\sin\alpha\right) \\ u_B(t) = \dfrac{U_e}{\omega K}\left(\omega\cos\omega t\sin\alpha + \dfrac{\mathrm{d}\alpha}{\mathrm{d}t}\sin\omega t\cos\alpha\right) \end{cases} \tag{9-17}$$

当感应同步器转子的角速度$\dfrac{\mathrm{d}\alpha}{\mathrm{d}t}$远小于励磁信号的角频率$\omega$时,式(9-17)中两式右端括号内第二项(系数为角速度)可以忽略,则

$$\begin{cases} u_\mathrm{A}(t) = \dfrac{U_\mathrm{e}}{K}(\cos\omega t\cos\alpha) \\[2mm] u_\mathrm{B}(t) = \dfrac{U_\mathrm{e}}{K}(\cos\omega t\sin\alpha) \end{cases} \tag{9-18}$$

感应同步器静止时,按频率$f=\dfrac{\omega}{2\pi}$对 A 相和 B 相的电压进行峰值采样。以励磁信号作为参考,假设采样时刻为t_1,其中$t_1=n\dfrac{2\pi}{\omega}$($n$为非负整数),且固定不变,则有$\cos\omega t_1=1$,采样得

$$\begin{cases} u_\mathrm{A}(t) = \dfrac{U_\mathrm{e}}{K}\cos\alpha \\[2mm] u_\mathrm{B}(t) = \dfrac{U_\mathrm{e}}{K}\sin\alpha \end{cases} \tag{9-19}$$

由式(9-19)可得$\hat{\alpha}=\arctan(u_\mathrm{A}/u_\mathrm{B})$,可知$\hat{\alpha}\in(-\pi/2,\pi/2)$,从而可计算得到电气角度$\alpha$为

$$\alpha = \begin{cases} \hat{\alpha} & (u_\mathrm{A}\geqslant0,u_\mathrm{B}\geqslant0) \\ \pi-\hat{\alpha} & (u_\mathrm{A}<0,u_\mathrm{B}\geqslant0) \\ \pi+\hat{\alpha} & (u_\mathrm{A}<0,u_\mathrm{B}<0) \\ 2\pi-\hat{\alpha} & (u_\mathrm{A}\geqslant0,u_\mathrm{B}<0) \end{cases} \tag{9-20}$$

得到电气角度α后,再根据机械角度和电气角度之间的对应关系可以得到机械角度$\alpha_\mathrm{m}=\alpha/P$,其中$P$为感应同步器极对数。每转过一个极距,机械角度累加(正转时)或减小(反转时)$2\pi/P$。所以机械角度为

$$\alpha_\mathrm{m}=n(2\pi/P)+\alpha/P \tag{9-21}$$

式中,n表示累加的次数。

在这种工作方式下,只要 A/D 转换器的转换精度足够高,就能解算出精度足够高的角度数据。另外,本系统采用的嵌入式处理器速度很高,使得角度延迟很小,从而提高了系统带宽。

当感应同步器转子旋转时,同样在t_1时刻采样,$t_1=n\dfrac{2\pi}{\omega}$($n$为非负整数),也有$\cos\omega t_1=1$,因此也有

$$\begin{cases} u_\mathrm{A}(t) = \dfrac{U_\mathrm{e}}{K}\cos\alpha \\[2mm] u_\mathrm{B}(t) = \dfrac{U_\mathrm{e}}{K}\sin\alpha \end{cases} \tag{9-22}$$

同静态时做同样的处理,也可以解算出当前的机械角度。从上述过程可知,采用这种解算方式减小甚至消除了由感应同步器转子转动带来的动态误差,有利于提高动态精度。

(3)测角电路

为了满足转台角度分辨率和精度要求,选用 360 对极感应同步器作为位置检测元件。测角模块电路总体框图如图 9-35 所示。

感应同步器的激磁信号由 AD2S1200 芯片产生,产生正弦信号经过滤波及放大后给感应同步器作为励磁信号。AD2S1200 芯片的可编程振荡器的输出频率有 10kHz、12kHz、15kHz、20kHz 四种,可以通过 FS1 引脚和 FS2 引脚的逻辑电平设置来进行调整。

由于 AD2S1200 芯片直接输出的激磁信号功率太小,所以必须经过功率放大器才能有效驱

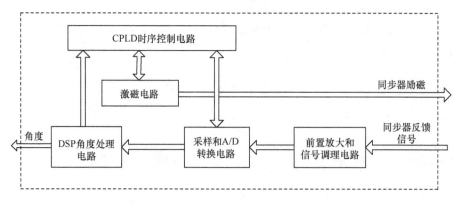

图 9-35　测角电路总体框图

动感应同步器。在本设计中,功率放大芯片采用 LM12CLK。该芯片是 NI 公司生产的一种高功率运算放大器,具有共模输入、输出电流高、单供电模式等特点。在外接 4Ω 负载时,最大功率可达 80W,并且外围电路简单,使用方便。

由于感应同步器输出的正弦和余弦信号微弱,因此对前置放大电路要求严格。它必须能够放大弱信号并且要具有很高的灵敏度,同时要具备很强的抗干扰能力。前置放大电路主要分为3 个部分:差分放大、滤波电路、跟随电路。差分放大电路用 INA2128 双通道仪表放大器实现。仪表放大电路对同步器信号的共模干扰有一定的抑制作用,但是由于电网波动、工频干扰及驱动器功率管开关干扰,感应同步器输出信号上往往叠加了其他频率的干扰和白噪声,因此在进行信号处理前要经过滤波处理。滤波处理电路分为低通二阶滤波和高通二阶滤波,均采用 NE5532实现,且滤波器均为压控二阶正反馈滤波器,在截止频率处没有衰减。跟随电路则用 NE5532 搭成射极跟随器实现。

感应同步器信号经前置运放电路处理后,在送入 A/D 转换器之前,先要进行信号调理。信号调理电路也分为 3 个部分:跟随电路、反向比例放大电路和滤波电路。

A/D 采样和转换电路是测角电路的核心部分,其作用是将感应同步器输出信号的包络转换为数字信号并等待 DSP 读取,从而解算出实际的机械角度。A/D 芯片选用 AD 公司出品的 16位高速 A/D 芯片 AD976。其特点为:最大通过率 100kSPS;单 5V 电源操作;输入范围 $\pm10V$;100mW 最大功耗;选择外部或内部 2.5V 参考电源;输出接口为高速并行接口。本设计中采用 AD 公司推荐的标准电路,并使用 AD780 芯片作为其标准参考电压,转换结果使用 16 位高速总线锁存器 SN74LVC16245 锁存,等待 DSP 的读取。

本设计感应同步器信号采用单相激磁双相鉴幅方法,A/D 采样电路需要采集的是感应同步器信号的包络,即波峰值和波谷值。设计的难点是精确保证 A/D 采样芯片每周期对感应同步器信号的波峰或波谷值进行采样。

感应同步器输出信号幅值与激磁信号幅值成正比关系,但是输出信号与激磁信号的相位差却是恒定值。利用这一特性,采用 CPLD 芯片计时钟周期的方式确定 A/D 转换开始信号 RC*。电路结构如图 9-36 所示。

两路激磁信号通过过零比较电路产生频率为 10kHz 的方波信号,输入 CPLD 后通过对晶振输入脉冲计数的方式延时输出转换信号 RC*,开始进行 A/D 转换。

测角电路的处理器采用 TI 公司的 TMS320F2812 芯片。当两路 A/D 转换电路对感应同步器正弦及余弦信号转换完毕后,DSP 输出总线锁存器的输出使能信号 OE*,从而读取正弦、余弦数值,通过计算可得到转台当前所处的角度。

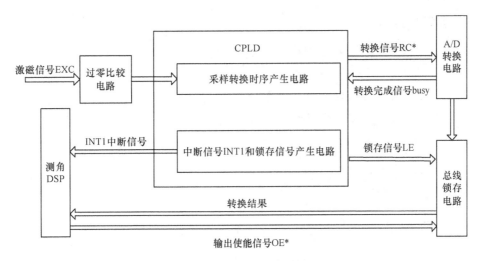

图 9-36　CPLD 电路模块图

（4）控制电路设计

控制电路设计分为 4 个部分：DSP 最小系统、数码管显示电路、D/A 输出电路、PCI 通信电路。主要完成以下功能：从测角电路读取转台角度；数码管显示当前角度；实现转台控制算法，向电机驱动器输出电机信号；通过 PCI 总线与上位机进行通信。

为保证控制周期，以达到转台系统所要求的动态性能，伺服控制卡采用的是双 DSP 结构，DSP 控制器选用 TI 公司生产的 TMS320F2812 芯片。两片 DSP 之间的快速通信采用并行通信方式，通过总线锁存器和外部中断实现，如图 9-37 所示。

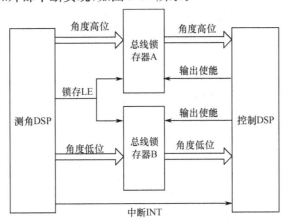

图 9-37　双 DSP 通信方法示意图

本设计采用数码管专用显示芯片 MAX7219 实时显示转台的位置。

D/A 输出电路的作用是将控制算法运算的结果转换为模拟量，输出给电机驱动器，电机驱动器拖动电机转动，模拟输出量的大小决定电机的转速。本设计采用 AD 公司的 AD669AR 作为数模转换芯片。

AD669AR 是一个完整的 16 位单片低功耗数模转换器，它是具有参考电压输出的放大器，该芯片具有很高的精确性和线性度。芯片上的双缓冲寄存器可以有效地抑制数据误差，同时对 D/A 转换器进行更新，数据以 16 位并行方式进行加载。其输出电压提供单极性和双极性两种输出，电压范围可以编程控制，线性误差仅为 ±1LSB，因此能够保证很高的转换精度。为了提高数模转换芯片的带载能力，在 AD669AR 的模拟量输出端之后加一个跟随器 OP07。AD669AR

的外围电路如图 9-38 所示。

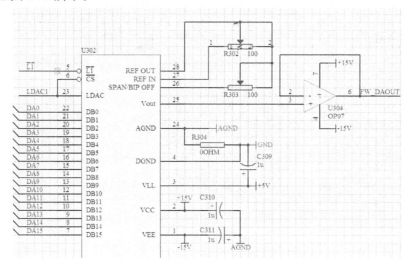

图 9-38　AD669AR 外围电路

偏置电压 SPAN/BIP OFF 和增益电压 REF IN 的对称性和精度非常重要,直接影响转换结果的好坏。通过调节 SPAN/BIP OFF 和 REF IN 调制电路上的可调电阻,从理论上可以将零位误差调整为 0。具体调节方法为:D/A 给定值为 0,调节 R303 使 Vout 输出为 −10.000000V;D/A 给定值为 0xFFFF,调节 R302 使输出为 +9.999694V;D/A 给定为 0x8000,调节 R303,使输出为 0V。

本设计使用的研华工控机配有 7 个标准 PCI 接口。一方面 PCI 总线传输速度快、抗干扰能力强、即插即用的优势极为明显;另一方面,当今流行的 PCI 桥式芯片和相应软件让普通 PCI 通信电路的设计变得更加简便,因此本设计使用 PCI 电路作为下位机(伺服控制卡)与上位机(工控机)之间的通信接口。

实际工程开发中,实现 PCI 总线的方法有两种。一种方法是使用 PCI 桥式芯片,这种开发方式下 PCI 总线被称为本地总线,与用户通信的总线被称为局部总线。设计人员不必关心复杂的 PCI 通信时序,只需要按照常规方法设计局部总线与接口芯片的通信电路即可,因而大大缩短了开发周期,降低了 PCI 总线开发的门槛。另一种方法是使用 FPGA 编写 PCI 总线与局部总线的数据缓存和通信协议,这种方法下工作量巨大,对设计人员要求非常高。本设计采用第一种方法,选用 PLX 公司的 PCI9052 桥式接口芯片开发。

本设计硬件上采用 PCI9052 作为 PCI 桥式芯片,使用双口 RAM 作为 DSP 与 PCI 总线之间的缓冲空间,实现工控机与 DSP 都可以自由访问双口 RAM,从而实现二者的信息交流。CPLD 的作用是仲裁读/写逻辑,防止 PCI 总线和局部总线同时对同一地址读/写从而造成逻辑错误。双口 RAM 选取美国 CyPress 公司开发研制的高速静态双口 RAM 芯片 CY7C024。如图 9-39 所示。

图 9-39 所示电路的实质是将双口 RAM 的地址空间映射到计算机的 PCI 地址空间中,使得 PC 通过 I/O 寻址方式或内存读/写方式访问双口 RAM 地址,上、下位机通过访问 RAM 地址空间实现数据共享。但这只是硬件电路上的映射关系,完成真正的地址映射还需要 PCI 设备驱动程序。

(5)伺服驱动器

伺服驱动器实质上是一个转速、电流双闭环调速系统,其功能是完成电流环和速度环闭环。本设计采用 D 型直流伺服驱动器,按照说明书,调节驱动器的各个参数,通过反复的调试,最终

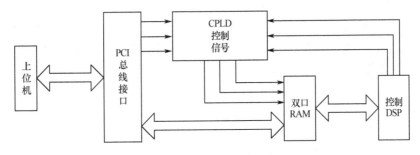

图 9-39　PCI 通信电路示意图

使得电流环和速度环达到较为满意的控制效果,响应较快,超调较小。

4. 三轴转台控制系统软件设计

三轴转台控制系统软件主要包括控制算法程序、PCI 设备驱动程序、上位机界面程序等。控制算法程序实现对转台的位置环闭环控制;上位机界面能实时显示 3 个轴的位置曲线,同时接收和发送命令指令。

（1）上位机界面程序

上位机界面是三轴转台系统与外界人机交互的窗口,本设计使用 LabVIEW 软件编写上位机界面程序。与其他界面编程环境最大的不同是,不使用传统的文本语言生成代码,而是使用图形化编辑语言 G 编写程序,产生的程序是框图的形式。

上位机界面共有 7 个模块,分别是:命令保护模块、命令发送模块、命令接收模块、数据采集模块、数据保存模块、数据显示模块和数据发送模块。其框架如图 9-40 所示。

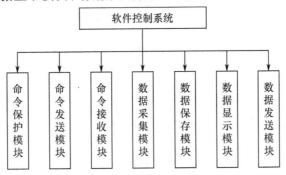

图 9-40　上位机软件模块组成图

上位机软件系统总流程图如图 9-41 所示。当系统初始化之后,系统每周期对测角设备进行数据采集,并将采集的数据进行保存、显示、发送等操作。同时,判断"发送命令"按钮是否按下,如果按下,则系统会向 CPU 发送命令。

最终的转台用户界面如图 9-42 所示。

（2）PCI 设备驱动程序

设备驱动程序是硬件厂商根据操作系统编写的配置文件,是添加到操作系统中的一小块代码,其中包含有关硬件设备的信息。本设计中,工控机安装 Windows XP 操作系统,Windows 操作系统识别伺服控制卡 PCI 总线设备的前提是安装与之对应的 PCI 设备驱动程序。

编写设备驱动程序的目的是使被驱动的硬件可以管理系统资源,与 PC 系统兼容,正常工作,通过设备驱动程序,多个进程可以同时使用这些资源(如内存、I/O、中断源等),实现多进程并行运行。对于 Windows 平台来说,其完整的 PCI 设备驱动开发流程如图 9-43 所示。

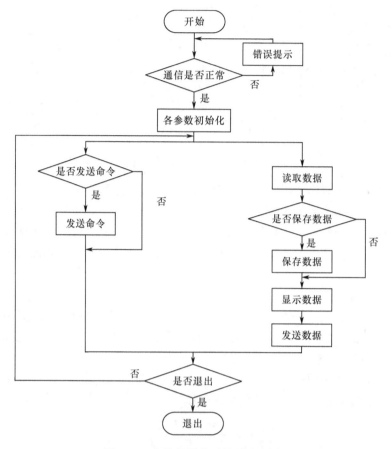

图 9-41　上位机软件系统总流程图

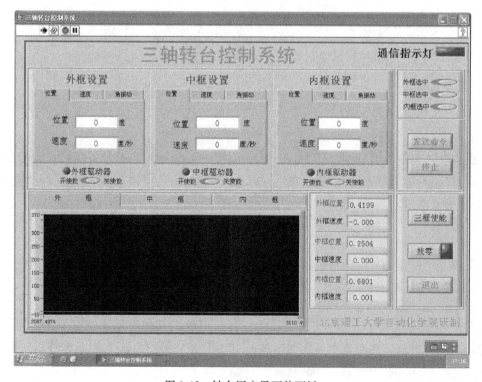

图 9-42　转台用户界面前面板

（3）控制算法程序

控制算法程序是整个三轴转台控制系统的核心程序，作用是通过算法程序使转台运行在操作人员给定的命令模式下。本设计算法程序运行在 TMS320CF2812 系列 DSP 芯片中，能够控制转台运行在位置、速度、角振动模式。

本系统设计了一套命令运行状态机，其作用是按照顺序解读并执行上位机发送的命令，使转台在各个运行模式下安全切换，并实时监测系统运行状况。本设计中，控制程序全部在中断服务子程序中进行，中断源是外部中断，由测角 DSP 发起。具体的命令运行状态机如图 9-44 所示。其中，RunningState 是系统当前正在执行的状态，CommandState 是系统接收新命令的状态，状态机主要围绕这两个状态判断。

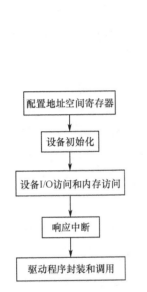

图 9-43　PCI 设备驱动程序开发流程图

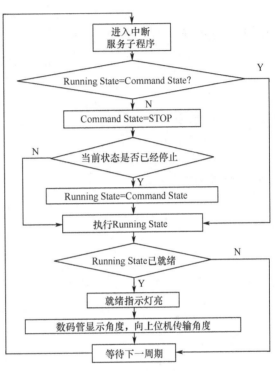

图 9-44　命令运行状态机流程图

（4）时变滑模控制器设计

在转台控制中，其主要的负载转矩扰动有摩擦力矩和不平衡力矩。这两种扰动均为非线性的，难以建模分析。由于转台系统具有以上特点，所以转台系统控制器对外界非线性干扰及系统参数不确定性要有较强的鲁棒性，并且要便于在线计算和易于实现。

滑模控制（SMC）作为一种变结构控制方法，当系统状态位于滑模面时，对外界干扰和不确定项有强鲁棒性，同时设计简单，被应用于各类电机伺服系统，满足了转台控制的要求。对于传统的滑模控制，在系统处于滑模态时，其工作在一个降维的状态空间中，与原始标称系统有较大差异，难以保证系统达到要求的性能。

转台进行位置闭环时，假设给定位置为 θ^*，转台实际位置为 θ。伺服驱动器内环和中环的控制频率比位置环频率高很多，忽略直流力矩电机的电感，将驱动器/电机装置传递函数近似一个一阶惯性环节

$$W_{\mathrm{d}} = \frac{K_{\mathrm{d}}}{T_{\mathrm{m}}s + 1} \tag{9-23}$$

给定控制量 u_1，稳态时测得电机转速 ω_1，得

$$K_{\mathrm{d}} = \frac{\omega_1}{u_1} \tag{9-24}$$

电机＋驱动器机电时间常数为

$$T_{\mathrm{m}} = \frac{\sum J \sum R}{K_{\mathrm{e}} K_{\mathrm{t}}} \tag{9-25}$$

式中，$\sum J$ 为电机与被控惯量的转动惯量之和；$\sum R$ 为电机电枢与驱动器功率管电阻之和。则控制器模型为

$$\frac{\theta(s)}{u(s)} = \frac{K_{\mathrm{d}}}{(T_{\mathrm{m}}s + 1)s} \tag{9-26}$$

将转台的摩擦力矩、不平衡力矩等统一用 T_{L} 表示，则拉普拉斯反变换得简化后的模型为

$$\begin{cases} \ddot{\theta} = \dfrac{K_{\mathrm{d}}}{T_{\mathrm{m}}} u - \dfrac{1}{T_{\mathrm{m}}} \dot{\theta} - \dfrac{1}{J} T_{\mathrm{L}} \\ \dot{\theta} = \omega \end{cases} \tag{9-27}$$

很明显，T_{L} 是一个常量，且一定是有界的。即一定存在常量 η，使得 $\eta > T_{\mathrm{L}}$ 恒成立。

设计的时变滑模面为

$$s(x,t) = \dot{x} + cx + \lambda \mathrm{e}^{-t/\tau} \tag{9-28}$$

式中，λ 和 τ 都是常量。初始时刻 $t=0$ 时，有 $s(x,t)=0$，即

$$s(x,0) = \dot{x}(0) + cx(0) + \lambda = 0$$

也就是有 $\lambda = -cx(0) - \dot{x}(0)$。另外

$$\dot{s}(x,t) = \ddot{x} + c\dot{x} - \frac{\lambda}{\tau} \mathrm{e}^{-t/\tau} = \ddot{\theta}^* - \ddot{\theta} + c(\dot{\theta}^* - \dot{\theta}) - \frac{\lambda}{\tau} \mathrm{e}^{-t/\tau} \tag{9-29}$$

在滑模面上，系统满足 $\dot{s}(x,t)=0$，即

$$\ddot{\theta}^* - \ddot{\theta} + c(\dot{\theta}^* - \dot{\theta}) - \frac{\lambda}{\tau} \mathrm{e}^{-t/\tau} = 0$$

可以求出等效控制

$$u_{\mathrm{eq}} = \frac{JR}{K_{\mathrm{d}}K_{\mathrm{e}}K_{\mathrm{t}}} \left[(\ddot{\theta}^* + c\dot{\theta}^*) + \left(\frac{K_{\mathrm{e}}K_{\mathrm{t}}}{JR} - c \right)\dot{\theta} + \frac{1}{J} T_{\mathrm{L}} - \frac{\lambda}{\tau} \mathrm{e}^{-t/\tau} \right] \tag{9-30}$$

选取的控制量为

$$u = \frac{JR}{K_{\mathrm{d}}K_{\mathrm{e}}K_{\mathrm{t}}} \left[(\ddot{\theta}^* + c\dot{\theta}^*) + \left(\frac{K_{\mathrm{e}}K_{\mathrm{t}}}{JR} - c \right)\dot{\theta} + \frac{1}{J} \eta \cdot \mathrm{sgn}(s) - \frac{\lambda}{\tau} \mathrm{e}^{-t/\tau} \right] \tag{9-31}$$

采用 Lyapunov 稳定性理论，无论 $s>0$ 或 $s<0$，$s \cdot \dot{s} < 0$ 恒成立，由此可知，系统一定是渐近稳定的。即在设计的时变滑模下，系统从初始时刻就处于时变滑模面上，且即使偏离了滑模面，也能很快回到滑模面上，因而具有全局鲁棒性。

5. 控制器实验验证

选取内框作为时变滑模控制器的实验平台，对于设计的时变滑模控制器，当给定输入为阶跃输入时，反复调节参数 c 和 τ，得到的结果如图 9-45 所示。系统从第 10s 接收位置命令，经过大约 4s 基本稳定，响应较快，超调很小。

当给定输入为斜坡输入时，实验结果如图 9-46 所示。目标给定速度 $50°/\mathrm{s}$，虚线为斜坡给定，实线为响

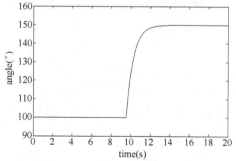

图 9-45　时变滑模阶跃响应实验结果

应曲线,误差一开始时以弧形收敛,这是时变量 $\lambda e^{-t/\tau}$ 的作用结果。经过大约 4s 后,响应曲线基本与给定曲线拥有相同的斜率。

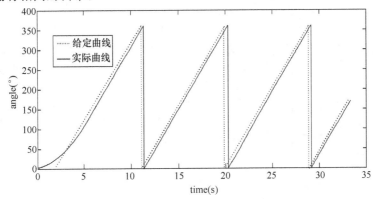

图 9-46 时变滑模斜坡响应实验结果

当给定输入为正弦信号时,正弦实验给定频率 1Hz,给定幅值 5°,振动中心为 100.0000°,实验结果如图 9-47 所示。在正弦信号给定下,系统大约经过 0.8s 就实现了位置跟踪,响应速度非常快,且几乎没有超调。

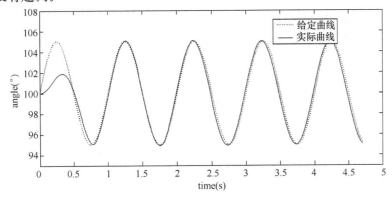

图 9-47 时变滑模正弦跟踪实验结果

在给定频率 1Hz,给定幅值 5°时,时变滑模控制下转台很快收敛,调节时间不超过 1s。而积分分离 PID 的调节时间非常长,超过了 20s,而且存在系统静差。前者的优越性比较明显。如图 9-48 所示。

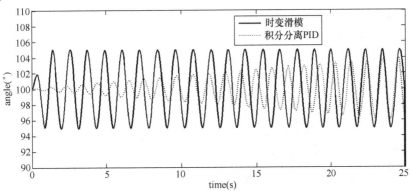

图 9-48 时变滑模与积分分离 PID 正弦跟踪比较图

附录 A z 变换简表

时间函数 $f(t)=1;t>0$	Laplace 变换 $F(s);F(s)=\mathcal{L}[f(t)]$	z 变换 $F(z);F(z)=\mathcal{Z}[F(s)]$ $T=$采样间隔	修改 z 变换 $F(z,m)$; $F(z,m)=\mathcal{Z}[F(s)\mathrm{e}^{-\Delta Ts}]$ $0\leqslant\Delta<1,m=1-\Delta$ $T=$采样间隔
$\mu(t)=1;t\geqslant0$ $=0;t<0$	$\dfrac{1}{s}$	$\dfrac{z}{z-1}$	$\dfrac{1}{z-1}$
t	$\dfrac{1}{s^2}$	$\dfrac{Tz}{(z-1)^2}$	$\dfrac{mT}{z-1}+\dfrac{T}{(z-1)^2}$
t^2	$\dfrac{2}{s^3}$	$\dfrac{T^2z(z+1)}{(z-1)^3}$	$T^2\left[\dfrac{m^2z^2+(2m-2m^2+1)z+(m-1)^2}{(z-1)^3}\right]$
e^{-at}	$\dfrac{1}{s+a}$	$\dfrac{z}{z-\mathrm{e}^{-aT}}$	$\dfrac{\mathrm{e}^{-amT}}{z-\mathrm{e}^{-aT}}$
$\dfrac{1}{b-a}(\mathrm{e}^{-at}-\mathrm{e}^{-bt})$	$\dfrac{1}{(s+a)(s+b)}$	$\dfrac{1}{(b-a)}\left[\dfrac{z}{z-\mathrm{e}^{-aT}}-\dfrac{z}{z-\mathrm{e}^{-bT}}\right]$	$\dfrac{1}{(b-a)}\left[\dfrac{\mathrm{e}^{-amT}}{z-\mathrm{e}^{-aT}}-\dfrac{\mathrm{e}^{-bmT}}{z-\mathrm{e}^{-bT}}\right]$
$1-\mathrm{e}^{-at}$	$\dfrac{a}{s(s+a)}$	$\dfrac{z(1-\mathrm{e}^{-aT})}{(z-1)(z-\mathrm{e}^{-aT})}$	$\dfrac{(1-\mathrm{e}^{-amT})z+(\mathrm{e}^{-amT}-\mathrm{e}^{-aT})}{(z-1)(z-\mathrm{e}^{-aT})}$
$t-\dfrac{1}{a}(1-\mathrm{e}^{-at})$	$\dfrac{a}{s^2(s+a)}$	$\dfrac{Tz}{(z-1)^2}-\dfrac{(1-\mathrm{e}^{-aT})z}{a(z-1)(z-\mathrm{e}^{-aT})}$	$\dfrac{T}{(z-1)^2}+\dfrac{amT-1}{a(z-1)}+\dfrac{\mathrm{e}^{-amT}}{a(z-\mathrm{e}^{-aT})}$

时间函数 $f(t);t>0$	Laplace 变换 $F(s);F(s)=\mathcal{L}[f(t)]$	z 变换 $F(z);F(z)=\mathscr{Z}[F(s)]$ $T=$采样间隔	修改 z 变换 $F(z,m)$; $F(z,m)=\mathscr{Z}[F(s)\mathrm{e}^{-\Delta Ts}]$ $0\leqslant\Delta<1,m=1-\Delta$ $T=$采样间隔
$\dfrac{a-b}{a^2}+\dfrac{b}{a}t+\dfrac{1}{a}\left(\dfrac{b}{a}-1\right)\mathrm{e}^{-at}$	$\dfrac{s+b}{s^2(s+a)}$	$\dfrac{1}{a}\left[\dfrac{zbT}{(z-1)^2}+\dfrac{(a-b)(1-\mathrm{e}^{-aT})z}{a(z-1)(z-\mathrm{e}^{-aT})}\right]$	$\dfrac{1}{a}\left[\dfrac{bT}{(z-1)^2}+\left(bmT+1-\dfrac{b}{a}\right)\dfrac{1}{z-1}+\dfrac{b-a}{a}\times\dfrac{\mathrm{e}^{-amT}}{z-\mathrm{e}^{-aT}}\right]$
$\dfrac{1}{ab}\left[1+\dfrac{b}{a-b}\mathrm{e}^{-at}-\dfrac{a}{a-b}\mathrm{e}^{-bt}\right]$	$\dfrac{1}{s(s+a)(s+b)}$	$\dfrac{1}{ab}\left[\dfrac{z}{z-1}+\dfrac{bz}{(a-b)(z-\mathrm{e}^{-aT})}-\dfrac{az}{(a-b)(z-\mathrm{e}^{-bT})}\right]$	$\dfrac{1}{ab}\left[\dfrac{1}{z-1}+\dfrac{b\mathrm{e}^{-amT}}{(a-b)(z-\mathrm{e}^{-aT})}-\dfrac{a\mathrm{e}^{-bmT}}{(a-b)(z-\mathrm{e}^{-bT})}\right]$
te^{-aT}	$\dfrac{1}{(s+a)^2}$	$\dfrac{Tz\mathrm{e}^{-aT}}{(z-\mathrm{e}^{-aT})^2}$	$\dfrac{T\mathrm{e}^{-amT}[\mathrm{e}^{-aT}+m(z-\mathrm{e}^{-aT})]}{(z-\mathrm{e}^{-aT})^2}$
$\sin aT$	$\dfrac{a}{s^2+a^2}$	$\dfrac{z\sin aT}{z^2-2z\cos aT+1}$	$\dfrac{\sin maT+\sin(1-m)aT}{z^2-2z\cos aT+1}$
$\cos at$	$\dfrac{s}{s^2+a^2}$	$\dfrac{z(z-\cos aT)}{z^2-2z\cos aT+1}$	$\dfrac{\cos maT-\cos(1-m)aT}{z^2-2z\cos aT+1}$
$\mathrm{e}^{-at}\sin bt$	$\dfrac{b}{(s+a)^2+b^2}$	$\dfrac{z\mathrm{e}^{-aT}\sin bT}{z^2-2z\mathrm{e}^{-aT}\cos bT+\mathrm{e}^{-2aT}}$	$\dfrac{\mathrm{e}^{-maT}[z\sin mbT+\mathrm{e}^{-aT}\sin(1-m)bT]}{z^2-2z\mathrm{e}^{-aT}\cos bT+\mathrm{e}^{-2aT}}$
$\mathrm{e}^{-at}\cos bt$	$\dfrac{s+a}{(s+a)^2+b^2}$	$\dfrac{z^2-z\mathrm{e}^{-aT}\cos bT}{z^2-2z\mathrm{e}^{-aT}\cos bT+\mathrm{e}^{-2aT}}$	$\dfrac{\mathrm{e}^{-maT}[z\cos mbT+\mathrm{e}^{-aT}\sin(1-m)bt]}{z^2-2z\mathrm{e}^{-aT}\cos bT+\mathrm{e}^{-2aT}}$

参 考 文 献

[1] 张宇河,董宁.计算机控制系统(修订版).北京:北京理工大学出版社,2002.

[2] 王平,谢昊飞,蒋建春等.计算机控制技术及应用.北京:机械工业出版社,2010.

[3] 高金源,夏洁,张平,周锐.计算机控制系统.北京:高等教育出版社,2010.

[4] 杨文显,寿庆余.现代微型计算机与接口教程.北京:清华大学出版社,2003.

[5] 蒋心怡,吴汉松,易曙光.计算机控制技术.北京:清华大学出版社,北京交通大学出版社,2007.

[6] 高国琴.微型计算机控制技术.北京:机械工业出版社,2006.

[7] 王建华.计算机控制技术.北京:高等教育出版社,2009.

[8] 汤楠,穆向阳.计算机控制技术.西安:西安电子科技大学出版社,2009.

[9] 王平,谢昊飞,蒋建春.计算机控制技术及应用.北京:机械工业出版社,2010.

[10] 刘士荣.计算机控制系统.北京:机械工业出版社,2008.

[11] 孙德辉,李志军,史运涛,董哲.计算机控制系统.北京:国防工业出版社,2010.

[12] 刘川来,胡乃平.计算机控制技术.北京:机械工业出版社,2008.

[13] 张燕兵,王忠庆,鲜浩.计算机控制技术.北京:国防工业出版社,2006.

[14] 杨鹏.计算机控制系统.北京:机械工业出版社,2009.

[15] 于海生.计算机控制技术.北京:机械工业出版社,2010.

[16] 廖晓钟,刘向东.控制系统分析与设计.北京:清华大学出版社,2008.

[17] 田宏奇.滑模控制理论及其应用.武汉:武汉出版社,1995.

[18] 陈志梅,王贞艳,张井岗.滑模变结构控制理论及应用.北京:电子工业出版社,2012.

[19] Karl J. Astrom,计算机控制系统理论与设计(第3版).北京:清华大学出版社,2002.

[20] 金钰,胡祐德,李向春.伺服系统设计指导.北京:北京理工大学出版社,2000.

[21] 胡祐德,马东升,张莉松.伺服系统原理与设计.北京:北京理工大学出版社,1998.

[22] 纪宗南.集成 A/D 转换器应用技术和实用线路.北京:中国电力出版社,2008.

[23] 马鸣锦,朱剑冰,何红旗,杜威.PCI、PCI-X 和 PCI Express 的原理及体系设计.北京:清华大学出版社,2007.

[24] 尹勇,李宇.PCI 总线设备开发宝典.北京:北京航空航天大学出版社,2005.

[25] 张荣标.微型计算机原理与接口技术.北京:机械工业出版社,2008.

[26] 孔峰,董秀成,梁岚珍.微型计算机控制技术.重庆:重庆大学出版社,2003.

[27] 薛钧义,武自芳.微机控制系统及其应用.西安:西安交通大学出版社,2003.

[28] 董宁.自适应控制系统.北京:北京理工大学出版社,2009.